“十三五”江苏省高等学校重点教材（编号：2019-2-164）
扬州大学重点教材
扬州大学出版基金资助
扬州大学本科专业品牌化建设与提升工程资助项目
江苏省教育科学“十三五”规划课题“中美高校VR/AR课程比较研究”
（编号：C-c/2018/01/14）成果

虚拟互动设计实例教程

冯 锐 赵志靖 周 静 编著

Unity PlayMaker

南京大学出版社

图书在版编目（CIP）数据

虚拟互动设计实例教程 / 冯锐，赵志靖，周静编著
. -- 南京：南京大学出版社，2020.12
ISBN 978-7-305-23985-4

Ⅰ. ①虚… Ⅱ. ①冯… ②赵… ③周… Ⅲ. ①虚拟现实—程序设计—教材 Ⅳ. ① TP391.98

中国版本图书馆 CIP 数据核字（2020）第 227034 号

出版发行 南京大学出版社
社　　址 南京市汉口路 22 号　　邮　编 210093
出 版 人 金鑫荣

书　　名 虚拟互动设计实例教程
编　　著 冯　锐　赵志靖　周　静
责任编辑 刁晓静

照　　排 南京新华丰制版有限公司
印　　刷 南京人民印刷厂有限责任公司
开　　本 889 × 1194　1/16　印张 19.25　字数 480 千
版　　次 2020 年 12 月第 1 版　2020 年 12 月第 1 次印刷
ISBN 978-7-305-23985-4
定　　价 58.00 元

网址：http://www.njupco.com
官方微博：http://weibo.com/njupco
微信服务号：njuyuexue
销售咨询热线：（025）83594756

前 言

Unity3D是一个由Unity Technologies公司开发的可以让开发者轻松创建2D/3D诸如三维视频游戏、虚拟现实、实时三维动画、游戏电影等互动内容的多平台的综合型游戏开发工具，是一个全面综合的专业游戏引擎。由于Unity3D能够提供高效的性能和高质量的保证以及容易上手、性价比高等特点，很多国内外高校和企业都转向使用Unity3D作为教学内容和开发工具。

Unity3D的编辑器可运行在Windows和Mac OS X等平台下，它除了强大的图形渲染能力和简单快捷的操作方式之外，很重要的一个特点是跨平台开发，它实现了产品开发完成后一键式发布到各种平台的功能，其产品可发布到iPhone、iPad、Android、PC、Mac、Wii、PS3、Xbox、Linux、Flash和Web端等平台。而且由于它的可扩展性，使得很多开发者为它开发出许多非常棒的插件。

PlayMaker是Unity公司的一款可视化的有限元状态机（Finite-State Machine）插件，用来进行交互设计，是一个“可视化交互设计插件”。PlayMaker是由第三方软件开发商Hutong Games开发的一款专门用于Unity3D平台的可视化编程插件。PlayMaker提供了一套可视化的解决方案，用户无需撰写脚本代码，运用有限元状态机的设计思路在Unity3D中设计并实现交互逻辑，就能控制Unity3D中的对象。目前，国内缺乏关于PlayMaker的书籍、译著或教材。本教材的编写丰富了这一领域知识，使得学习者学习一种三维交互设计的思维方法。本书的知识帮你通过Unity和PlayMaker可视化地快速搭建并实现你的作品原型，把头脑中不清晰的概念实体化出来，更重要的是，通过实例实践，培养和锻炼计算思维，并且能利用计算机新的媒体设计工具进行互动媒体产品的设计和创作。

使用PlayMaker进行三维互动媒体开发的优点非常明显，体现在两个层面上。一是，与学习使用C#编写Unity3D中的脚本代码相比，PlayMaker更容易在短时间内掌握，上手迅速，可以快速地将自己的创意实现出来，而不必纠结于复杂的代码编写；二是，借助于PlayMaker中内置的众多Action，在开发时用C#代码可能需要很多行才能完成的一个功能，PlayMaker通常只需要简单的几步就能完成。正是基于这些优点，无论对于想做独立开发的设计师，还是想快速做出产品原型的程序员来讲，PlayMaker都是最好的选择。本书以Unity3D和PlayMaker为对象进行讲解，系统介绍了如何在Unity3D环境中使用PlayMaker设计开发三维互动媒体，内容新颖。

学习前的准备工作：

在使用本书之前，请确保正确地设置了电脑的软、硬件工作环境。学习本书所需的系统和软件如下：

●Windows 7及以上版本的操作系统

●Unity 2018.1.61f及以上版本

●PlayMaker 1.9.0

建议学习步骤：

第一步，手把手范例教学。按照教材的详细提示，完成书籍中所讲范例的制作，掌握相应的理论和知识点。对于初学者，学习过程中切忌浮躁，认真做完要求的每一步。

第二步，进行模仿练习。打开随书网盘目录中相应章的示例工程文件，观看效果后，参考教材，独立自主地制作出同样效果的示例。

第三步，基于微视频的学习。打开书籍配套学习网盘，教材中的每个实例均配有微视频。观看视频后，参考教材，独立自主地制作出同样效果的示例。

第四步，创意练习。运用以上训练学习的技能，自己设计制作一个包含章节知识点的互动作品。如果不能够独立自主创意制作，说明还没有完全掌握章节内容，请重复前三步的学习过程，直到能自主创意设计为止。

本书特点：

1.内容丰富，由浅入深

本书组织上本着“起点低，终点高”的原则，内容覆盖了从学习Unity3D必知必会的基础知识，到基于PlayMaker插件所实现的三维互动设计与制作，最后还给出了六个完整的综合实例。这样的内容组织使得懵懂的新手可以一步一步成长为基于PlayMaker的3D交互开发的达人，符合想学习3D交互开发的学生与技术人员，以及正在学习3D交互开发人员的需求。

2.实例典型，轻松易学

书中每一章的实例都经过精心设计，都给出了丰富的插图与完整的案例，能够反映该章的知识点，结构清晰明朗，便于读者进行学习与参考。实例通俗易懂，由浅入深，循序渐进。通过实例手把手训练与模仿训练，有益于掌握学习内容。

3.既适合设计师，也适合程序员

无论是有志于独立开发的艺术设计师，还是需要快速制作三维互动作品原型和功能模块的程序员，本书都有自己独特的价值。本书既可以作为教材，也可以给所有对三维互动开发感兴趣的读者参考。

4.书籍配套服务完善

为了满足读者更好掌握书籍内容，编者建立了书籍的配套学习网盘链接: https://pan.baidu.com/s/1VbbqTrCJOXzfplQurbweXg 提取码: e3yp，网盘中不但有书中所有实例完整源文件供读者随时下载，还包括实例制作视频教程、软件安装包、书中所使用的第三方插件、素材资源等，方便读者对照学习。在正文中相应的位置会提示读者此处该使用哪个配套资源，读者只需按照正文的提示使用即可。另外，为了学有余力的读者继续学习，本教材还拓展制作了许多实例，连同教材中实例一起，均放置在网盘中。

本书由冯锐、赵志靖、周静编著。在本书的编著过程中，曹威、邓雯心、毛清秀、张杰、邵冰洁、费佳萍、吕子芸、袁凯程、蒋婷、周玉婷、谢东冉等在实例的制作与调试过程中做了大量的工作，在此表示衷心的感谢。在本书的编写过程中，我们努力做到最好，力求精益求精，但错误疏漏之处在所难免，敬请广大读者批评指正。

编者

目　录

第一章　Unity简介以及开发环境的搭建

本章主要向读者介绍Unity的相关知识以及Unity集成开发环境的搭建，通过本章的学习，读者会对Unity有一个大致的了解。

1.1 Unity简介

本节主要向读者介绍Unity的相关知识，主要内容包括Unity的简介、Unity的发展和Unity的特点等。通过本节学习，读者将对Unity有一个基本的认识。

1.1.1 初识Unity

Unity是由 Unity Technologies开发的一个轻松创建三维视频游戏、建筑可视化、实时三维动画等多平台互动内容的综合型游戏开发工具，是一个全面整合的专业游戏引擎。

Unity类似于Director、Blender game engine、Virtools或Torque Game Builder等利用交互的图形化开发环境为首要方式的软件。其编辑器运行在Windows和Mac OS X下，可发布游戏至Windows、Mac、Wii、iPhone和Android平台，也可以利用Unity web player插件发布网页游戏，支持Mac和Windows的网页浏览，并且Unity的网页播放器也被 Mac widgets所支持。

1.1.2 Unity的诞生及发展

通过前面小节的学习，相信读者对Unity有了一个简单的认识。而本节为了让读者对Unity有更进一步的了解，将为读者介绍 Unity的发展史。

2005年6月，Unity1.0发布。Unity1.0是一个轻量级、可扩展的依赖注入容器，有助于构建松散耦合的系统。它支持构造子注入（Constructor Injection）、属性/设值方法注入（Property / Setter Injection）和方法调用注入（Method Call Injection）。

2009年3月，Unity2.5加入了对Windows的支持，完全支持Windows Vista与Windows XP的全部功能和互操作性，而且Mac OS X中的Unity编辑器也已经重建，在外观和功能上都相互统一。Unity2.5的优点就是Unity可以在任一平台建立任何游戏，实现了真正的跨平台。

2009年10月，Unity2.6独立版开始免费。Unity2.6支持了许多的外部版本控制系统，例如Subversion、Perforce、Bazaar或是其他的VCS系统等。除此之外，Unity2.6与Visual Studio完整的一体化也增加了Unity自动同步Visual Studio项目的源代码，实现所有脚本的解决方案和智能配置。

2010年9月，Unity3.0支持多平台。新增加的功能有：方便编辑桌面左侧的快速启动栏、增加支持Ubuntu 12.04、更改桌面主题和在dash中隐藏“可下载的软件”类别等。

2012年2月，Unity Technologies发布Unity3.5，纵观其发展历程，Unity Technologies公司一直在快速强化Unity，Unity3.5版提供了大量的新增功能和改进功能。所有使用Unity3.0或更高版本的用户均可免费升级到Unity3.5。

2012年11月13日，Unity发布了v4.0，并引入了两个非常重要的子系统，那就是Mechanism动画系统以及Shuriken粒子系统。

2013年11月12日，Unity发布了v4.3，开始支持2D游戏的开发。

2014年11月20日，Unity发布了v4.6，开始支持UGUI，也就是2D的UI界面设计。

2015年3月，Unity v5.0版本开始支持PBS（基于物理着色）、Realtime GL（实时光照）和Physx 3.3物理引擎，提升了游戏画面效果。

2016年6月，Unity 5.4版本开始支持原生VR游戏和应用开发，走在了同类商业引擎的前列。

2016年，Unity 5.5版本开始支持微软的一代MR神器HoloLens。

2017年3月，Unity 5.6版本推出，宣布支持更多设备平台，包括Google Daydream VR，Nintendo Switch，Apple Watch和WebVR。

2017年7月，Unity 2017版本宣布支持苹果在6月的WWDC上刚刚推出的ARKit。

2018年5月，Unity推出了全新的2018版本。在保证易用性和易拓展性的同时，也在朝更加专业化的方向发展，特别是引入了Shader Graph，让Shader的开发不再是程序员的专属。此外，Unity 2018还推出了ML-Agents，提供了对AI系统的支持。这里说的AI不是以前傻瓜式的AI寻路，而是对机器学习的支持。此外，Unity还宣布开始支持Magic Leap的开发。

2019年，Unity支持NVIDIA的RealTime Ray Tracing（实时光线追踪技术），同时和Havok物理引擎进行更深度的战略合作。

1.1.3 Unity广阔的市场前景

近几年来，Android、iPhone平台游戏以及Web端网页游戏发展迅猛，已然成为带动游戏发展的新生力量。遗憾的是目前除了少数的作品成功外，大部分的游戏都属宣传攻势大于内容品质的平庸之作。面对这种局面，3D游戏成为独辟蹊径的一种选择，而为3D游戏研发提供强大技术支持的Unity引擎，以其创造高质量的3D游戏和真实视觉效果的核心技术，为开发3D游戏提供了强大的源动力。

Unity游戏引擎技术研讨会最早于2011年5月在韩国举行。据悉，现在10种以上的新引擎开发，都是采用了Unity游戏引擎技术。现已有部分开发商利用 China Joy 展会的契机，展示了该引擎的运行效果，目前已有不少厂商与开发商签订了提前预定引擎的协议。

Unity引擎可以帮助开发人员制作出炫丽的3D效果，并实时生成查看，目前已推出了对应iPhone、iPad、PC、MAC、Android、Wii、PS3、Xbox360等平台的版本，促进了游戏跨平台的应用。读者要做的，只是在编辑器中选择使用一个平台来预览游戏作品。

未来几年内必定是Unity大行其道的时代，因其开发群体的迅速扩大，web player装机率的快速上升，Unity迅速爆发的时机已经到了。在此引用业内知名人士的一句话："不要再对所谓的Flash 3D抱有什么希望，也不要再去花心思学习那些五花八门的Flash 3D插件，赶紧学习Unity才是正经。"

1.1.4 独具特色的Unity

通过前面两个小节的学习，相信读者对Unity有了一个基本的认识，本小节将为读者介绍Unity的特点，帮助读者进一步学习Unity。

1.1.4.1 Unity本身所具有的特点

· 综合编辑

Unity用户界面是层级式的综合开发环境，具备视觉化编辑、详细的属性编辑器和动态的游戏预览特性。由于其强大的综合编辑特性，因此也被用来快速地制作游戏或者开发游戏原型，如图1.1-1所示。

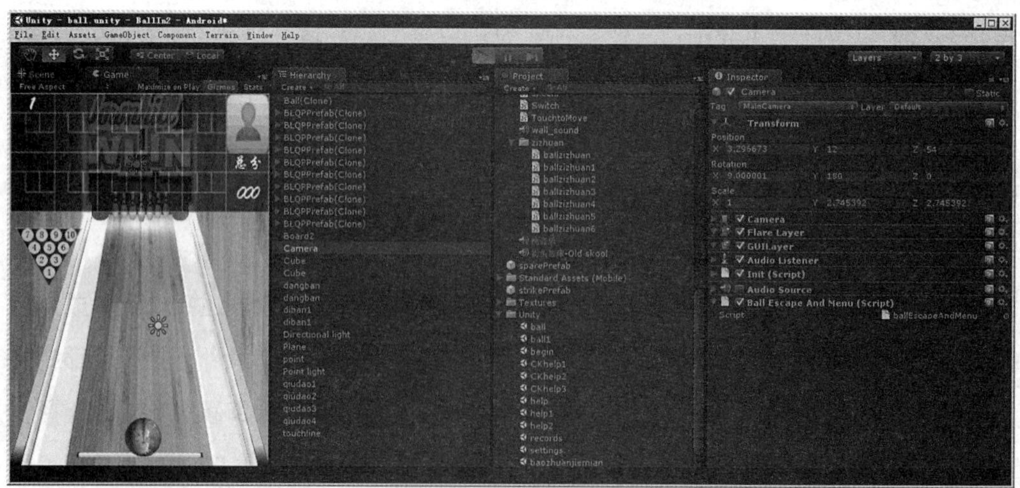

图1.1-1 综合编辑

· 图形引擎

Unity的图形引擎使用的是Direct3d（Windows）、OpenGL（Mac，Windows）和自有的APIs（Wii）。可以支持Bump mapping、Reflection mapping、Parallax mapping、Screen Space Ambient Occlusion、动态阴影所使用的Shadow Map技术与Render-to-texutre和全屏Post Processing效果。

· 资源导入

项目中的资源会被自动导入，并根据资源的改动自动更新。Unity支持很多主流的三维建模软件，尤其是对于3ds Max、Maya、Blender、Cinema4D和Cheetah3D的支持比较好，并支持一些其他的三维格式。

· 一键部署

Unity可开发微软 Microsoft Windows和Mac OS X的可执行文件，在线内容通过Unity Web Player插件支持Internet Explorer、Firefox、Safari、Mozilla、Netscape、Opera、Camino和Mac OS X的Dashboard工具，但是Wii程序和iPhone应用程序的开发需要用户购买额外的授权，在价格上有所不同，如图1.1-2所示。

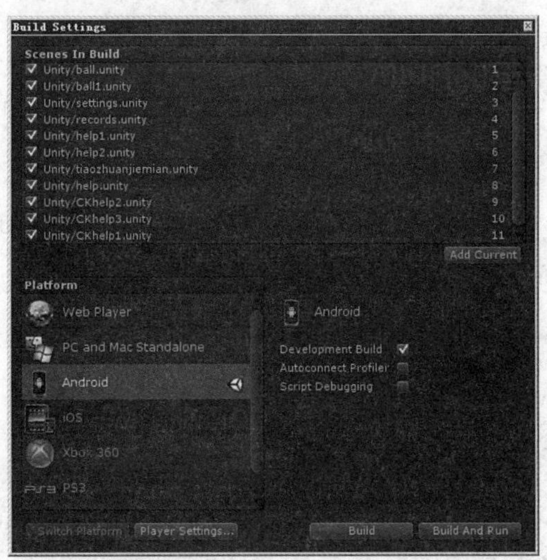

图1.1-2　一键部署

· 着色器（shaders）

shaders编写使用Shaderlab语言，同时支持自有工作流中的编程方式或Cg.GLSL语言编写的shader。一个shader可以包含众多变量及一个参数接口，允许Unity去判定参数是否为当前所支持并适配最适合参数，并选择相应的 shader类型以获得更好的兼容性。因此，Unity的着色器系统具有易用、灵活和高性能的特性。

· 地形编辑器

Unity内建强大的地形编辑器，支持地形创建和树木与植被贴片，而且还支持水面特效，尤其是低端硬件亦可流畅运行广阔茂盛的植被景观，如图1.1-3和图1.1-4所示。

图1.1-3　地形1

图1.1-4　地形2

· 联网

现在大部分的游戏都是联网的，令人惊喜的是，Unity内置了强大多人联网游戏引擎，具有Unity自带的客户端和服务器端，省去了并发、多任务等一系列繁琐而困难的操作，可以简单地完成所需的任务。其多人网络连线采用 Raknet，可以从单人游戏到全实时多人游戏。

· 物理特效

物理引擎是一个计算机程序模拟牛顿力学模型，使用质量、速度、摩擦力和空气阻力等变量。其可以用来预测各种不同情况下的效果。Unity内置NVIDIA强大的PhysX物理引擎，可以方便准确地开发出所需要的物理特效。

PhysX可以由CPU计算，但其程序本身在设计上还可以调用独立的浮点处理器（如GPU和PPU）来计算，也正因为如此，它可以轻松完成像流体力学模拟那样的大计算量的物理模拟计算。并且PhysX物理引擎还可以在包括Windows、Linux、Xbox360、Playstation3、Mac、Android等在内的全平台上运行。

· 音频和视频

音效系统基于OpenAL程式库，可以播放Ogg Vorbis的压缩音效，视频播放采用Theora编码，并支持实时三维图形混合音频流和视频流。

OpenAL的主要功能是在来源物体、音效缓冲和收听者中编码。来源物体包含一个指向缓冲区的指标，声音的速度、位置和方向，以及声音强度。收听者物体包含收听者的速度、位置和方向，以及全部声音的整体增益。缓冲区包含8或16位元、单声道或立体声PCM格式的音效资料，表现引擎进行所有必要的计算，如距离衰减、多普勒效应等。

不同于OpenGL规格，OpenAL规格包含两个API分支，分别为以实际OpenAL函式组成的核心和ALCAPI，其中ALC用于管理表现内容、资源使用情况，并将跨平台风格封在其中。 OpenAL还有“ALUT”程式库，提供高阶“易用”的函式，其定位相当于OpenGL的GLUT。

・脚本

游戏脚本为基于Mono的Mono脚本，是一个基于.NET Framework的开源语言，因此，程序员可用JavaScript、C#或Boo进行编写，如图1.1-5所示。

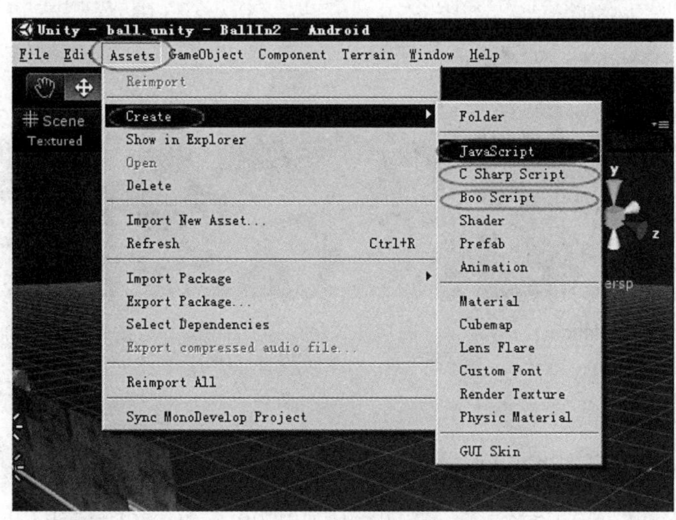

图1.1-5 脚本

・Unity资源服务器

Unity资源服务器具有一个支持各种游戏和脚本版本的控制方案，使用PostgreSql作为后端可以支持在开发过程中多人并行开发，保证不同的开发人员在使用不同版本的开发工具所编写的脚本能够顺利的集成。

・真实的光影效果

Unity提供了具有柔和阴影与lightmaps的高度完善的光影渲染系统。光照图（lightmap）是包含了视频游戏中各个面的光照信息的一种三维引擎的光强数据。光照图是预先计算好的，而且要用在静态目标上。

1.1.4.2 Unity的跨平台特性

Unity类似于 Director、Blender game engine、Virtools或Torque Game Builder等利用交互的图形化开发环境为首要方式的软件，其编辑器运行在Windows和Mac OS X下，可发布游戏至Windows、Mac、Wii、iPhone和Android平台，也可以利用Unity Web Player插件发布网页游戏，支持Mac和Windows的网页浏览。

现在市面上已经推出了很多由Unity开发的基于Android平台、iPhone平台以及大型的3D网页游戏，这些游戏都得到了很高评价。接下来将分别为读者介绍这3种游戏。

・基于Android平台的游戏

Unity可以基于Android平台进行游戏开发，由于其自身存在的优势，因此开发的游戏也让人赏心悦目，赞不绝口。例如，由Hidden Variable Studios开发的Bag It!，如图1.1-6所示；由Mika Mobile开发的Battleheart，如图1.1-7所示；由Infinite Dreams开发的Jelly Defense，如图1.1-8所示；由MADFINGER Games开发的Samurai II：Vengeance，如图1.1-9所示。

图1.1-6 Bag It!

图1.1-7 Battleheart

图1.1-8 Jelly Defense

图1.1-9 Samurai II：Vengeance

・基于iPhone平台的游戏

Unity也可以基于iPhone平台进行游戏开发，由于其自身存在的优势，可以制作出绚丽多彩的iPhone平台游戏。例如，由Punchers Impact开发的 Crasher，如图1.1-10所示；Warner Bros & Sticky Studios开发的Sucker Punch，如图1.1-11所示；由Deemedya开发的Trial Xtreme2，如图1.1-12所示；由Bigpoint开发的Battlestar Galactica Online，如图1.1-13所示。

图1.1-10 Crasher

图1.1-11 Sucker Punch

图1.1-12 Trial Xtreme 2

图1.1-13 Battlestar Galactica Online

・基于Web的大型3D网页游戏

同样Unity也可以开发基于Web的大型3D网页游戏，市面上已经推出了很多这样的3D网页游戏，例如《胸怀三国志》是曾开发《巨商》和《欢乐君主》等战略网络游戏的Ndoors公司金泰坤常务的最新力作，如图1.1-14所示；《骑士的远征》是旭游网络继《兄弟篮球》之后的又一款力作，如图1.1-15所示；《木乃伊OL》《The Mummy Online》是由德国知名网页游戏开发商 Bigpoint开发的一款全新网页游戏，如图1.1-16所示；《图腾王》是由上海Tip Cat开发的3D休闲对战网页游戏，如图1.1-17所示。

图1.1-14 《胸怀三国志》

图1.1-15 《骑士的远征》

图1.1-16 《木乃伊OL》

图1.1-17 《图腾王》

1.2 开发环境的搭建

本节介绍Unity集成开发环境的安装。

前面已经对Unity这个游戏引擎进行了简单的介绍，从本小节开始，将带领读者逐步搭建自己的开发环境，具体的步骤如下。

（1）登录到Unity官方网站https://unity.cn/releases下载最新的Unity安装程序，如图1.2-1所示，单击“下载（Win）”按钮下载支持Windows系统的Unity安装程序。

（2）若想下载支持Mac平台下的Unity安装程序，即可单击“下载（Mac）”按钮，如图1.2-2所示。

Unity 2019.x Unity 2018.x Unity 2017.x Unity 5.x Unity 4.x Unity 3.x

Unity 2019.x

2019.4.2
1 Jul, 2020
下载 Unity Hub 下载 (Mac) 下载 (Win) Release notes

2019.4.1
18 Jun, 2020
下载 Unity Hub 下载 (Mac) 下载 (Win) Release notes

2019.4.0
10 Jun, 2020
下载 Unity Hub 下载 (Mac) 下载 (Win) Release notes

图1.2-1 Win平台下Unity的官方下载

Unity 2019.x Unity 2018.x Unity 2017.x Unity 5.x Unity 4.x Unity 3.x

Unity 2019.x

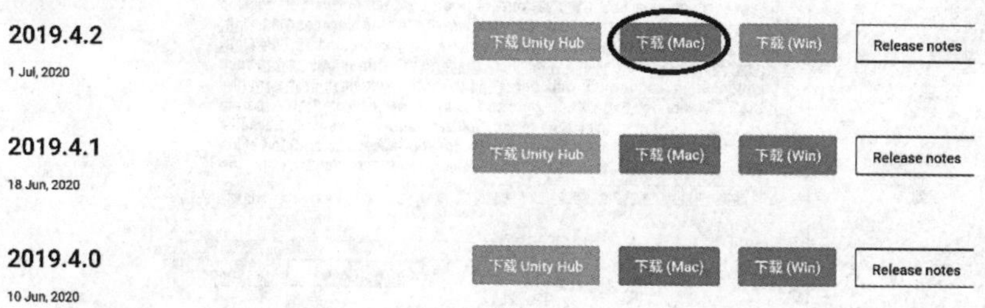

图1.2-2 Mac平台下Unity的官方下载

（3）双击所下载的Unity安装程序。此处以UnityDownloadAssistant-2018.1.6f1.exe举例说明。如图1.2-3所示。

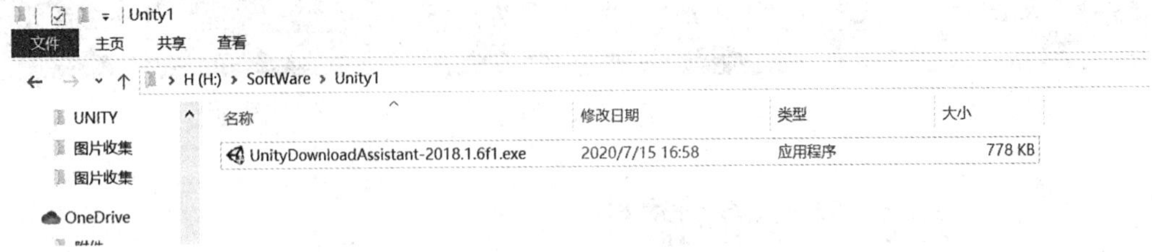

图1.2-3　Unity安装程序的安装

（4）双击UnityDownloadAssistant-2018.1.6f1.exe，会自动跳转到Unity2018.1.61f Download Assistant界面，单击“Next”按钮进入 License Agreement界面，如图1.2-4所示。

（5）在License Agreement界面，单击“I Agree”按钮进入Choose Components界面，如图1.2-5所示。

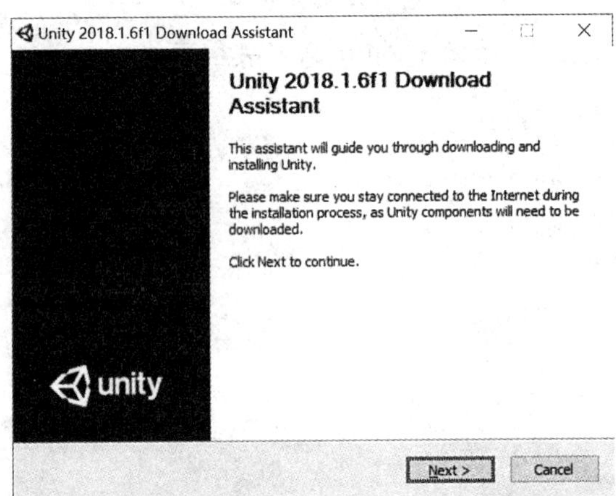

图1.2-4　Unity2018.1.61f Download Assistant界面

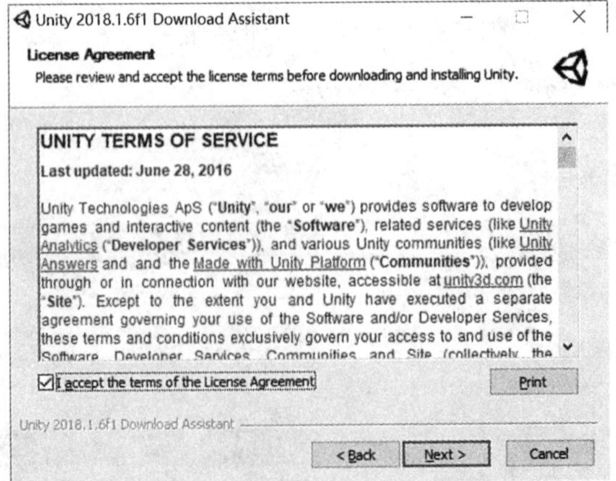

图1.2-5　License Agreement界面

（6）在Choose Components界面，全部选中并单击“Next”按钮进入 Choose Install Location界面，如图1.2-6所示。

（7）在 Choose Install Location界面，选择好安装路径，单击“Install”按钮进行安装，并进入Installing界面，如图1.2-7所示。

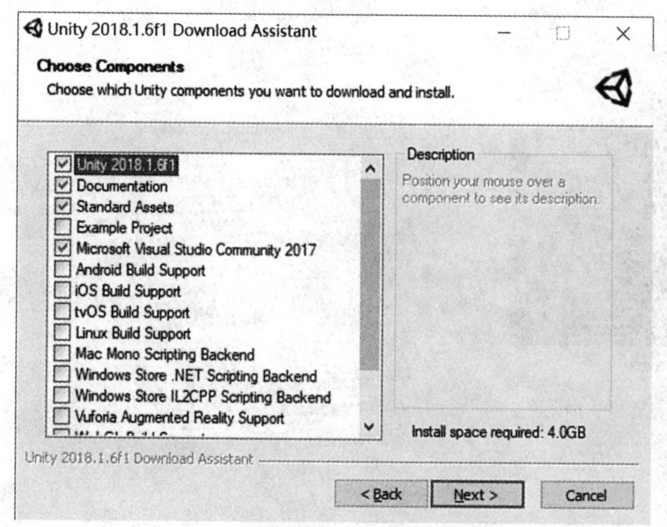

图1.2-6　Choose Components界面

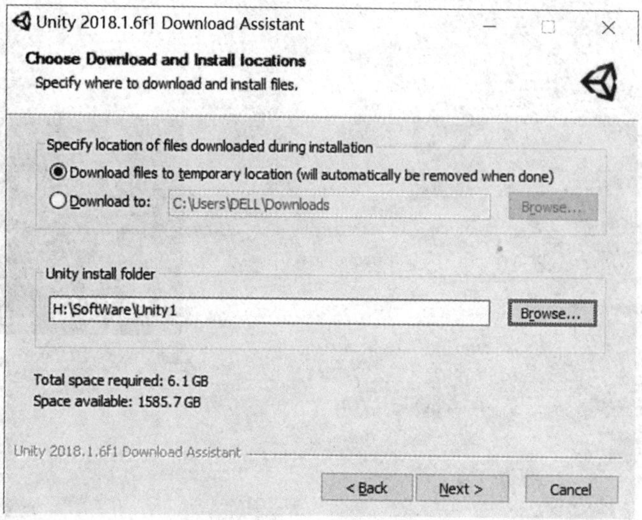

图1.2-7　Choose Install Location界面

（8）进入Installing界面后（这是Unity的安装过程），会需要一定的时间，请耐心等待，如图1.2-8所示。

（9）安装结束，会跳转到 Finish界面，单击“Finish”按钮即可，此时桌面上会出现一个 Unity.exe的图标，如图1.2-9和图1.2-10所示。

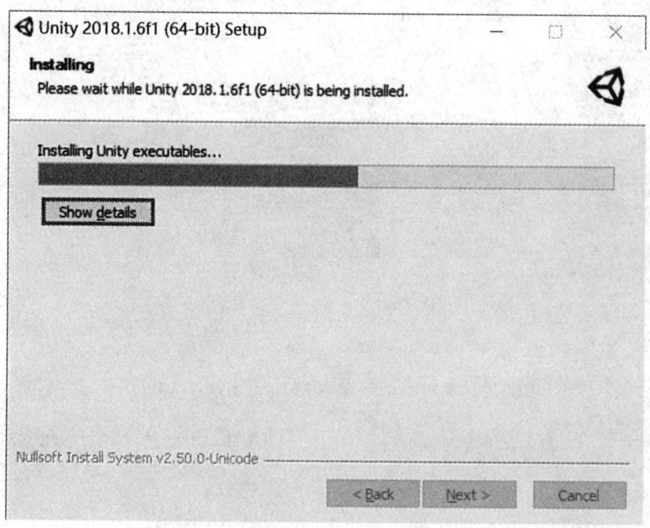

图1.2-8　Installing界面

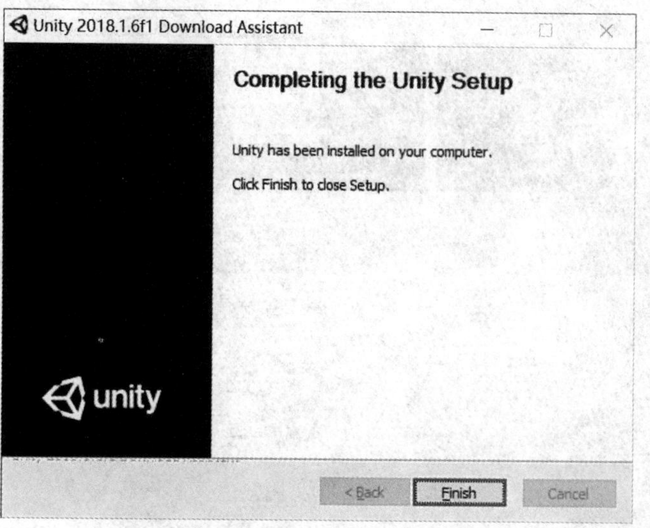

图1.2-9　Finish界面

（10）双击桌面上Unity.exe快捷方式，将会跳转到用户界面，如图1.2-11所示。

图1.2-10　Unity.exe快捷方式

图1.2-11　用户界面

（11）如果已有Unity账号，选择Account Login按钮，进入登录界面，如图1.2-12所示；如果没有Unity账号，选择Create a Unity ID按钮，进入注册界面，如图1.2-13所示。

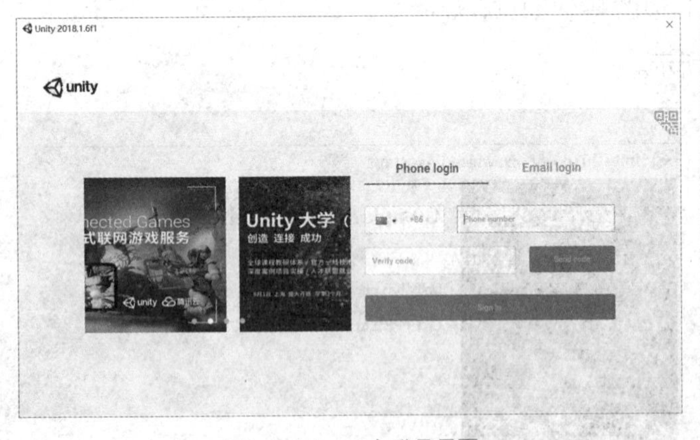

图1.2-12　用户登录界面

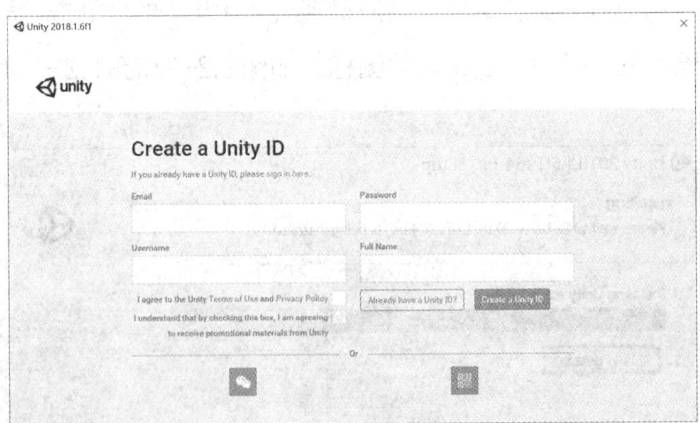

图1.2-13　用户注册界面

（12）注册登录结束，进入项目创建或打开的界面，如图1.2-14所示。单击“New”按钮，进入创建项目界面，如图1.2-15所示。单击“Open”按钮，即打开已有项目。

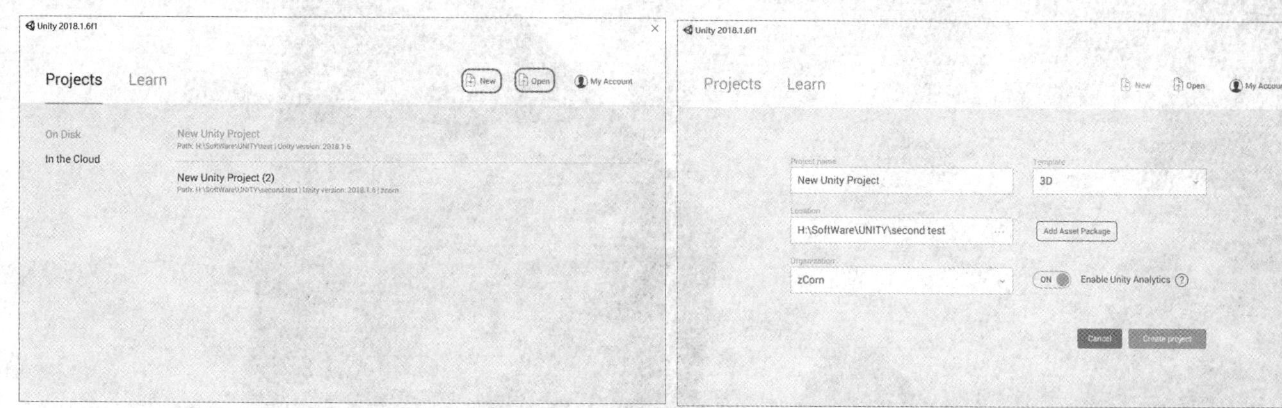

图1.2-14　新建项目或打开项目界面

图1.2-15　创建新项目界面

（13）打开项目进入Unity集成开发环境，如图1.2-16所示。

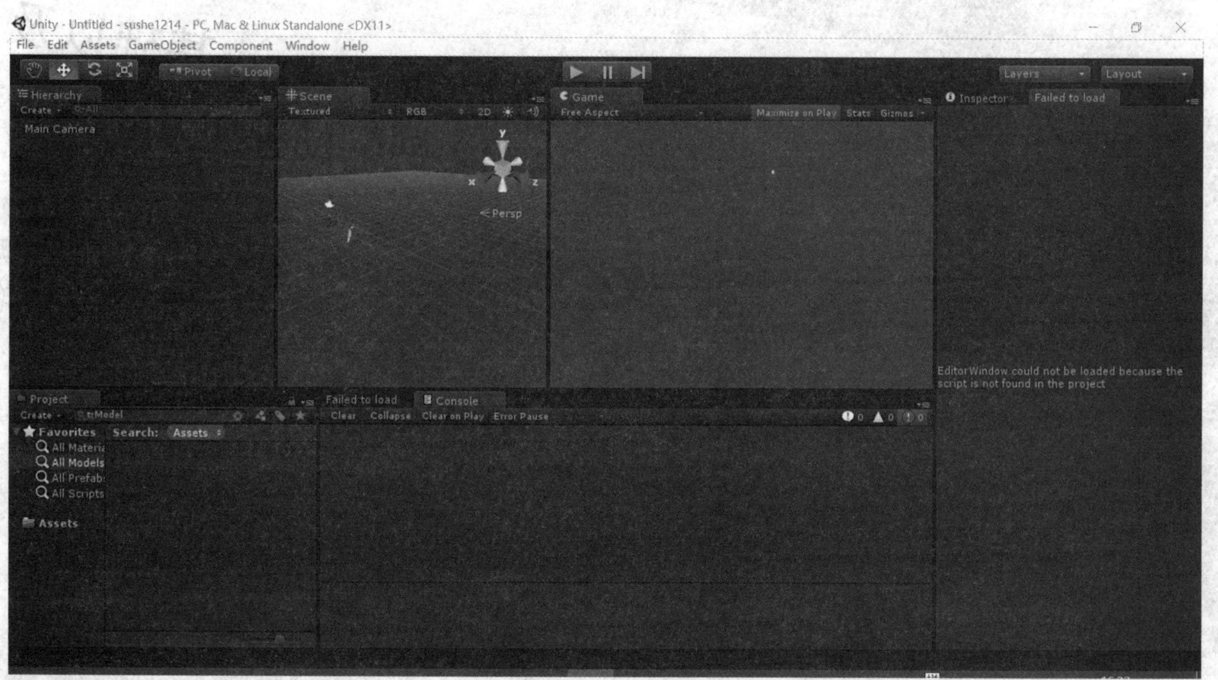

图1.2-16　Unity集成开发环境

提示：Unity的安装要求操作系统为Windows XP SP2以上，并且显卡要求显存至少为64MB，现在我们所用的计算机都满足以上两点要求。

第二章　Unity基础以及认识 PlayMaker

本章介绍了在3D开发时所需要用到的重要概念以及由Unity3D提供的重要概念和PlayMaker的介绍与核心概念的解释等。掌握这些重要概念，是深入学习Unity3D和PlayMaker开发的基础。

2.1　Unity基础

在3D开发当中，需要先了解和熟悉一些重要的概念，这样才能够更好地运用这些技术创作出色的作品。3D作品的技术是基于3D图形学的一种应用。在3D图形学中，涵盖了很多复杂的原理和算法。幸运的是这些算法的实现在游戏引擎中已经为我们封装好，我们只要拿来“为我所用”便可以了。但是，理解其中一些常用的概念还是有必要的，这样才能做到心中有数。在本节中，将介绍这些经常会使用的重要概念和在Unity3D中所定义的概念。通过介绍，我们初步了解在开发3D作品时所需要用到的重要概念以及由Unity3D提供的重要概念。这些概念贯穿于Unity3D 开发的整个过程。掌握这些重要概念，是深入学习Unity3D开发的基础。

2.1.1　3D图形学中的重要概念

3D图形学是3D开发的技术基础。3D图形学的发展，对3D开发的发展起到了举足轻重的作用。没有它，便没有3D作品开发。虽然，现在的3D引擎已经把大量的算法细节封装起来，但是，我们还是会大量使用到一些3D图形学的基本工具。

（1）坐标系

在现实生活中，我们经常会描述一个物体的位置。例如，我的茶杯放在厨房的桌子上，我的车停在学校门口的停车场。这些描述都是参照某个物体来进行描述的。例如，我的茶杯以厨房里的桌子为参照物，我的车以学校门口的停车场作为参照物。而在科学研究中，会使用更加严谨的表达方式。在高中的数学课程中，已知在二维空间里，描述一个点的位置可以使用某个二维的笛卡尔坐标系。使用二维笛卡尔坐标系，某点的位置可以以（x，y）的方式来表示，x轴表示水平方向上的位置，y轴表示竖直方向上的位置。例如，A点落在该坐标系的（3，2）这个位置，B点落在该坐标系的（2，5）这个位置。如图2.1-1所示。

二维的笛卡尔坐标系大家都非常熟悉，它用x轴上的值和y轴上的值组合成数据对来表示平面中某点的位置。而在三维空间中，可以使用三维的笛卡尔坐标系来表示某点的空间位置，其形式为（x，y，z）。x轴表示水平方向上的位置，y轴表示竖直方向上的位置，而z轴表示的是深度上的位置（至少Unity3D是这样）。如图2.1-2所示。

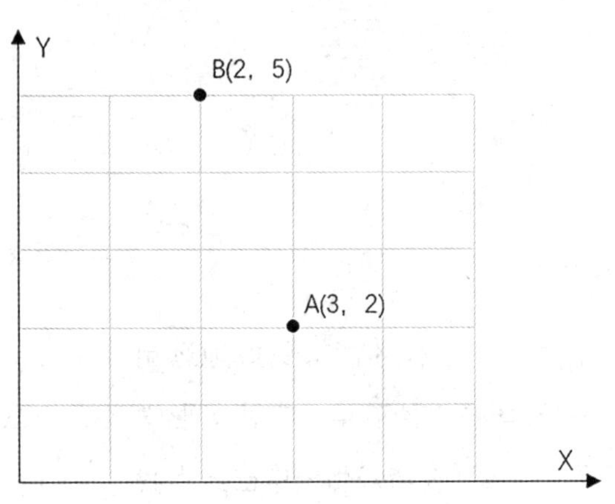

图2.1-1　二维笛卡尔坐标系标记点的位置

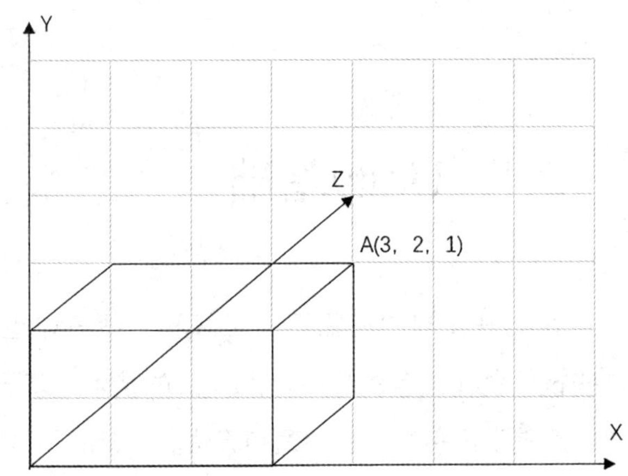

图2.1-2　三维笛卡尔坐标系标记点的位置

当然，以（x，y，z）的形式来表示位置是理所当然的。如果抛开其表达位置的意义，我们还可以用这种数字表示方式来表达某个物体绕着某个轴向旋转。例如，物体绕X轴旋转30°，绕y轴旋转20°，绕z轴旋转45°，可以表示成（30，20，45），还可以表示某个物体沿着某个轴向缩放。例如，物体沿着x轴缩放3倍、沿着y轴缩放0.5倍，沿着z轴缩放6倍，可以表示成（3，0.5，6）。除此之外，我们还可以使用这种表达方式来表示其他的实际意义，例如向量、位移等。在以上的表示形式中，都是以某个三维的笛卡尔坐标系作为参考对象的。既然该坐标系只是作为一个参考对象，那么这种笛卡尔坐标系根据位置和实际的作用可以分为不同种类的坐标系，其中，在3D开发当中用得最多的是局部坐标系和世界坐标系。

（2）局部坐标系与世界坐标系（Local and World Coordinate System）

在3D开发中，局部坐标系和世界坐标系是非常重要的概念，这关系到对象位置的表示和计算方式等。首先来介绍世界坐标系。

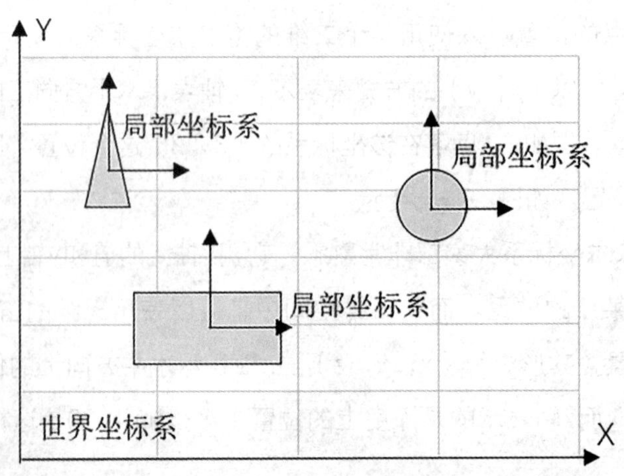

图2.1-3　世界坐标系与局部坐标系

●世界坐标系是一个特殊的坐标系，它建立了描述其他坐标系所需要的参考框架。我们能够用世界坐标系描述其他坐标系的位置，而不能用更大的、外部的坐标系来描述世界坐标系。该坐标系可以确定整个三维空间中物体与物体之间的位置关系。该坐标系的原点，也就是（0，0，0）位置，表示其世界坐标原点。所有的物体到最后都要使用该世界坐标系来表示该物体最终在场景中的位置。如图2.1-3所示。

●局部坐标系：有时候也被称为物体坐标系，它是与某个特定的物体相关联的坐标系。每个物体都有它们独立的局部坐标系。当物体移动或改变方向时，该相关联的坐标系将随之移动或改变方向（其实是局部坐标系移动，物体跟随它移动）。局部坐标系对在游戏模型进行建模时起到简化计算的作用。而且，使用局部坐标系作为参考，可以使得表示方位的描述更加方便。

世界坐标系与局部坐标系就好比向一个路人问路时，这个路人的回答可能使用不同的描述。在中国，北方人比较喜欢使用往东、往西等方位来指路，而南方人更喜欢用往左走、往右走来指路。往北往西等是以世界坐标系作为参考系，而向左、向右等是以本人所在的局部坐标系作为参考。

（3）父子物体（Parent-Child）

前面介绍了世界坐标系与局部坐标系的作用，可以看出场景中所有的物体都在世界坐标系中有特定的位置（更准确地说是有对应的变换，变换包括平移、旋转和缩放），这些位置都是以世界坐标系的原点为参考的。例如相对于世界坐标系该物体的位置为（3.5，6，6.2），表示的是该物体的局部坐标系原点（物体也跟着移动同样的单位），相对于世界坐标系原点沿着X轴平移3.5个单位，沿着y轴平移6个单位，沿着z轴方向平移6.2个单位。

我们知道每个物体都有自己的局部坐标系，假设现在有两个物体A和B，B是以A的局部坐标系作为参考坐标系，那么可以称B是A的子物体，而A是B的父物体。也就是说，A和B物体是一种父子关系。 假设A的坐标显示的是（3.5，6，6.2），B的坐标显示是（2，3，5），那么A的坐标表示的是相对于世界坐标系原点沿着x轴平移3.5个单位，沿着y轴平移6个单位，沿着z轴方向平移6.2个单位，而B的坐标表示的是相对于A的局部坐标系原点沿着该坐标系的X轴平移2个单位，沿着y轴平移3个单位，沿着z轴平移5个单位。以我们学过的数学知识（假设A物体没有进行旋转和缩放的操作，而且A的局部坐标系与世界坐标系的三个轴平行），这时B物体在世界坐标系中的位置为（3.5+2，6+ 3，6.2+5）=（5.5，9，11. 2）。

那么父子关系有什么作用呢？在目前流行的3D引擎当中，父子关系的运用非常广泛。假设B是A的子物体时，当A进行移动、旋转或者缩放（统称为变换）时，B物体也会跟随进行变换，而当B物体进行变换时，作为父物体的A物体却没有变换。也就是说，B物体继承了A物体的变换。这种效果可以用来制作简单的摄像机跟随物体运动的效果，被跟随的物体作为父物体，摄像机作为子物体。

（4）向量（Vector）

无论是在2D和3D几何的数学研究中，向量是最基本的数学工具之一。我们知道，数学上有向量和标量之分。标量是对我们平时所有数字的称谓。使用标量时，强调的是数量值，是用来计数的，例如1只羊，3.3块钱，50台电脑等，其中的1、3.3和50都是标量。在图形学中，向量的几何意义在于它既有大小并且具有方向。在2D的几何表示中，用[x，y]来表示，在3D的几何表示中，用[x，y，z]来表示。向量可以用来表示位移、速度等这些既有大小又有方向的量，这区别于只有大小而没有方向的量，例如距离和速率。

在3D开发当中，向量可以说是使用最多的一种数学工具，基本上出色的作品都离不开向量的运用。例如可以使用向量来表示一个物体移动的速度，也可以用来描述一个物体与另一个物体之间的位移量。还有，如果抛开其向量的几何意义，观察它的数学表达方式可以看出，该方式也可以用来表示物体的位置。在这里需要注意，向量的数学表达形式既可以用来表示点的位置也可以用来表示具有大小又有方向的量。向量表示的这两种方式在游戏开发的过程中时常来回转换。如图2.1-4所示。

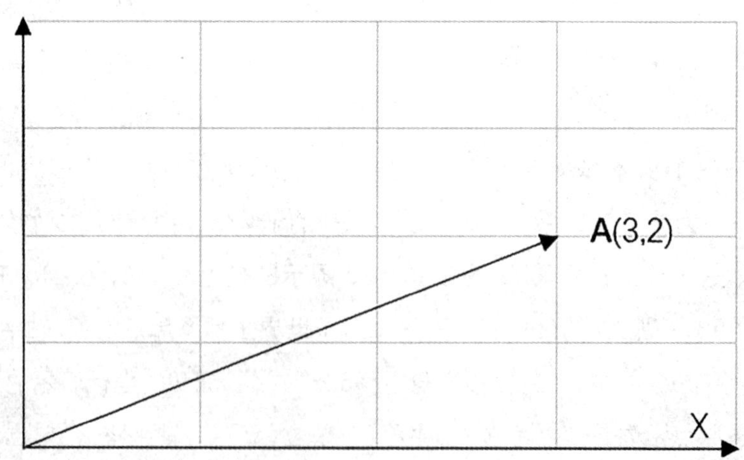

图2.1-4　数对（3，2）可以表示某点的位置，也可以表示初始状态到最终状态的位置移动距离和移动的方向

（5）摄像机（Camera）

在虚拟3D场景中，摄像机是一个不可或缺的概念。我们在作品中看到的绚丽的画面，最终都是在这个虚拟的摄像机中成像并显示出来的。虽然这个虚拟的摄像机是

逻辑上的摄像机，但是在图形学的逻辑上是必不可少的环节。这个虚拟的摄像机可以放置在场景中的任何位置，也可以为其添加各种需要的动画，也可以用来作为角色的子物体而跟随角色运动，当场景中的对象进入摄像机的视见体时，便可以通过摄像机看到这些物体。

（6）多边形（Polygons）、边（Edges）、顶点（Vertices）和面片（Meshes）

在目前流行的三维建模中，多边形建模是用得最多的一种建模方式。在第三方建模软件例如3D Max或者Maya等软件中使用多边形建模方式建成3D模型之后，便可以通过中间文件导入到Unity3D中。在导入过程中，Unity3D会把组成模型面片（Meshes）转换成三边面，每个三边面称为一个多边形（Polygon），而这个三边面由三条边（Edge）组成，而每条边又由两个顶点（Vertice）组成。如图2.1-5所示。

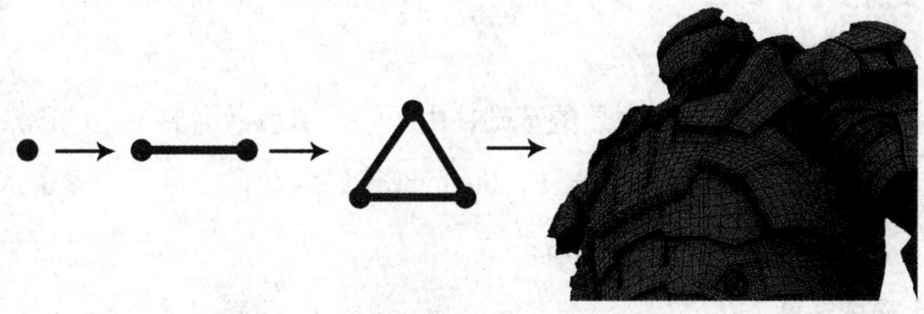

图2.1-5　从点到模型的组合过程

在3D实时渲染领域中，尤其在需要对数据处理反应较快的软件中，渲染的速度必须很快（至少每秒24帧）才能使得画面不闪烁。在模型的制作中，我们常常会接触到低模的制作，这是因为，组成模型的多边形越多，顶点越多，模型越复杂越精细，其占用的资源和计算机要处理的数据也就越大，其渲染速度就会受到影响。所以，多边形的数量以及顶点的数量是影响渲染速度的一个重要因素之一，在3D场景的建模中，应该在模型效果与模型顶点数量之间取得一个平衡。当然，现在有很多的技术可以来提高模型数据的处理速度和容纳更多的多边形，例如LOD技术、Occlusion Culling，曲面细分等。

（7）材质（Materials）、贴图（Textures）和着色器（Shaders）

在3D模型建模中，要表现一个物体的质地，需要使用材质这个概念。材质用于表现物体的固有颜色、高光（其范围和强弱是物体质地的一个重要因素）和反折射等反映物体质地的因素。例如木头的材质与金属的材质就完全不同。

贴图，从狭义上说，贴图提供了物体表面的固有颜色，随着技术的发展，贴图也可以用于提供其他的数据信息，比如法线贴图、高光贴图、置换贴图等。贴图是一张图片，这张图片通过某种映射方式贴附到三维物体上，这样，物体就有了自己更加丰富的颜色了。观察可口可乐的瓶罐，把它上面的贴纸撕下来，这张贴纸就是这个瓶子的贴图，而贴附的方法是绕着罐子绕一圈。当然，贴图的贴法还有很多种。贴图可以通过Photoshop等图像处理软件来制作。在这里需要注意，图像的尺寸大小在一定程度上也影响着渲染的效率，而且，由于当前计算机的图形图像处理算法和系统结构等原因，贴图的长宽尺寸（长宽可以不相等）最好是2的n次幂，例如64px×64px，128px×128px，256px×256px，512px×512px，1024px×1024px，1024px×512px等。

着色器是使用着色器语言编写的用于表现模型材质的程序。由于其效果是可编程的，因此可以使得物体的材质效果更加丰富多彩，比如可以用着色器编写一个镜面效果或者砖石晶莹剔透的效果，而且使用着色器可以使得物体的材质能够与场景中的对象进行实时交互，比如一个镜子的着色器可以实时反射在镜子面前的物体或者一个透明的玻璃窗效果。

在Unity3D中，着色器是材质的基础，由于编写着色器需要一定的图形学知识、数学知识和编程基础，为了使用方便，Unity3D已经为我们提供了许多备选的材质，这些材质都是由着色器语言编写而成的。

（8）物理引擎

物理引擎用于模拟现实生活中的各种物理现象，比如两个桌球互相碰撞，炮弹击破一个墙体，还有布料的模拟等。对于开发人员来说，游戏引擎提供一个好的物理模拟引擎可以使得一个场景的动力学模拟更加真实，使得三维场景中的对象在相互作用时看起来更加真实。在Unity3D中，已经内嵌了Nvidia's PhysX物理引擎，该引擎提供的物理模拟非常高效，并且效果非常棒。

虽然物理引擎可以提供逼真的物理模拟效果，但是同时也带来一个问题，就是计算量的增多。在效果与效率之间取得一个平衡，是开发者的一项工作。当然，随着硬件和算法的发展和优化，越来越多的游戏中都加入了物理模拟效果，例如最为典型的《愤怒的小鸟》《捣蛋猪》《牛顿定律》等移动平台游戏，还有大型游戏《使命召唤》中的爆炸效果，《寂静岭》中的尸体（使用布偶物理模拟）从天花板掉下等，这些游戏把物理模拟效果推向另一个高峰。

（9）碰撞检测（Collision Detection）

在作品开发中，基本都会用到碰撞检测的技术。可以这么说，碰撞检测是虚拟互动的基本概念。每一款作品都有碰撞检测算法的存在。使用碰撞检测，可以防止角色穿过墙面，汽车掉到地下，还可以用来判断子弹是否打中了敌人等。在现在流行的游戏引擎中，都会使用到一种叫作碰撞盒（Collider）的功能。所谓碰撞盒，简单地说就是包围在物体的表面并使得可以用它来判断是否与其他物体的碰撞盒互相碰撞的轮廓体。碰撞盒在作品运行过程中是不可见的。

在Unity3D中，拥有两类重要的碰撞盒，一种为基本碰撞盒（Primitives），另一种是面片碰撞盒（Meshes）。基本碰撞盒是一些简单的碰撞盒轮廓，包括了立方体（Boxes）、球体（Sphere）和胶囊体（Capsules）。面片碰撞盒是一种与物体外观相同或者相似的碰撞盒，该种碰撞盒的形状和复杂度由被包围的物体形状和复杂度决定。当然，使用面片碰撞盒可以使得碰撞的计算更加精确，但是与此同时也带来了计算量的增多。此处要注意的是，碰撞盒可以添加在没有可见物体的游戏对象上，也就是说，碰撞盒可以脱离可视物体的存在而存在。这个很重要，例如你要做一个没有栏杆的小溪流，角色可以在岸边走，但是不能走到河里，你可以在岸边布置一些碰撞盒，角色碰到这些碰撞盒时便不能通过。

（10）凸面体与凹面体（Convex and Concave）

从几何学上来定义，如果一个几何体上任意两点所连的线段都在它的内部，那么就叫它为凸面体，否则就叫作凹面体，如图2.1-6和图2.1-7所示。在碰撞检测算法中，一般只有凸面体形状的包围盒有效，而凹面体会造成计算错误。尤其在为物体添加面片碰撞盒时，需要注意这个因素（可以对模型进行拆分处理或者把凹面体碰撞盒转换成凸面体，第二种方法可能会造成碰撞盒边界的不精确）。

图2.1-6　凸面体

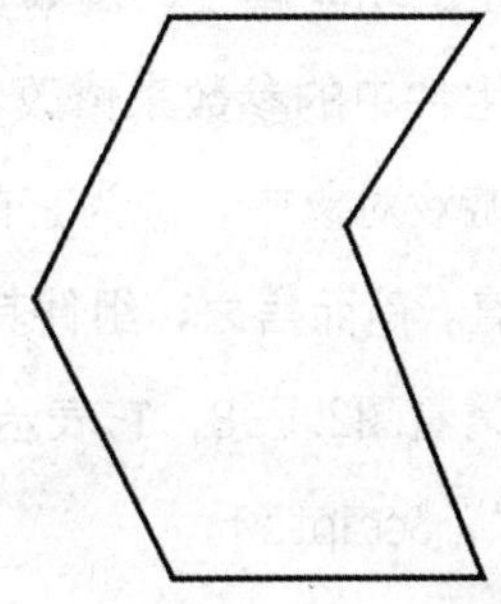

图2.1-7　凹面体

2.1.2　Unity3D中定义的重要概念

本节介绍在Uinty3D中定义的概念，也许在其他的游戏引擎中是没有的，而要掌握Unity3D游戏引擎的用法，这些概念就必须掌握。

（1）资源（Assets）

在3D游戏的制作过程中，需要用到各种各样的资源，这些资源包括模型、贴图声音、程序脚本等。在Unity3D中统称资源（Asset），可以把资源比喻成3D游戏制作过程中的原材料，通过原材料的不同组合和利用，便形成了一个游戏产品。

（2）工程（Project）

在Unity3D中，工程是一个游戏项目。 这个工程包括了该游戏场景所需的各种资源，还有关卡、场景和游戏对象等。在创建一个新的游戏之前，必须先创建一个游戏工程。游戏工程可以想象成实现游戏的工厂，它里面有游戏的资源仓库、制作游戏的装配间和打包输出的车间等。

（3）场景（Scenes）

场景是一个游戏界面，或者一个游戏关卡。在一个打开的场景中，游戏开发者通过编辑器为该场景组装各种游戏资源，这些资源被放置到场景中之后成为一个个游戏对象，通过这些游戏对象实现该游戏关卡中的各种功能。场景相当于游戏制作过程中不同部分的不同车间，在不同的车间中搭建不同的场景。

（4）游戏对象（GameObject）

游戏对象是组成每一个游戏场景中必不可少的因素。各种各样的游戏对象通过资源的组装并加入游戏场景中，只有某种资源被放置在游戏场景中，才会生成游戏对象。游戏对象根据功能的需要有不同的属性，通过这些属性来控制游戏对象的不同行为。

（5）组件（Component）

组件，在Unity3D中是用于控制游戏对象属性的集合。每一个组件包括了游戏对象的某种特定的功能属性，例如Transform组件，用于控制物体的位置、旋转和缩放。可以通过组件中的参数来修改物体的属性，甚至你通过编写一个脚本程序并把该程序添加到游戏对象中，成为它的一个组件，并利用检查器（Inspector）来编辑你想要的属性值。简而言之，组件其实就是定义了游戏对象的属性和行为。

接下来，请看图2.1-8，它表示出了使用Unity3D制作游戏的一个层次结构。

（6）脚本（Scripts）

我们知道，游戏与其他的娱乐方式（电影、图书、电视、广播等）的最大区别在于可互动性。互动性是游戏的最基本特征之一，而程序脚本便是实现可互动性的最有利工具。通过编写程序可以控制游戏中的每一个游戏对象，我们可以让他们根据我们的需要改变他们的状态和行为。在Unity3D中，使用得最多的脚本语言是JavaScript和C#，当然还有使用Boo语言（该语言不支持移动终端）。在编写游戏脚本的时候，我们可以不用关心Unity3D的底层原理，我们只要调用Unity3D为我们提供

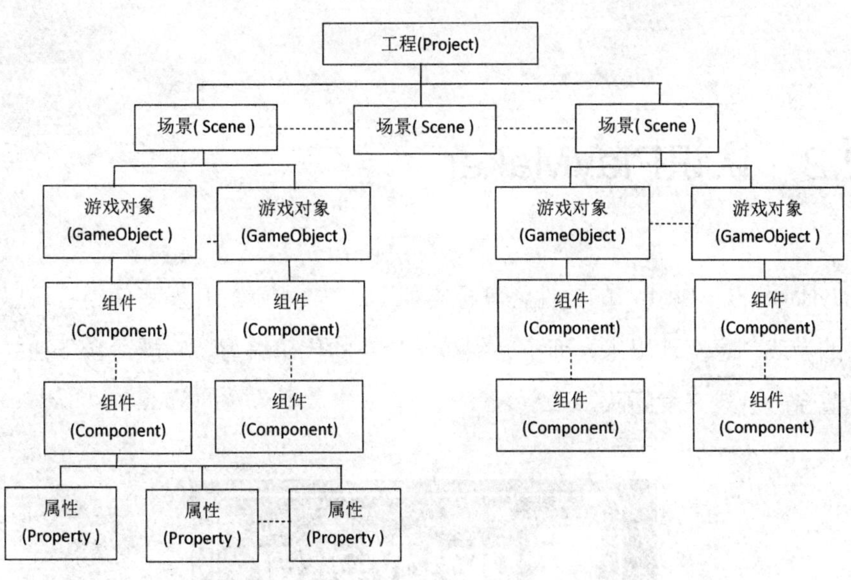

图2.1-8　Unity3D 工程层级结构

的API，便可以完成出色的游戏产品。而且，你在Unity3D中同时使用C#和JavaScript脚本进行编写，这样并不会影响它的运行，只是这两种语言的语法稍微有些不同而已。在编写程序的时候，挑选合适的程序编辑器是提高编程效率的方法之一。我们可以使Microsoft Visual Studio编辑器或者使用Unity3D自带的MonoDevelop脚本编辑器来编写代码。当然你也可以使用其他编辑器，例如Ultra Edit或者其他文本编辑器等来编写脚本。但是，笔者建议采用前面的两种编辑器。

（7）预置（Prefabs）

有的时候我们会在Unity3D中为游戏对象添加各种组件，并设置好它的属性和行为，而且需要反复利用这些已经修改好的对象。Unity3D 为我们提供了一种保存这种设置的方法，该种方法成为保存预置（Prefab）。它使得我们在场景中编辑过后的游戏对象重新保存成一个Prefab对象，成为一种资源。这个Prefab可以在不同的地方不同的场景重复使用这些保存了的设置。通过预置，我们可以在游戏过程中动态地生成该预置成为场景中的游戏对象。例如，你按下鼠标的左键表示发射炮弹，这个炮弹已经通过添加各种组件，并设置好它的属性，最后保存成一个预置，我们可以通过脚本实时地生成一个我们修改好的炮弹对象并加入场景中。在使用预置的过程中还有一个好处，便是同步性。当你在游戏场景中有很多的由该预置生成的游戏对象，通过修改其中一个游戏对象的属性，并运用到这个预置中，场景中所有的由该预置生成的游戏对象的属性也会同时改变。

2.2 认识PlayMaker

PlayMaker 是 Unity 的插件，其标志如图2.2-1所示。开发者使用它可以快速地将自己的游戏创意实现出来，而不必纠结于复杂的代码编写。它既适合于独立的开发者，也适合于游戏开发团队。

图2.2-1 插件 PlayMaker

2.2.1 PlayMaker简述

PlayMaker 是一个可视的状态机编辑器。而状态机（如图2.2-2所示）并非十分复杂的概念（本章后面会详细介绍）。当开发者开始使用它的时候，就会体会到PlayMaker的便利。

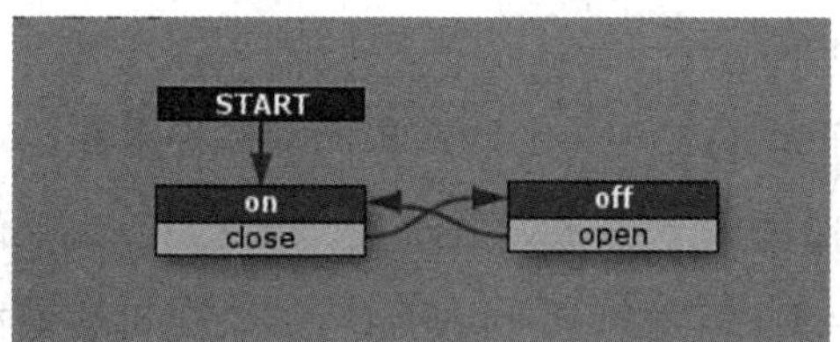

图2.2-2 状态机（FSM，即 Finite State Machine）

PlayMaker 搭载了大量的“动作”（即 Action，如图2.2-3所示）。开发者需要做的就是操作这些动作（无需写任何代码）实现 Unity 提供的大部分功能效果。PlayMaker可以为开发者减少大量写脚本代码的时间，同时也让 Unity 的开发者得以快速地将自己的想法付诸实施（将创意快速做成游戏）。

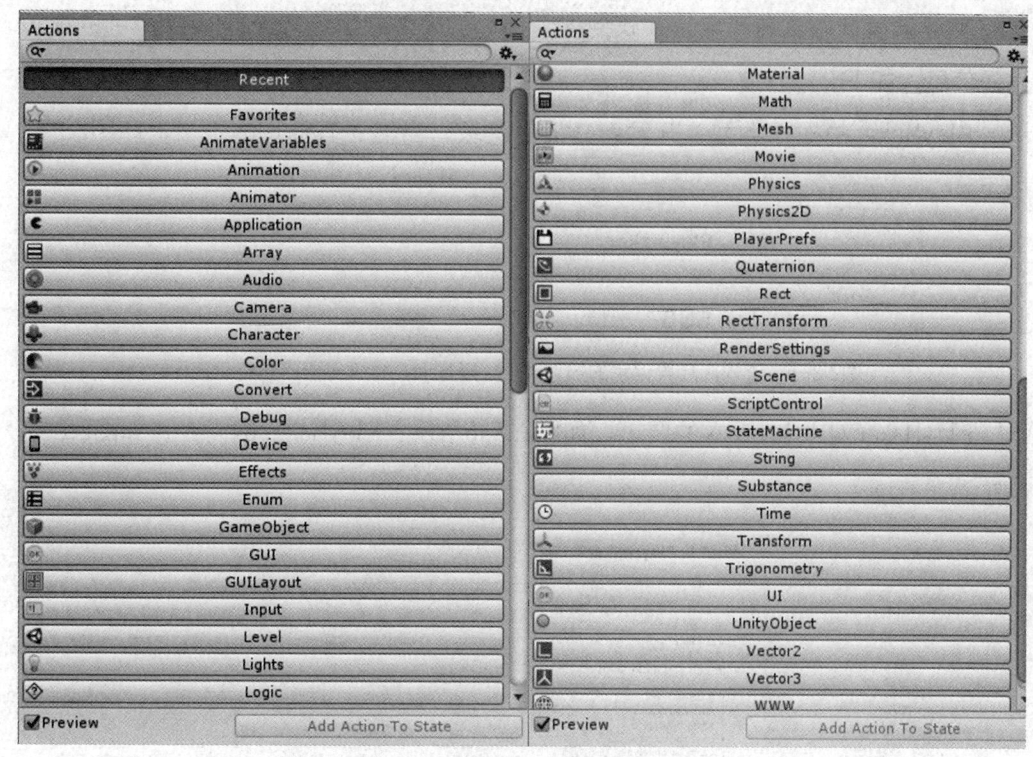

图2.2-3　PlayMaker 搭载的动作

2.2.2　PlayMaker的下载和导入

PlayMaker插件可以从Unity的Asset Store中购买到，也可以从其他开发者那里共享到。无论选择何种途径，要学习使用PlayMaker的话，最后都需要首先将其导入到自己的游戏项目中。

（1）找到并了解PlayMaker的相关信息

PlayMaker是一个Unity插件。因此正常情况下，要在Unity中使用这个插件，就需要先到Unity的资源商店中找到这个插件，如图2.2-4所示。

图2.2-4　从资源商店中找到PlayMaker

推荐读者进入资源商店，并找到这个插件。因为这里还记录着PlayMaker的很多有用信息，如下。

PlayMaker的插件类型、开发者、插件等级，当然还有插件的价格，如图2.2-5所示。

Playmaker

Hutong Games LLC ★★★★★ 5 | 497条评论

$65

图2.2-5 资源商店里记录的插件类型、开发者、插件等级和价格信息

PlayMaker对Unity版本的要求，如图2.2-6所示；PlayMaker的简介，如图2.2-7所示。

Requirements

- Playmaker works with Unity 5.3 and higher.
- System requirements are the same as for Unity.
- Alpha and beta versions of Unity are not officially supported.

图2.2-6 对Unity版本的要求

What is Playmaker?

Playmaker is a powerful visual state machine editor and runtime library for Unity3D.

If you haven't used state machines before, don't worry Playmaker makes them easy - and once you start using them you'll wonder how you got along without them!

If you use state machines now you'll appreciate Playmaker's graphical editor and debugging tools - and then wonder how you got along without Playmaker!

What can you make with Playmaker?

- A.I. Behaviors
- Animation Graphs
- Interactive objects
- In-engine cut-scenes
- Gameplay prototypes
- Interactive walkthroughs
- more...

Do you need to know how to program?

No! Playmaker ships with dozens of pre-built **Actions:** modular building blocks that can be combined and tweaked on the fly - no coding required!

Of course, if you want, you can write your own Actions, or even call existing scripts and still use Playmaker's powerful visual editor.

In fact, many programmers love Playmaker too!

Editor Features

- Quickly add **States** and connect them with **Transitions**.
- Manage **Events** and **Variables**.
- Add **Actions** and tweak parameters.
- Save time with **Templates** and **Copy/Paste.**
- Real time **Error Checking** finds errors before you hit play!
- Runtime **Debugging** lets you watch state changes, send events, and examine variables.
- Set **Breakpoints** on any state, or **Step** through state changes.
- Write **Custom Actions** and they appear in the Editor!
- **Integrated Help**.
- **Undo/Redo**.

图2.2-7 PlayMaker的简介

PlayMaker的版本、大小和发布日期，如图2.2-8所示；介绍PlayMaker功能的缩略图，如图2.2-9所示。

文件大小	17.3 MB
最新版本	1.9.0.p20
最新发布日期	2020年2月20日
支持Unity版本	5.3.0或更高

图2.2-8 插件的版本、大小和发布日期

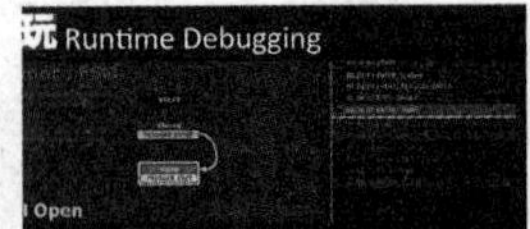

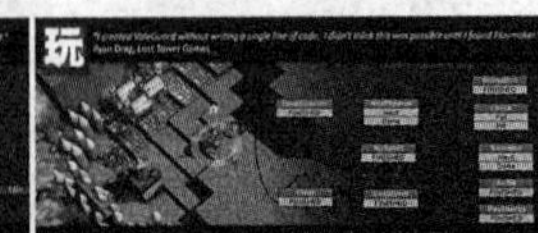

图2.2-9 介绍PlayMaker功能的缩略图

PlayMaker所包含的各种资源，如图2.2-10所示。

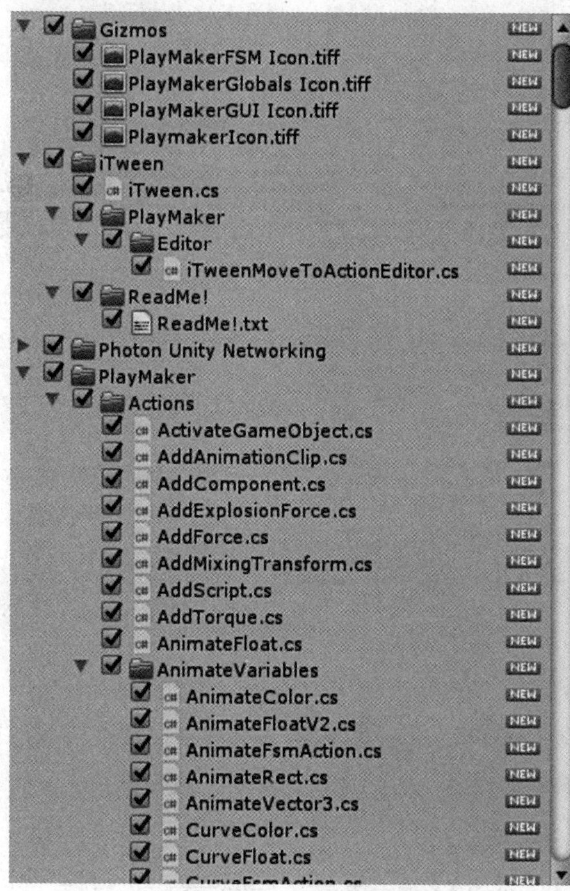

图2.2-10　PlayMaker所包含的各种资源

提示：感兴趣的读者可以到http://hutonggames.com/index.html#&panel2-11网页上浏览更加详细的信息！

（2）导入PlayMaker

读者首先需要准备好已经获取的PlayMaker插件，如图2.2-11所示。然后放置到一个指定的路径下即可！注意，此路径不能含有中文字符。接下来会需要从此路径中找到并导入此PlayMaker插件。

Playmaker v1.9.0.unitypackage

图2.2-11　本书所使用的PlayMaker插件（版本1.9.0）

提示：截止本书写作之时，PlayMaker的最新版本是 1.9.0，而本书使用的是1.9.0。实际上PlayMaker 1.7.7.0以后的各版本，差别并不大，如图2.2-12所示。进入网址：https://hutonggames.fogbugz.com/default.asp？W311，即可查看PlayMaker各版本的更新信息。

Version 1.8.9

Bug Fixes

- Fixed bug in 1.8.7/8 when updating FSMs made with very old versions of Playmaker.

Version 1.8.8

Bug Fixes

- Fixed editor lag with looped states (bug in 1.8.7).
- Fixed all events being marked global by Error Checker.
- Sent By context menu in Event Manager now includes events sent by the selected FSM.
- Fixed Sent By items with same path (e.g., GameObject : FSM : State 1) collapsing into a single menu item.
- Fixed Clipboard/Missing Owner templates showing up in searches (e.g., event menus).
- Fixed rendering glitch in Circuit Links if the link was perfectly horizontal.
- Fixed toggling of global events in Event Browser.

Improvements

- Added preference to Ping editor windows if they're already open:
  - *Preferences > General > Ping Open Editor Windows*
- Clickable error box if event needs to be global. Click to make the event global.

Version 1.8.7

Bug Fixes

- Fixed 2D Physics events in Run FSM action.
- Fixed hierarchy changes unselecting sub FSMs (e.g. Run FSM), making them hard to debug (#1718)
- Don't auto-close Action Browser if it's docked (#1575)
- Fixed Graph View not resetting when PlayMakerFSM was Reset in menu (#1554)
- Don't add second PlayMakerGUI if it's disabled in the scene.
- Fixed layout of some action parameters with new re-sizable Inspector.
- Actions copied in State Inspector and pasted in Graph View were pasted off screen.
- Disabled rich text editing in State Description since there was no way to edit the tags.

图2.2-12　PlayMaker各版本之间的差异

①游戏项目

游戏项目是资源的载体，所以要导入PlayMaker插件到游戏项目，首先要有游戏项目才行。读者可以选择打开已有的项目，或者创建新项目。

②从Asset Store里导入

默认情况下，Asset Store里下载的插件在首次下载完成以后，会自动弹出Importing Unity Package对话框，如图2.2-13所示。它会询问开发者是否要导入全部或者部分资源。单击对话框里的Import按钮，即可将对应的资源导入到当前的游戏项目中。

图2.2-13　Importing Unity Package对话框（导入PlayMaker插件）

③自定义导入

若PlayMaker插件是通过外部途径下载得到的，就需要在当前的游戏项目中，单击Unity的Assets|Import Package|Custom Package…命令，调出Import package…对话框，找到指定路径下的资源，选中以后导入即可。

2.2.3 PlayMaker 菜单概述

PlayMaker插件被导入游戏项目以后，会自动为Unity编辑器添加一个名为PlayMaker的主菜单，如图2.2-14所示。熟练使用这个主菜单，可以让我们更快地找到PlayMaker提供的重要功能，以及特定行为的快捷键。

（1）快速打开PlayMaker编辑器

PlayMaker 编辑器是开发者使用PlayMaker插件进行操作的主要视图。读者可以单击PlayMaker|PlayMaker Editor命令快速打开此视图，如图2.2-15所示。

图2.2-14 PlayMaker菜单

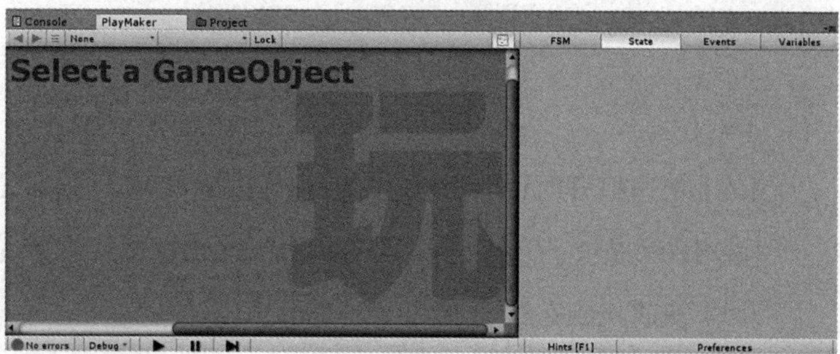

图2.2-15 PlayMaker视图（PlayMaker编辑器）

（2）快速打开PlayMaker提供的各种编辑器窗口

为了方便开发者，PlayMaker一共提供了9个编辑器窗口。读者可以在PlayMaker|Editor Windows菜单下找到它们，图2.2-16所示。

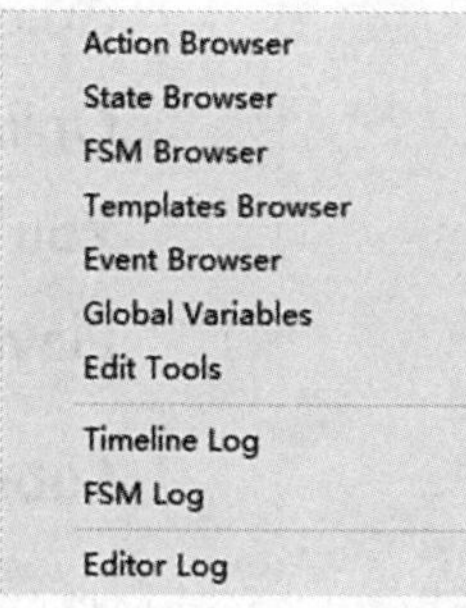

图2.2-16 PlayMaker|Editor Windows菜单下的各子菜单项

（3）快速添加FSM和PlayMakerGUI组件

FSM和PlayMakerGUI组件是PlayMaker插件提供给开发者的仅有的两个组件，如图2.2-17所示。读者可以在PlayMaker|Components菜单下找到它们，如图2.2-18所示。

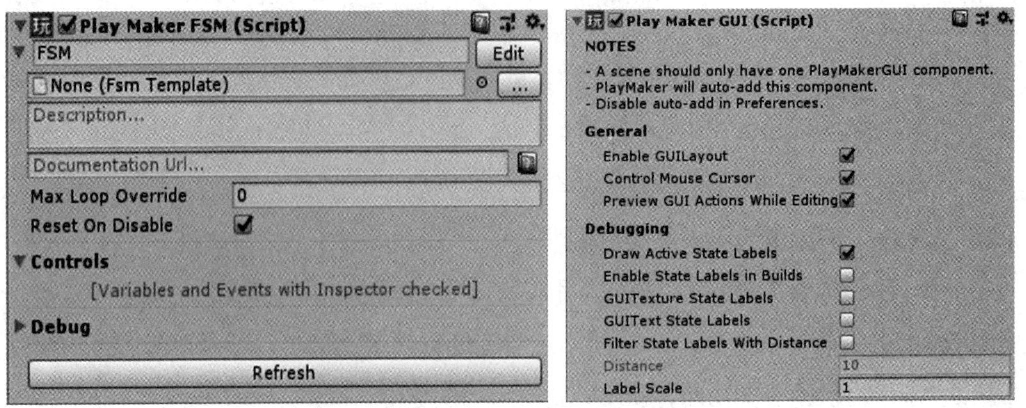

图2.2-17　FSM和PlayMakerGUI组件

Add FSM To Selected Objects
Add PlayMakerGUI to Scene

图2.2-18　PlayMaker|Components菜单下的各子菜单项

（4）快速打开PlayMaker提供的各种工具

PlayMaker提供了9个工具，都在PlayMaker|Tools菜单下，如图2.2-19所示。

（5）快速找到在线资源

开发者学习使用以及应用PlayMaker制作游戏的过程中，一定会遇到各种各样棘手的问题，而手头上的资料又不足以解决问题的时候，可以考虑向PlayMaker的在线资源求助。PlayMaker|Help菜单下包含了6种在线资源，如图2.2-20所示。

图2.2-19　PlayMaker提供了9个工具

图2.2-20　PlayMaker提供的在线资源

2.2.4 PlayMaker的核心概念

PlayMaker引入了4个核心概念：状态机、动作、变量和事件。了解它们是学习操作PlayMaker的前提，本节会分别介绍它们。

（1）状态机

状态机，即Finite State Machine，读者在本章前面的部分已经见过了，它主要负责组织各个离散的“状态”。状态机里包含5个元素：起始事件（Start Event）、状态（State）、过渡事件（Transition Event）、过渡（Transition）和全局过渡（Global Transition）。如图2.2-21所示，就是一个很常见的状态机。

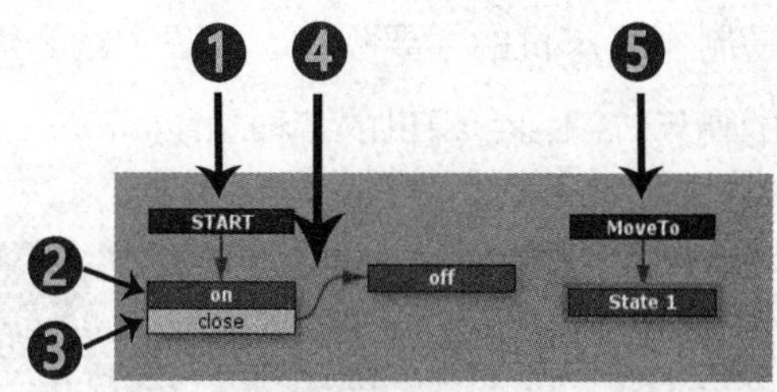

图2.2-21　状态机及其5个组成元素（1.起始事件，2.状态，3.过渡事件，4.过渡，5.全局过渡）

提示：在描述状态机里的内容时，本书通常会使用到这些专业术语（即5个组成元素）。例如，对于本小节给出的状态机的描述为：“起始事件”START 会激活 On“状态”，后者有一个 Close“过渡事件”，当名为 Close 的事件被触发以后，“状态”会从 On“过渡”到 Off，当“全局过渡”MoveTo被触发以后，则会激活State1“状态”。

（2）动作

动作（Action）用来表示一个具体的行为。它只能被赋予状态机中的“状态”，而“状态”负责执行动作。对于熟悉 Unity 的读者而言，它类似于 Unity 中的“组件”，而“动作”也拥有自己的属性。如图2.2-22所示，名为 Set Material Color 的“动作”被赋予 Off 状态，而 Set Material Color 动作下有自己的属性。

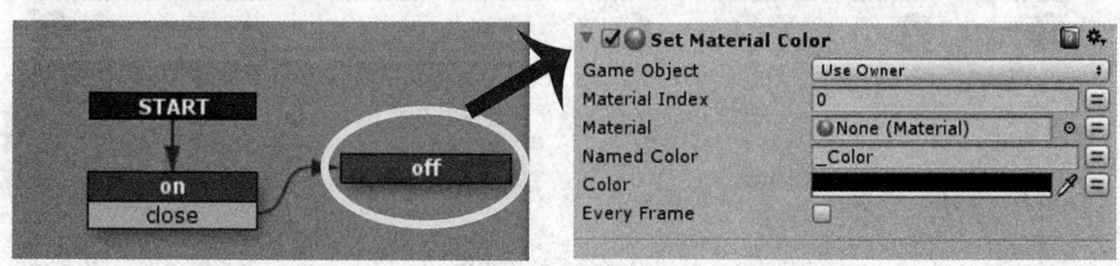

图2.2-22　动作及其属性

（3）变量

变量（Variables）可以被看作是一个有名字的数据容器。它和Unity脚本中的“变量”类似，只不过脚本中的变量是用来存储脚本中生成的数据，而PlayMaker 中的变量是用来存储状态机中生成的数据。

（4）事件

事件（Events）是状态机中触发状态过渡的原因。

注意：本节并没有对核心概念做更加深入的分析，因为单纯分析理论会异常的无聊，为了让本书更加实用，我们会在示例中具体情况具体分析。

2.2.5 PlayMaker 编辑器

PlayMaker编辑器是制作状态机的主要视图，如图2.2-23所示。只有熟悉此视图，读者才能更加快捷的使用PlayMaker提供的各种功能。

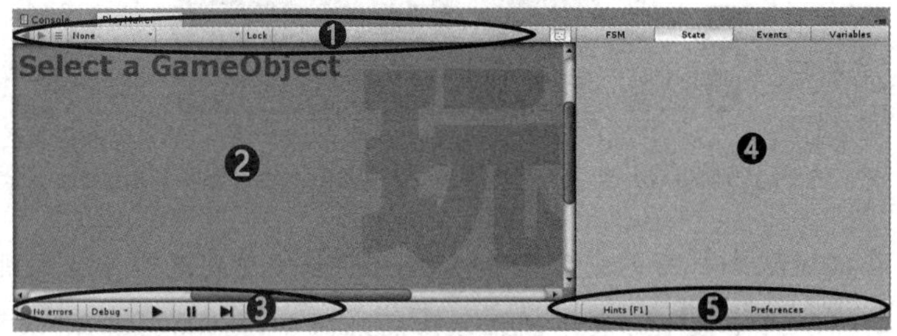

图2.2-23　PlayMaker编辑器（1.选择工具栏，2.图表视图，3.调试工具栏，4.查看器面板，5.偏好设置）

PlayMaker编辑器主要由5个部分组成，分别是选择工具栏、图表视图、调试工具栏、查看器面板和偏好设置。本节将对这5个部分做简要的介绍。

2.2.5.1　选择工具栏

选择工具栏（Selection Toolbar）可以让开发者快速的选中游戏场景中特定游戏对象上的状态机，如图2.2-24所示。

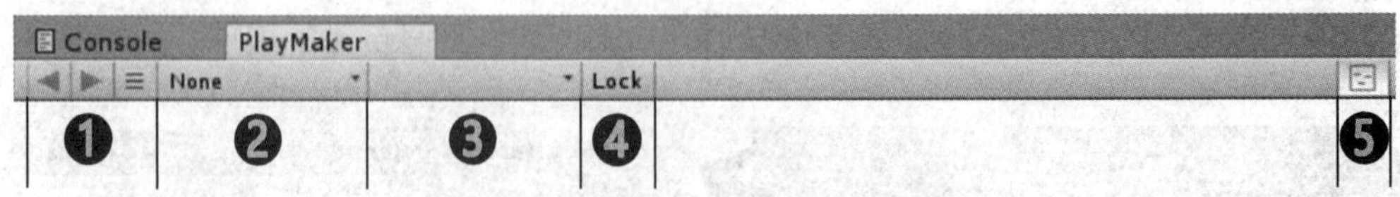

图2.2-24　选择工具栏及其各组成部分

选择工具栏主要由5个部分组成：

①包含3个按钮，分别表示上一次选择的状态机、下一次选择的状态机和曾经选中过的状态机。

②是游戏对象下拉列表，用于当前游戏场景中拥有状态机的游戏对象。

③是状态机下拉列表，用于选择具体的状态机。因为一个游戏对象可以被赋予多个状态机，所以可以使用此下拉列表选择特定游戏对象上多个状态机中的一个。

④是Lock按钮。通过单击该按钮，可以锁定当前PlayMaker编辑器显示的状态机。

⑤“按下”表示显示“状态机迷你图”，“弹起”则不显示。

如图2.2-25所示，游戏场景中有两个游戏对象拥有状态机，它们分别是Cube和Sphere。接下来我们就要操作PlayMaker编辑器上的选择工具栏了。

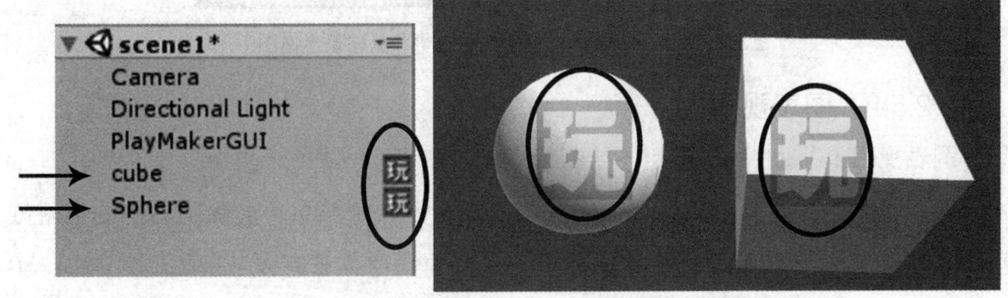

图2.2-25　游戏场景中，拥有状态机的游戏对象

提示：拥有状态机的游戏对象，会被一个“玩”图标标识。

（1）工具栏上的②游戏对象下拉列表会列出当前游戏场景中拥有状态机的游戏对象的名称，如图2.2-26所示。例如，当前游戏场景中只有Cube和Sphere对象拥有状态机。

（2）工具栏上的③状态机下拉列表会列出当前选中的游戏对象上所有的状态机，如图2.2-27所示。例如，游戏对象Cube上有且只有一个名为FSM的状态机。

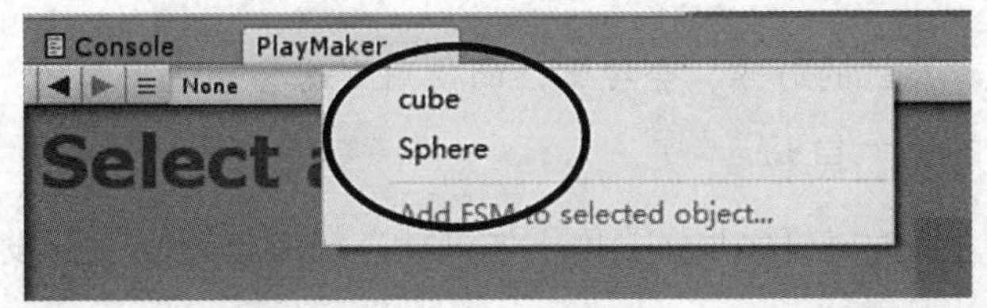

图2.2-26　选择工具栏②中列出了当前游戏场景中拥有状态机的游戏对象

图2.2-27　选择工具栏③列出了当前选中的游戏对象上所有的状态机

（3）工具栏上的⑤“状态机迷你图”按钮处于按下状态，则在PlayMaker上显示的状态机和状态机迷你图，如图2.2-28所示。

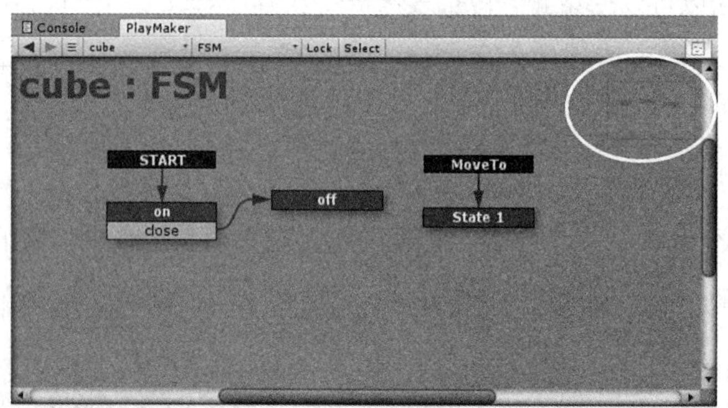

图2.2-28　PlayMaker上显示的状态机和状态机迷你图

2.2.5.2　图表视图

图表视图（Graph View）用于绘制状态机，如图2.2-29所示。

在此视图中右击鼠标，可以调出快捷菜单，而快捷菜单也会依据右击的不同位置和情景，来显示出不同的快捷菜单项，常见的快捷菜单有以下3种，如图2.2-30所示。

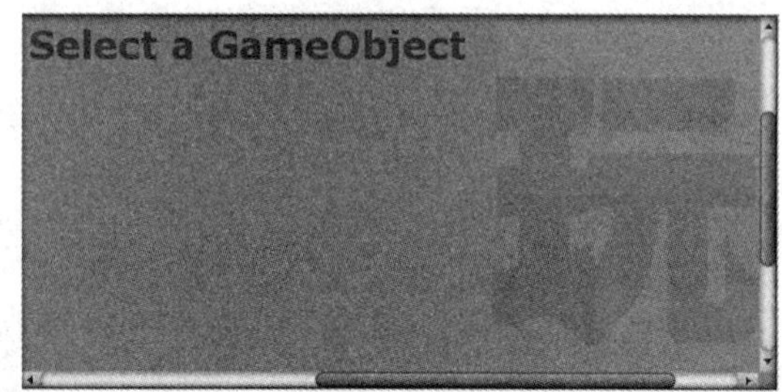

图2.2-29　图表视图

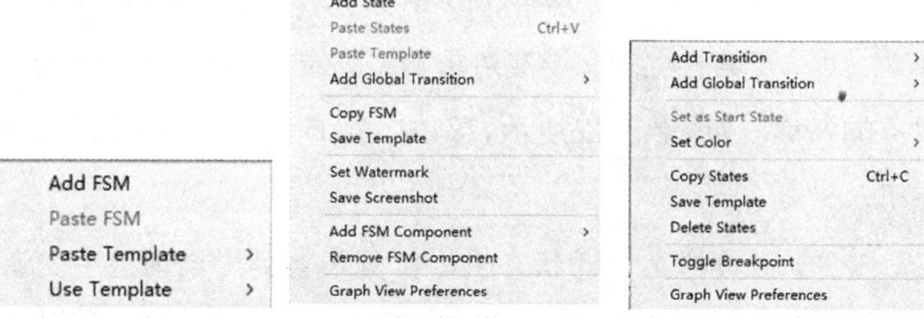

图2.2-30　图表视图里常见的3种快捷菜单

提示：制作状态机的时候，会经常性的使用到这些快捷菜单项。

2.2.5.3　调试工具栏

调试工具栏（Debug Toolbar）用于调试状态机制作过程中开发者不小心犯的各种错误，如图2.2-31所示。

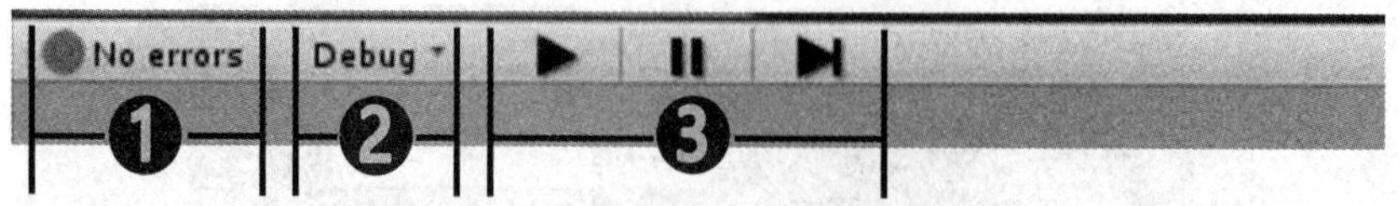

图2.2-31　调试工具栏及其各组成部分

调试工具栏主要由3个部分组成:

①用于实时显示当前的错误信息。

提示:即使当前游戏项目并未运行,它也可以实时的显示出状态机中出现的错误。

②是调试命令下拉列表,如图2.2-32所示。

③的功能,与Unity工具栏上的3个相应按钮相同,如图2.2-33所示。

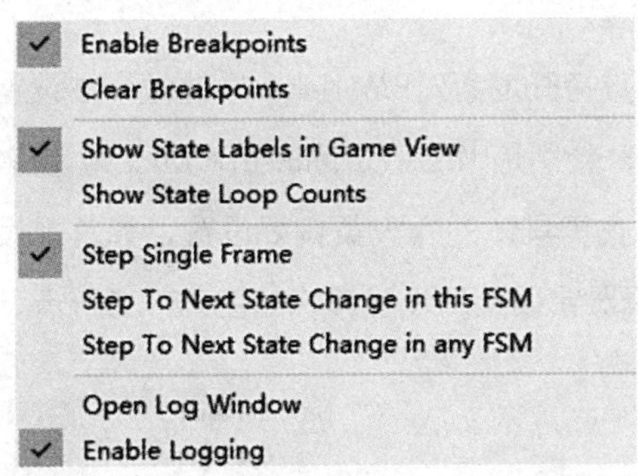

图2.2-32　调试命令下拉列表中的各命令项

图2.2-33　Unity工具栏上的3个对应按钮

2.2.5.4　查看器面板

查看器面板(Inspector Panel)主要用于编辑状态机、状态、事件和变量,如图2.2-34所示。

查看器面板由4个标签构成:

①状态机查看器(FSM Inspector)主要用于编辑状态机的相关属性,包括状态机的名称、描述信息等。

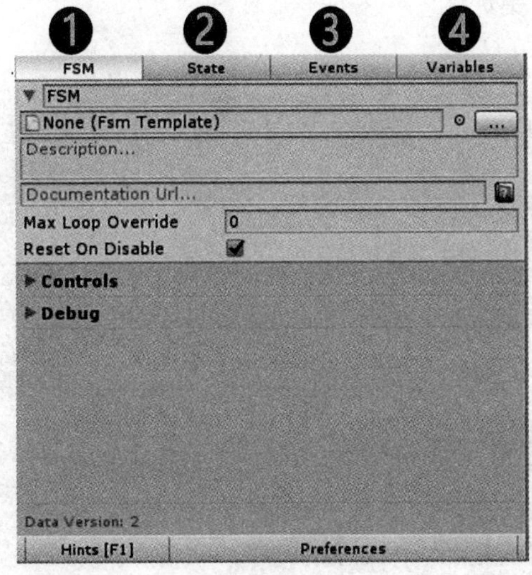

图2.2-34　查看器面板及其组成部分

②状态查看器（State Inspector）主要用于编辑状态的属性，包括状态的名称、状态包含的动作等。

③事件管理器（Event Manager）主要用于编辑状态机使用的事件，包括添加、删除操作等。

④变量管理器（Variable Manager）主要用于编辑状态机使用的变量，包括添加、删除操作等。

2.2.5.5 偏好设置

偏好设置（Preferences）主要用于支持开发者对PlayMaker插件做个性设置，如图2.2-35所示。偏好设置由2个按钮组成，分别是Hints[F1]和Preferences。前者可以为PlayMaker视图添加操作提示；后者则负责具体的六大类偏好设置，如常规设置、图表视图设置、运行时的调试设置和编辑器错误检测设置等，如图2.2-36所示。

图2.2-35 偏好设置及其组成部分

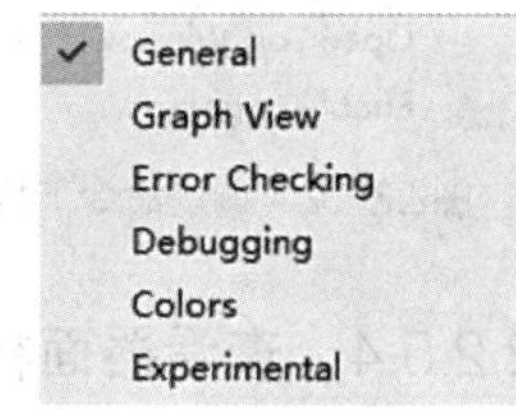

图2.2-36 具体的6大类偏好设置

（1）提示信息文本

PlayMaker的帮助功能做的异常强大，不仅提供给了开发者详细的帮助文档，甚至还支持了本小节介绍的这个“提示信息文本”功能。单击偏好设置里的Hints[F1]按钮，即可启用此功能。此功能可以以文字说明的方式，辅助开发者在PlayMaker 视图里展开各种操作。效果如图2.2-37所示。

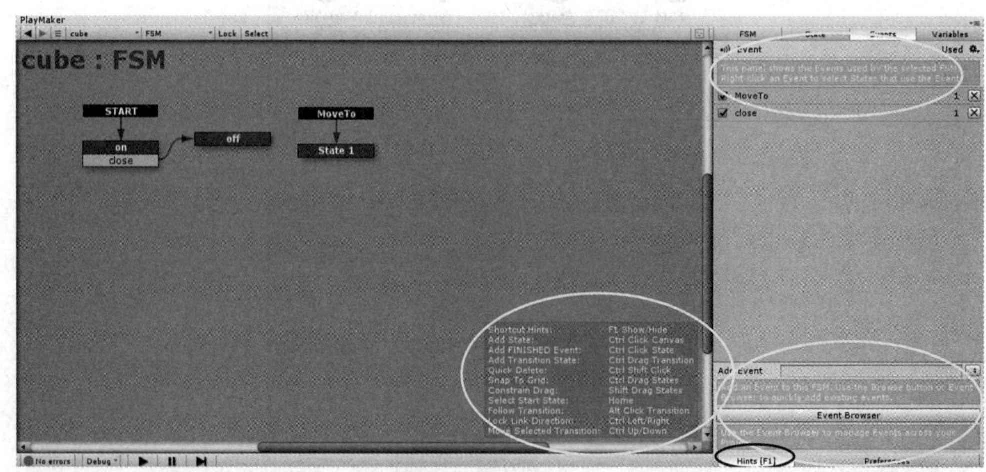

图2.2-37 PlayMaker里的各种提示信息文本

此功能会将提示信息嵌入到合适的位置，供开发者阅读参考，然后择优操作！

（2）常规设置

常规设置（General），包含了大部分的通用选项。例如，与组件和工具显示相关的属性，与游戏运行时 PlayMaker 的行为相关的属性，与游戏对象选择相关的属性，与预置体相关的属性，与截图路径相关的属性等，如图2.2-38所示。

（3）图表视图设置

图表视图设置（Graph View）包含了大部分与Graph View相关的选项。例如，与图表样式相关的属性，与鼠标滚轮滚动相关的属性，与状态机迷你图相关的属性，与状态机文本相关的属性等，如图2.2-39所示。

图2.2-38 常规设置下的各设置项

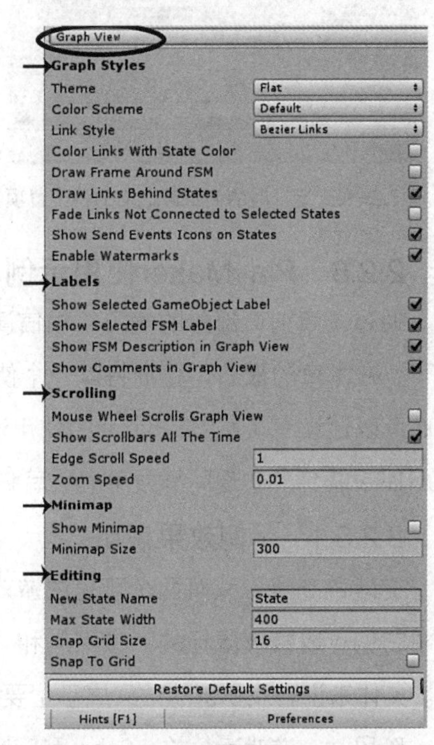

图2.2-39 图表视图设置下的各设置项

（4）运行时的调试设置

运行时的调试设置（Debugging）包含了大部分与调试功能相关的属性选项，如图2.2-40所示。

（5）编辑器错误检测设置

编辑器错误检测设置（Error Checking）包含了大部分与实时错误检测相关的属性选项，如图2.2-41所示。

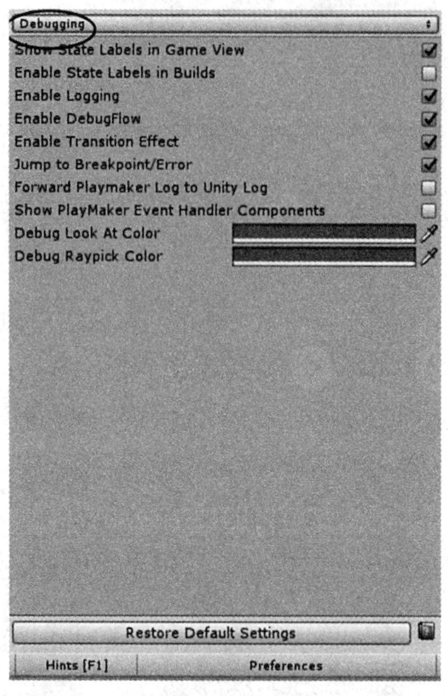

图2.2-40　运行时的调试设置下的各设置项

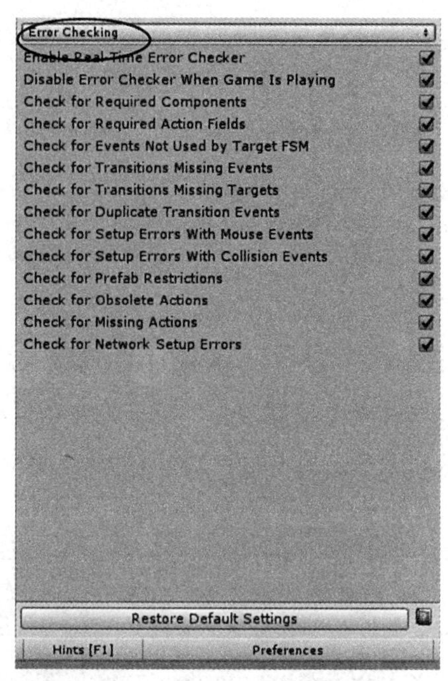

图2.2-41　编辑器错误检测设置下的各设置项

2.2.6　PlayMaker使用示例

通过本章前面部分的学习，相信读者已经对PlayMaker有了一个整体的认识和印象了。在本章的最后，我们将以一个使用了PlayMaker插件的简单示例作为结尾。一方面可以让读者了解PlayMaker的使用流程，另一方面还可以让读者体会一下不使用PlayMaker插件并实现同样效果的编写脚本代码的方法。

2.2.6.1　示例效果说明

游戏的场景中只有两个可见的游戏对象，它们分别是Cube和Sphere。本示例将要求它们可以接收鼠标的“按下”和“弹起”事件，并做出反应，即改变自身的颜色。具体来说游戏示例的效果展示主要分为四个阶段：

阶段一：游戏运行前，Cube 和Sphere的表面都呈现白色。

阶段二：游戏开始运行，Cube 和Sphere的表面都自动变成黄色。

阶段三：令鼠标在Cube或者Sphere对象上方被按下，Cube或者Sphere的表面会做出反应（即变为白色）。

阶段四：让Cube或者Sphere对象上处于按下状态的鼠标弹起（即释放鼠标按键），Cube或者Sphere的表面会做出反应（即变为黄色）。

示例的效果如图2.2-42所示。其中需要特别注意的是：

Cube对象的效果是借助于脚本代码实现的；

Sphere对象的效果是借助于PlayMaker插件实现的。

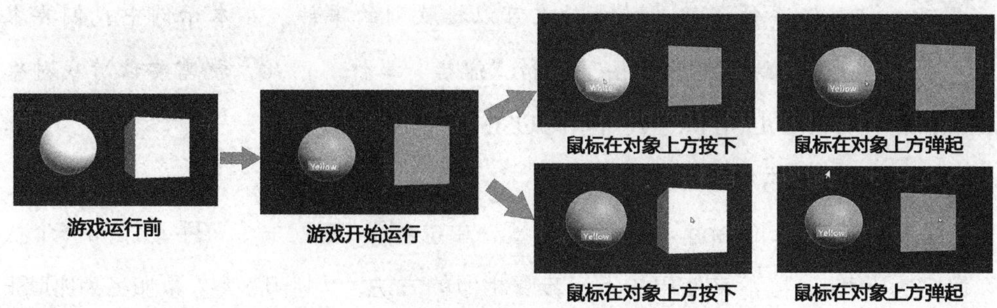

图2.2-42　示例的效果展示

接下来的两节就来说明这个示例效果是如何借助于PlayMaker插件和脚本代码实现。

2.2.6.2　使用PlayMaker插件

请依次完成下列操作，来体会使用PlayMaker插件，让Sphere对象可以接收鼠标“按下”和“弹起”事件，并做出反应的操作流程。

（1）为游戏对象添加“状态机”

选中Sphere，然后右击PlayMaker的Graph View空白处，选择Add FSM命令，可以添加默认名为FSM的状态机。状态机中包含了一个状态（默认名为State），将其重命名为Yellow，如图2.2-43所示。

提示：PlayMaker 插件对游戏场景中，游戏对象行为和效果的控制都依赖于状态机！所以第一步操作就是为游戏对象 Sphere 添加状态机。

（2）为状态添加“过渡事件”

右击状态Yellow，单击Add Transition|System Events|MOUSE DOWN命令，为状态Yellow添加名为MOUSE DOWN的系统事件，如图2.2-44所示。

图2.2-43　为Sphere添加状态机（默认名为FSM），以及新的状态（Yellow）

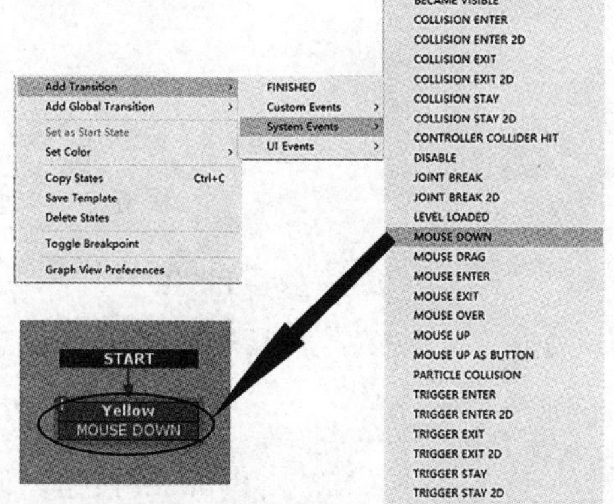

图2.2-44　为状态Yellow添加系统事件 MOUSE DOWN

提示："过渡事件"就是游戏对象可以接收到的事件。在本示例中我们要求Sphere对象可以接收到鼠标的"按下"和"弹起"事件。因此，就需要让游戏对象Sphere可以接收到MOUSE DOWN和MOUSE UP事件。

（3）为状态机添加新的"状态"

右击PlayMaker的Graph View空白位置，单击Add State命令，手动添加一个状态，命名为White。接下来使用与上一步骤相似的方法，为White状态添加名为MOUSE UP的系统事件，得到的状态机如图2.2–45所示。

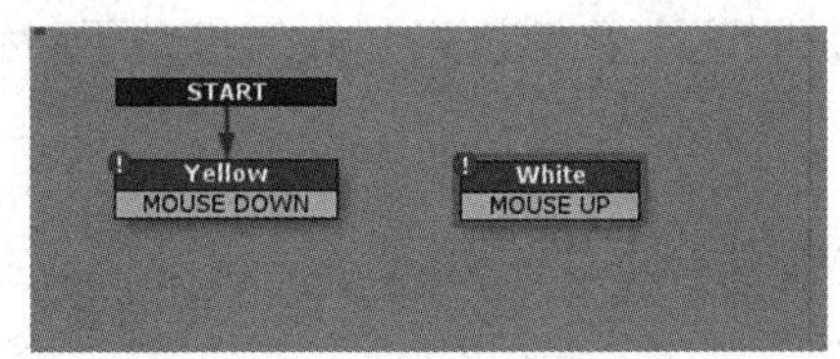

图2.2–45 Sphere对象上的状态机FSM，及其状态Yellow和White、系统事件MOUSE DOWN和MOUSE UP

提示："状态"可以表示游戏对象特定时刻的外观或者属性。本示例我们要让Sphere的表面呈现两种颜色，即"黄色"和"白色"。也就是说需要两个状态，因此状态机中包含状态Yellow和White。

（4）在状态间建立"过渡"

拖动过渡事件MOUSE DOWN到状态White，可以引出一条从状态Yellow到White的连线（过渡）。使用同样的方法建立从状态White到Yellow的连线（过渡），得到的状态机如图2.2–46所示。

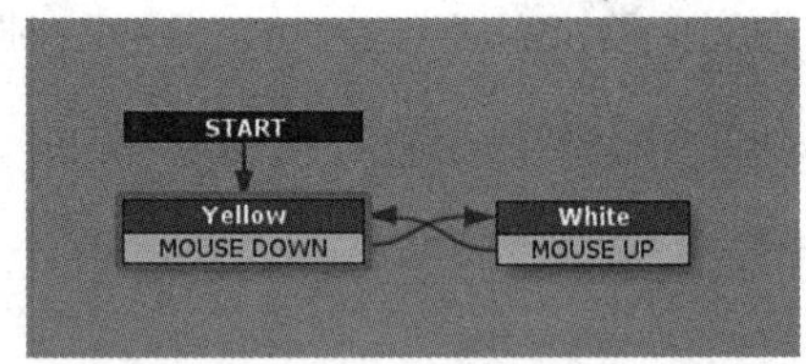

图2.2–46 Sphere对象上的状态机以及两个状态之间的过渡

提示："过渡"发生在"状态"之间，通常用于表示状态的改变。本示例中Sphere从"黄色"变为"白色"就属于状态的改变，因此我们需要添加"过渡"。

（5）为状态添加"动作"

选中状态Yellow，在Inspector Panel的State的标签中，单击右下角的Action Browser按钮，调出Actions编辑器窗口。双击Actions编辑器窗口Material分类下的Set Material Color，可为Yellow状态添加Set Material Color动作，如图2.2–47和图2.2–48所示。

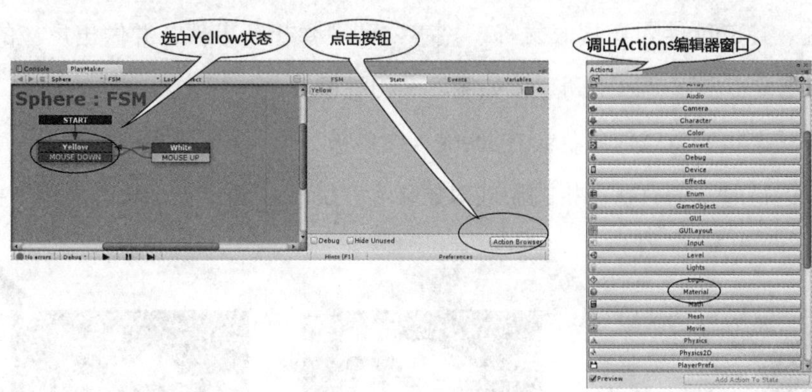

图2.2-47　为状态Yellow添加Set Material Color动作

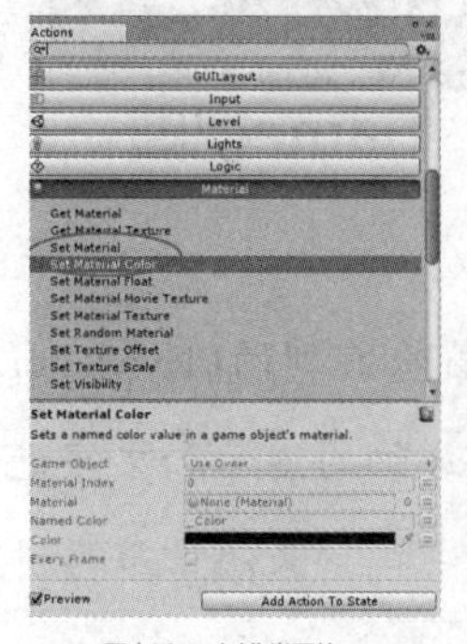

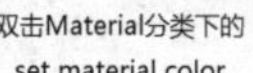

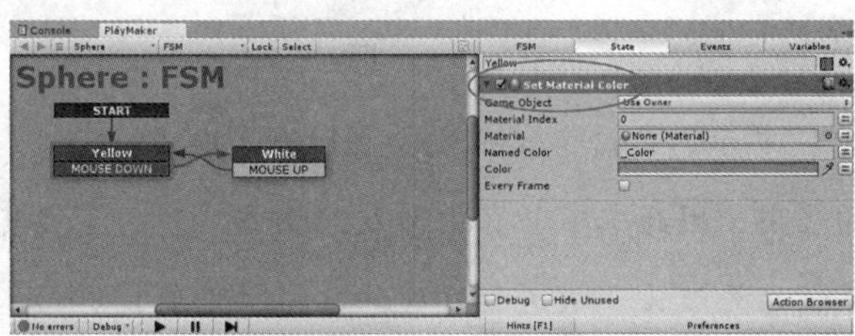

为状态Yellow添加set material color动作

图2.2-48　为状态Yellow添加Set Material Color动作2

提示：“动作”可以被认为是一个具体的行为。本示例中，Sphere 会变成“黄色”或者“白色”，就相当于状态机需要将 Sphere设置成“黄色”和“白色”这个动作，因此我们使用了动作 Set Material Color。

（6）设置动作的“属性”

在 Inspector Panel里修改状态Yellow动作Set Material Color的Color属性为黄色。使用与上一步骤相同的方式，为状态White添加Set Material Color动作，并设置Color属性为白色，如图2.2-49所示。

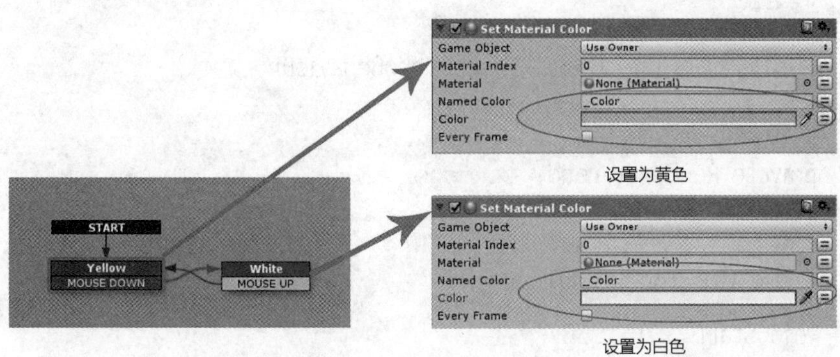

图2.2-49　设置状态Yellow和White各自Set Material Color动作的Color属性

现在，让Sphere对象接收鼠标“按下”和“弹起”事件，并做出反应的效果就完成了！需要提醒读者以下两点，如图2.2-50所示。

拥有状态机的游戏对象，会在Scene视图中被“玩”图标标识。

游戏运行时，拥有状态机的游戏对象，会在Game视图中被“状态名称”标识。

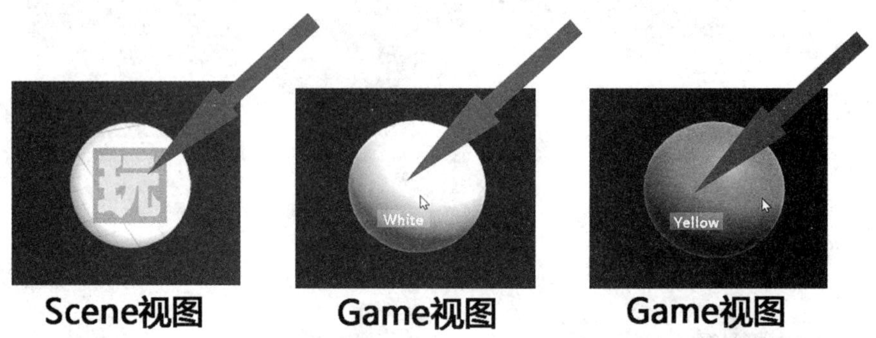

图2.2-50　拥有状态机的游戏对象Sphere

提示：本示例是读者第一次接触PlayMaker插件后，首次看到的PlayMaker在游戏项目中的应用，因此本节对其中涉及的操作，使用了极其详细的图示和文字进行了描述，以求读者无歧义、快速和直观的感受操作流程。而本书接下来的章节再讲解到示例的时候就不会这么详尽了，希望读者能够谅解。

2.2.6.3　使用脚本代码

请依次完成下列操作，来体会使用脚本代码，让Cube对象可以接收鼠标“按下”和“弹起”事件，并做出反应的操作流程：

（1）创建脚本并添加代码

在Project视图里，新建一个C#脚本，并命名为CheckMouseClick，为此脚本添加下面的代码：

```
using UnityEngine;
using System.Collections;

public class CheckMouseClick: MonoBehaviour
{
private Renderer rend;

// Use this for initialization
void Start ( )
{
```

```
11  rend = GetComponent<Renderer> ( );
12  rend.material.color = Color.yellow;
13  }
14  void OnMouseDown ( )
15  {
16  rend.material.color = Color.white;
17  }
18  void OnMouseUp ( )
19  {
20  rend.material.color = Color.yellow;
21  }
22  }
```

对于此脚本，需要说明的是：

脚本09~13行，会在游戏运行的最开始，让Cube对象变成黄色；

脚本14~17行，会让Cube对象接收到鼠标“按下”事件，并做出反应“变为白色”；

脚本18~21行，会让Cube对象接收到鼠标“弹起”事件，并做出反应“变为黄色”。

（2）将脚本赋予游戏对象

将脚本CheckMouseClick赋予游戏对象Cube，具体操作是将脚本拖拽到游戏对象的Inspector面板上，如图2.2-51所示。现在让Cube对象接收鼠标“按下”和“弹起”事件，并做出反应的效果就完成了！

图2.2-51　被赋予CheckMouseClick脚本的游戏对象Cube

2.2.6.4 比较两种方式

本示例分别使用PlayMaker插件和脚本代码，实现了让游戏对象接收鼠标“按下”和“弹起”事件，并做出反应的功能。本小节将对这两种方式做一个比较，然后说明为什么为数众多的开发者会选择PlayMaker插件！

首先，如果只是单纯地看两种方式在本节中所占的篇幅的话，无疑会给读者PlayMaker很复杂而脚本代码很简单的错误印象。这个印象是错误的原因是：

脚本代码的篇幅短，是因为此种方式所涉及的操作并不多（三步：新建脚本，添加代码，赋予游戏对象），所以在书中所占的篇幅就少。但是脚本代码的难点在于，脚本代码是要自己去编写的，其中用到的类、方法、事件等都是需要去API手册中查阅的。

PlayMaker的篇幅长，是因为涉及的视图和操作都多，所以在书中用到了更多的篇幅，但是读者应该发现了，操作再多我们也是单纯通过鼠标的各种操作（单击，右击，拖动）就将功能实现了，也无需参考任何手册。

其次，与脚本代码相比，PlayMaker的状态机视图可以更直观地呈现功能的实现流程，例如，一眼看出状态、事件的个数，以及它们是如何影响到游戏对象行为的，如图2.2-52所示。

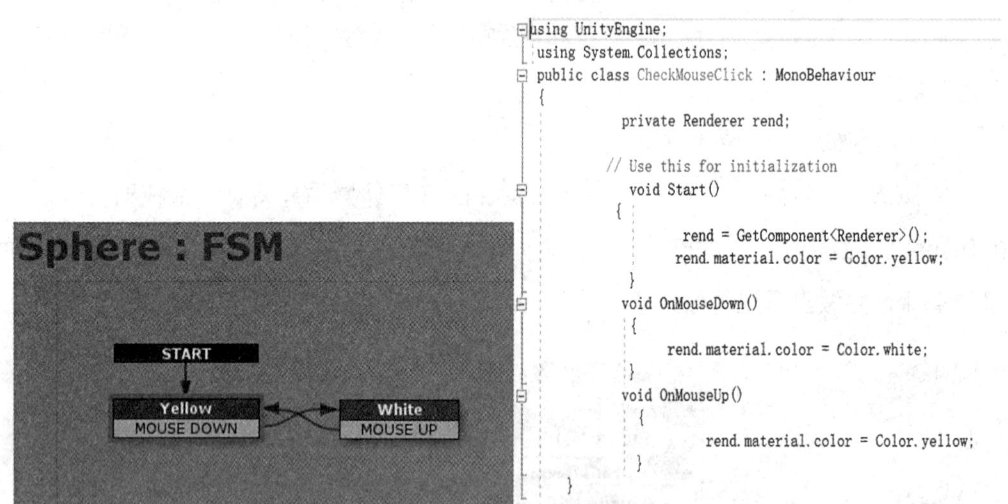

图2.2-52 PlayMaker中的状态机与脚本中的代码

最后，PlayMaker的可操作性优于脚本代码。对于游戏开发的初学者而言，在不写代码的前提下就可以完成游戏的制作，无疑可以大大降低学习的门槛，让更多的人参与进来，体会制作游戏的乐趣；对于有经验的游戏开发者而言，PlayMaker能快速实现他们的游戏设想或者灵感，而且方便他们整理思路，随时改进想法。也就是说，PlayMaker可以让他们快速得到游戏的雏形，并验证这种想法的可行性！

第三章　PlayMaker动作

本章通过实例讲解了PlayMaker动作面板中九个动作的基本操作和使用方法。

3.1 激活/取消游戏对象

本节介绍Activate Game Object动作的作用以及使用方法。

实例难度系数：★

场景文件：网盘\Projects\Chapter3\Assets\Scenes\3.1Activate Game Object

视频文件：网盘\视频教程\第3章\3.1Activate Game Object

1. 功能简介

激活/取消游戏对象。使用该功能可以隐藏/显示区域，或启用/禁用很多动作等。在下面要讲的实例中勾选Acivate运行如图3.1-1所示，不勾选Activate运行如图3.1-2所示。

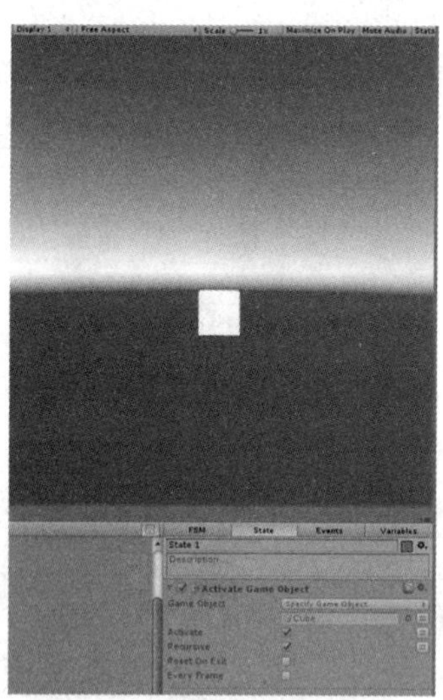

图3.1-1 勾选Acivate运行

图3.1-2 不勾选Activate运行

2. 准备工作

本实例将用到的为系统自带模型。

3. 实例的架构

本实例只有一个“State1”状态，没有添加事件，没有状态跳转，如图3.1-3所示。

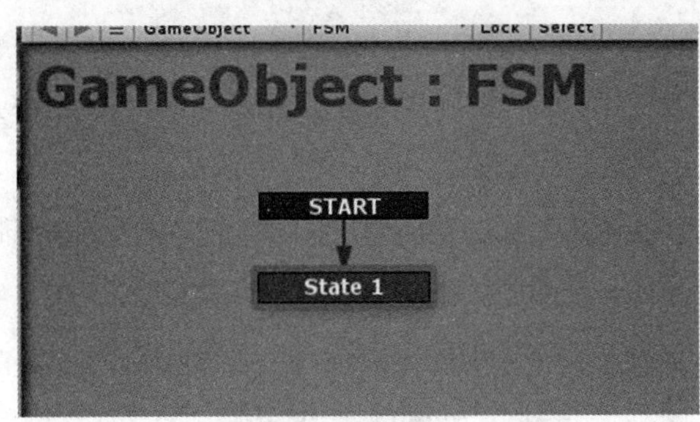

图3.1-3 “GameObject”上的状态机

4. 主要动作说明

Activate Game Object：激活/取消游戏对象。使用该功能可以隐藏/显示区域，或启用/禁用很多动作等。

5. 实例的制作步骤

（1）创建新场景。

（2）创建长方体。选择“Create”—>“3D Object”—>“Cube”，创建长方体，如图3.1-4所示。

（3）创建空对象。选择菜单栏GameObject—>Create Empty，如图3.1-5所示。

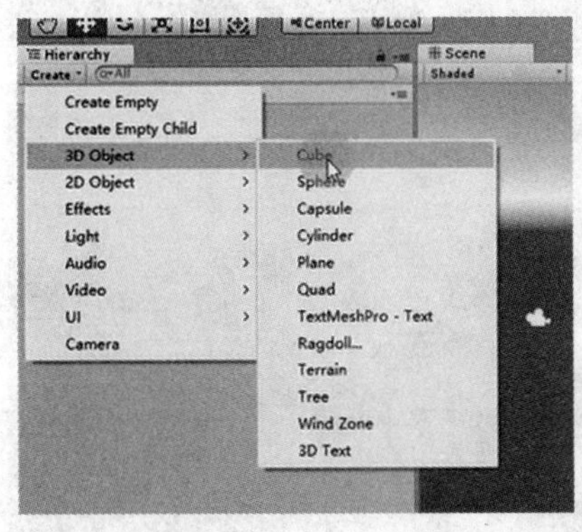

图3.1-4 创建Cube

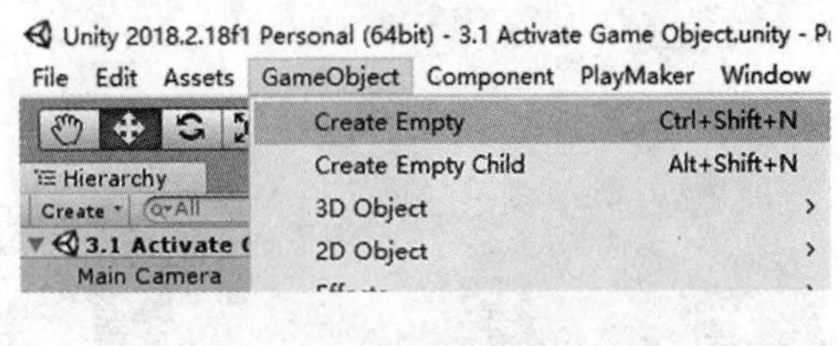

图3.1-5 创建空对象

（4）添加状态机。选中“GameObject”，在PlayMaker面板空白处右键—>Add FSM，如图3.1-6所示。

图3.1-6 为“GameObject”添加状态机

（5）添加Activate Game Object动作。在“State 1”状态中，点击Action Browser按钮，在Action面板中选择GameObject—> Activate Game Object，双击（将动作添加进State1中），如图3.1-7所示。

（6）设置Activate Game Object动作下的属性。选择Game Object 的下拉菜单中选择Specify Game Object，同时按住左侧Hierarchy面板下的“Cube”，将其拖动到Specify Game Object下的None（Game Object）位置处（经此操作，通过控制Game Object空物体来控制Cube），如图3.1-8所示。

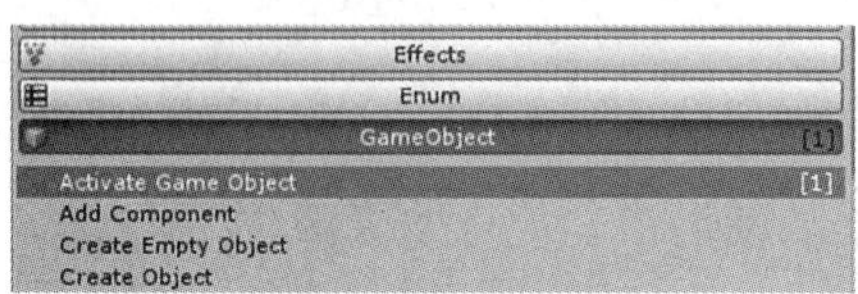

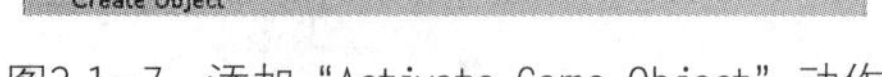

图3.1-7　添加“Activate Game Object”动作

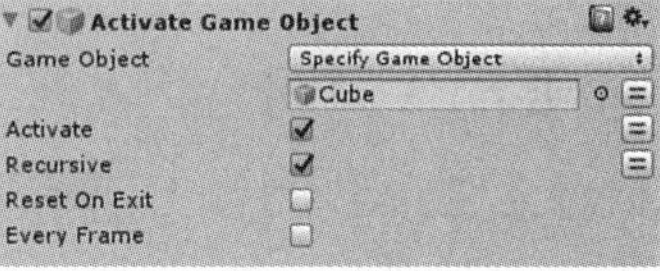

图3.1-8　设置“Activate Game Object”动作属性

（7）查看运行效果。在Activate勾选的状态下（意指激活游戏对象），运行，可以看到Cube，如图3.1-9所示。取消Activate勾选（意指取消激活游戏对象），再次运行，则看不见Cube，图3.1-10所示。

图3.1-9　Activate属性勾选效果

图3.1-10　Activate属性未勾选效果

3.2 退出应用程序

本节介绍Application Quit动作的作用以及它的使用方法。

实例难度系数：★

场景文件：网盘\Projects\Chapter3\Assets\Scenes\3.2 Application Quit

视频文件：网盘\视频教程\第3章\3.2 Application Quit

1.功能简介

Application Quit可以实现退出应用程序的功能。本实例运行3秒后自动退出程序。

2. 准备工作

本实例将用到的为系统自带模型。

3. 实例的架构

本实例有两个状态“wait”和“quit”，FINISHED事件触发后，从“wait” 状态过渡到“quit”状态，如图3.2-1所示。

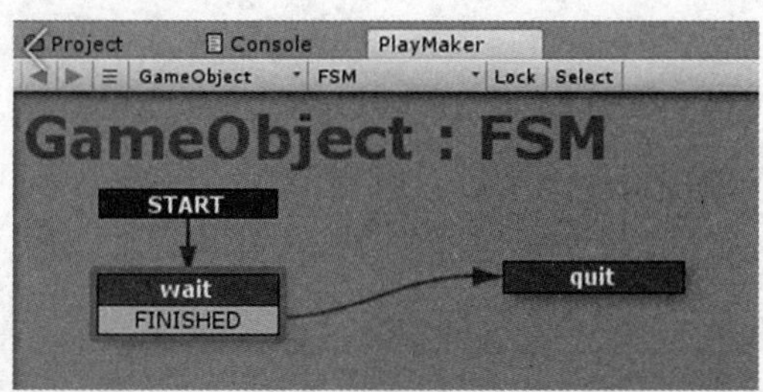

图3.2-1 “GameOjbect”上的状态机

4. 主要动作说明

Wait：在指定的时间之后发送事件。

Application Quit：退出应用程序。

5. 实例的制作步骤

（1）创建新场景。

（2）选择菜单栏GameObject—>Create Empty，创建空对象“GameObject”。

（3）选中“GameObject”，在PlayMaker面板空白处右键—> Add FSM，添加状态机。

（4）状态重命名。选择“State 1”状态，将其重命名为“wait”。在PlayMaker面板空白处右键—>Add State，将该状态命名为“quit”。

（5）建立两个状态间的联系。选择“wait”状态，右键—>Add Transition—>FINISHED（添加FINISHED事件）。按住FINISHED，将鼠标拖动至“quit”状态上，如图3.2-2所示。

（6）添加Wait动作。选择“wait”状态，点击Action Browser按钮，在Action面板中找到Wait动作，双击，添加动作。将Time设置为“3”，Finish Event选择FINISHED，如图3.2-3所示。

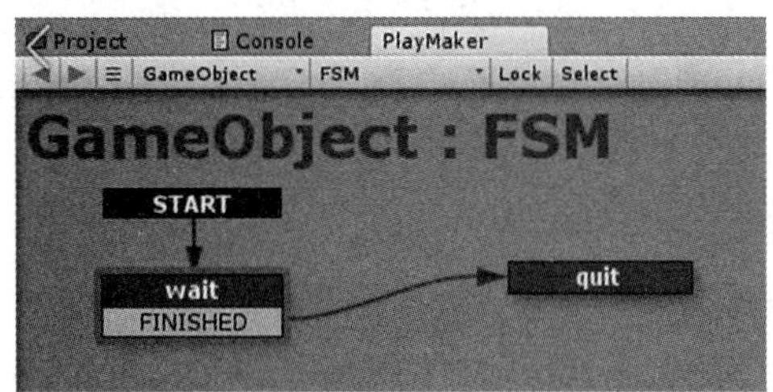

图3.2-2 建立两个状态间的联系

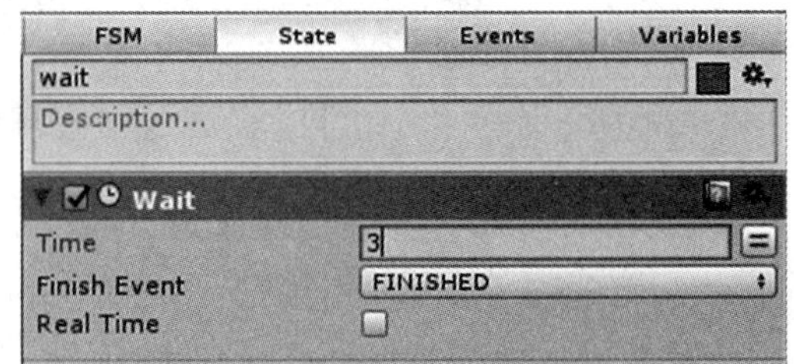

图3.2-3 添加Wait动作

（7）添加Application Quit动作。选择“quit”状态，点击Action Browser按钮，在Action面板中找到Application Quit动作，双击，添加动作，如图3.2-4所示。

（8）查看运行效果。选择File—>Build &Run，选择默认文件夹，在弹出的窗口中，勾选Windowed，如图3.2-5所示。点击Play！运行，可见在弹出应用程序3秒后，程序自动关闭。

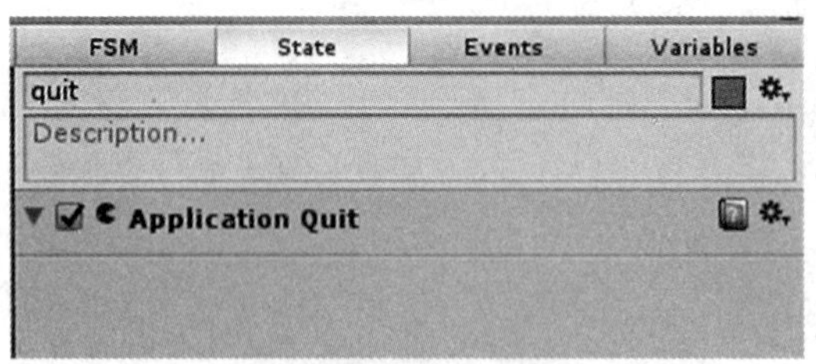

图3.2-4 添加Application Quit动作

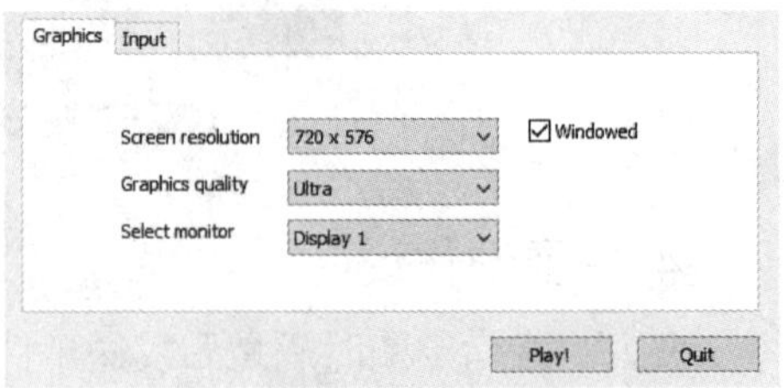

图3.2-5 查看运行效果

3.3 数值比较

Float Compare动作的作用以及它的使用方法。

实例难度系数：★

场景文件：网盘\Projects\Chapter3\Assets\Scenes\3.3 Float Compare

视频文件：网盘\视频教程\第3章\3.3 Float Compare

1. 功能简介

根据2个浮点数的比较结果发送事件。当“float 1”的值大于“float 2”时，执行“IsOver”事件，跳转到“Over”状态。当“float 1”的值小于“float 2”时，执行“IsUnder”事件，跳转到“Under”状态。当“float 1”和“float 2”的值相等时，执行“IsEqual”事件，跳转到“Equal”状态。

2. 准备工作

本实例用到的是系统自带的模型。

3. 实例的架构

本实例有“Compare”、“Equal”、“Over”和“Under”4个状态。“IsEqual”事件触发后，从Compare状态过渡到Equal状态；“IsOver”事件触发后，从Compare状态过渡到Over状态；“IsUnder”事件触发后，从Compare状态过渡到Under状态。如图3.3-1所示。

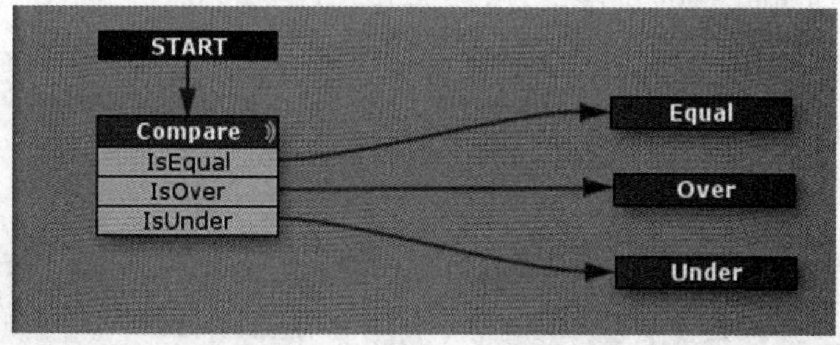

图3.3-1　GameObject上的状态机

4. 主要动作说明

Float Compare根据2个浮点数的比较结果发送事件。

5. 实例的制作步骤

（1）创建新场景。

（2）选择菜单栏GameObject—>Create Empty，创建空对象“GameObject”。

（3）选中“GameObject”，在PlayMaker面板空白处右键—> Add FSM，添加状态机。

（4）新建float变量。选择Variable面板，新建变量，“float 1”和“float 2”。在Variable Type属性中选择Float类型，将它们的值设置为“10”，如图3.3-2所示。

（5）新建事件。选择Events面板，在Add Event输入框中输入事件名，按Enter回车即可新建事件。新建三个事件，名称分别为“IsOver”，“IsUnder”，“IsEqual”，如图3.3-3所示。

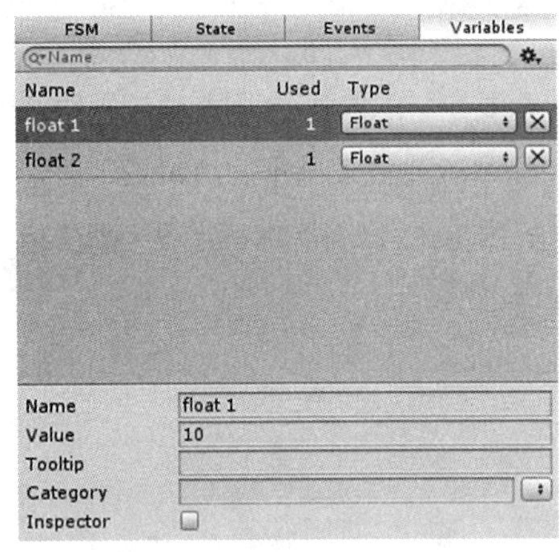

图3.3-2　新建float变量设值为10

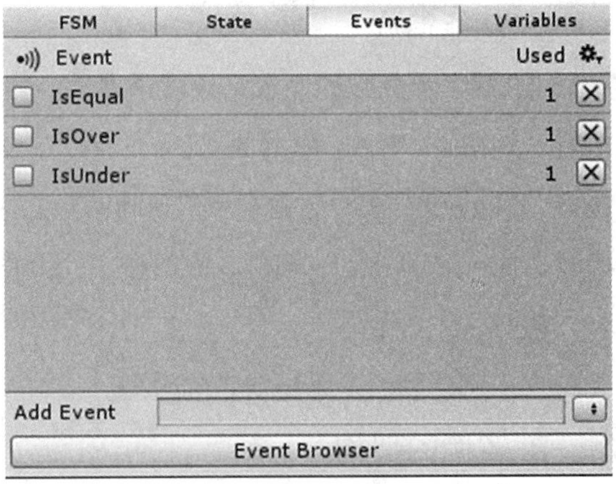

图3.3-3　新建事件

（6）添加事件“IsOver”，“IsUnder”，“IsEqual”。选择“State 1”状态，右击，选择Add Transition—>IsOver\IsUnder\IsEqual，如图3.3-4所示。

（7）添加Float Compare动作。选择State面板，将“State 1”重命名为“Compare”。点击Action Browser按钮，在Action面板中找到Float Compare动作，双击，添加动作。设置其各属性，如图3.3-5所示。

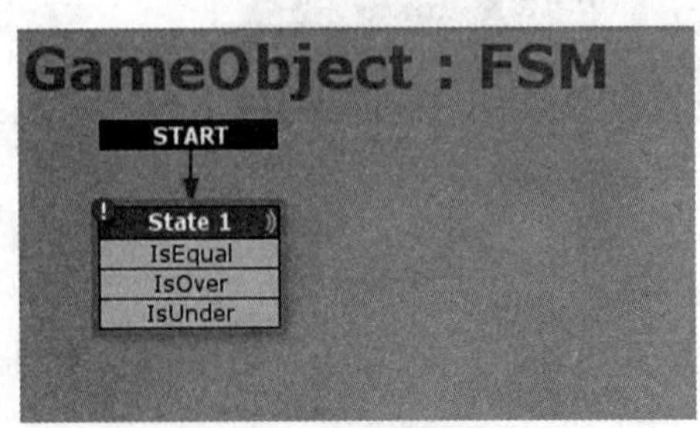

图3.3-4　添加事件“IsOver”，“IsUnder”，“IsEqual”

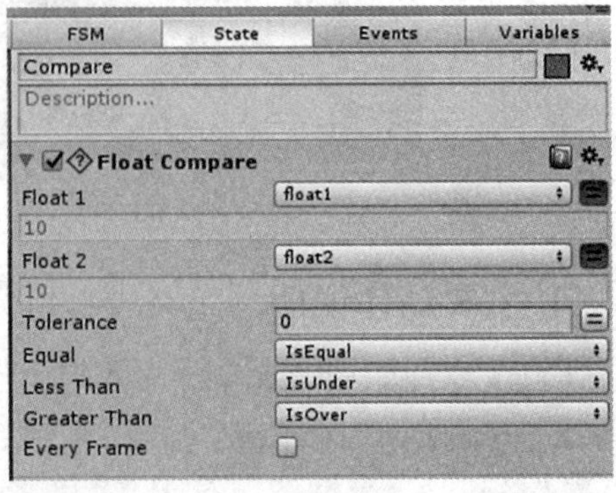

图3.3-5　添加Float Compare动作

（8）新建状态。右击状态机空白处，即可新建状态。新建三个状态并在state面板中分别改状态名为“Over”、“Under”、“Equal”。鼠标点击事件“IsOver”不放移动到状态“Over”上使状态“Over”与状态“Compare”建立联系，按照同样的方法建好状态“Under”、“Equal” 与状态“Compare”的联系，如图3.3-6所示。

（8）运行查看结果。此时“float 1”等于“float 2”，运行结果如图3.3-7所示。将“float 1”的“Value”改为20，如图3.3-8所示，此时“float 1”大于“float 2”，运行结果如图3.3-9所示。

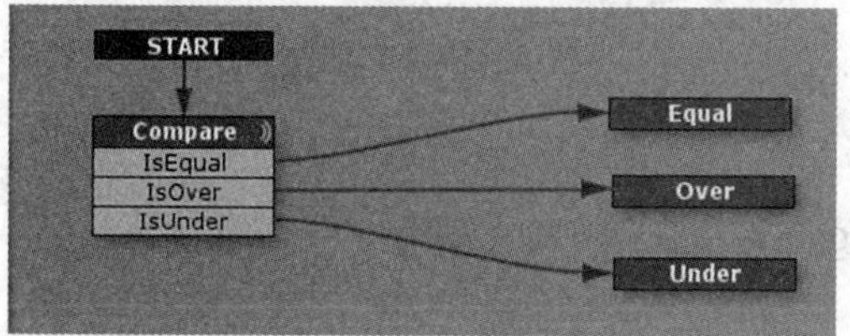

图3.3-6　新建状态，并建立联系

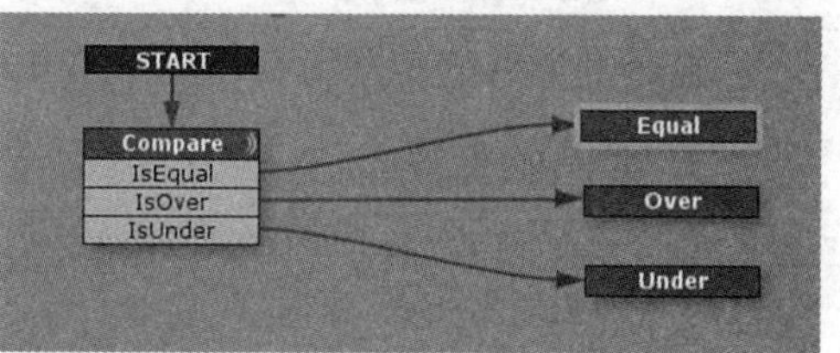

图3.3-7　“float 1”等于“float 2”，运行结果

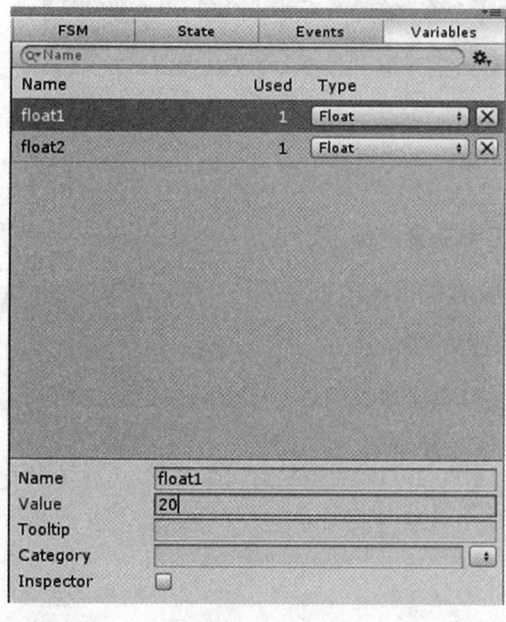

图3.3-8　将“float 1”的“Value”改为20

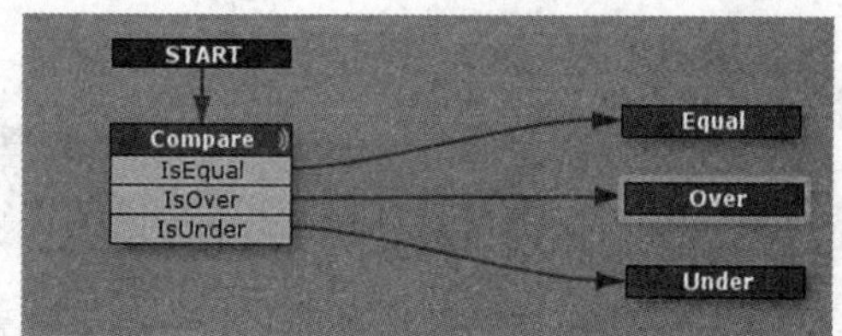

图3.3-9　“float 1”大于“float 2”，运行结果

3.4　获取和设置变量

Get and Set FSM Variables动作的作用以及它的使用方法。

实例难度系数：★★

场景文件：网盘\Projects\Chapter3\Assets\Scenes\3.4 Get and Set FSM Variables

视频文件：网盘\视频教程\第3章\3.4 Get and Set FSM Variables

1. 功能简介

从另一个FSM获取变量的值以及在另一个FSM中设置变量的值。

2. 准备工作

本实例用到的是系统自带的模型。

3. 实例的架构

在“storage”的状态机上可以更改“gathering”中的变量值。

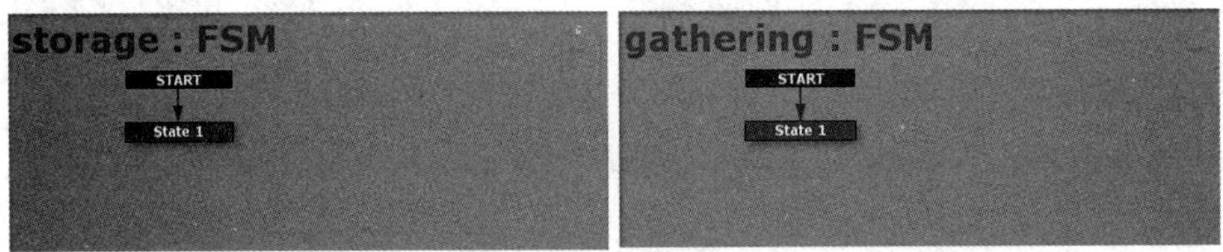

图3.4-1　“gathering”和“storage”的状态机

4. 主要动作说明

Get FSM String：从另一个FSM获取字符串变量的值。

Get FSM Float：从另一个FSM获取浮点变量的值。

Get FSM Bool：从另一个FSM获取布尔变量的值。

Set FSM String：在另一个FSM中设置字符串变量的值。

Set FSM Float：在另一个FSM中设置浮点变量的值。

Set FSM Bool：在另一个FSM中设置布尔变量的值。

5. 实例的制作步骤

（1）创建新场景。

（2）创建两个空对象，分别命名为“gathering”和“storage”，右击点击Rename或在Inspector面板中重命名，如图3.4-2、3.4-3所示。

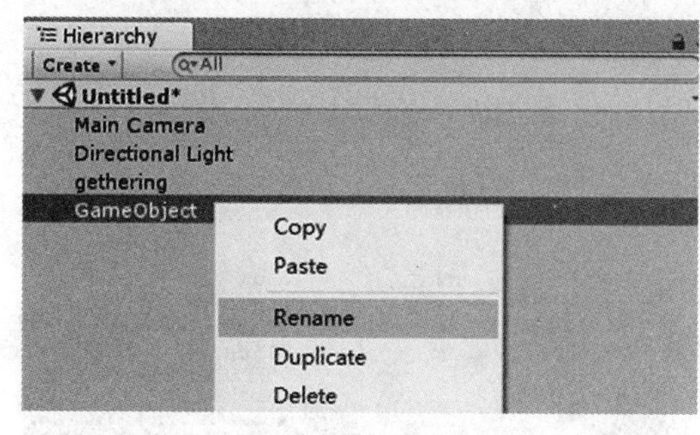

图3.4-2　右击重命名空对象

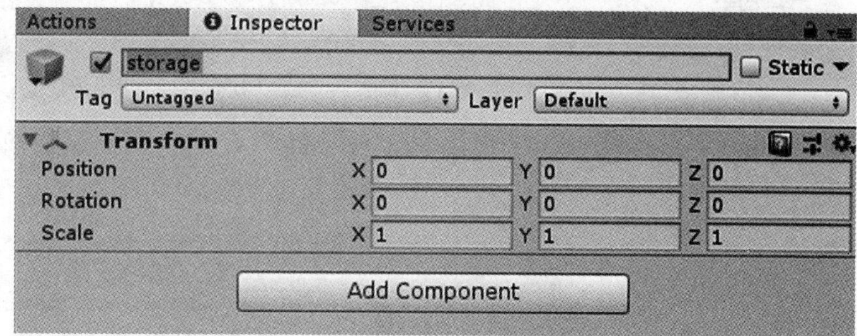

图3.4-3　Inspector面板重命名空对象

（3）在“gathering”中新建三种类型的变量。选中“gathering”，在PlayMaker面板空白处右键—>Add FSM，添加状态机。选择Variable面板，新建Bool类型变量“bool”、Float类型变量“float”和String类型变量“string”，均勾选Inspector属性，如图3.4-4所示。

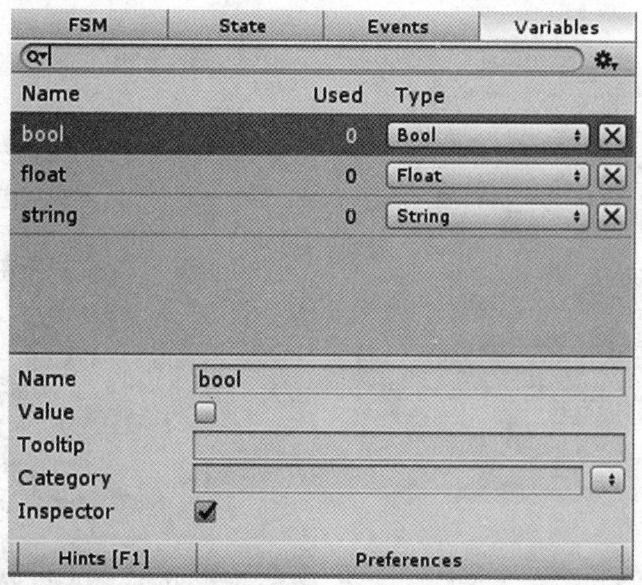

图3.4-4　在“gathering”中新建三种类型的变量

（4）在“storage”中新建三种类型的变量。选中“storage”，在PlayMaker面板空白处右键—>Add FSM，添加状态机。选择Variable面板，新建Bool类型变量“bool variable”，勾选Value，设置“bool variable”的值为True，如图3.4-5所示。新建Float类型变量“float variable”，设置Value的值为“12.3”，如图3.4-6所示。新建String类型变量“string variable”，设置Value的值为“hello world”，如图3.4-7所示。

（5）添加Get FSM Variables的相关动作。选中“gathering”，添加动作Get FSM Bool、Get FSM Float和Get FSM String。设置Game Object为Specify Game Object—>“storage”，其他属性设置如图3.4-8所示。

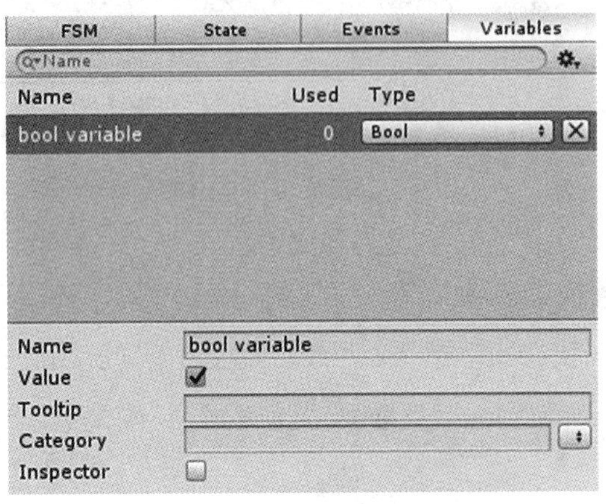

图3.4-5　新建Bool类型的变量

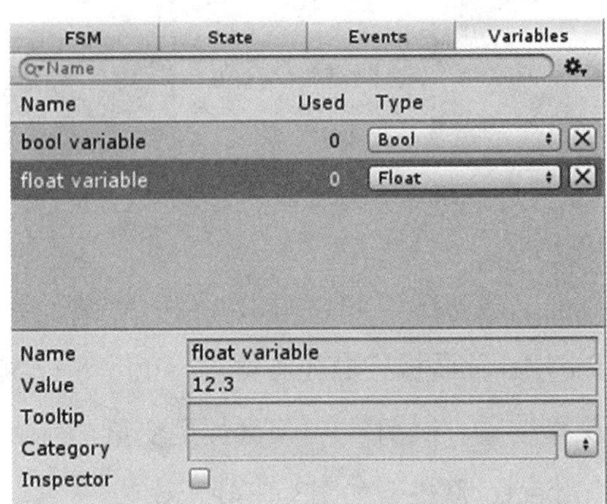

图3.4-6　新建Float类型的变量

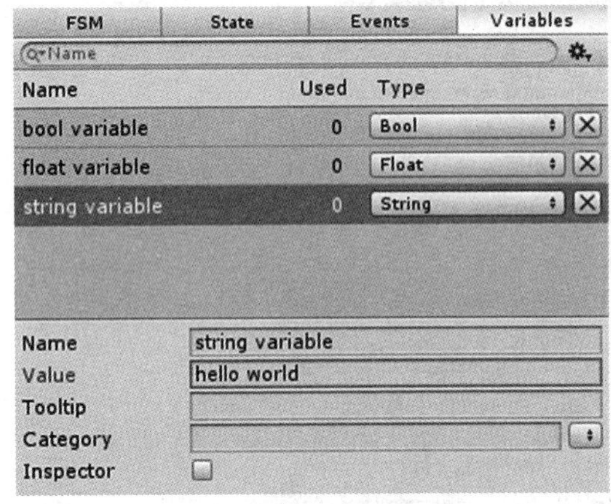

图3.4-7　新建String类型的变量

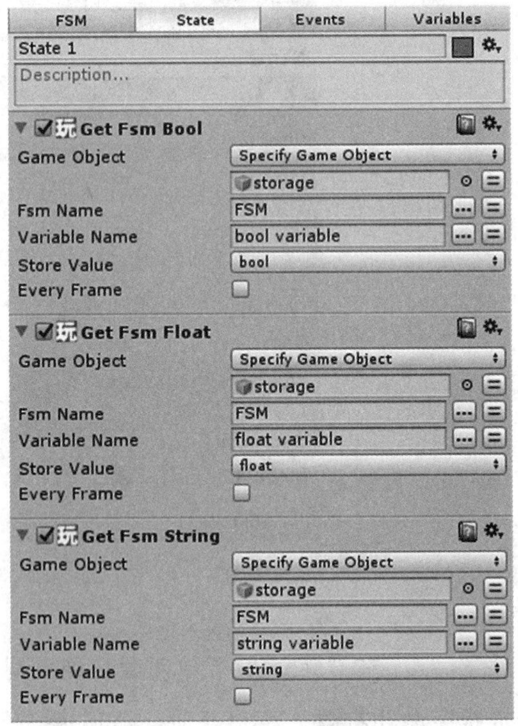

图3.4-8　在“gathering”中添加相关动作

（6）运行查看结果。选中“gathering”，点击Inspector面板，运行前后结果如图3.4-9所示。

（7）将“gathering”中的三个动作取消勾选，如图3.4-10所示。

图3.4-9 “gathering”中变量运行前后结果

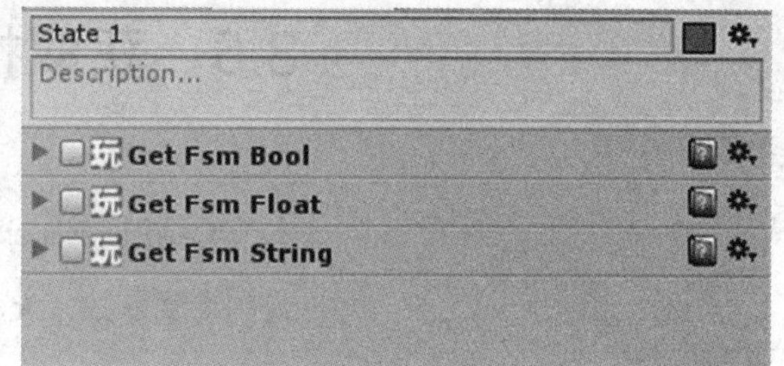

图3.4-10 取消勾选“gathering”里的三个动作

（8）添加Set FSM Variables的相关动作。选中“storage”，添加动作Set FSM Bool、Set FSM Float和Set FSM String。设置Game Object为Specify Game Object—>“gathering”，其他属性设置如图3.4-11所示。

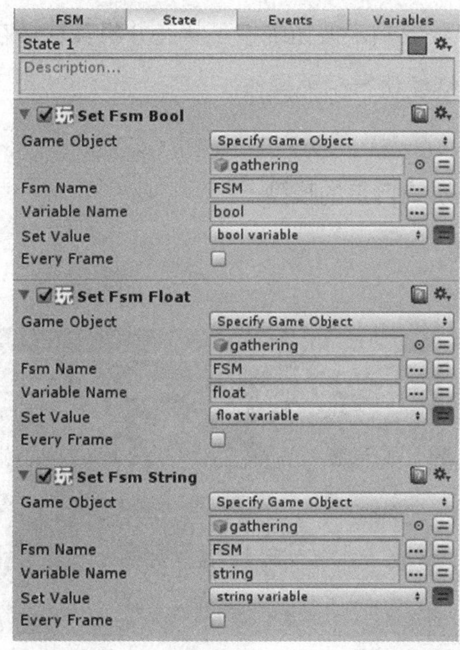

图3.4-11 在“storage”中添加Set FSM Variables的相关动作

（9）运行查看结果。选中“gathering”，点击Inspector面板，运行前后结果如图3.4-12所示。

图3.4-12 “gathering”中变量运行前后结果

3.5　获取指定按键的按下状态

本节介绍PlayMaker动作中Get Button动作的作用以及它的使用方法。

实例难度系数：★

场景文件：网盘\Projects\Chapter3\Assets\Scenes\3.5 Get Button

视频文件：网盘\视频教程\第3章\3.5 Get Button

1. 功能简介

Get Button可以获取指定按钮的按下状态并将其存储在bool变量中，通过bool变量值的变化我们可以继续执行相关操作。

2. 准备工作

本实例用到的是系统自带的模型。

3. 实例的架构

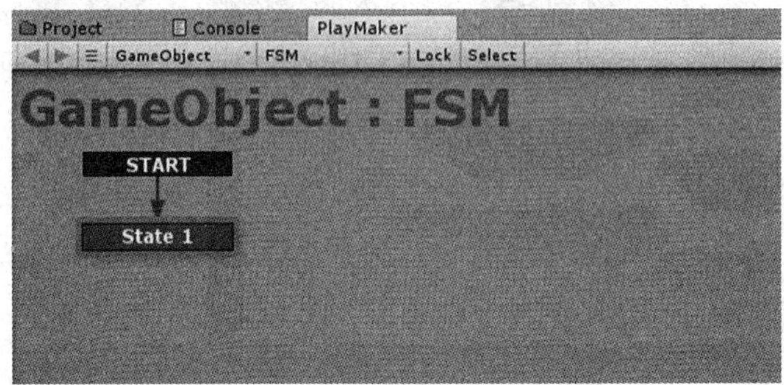

图3.5-1　“GameObject”上的状态机

4. 主要动作说明

Get Button：获取指定按钮的按下状态并将其存储在bool变量中。

5. 实例的制作步骤

（1）创建新场景。

（2）选择菜单栏GameObject—>Create Empty，创建空对象“GameObject”，如图3.5-2所示。

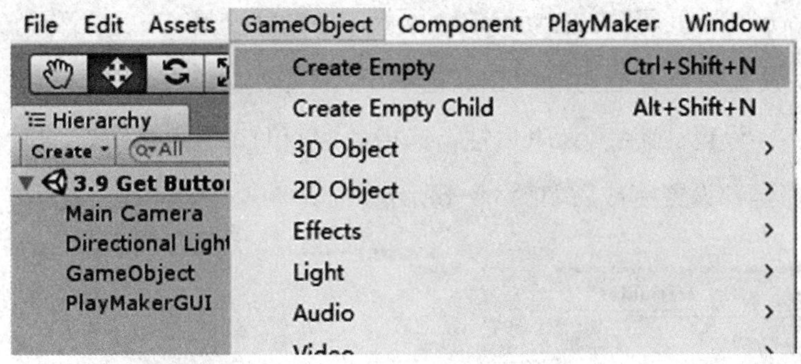

图3.5-2 创建空对象

（3）选中“GameObject”，在PlayMaker面板空白处右键—>Add FSM，添加状态机。

（4）给状态机“State 1”添加Get button动作。点击Action Browser按钮，在Action面板中选择Input—>Get button，双击，如图3.5-3所示。

（5）在“State 1”状态中设置Get Button的三个属性：Button Name、Store Result和Every Frame。

设置Button Name属性：选择菜单栏Edit—>Project Settings—>Input，在Inspector面板下出现了InputManager，选择Axes，选择任一按钮，如“Fire1”，修改Name属性，如“mybutton”，设置Positive Button属性，如“space”。设置完成，如图3.5-4所示。在Get Button动作下，输入Button Name属性名称为“mybutton”。

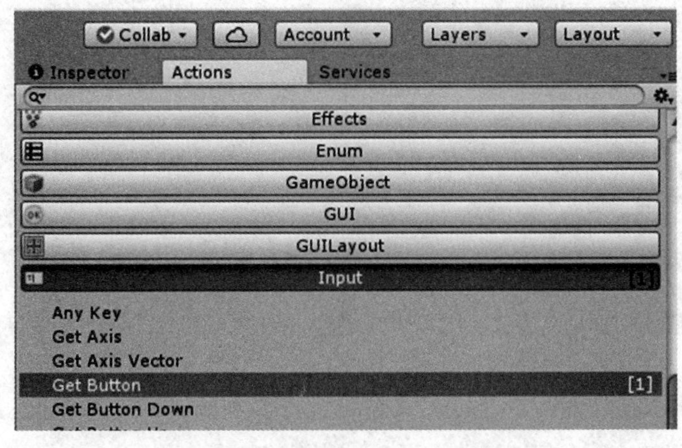

图3.5-3 添加Get Button动作

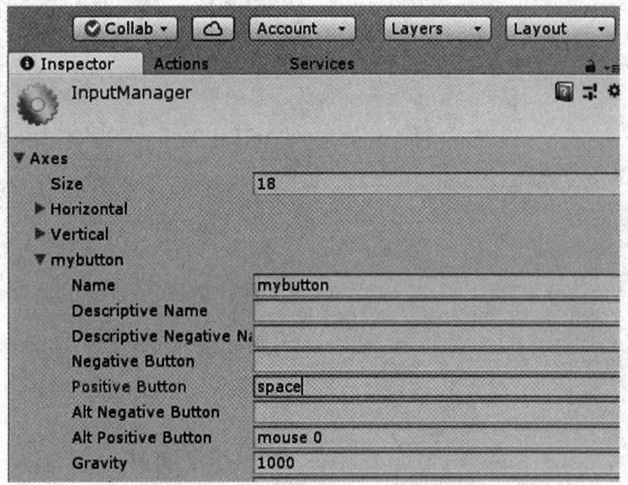

图3.5-4 设置Button Name属性

设置Store Result属性：在Variables面板下，新建变量，输入名称为“is button pressed”，设置变量类型为Bool，点击Add，添加变量，如图3.5-5所示。在 Get Button动作下，设置Store Result属性，选择“is button pressed”，Every Frame属性默认勾选，全部设置完成后如图3.5-6所示。

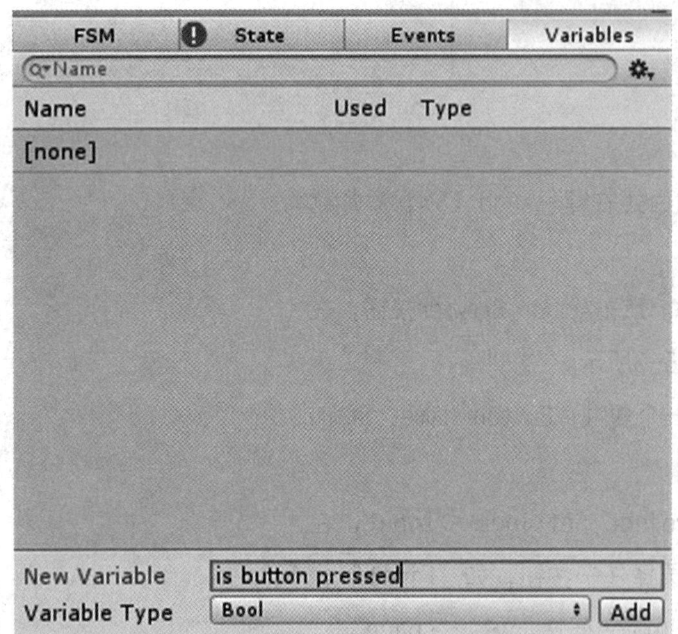

图3.5-5 添加变量

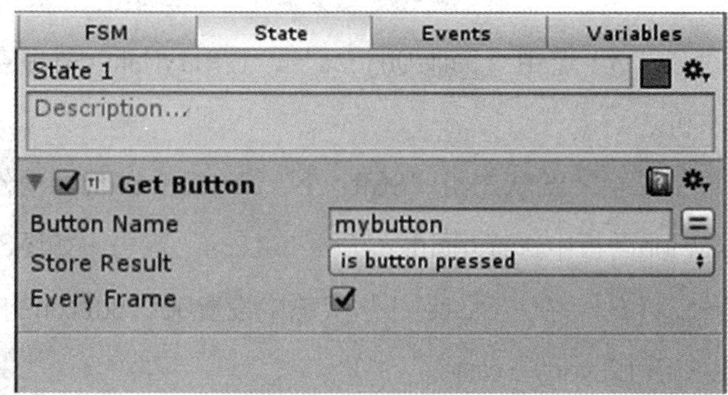

图3.5-6 设置完成

3.6 获取子物体数目

Get Child Count动作的作用以及它的使用方法。

实例难度系数：★

场景文件：网盘\Projects\Chapter3\Assets\Scenes\3.6 Get Child Count

视频文件：网盘\视频教程\第3章\3.6 Get Child Count

1.功能简介

获取游戏对象具有的子项数。运行后，点击查看Inspector面板，“count”的值为3，说明“Group”下有三个子项。

图3.6-1　查看“Group”的子项数

2. 准备工作

本实例用到的是系统自带的模型。

3. 实例的架构

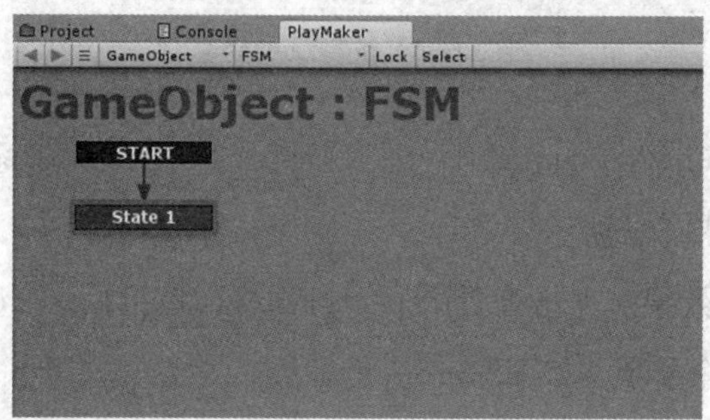

图3.6-2　“Group”上的状态机

4. 主要动作说明

Get Child Count：获取游戏对象具有的子项数。

5. 实例的制作步骤

（1）创建新场景。

（2）新建空对象，命名为“Group”，新建物体Cube、Sphere和Capsule。将“Cube”、“Sphere”和“Capsule”拖动至“Group”下，如图3.6-3所示。

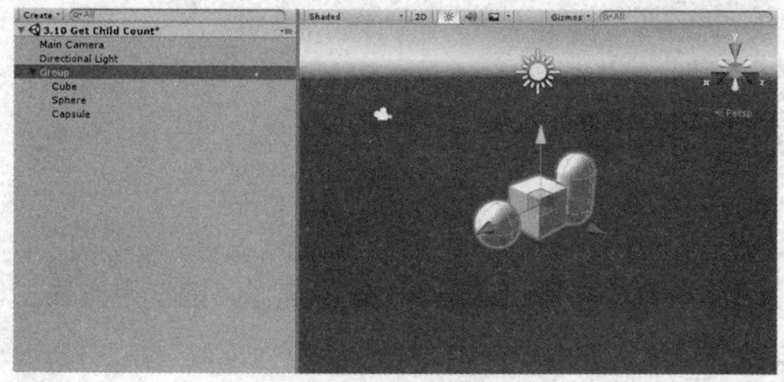

图3.6-3　新建物体

（3）新建count变量。选中“Group”，在PlayMaker面板空白处右键—> Add FSM，添加状态机。选择Variable面板，新建变量“count”，在Variable Type属性中选择Int类型，勾选Inspector，如图3.6-4所示。

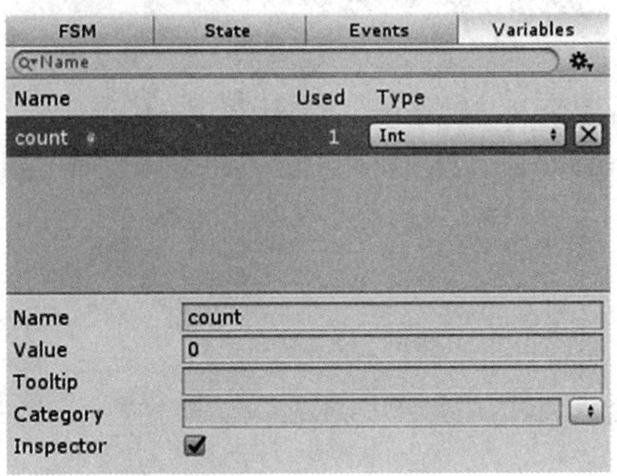

图3.6-4　新建count变量

（4）添加Get Child Count动作。在“State 1”状态中，添加Get Child Count动作，设置属性如图3.6-5所示。

（5）运行查看效果。点击查看Inspector面板，运行后，“count”的值为3，说明“Group”下有三个子项，如图3.6-6所示。

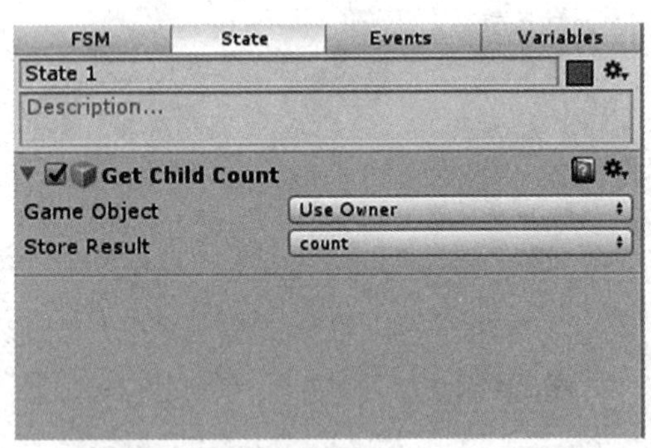

图3.6-5　添加Get Child Count动作

图3.6-6　查看“Group”的子项数

3.7　鼠标拾取

本节介绍PlayMaker动作中Mouse Pick（鼠标选择）的使用方法。

实例难度系数：★★

场景文件：网盘\Projects\Chapter3\Assets\Scenes\3.7 Mouse Pick

视频文件：网盘\视频教程\第3章\3.7 Mouse Pick

1. 功能简介

运行后，当鼠标移动到场景的物体上时，State面板将会显示所选物体的详细信息，如图3.7-1、3.7-2所示。

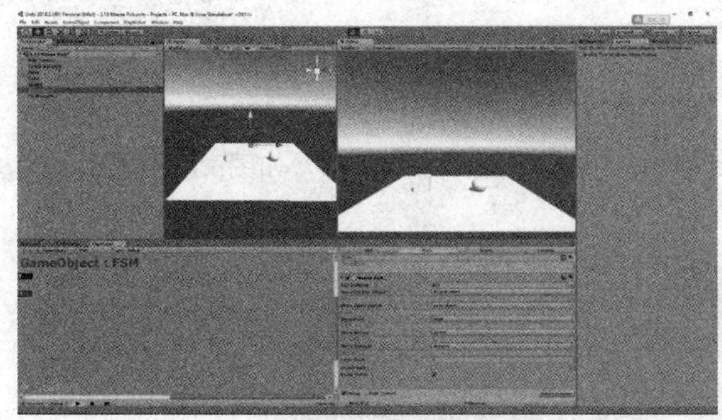

图3.7-1　鼠标在Cube物体上

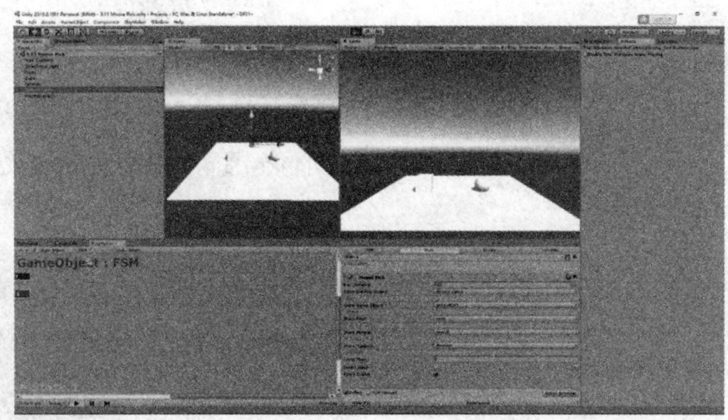

图3.7-2　鼠标在Sphere物体上

2. 准备工作

本实例用到的是系统自带的模型。

3. 实例的架构

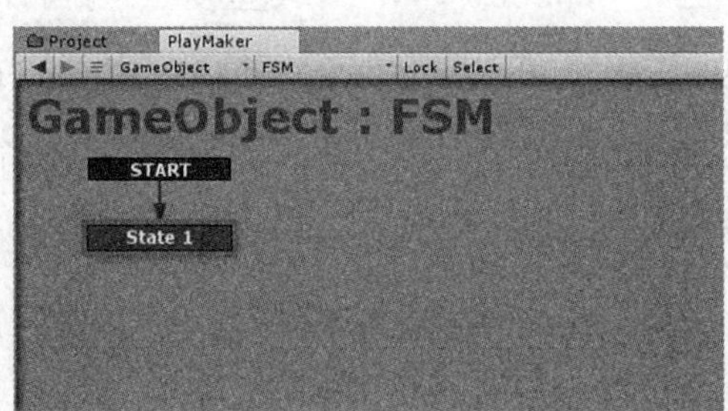

图3.7-3　“GameObject”上的状态机

4. 主要动作说明

Mouse Pick：在场景上执行鼠标选择并存储结果，使用“光线距离”设置相机拾取对象的接近程度。

5. 实例的制作步骤

（1）创建一个“3.7 Mouse Pick.unity”新场景。

（2）创建一个“Plane”对象，选择Create—>3D Object—>“Plane”，即可创建一个“Plane”对象。

（3）创建一个“Cube”对象，选择Create—>3D Object—>“Cube”，即可创建一个“Cube”对象。

（4）创建一个“Sphere”对象，选择Create—>3D Object—>“Sphere”，即可创建一个“Sphere”对象。

（5）创建一个“Game Object”对象，选择Create—>Create Empty，即可创建一个“Game Object”对象。

（6）给“Game Object”对象添加状态“State 1”，选中“Game Object”对象，在PlayMaker面板中右击选择Add FSM，创建“State 1”状态，如图3.7-4所示。

图3.7-4　状态“State1”

（7）新定义Bool型变量“did pick object”、Float型变量“distance”、GameObject型变量“game object”、Vector3型变量“normal”、Vector3型变量“point”，在Variables面板—>New Variable属性中，输入“did pick object”名称，Variable Type属性选择“Bool”，点击Add确定；同上，依次建立其他变量，如图3.7-5所示。

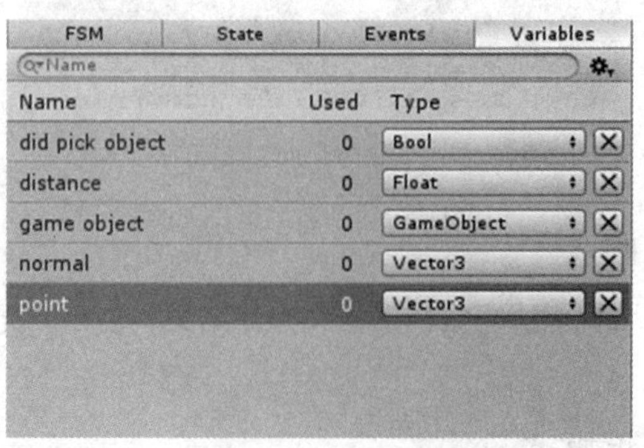

图3.7-5　新定义变量

（8）给状态“State 1”添加Mouse Pick动作，Actions面板—>Application—>Mouse Pick（或者在搜索框中进行搜索），并设置属性，如图3.7-6所示。

图3.7-6　给“State 1”状态添加动作并设置属性

（9）点击运行，查看效果。

3.8　游戏对象朝着指定目标移动

本节介绍PlayMaker动作中Move Towards（朝着目标移动）的使用方法。

实例难度系数：★★

场景文件：网盘\Projects\Chapter3\Assets\Scenes\3.8 Move Towards

视频文件：网盘\视频教程\第3章\3.8 Move Towards

1. 功能简介

运行后，“Cube”对象移动到目标对象“Sphere”的位置，如图3.8-1、3.8-2所示。

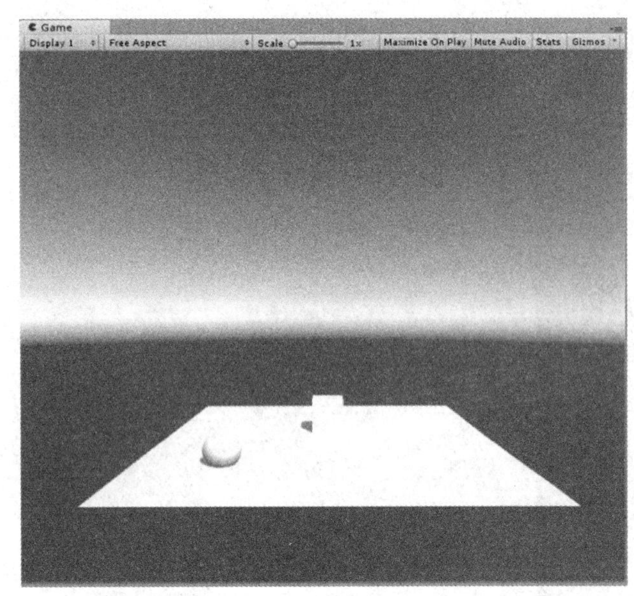

图3.8-1　“Cube”对象开始移动前

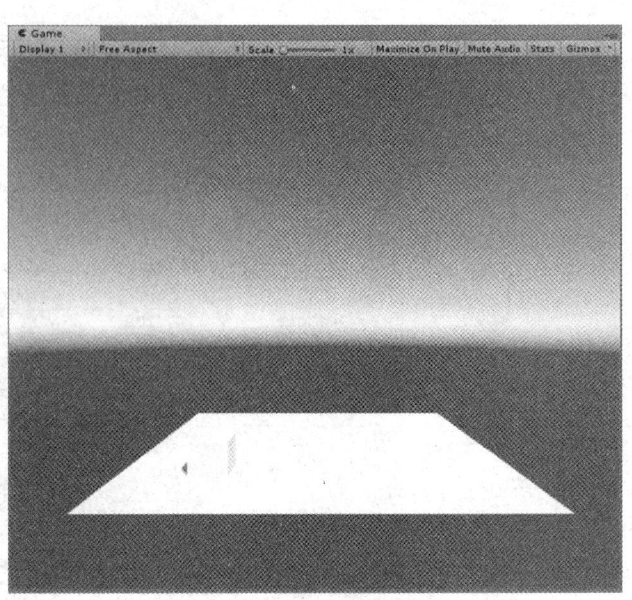

图3.8-2　“Cube”对象移动到目标对象处

2. 准备工作

本实例用到的是系统自带的模型。

3. 实例的架构

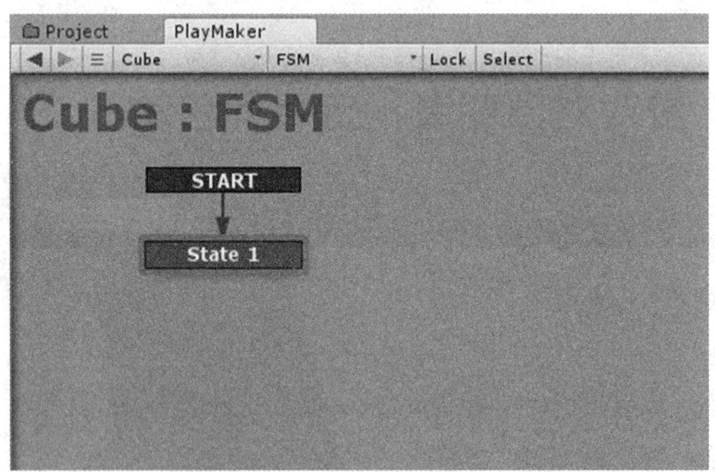

图3.8-3　“Cube”上的状态机

4. 主要动作说明

Move Towards：将游戏对象移向目标，可选择在成功时发送事件，目标可以指定为游戏对象或世界位置；如果同时指定两者，则“位置”将用作“对象位置”的局部偏移量。

5. 实例的制作步骤

（1）创建一个 “3.8 Move Towards.unity”新场景。

（2）创建一个“Plane”对象，选择Create—>3D Object—>“Plane”，即可创建一个“Plane”对象。

（3）创建一个“Cube”对象，选择Create—>3D Object—>“Cube”，即可创建一个“Cube”对象。

（4）创建一个“Sphere”对象，选择Create—>3D Object—>“Sphere”，即可创建一个“Sphere”对象。

（5）给“Cube”对象添加状态“State 1”，选中“Cube”对象，在PlayMaker面板中右击选择Add FSM，创建“State 1”状态，如图3.8-4所示。

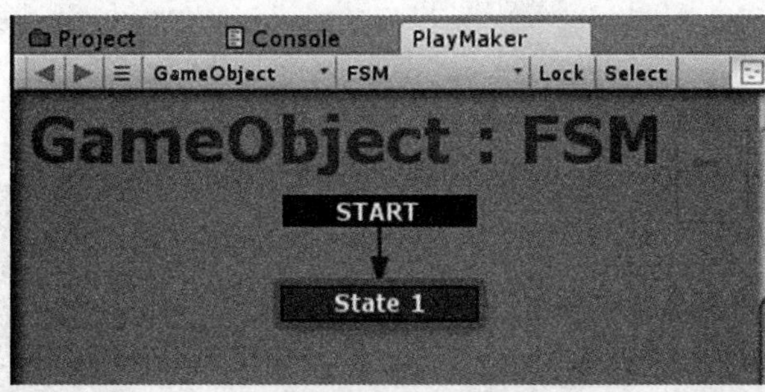

图3.8-4 状态“State 1”

（6）给状态“State 1”添加Move Towards动作，Actions面板—>Application—>Move Towards（或者在搜索框中进行搜索），添加Move Towards动作；在Hierarchy面板中用鼠标拖动“Sphere”到Move Towards动作的Target Object属性框中；将Finish Distance数值改为0，如图3.8-5所示。

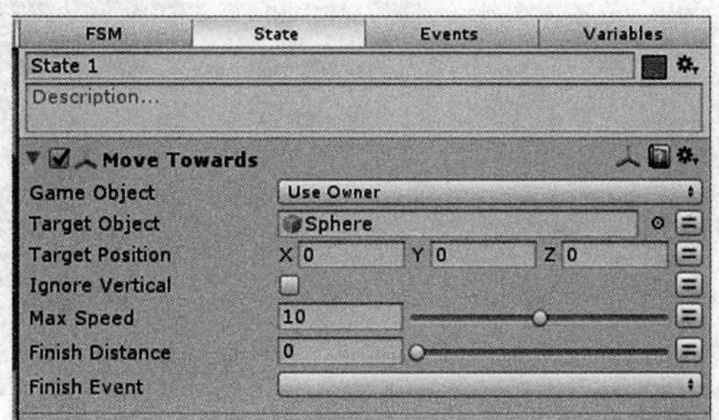

图3.8-5 给“State 1”状态添加动作并设置属性

（7）点击运行，查看效果。

3.9 等待

本节介绍PlayMaker动作中Wait（等待）的使用方法。

实例难度系数：★

场景文件：网盘\Projects\Chapter3\Assets\Scenes\3.9 Wait

视频文件：网盘\视频教程\第3章\3.9 Wait

1. 功能简介

运行后，等待5秒后从“State 1”状态跳到“State 2”状态，如图3.9-1、3.9-2所示。

2. 准备工作

本实例用到的是系统自带的模型。

图3.9-1 “State 1”状态等待

图3.9-2 5秒后跳到“State 2”状态

3. 实例的架构

“State 1”状态等待5秒后，自动跳转到“State 2”状态，如图3.9-3所示。

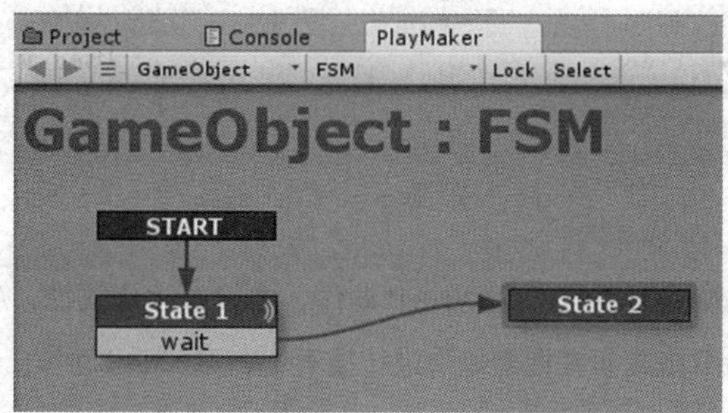

图3.9-3 “GameObject”上的状态机

4. 主要动作说明

Wait：延迟状态至指定时间结束（注意：在此期间，其他操作将继续运行），在指定的时间之后发送事件。

5. 实例的制作步骤

（1）创建一个“3.9 Wait.unity”新场景。

（2）创建一个“GameObject”对象，选择Create—>Create Empty，即可创建一个“GameObject”对象。

（3）给“GameObject”对象添加“State 1”状态、“State 2”状态，选中“GameObject”对象，在PlayMaker面板中右击选择Add FSM，创建“State 1”状态；在PlayMaker面板空白处右击选择Add State，，创建“State 2”状态，如图3.9-4所示。

图3.9-4 添加状态

（4）新定义“wait”事件，在Events面板—>Add Event属性中，输入新事件名“wait”，按下回车确定，如图3.9-5所示。给状态“State 1”添加事件wait，右击State 1，选择Add Transition，选择wait。

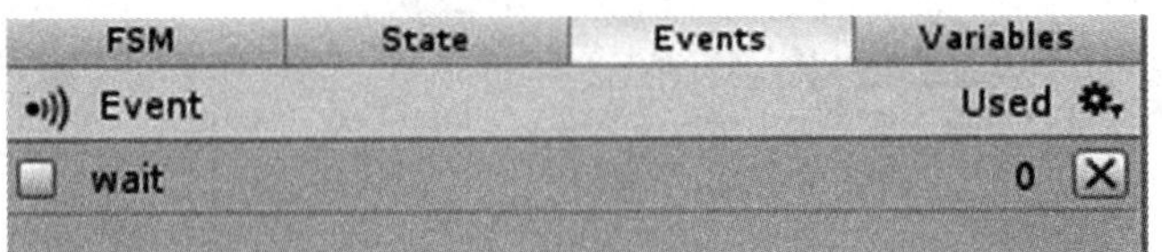

图3.9-5　新定义“wait”事件

（5）给状态“State 1”添加Wait动作，并设置相应属性，Actions面板—>Application—>Wait（或者在搜索框中进行搜索），添加Wait动作；将Time属性设置为5，在Finish Event属性中选择“wait”，如图3.9-6所示。

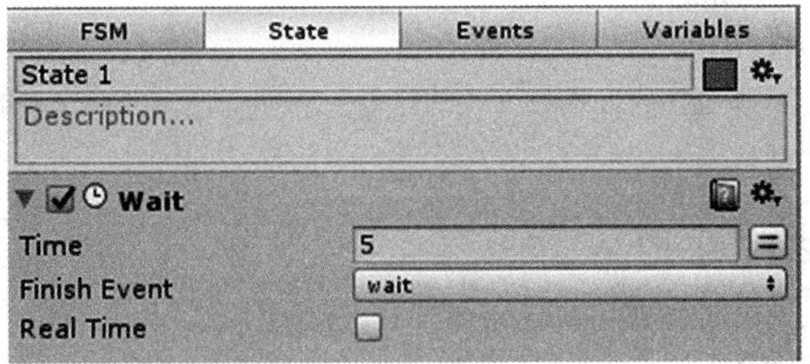

图3.9-6　“State 1”状态添加动作并设置属性

（6）连接各状态，如图3.9-7所示。

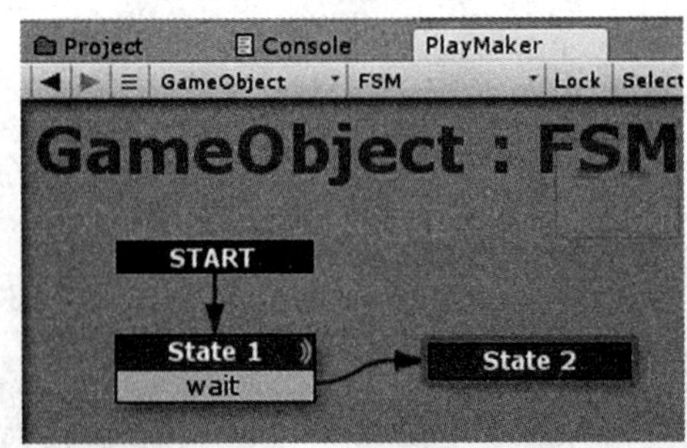

图3.9-7　连接各状态

（7）点击运行，查看效果。

第四章　PlayMaker初级

本章通过九个实例讲解了利用PlayMaker制作简单三维互动作品的基本操作和方法。

4.1　调试功能的使用

本节给予初学者调试和运行PlayMaker状态机的5个建议。

实例难度系数：★★

场景文件：网盘\Projects\Chapter4\Assets\Scenes\4.1 5 Beginner Tips For Debugging

视频文件：网盘\视频教程\第4章\4.1 5 Beginner Tips For Debugging

1. 功能简介

学习5个基本技巧，帮助调试和测试Unity PlayMaker状态机，以防出现问题，便于寻找问题出处。这是一个初学者教程，针对刚开始使用PlayMaker的人。

2. 准备工作

本实例将用到的为系统自带模型。

3. 实例架构

本实例有“State1”、“Add 5 To Float”、“Finished”和“State2”4个状态。SpaceKeyDown事件触发后，从State1状态过渡到Add 5 To Float状态；waited事件触发后，从Add 5 To Float状态过渡到Finished状态；SpaceKeyDown事件触发后，从Add 5 To Float状态过渡到State2状态。如图4.1-1所示。

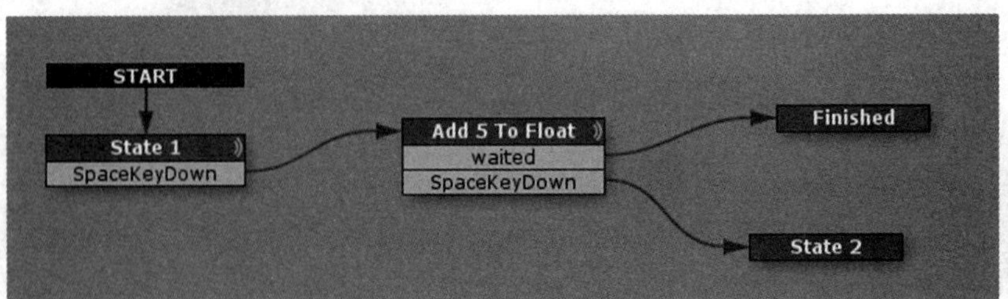

图4.1-1　“Plane”上的状态机

4. 主要动作说明

5个建议具体是：

①Switch to Keyboard Keys：切换到键盘键

②Watch Flow：监视流

③Turn On Debug：打开调试

④Use Breakpoints：使用断点

⑤Use Debug Log：使用调试日志

5. 实例的制作步骤

（1）创建新场景。

（2）创建平面。选择“Create”—>“3D Object”—>“Plane”，创建平面，如图4.1-2所示。

（3）创建PlayMakerGUI。选择菜单栏PlayMaker—>“Components”—>“Add PlayMakerGUI To Scene”，如图4.1-3所示。

（4）添加状态机。选中“Camera”，在PlayMaker面板空白处右键—>Add FSM，如图4.1-4所示。

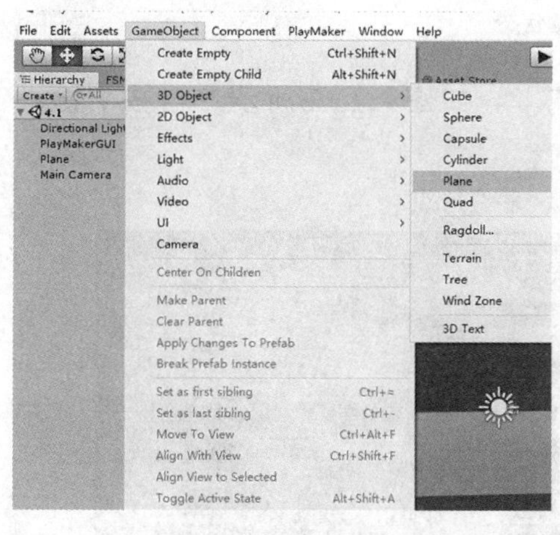

图4.1-2　创建平面

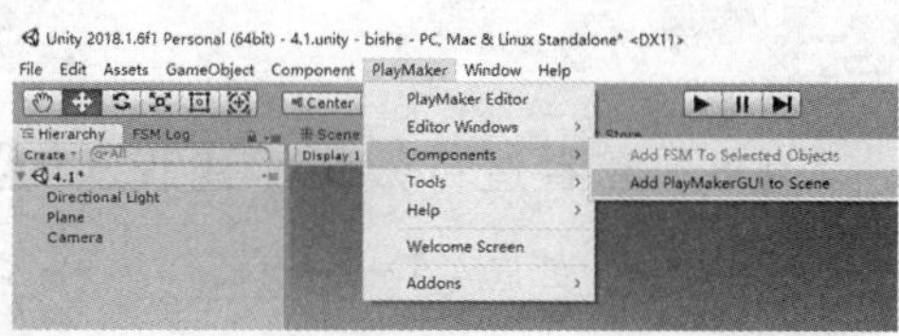

图4.1-3　创建PlayMakerGUI

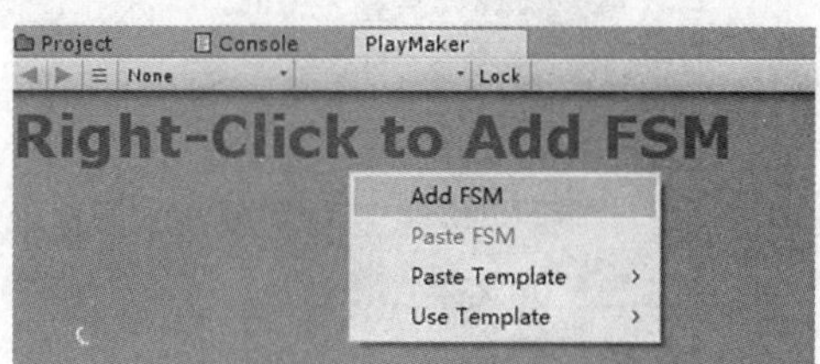

图4.1-4　添加状态机

（5）添加Get Key Down动作（建议1：切换到键盘键）。在“State 1”状态中，点击Action Browser按钮，输入“Get Key Down”，双击，如图4.1-5所示。

（6）设置Get Key Down动作下的属性。选择Key的下拉菜单中选择“Space”空格键，选择Send Event的下拉菜单中选择“New Event…”输入“SpaceKeyDown”（新建一个SpaceKeyDown事件，意指按下空格键，即发送SpaceKeyDown事件）。如图4.1-6所示。

（7）添加State2，并将“State1”下面的“SpaceKeyDown”与State2连接，如图4.1-7所示。

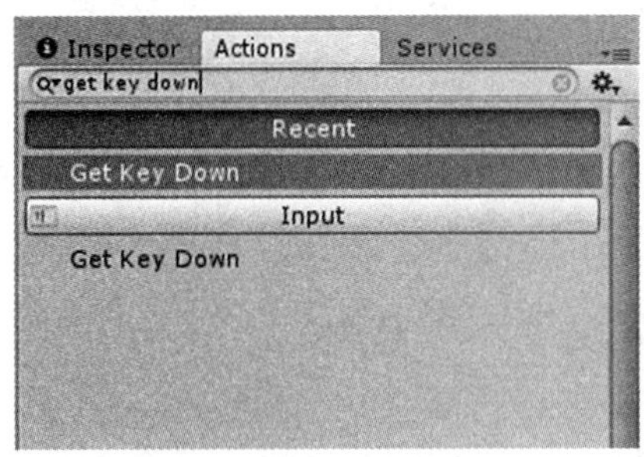

图4.1-5　添加Get Key Down动作

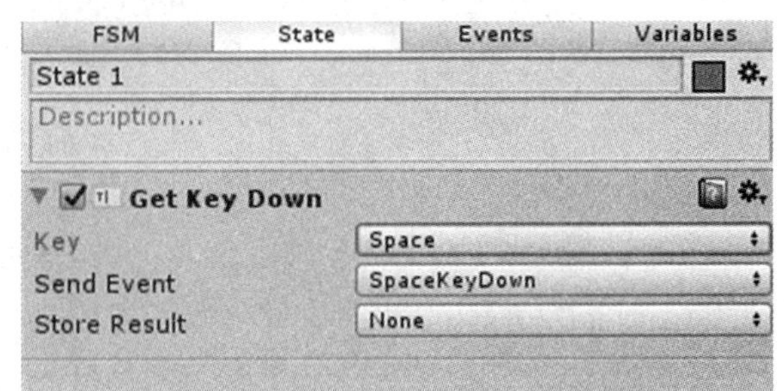

图4.1-6　设置Get Key Down动作下的属性

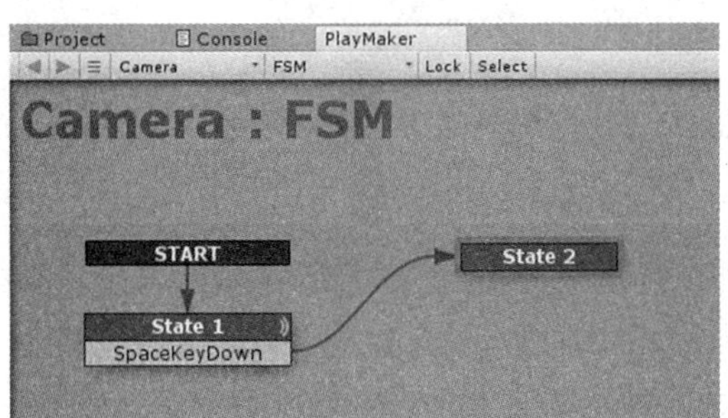

图4.1-7　连接状态

（8）查看运行效果（建议2：监视流），如图4.1-8所示；当按下键盘“Space”时，如图4.1-9所示。

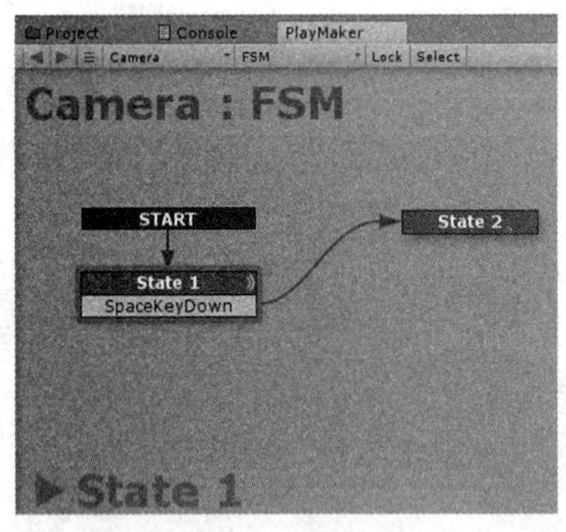

图4.1-8　运行

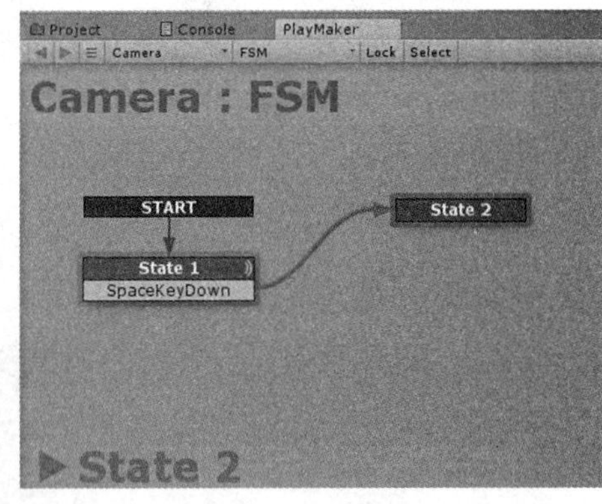

图4.1-9　按下“Space”

（9）添加Set Float Value动作（设置一个浮点变量的值）。在“State 1”状态中，点击Action Browser按钮，输入“Set Float Value”，双击，如图4.1-10所示。

（10）设置Set Float Value动作下的属性。选择Float Variable的下拉菜单中选择New Variable，如图4.1-11所示；在New Variable下面的文本框中输入“MyNumber”，按下Enter键（此操作也可在Variables面板中先新建一个变量，然后直接下拉选择该变量，效果相同），如图4.1-12所示；在Float Value下面的文本框中输入“10”，按下Enter键，如图4.1-13所示。

图4.1-10 添加Set Float Value动作

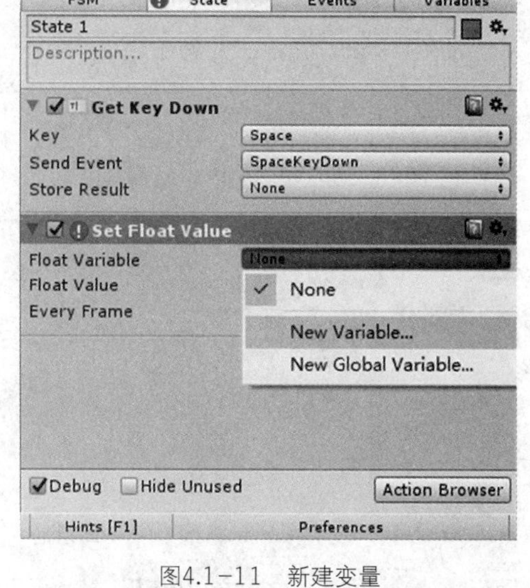

图4.1-11 新建变量

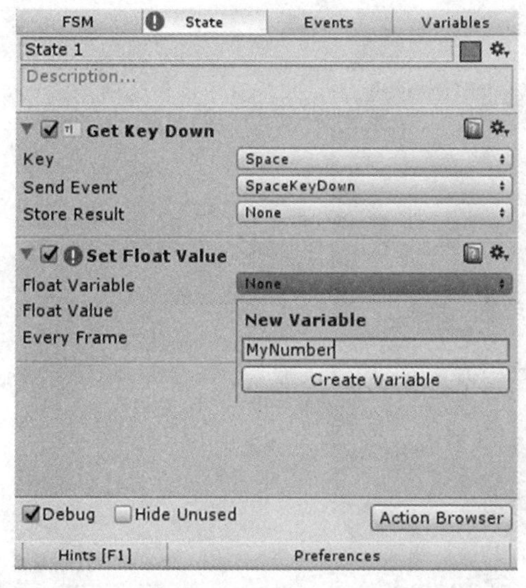

图4.1-12 命名变量

图4.1-13 变量赋值

（11）添加Float Add动作（添加一个值到浮点变量）。选中“State 2”并将其改名为“Add 5 To Float”，在“Add 5 To Float”状态中，点击Action Browser按钮，输入“Float Add”，双击，如图4.1-14所示。

图4.1-14 添加Float Add动作

（12）设置Float Add动作下的属性。选择Float Variable的下拉菜单中选择MyNumber，在Add的文本框中输入“10”，如图4.1-15所示。

（13）继续添加Wait动作。在“Add 5 To Float”状态中，点击Action Browser按钮，输入“Wait”，双击，如图4.1-16所示。

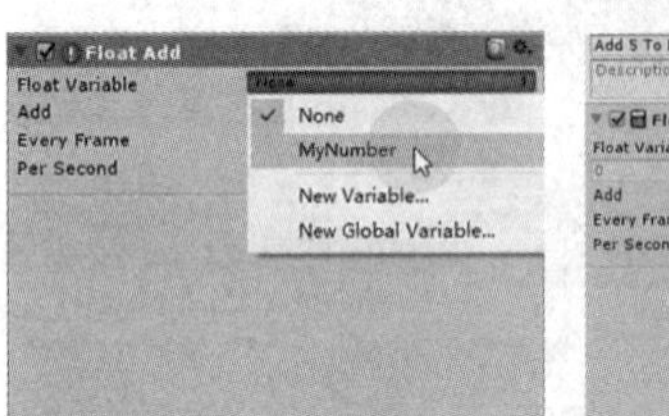

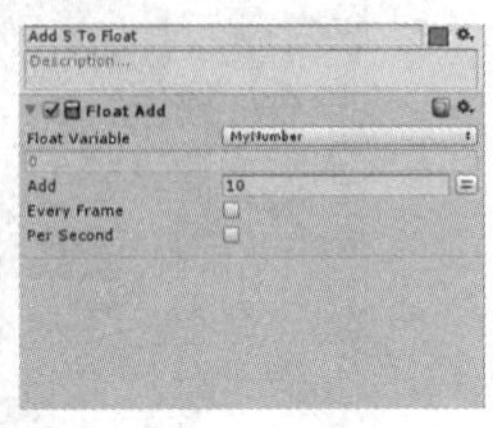

图4.1-15 输入“10”

图4.1-16 添加Wait动作

（14）设置Wait动作下的属性。在Time的文本框中输入时间为“3”，选择Finish Event的下拉菜单中选择“New Event…”，并且在New Event下面的文本框中输入“Waited”，如图4.1-17所示。

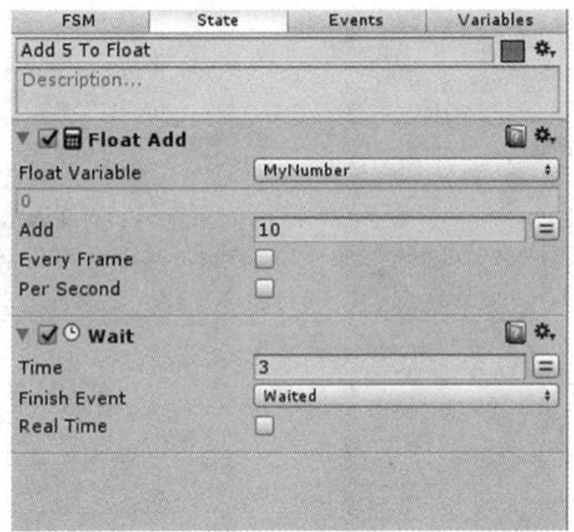

图4.1-17 设置Wait动作下的属性

（15）添加State3，并将“State3”改名为“Finished”，将“Waited”与“Finished”连接，如图4.1-18所示。

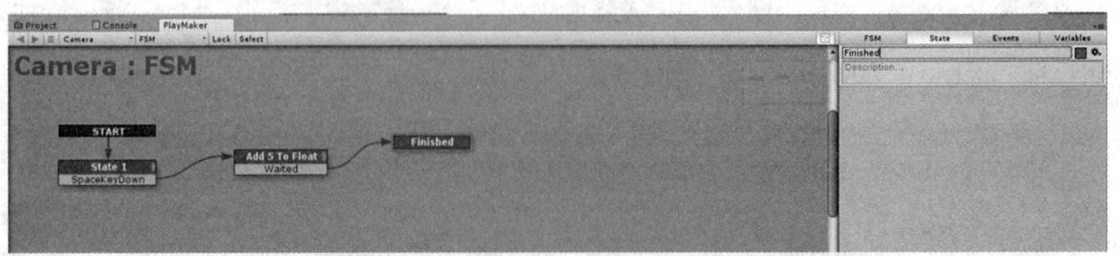

图4.1-18 连接状态

（16）查看运行效果（建议2：监视流），如图4.1-19所示；当按下键盘“Space”时，如图4.1-20所示；等待3秒，跳转到“Finished”状态，如图4.1-21所示。

图4.1-19　运行

图4.1-20　按下“Space”

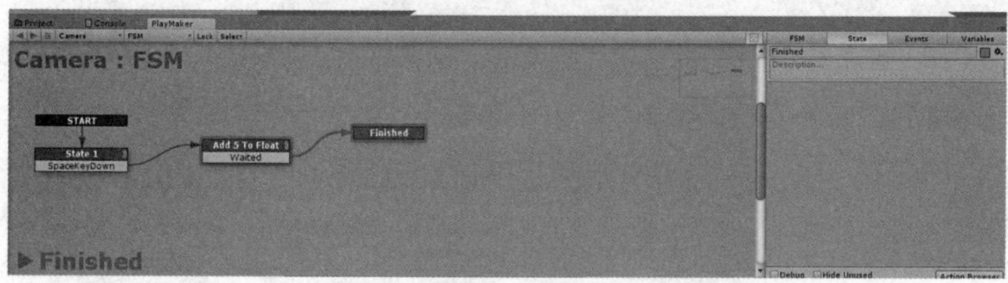

图4.1-21　等待3秒

（17）Turn On Debug（建议3：打开调试），如图4.1-22所示。

（18）在“Add 5 To Float”状态中，右击，选择“Toggle BreakPoint”，如图4.1-23所示（建议4：切换中断点）。

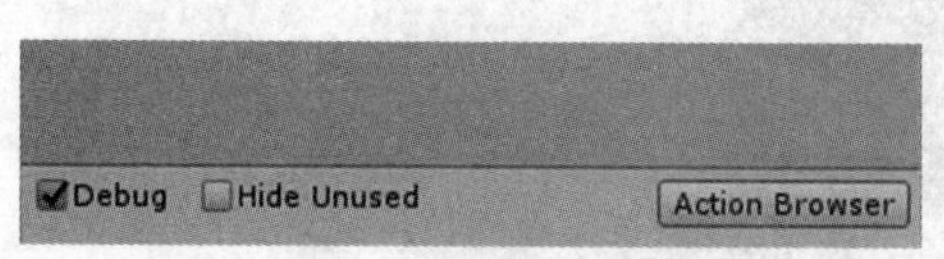

图4.1-22　打开调试

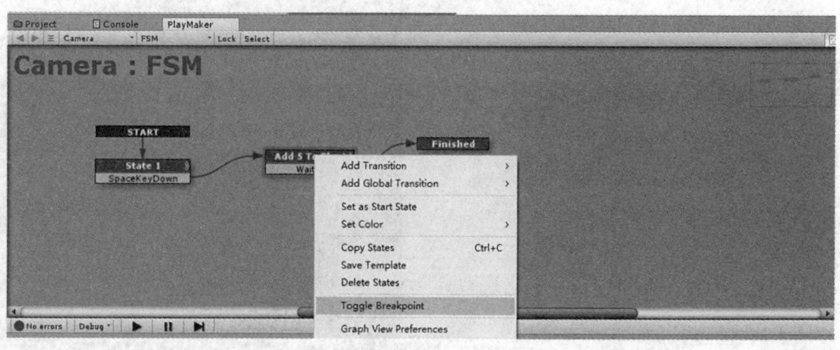

图4.1-23　设置中断点

（19）查看运行效果（建议2：监视流），如图4.1-24所示；当按下键盘Space键时，如图4.1-25所示；等待3秒，因为设置了断点BreakPoint，状态机不会跳至Finished状态，而是停留在当前状态。

图4.1-24　运行

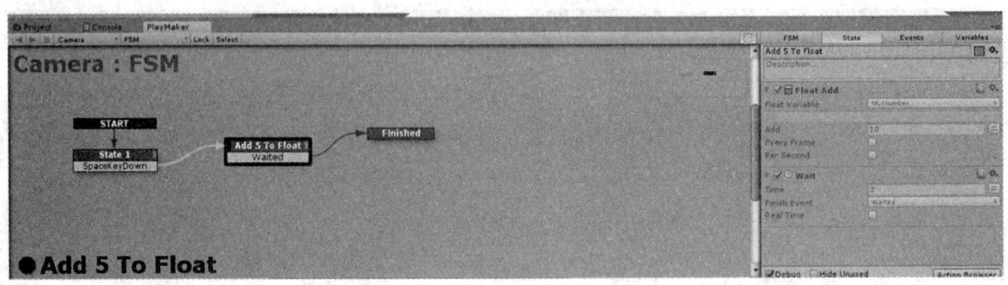

图4.1-25　按下“Space”

（20）当点击“unpause”时，等待3秒，状态机正常跳转至Finished状态，如图4.1-26所示。

（21）在“Add 5 To Float”状态中右击，选择SpaceKeyDown，如图4.1-27所示。

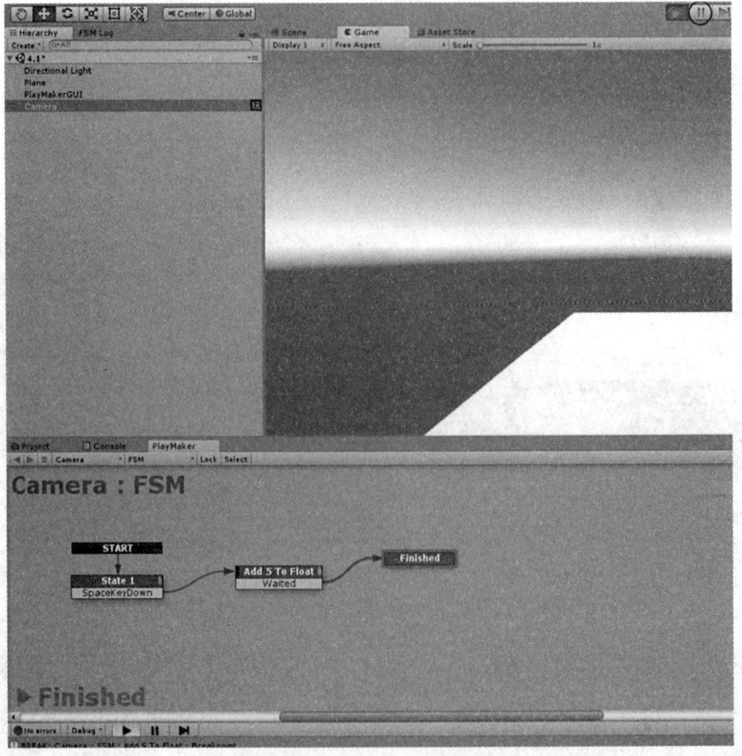

图4.1-26　点击“unpause”

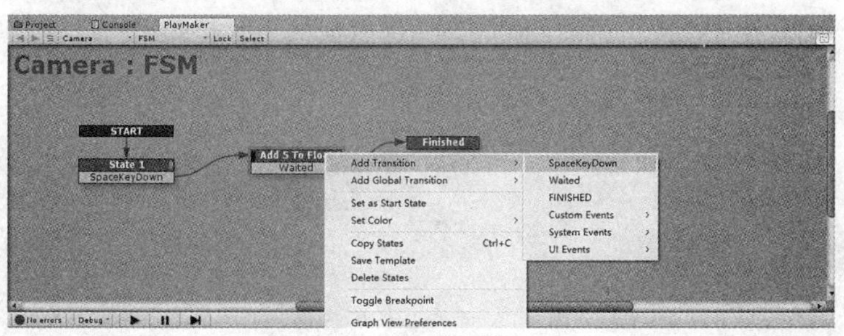

图4.1-27　选择SpaceKeyDown

（22）继续添加State 2，将“SpaceKeyDown”与“State 2”连接，并给“Finished”和“State 2”分别设置“Toggle BreakPoint”（方法同步骤18），结果如图4.1-28所示。

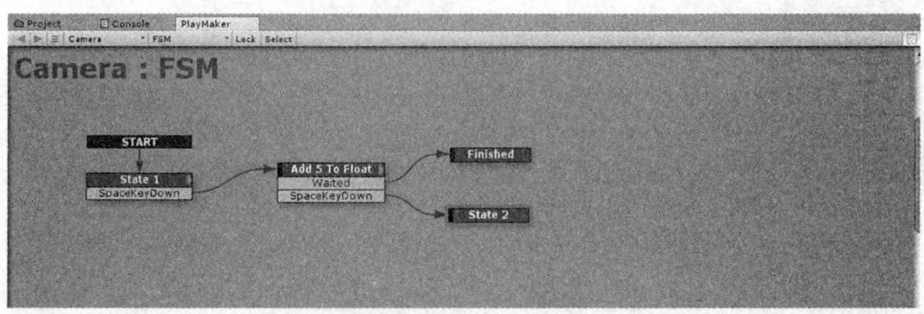

图4.1-28　设置断点

（23）单击Debug的下拉菜单，选择“Clear BreakPoints”来清除所有断点，如图4.1-29所示。

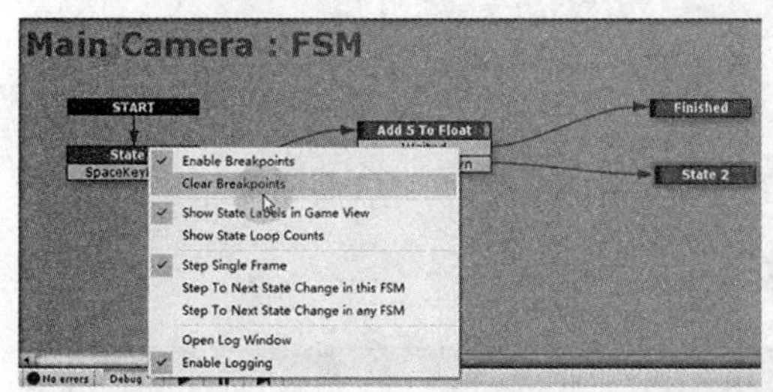

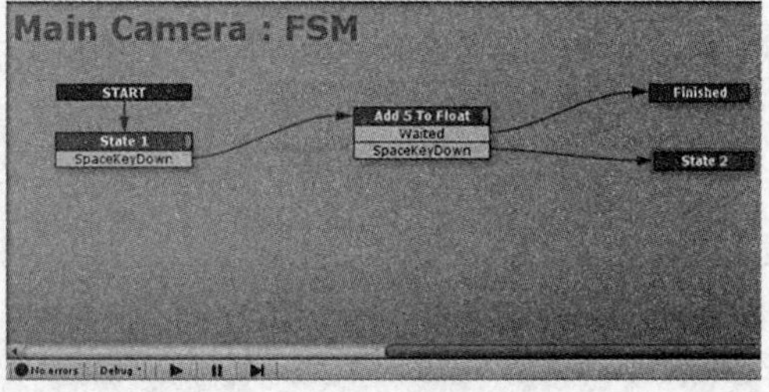

图4.1-29　Clear BreakPoints

（24）在“State 2”状态中，勾选Debug的下拉菜单中的“Enable DebugFlow”，并添加 FSM Log悬窗（通过点击PlayMaker—>Editor Windows—>FSM Log），如图4.1-30所示。

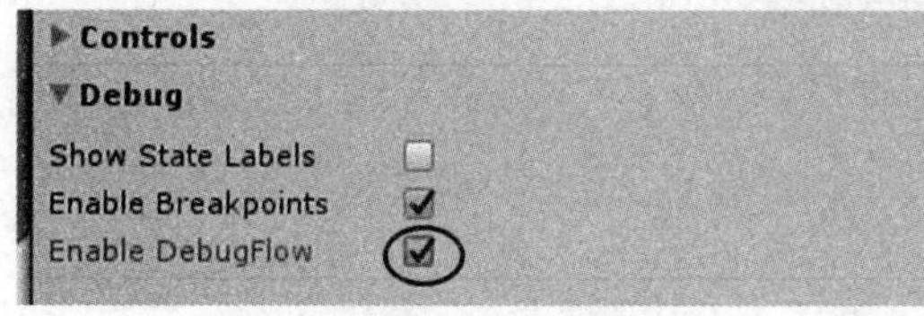

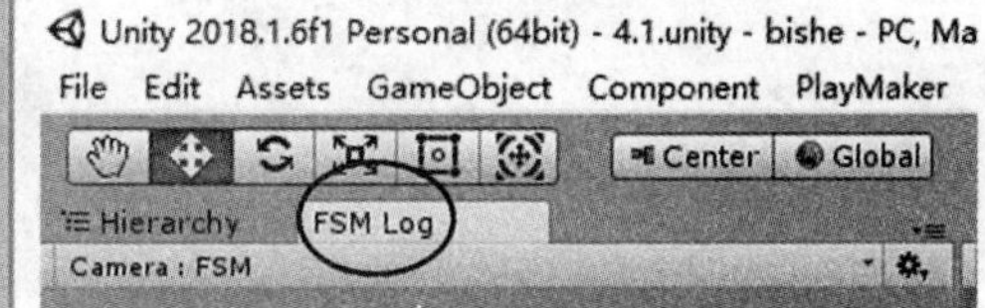

图4.1-30　勾选Enable DebugFlow

（25）查看运行效果，可看到FSM Log悬窗里输出了程序运行的流程，如图4.1-31所示。

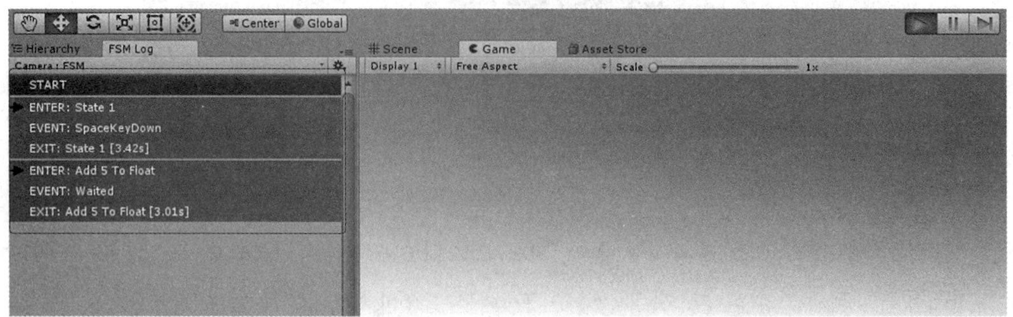

图4.1-31　查看运行效果

（26）添加Debug Log动作（建议5：使用调试日志）。点击Action Browser按钮，输入“Debug Log”，双击，给“Finished”状态和“State 2”状态分别添加Debug Log动作。在Debug Log的文本框Text中输入“Completed Debug Log”，如图4.1-32所示。

图4.1-32　属性设置

（27）查看运行效果，可看到FSM Log悬窗里输出了程序运行的流程，如图4.1-33所示。

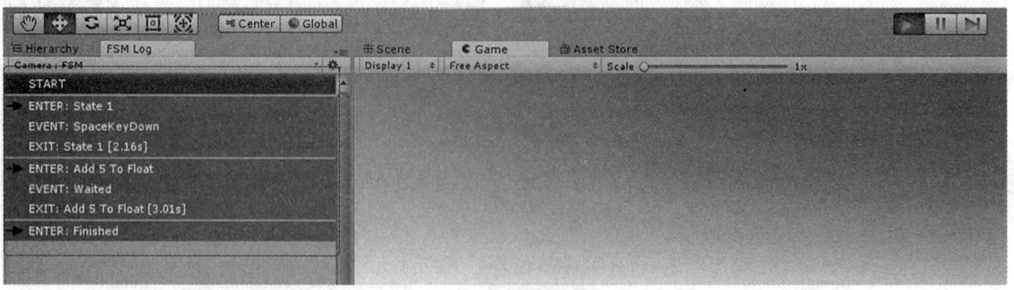

图4.1-33　查看运行效果

4.2 变量的定义与使用

本节介绍PlayMaker中的基本变量（Basic Variables）。

实例难度系数：★

场景文件：网盘\Projects\Chapter4\Assets\Scenes\4.2 Basic Variables

视频文件：网盘\视频教程\第4章\4.2 Basic Variables

1. 功能简介

本小节将对Basic Variables（基本变量）中的各种变量进行简单的介绍。

2. 准备工作

本实例将用到的为系统自带模型。

3. 实例的架构

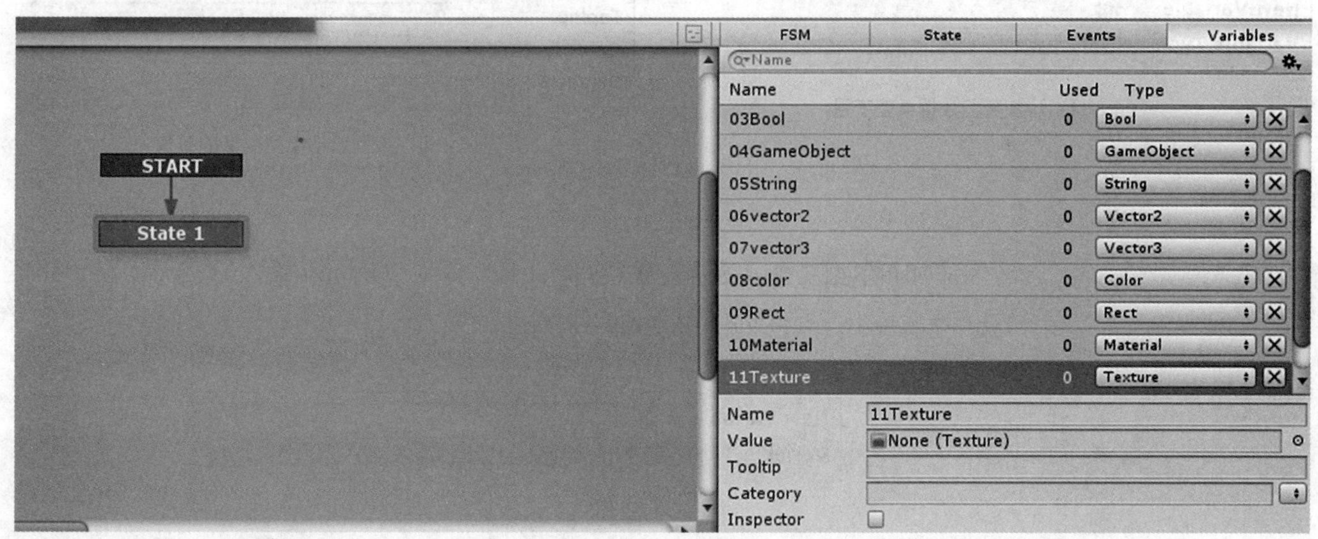

图4.2-1 “Gameobject”上的状态机

4. 主要动作说明

无。

5. 实例的制作步骤

首先要添加一个状态机FSM，之后开始添加下面的各个变量。

（1）Float

添加浮点型数据类型变量。选择变量栏Variables，New Variable输入01 Float，

Variable Type Float选择Float，点击Add（或按回车键），新建了一个Float变量，如图4.2-2所示。Value输入相关值，浮点型数据类型变量的值是浮点型数据，如图4.2-3所示。

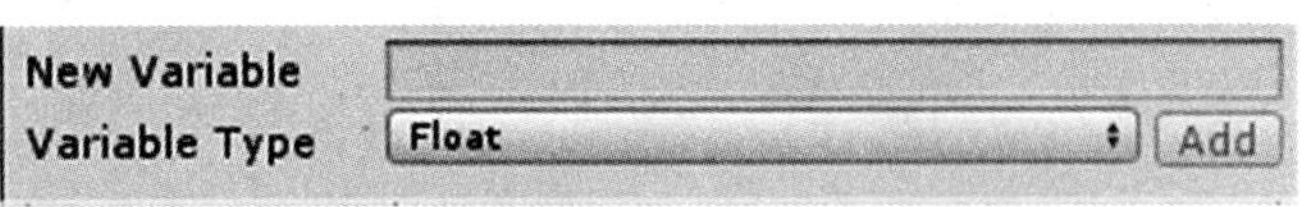

图4.2-2　添加浮点型数据类型变量

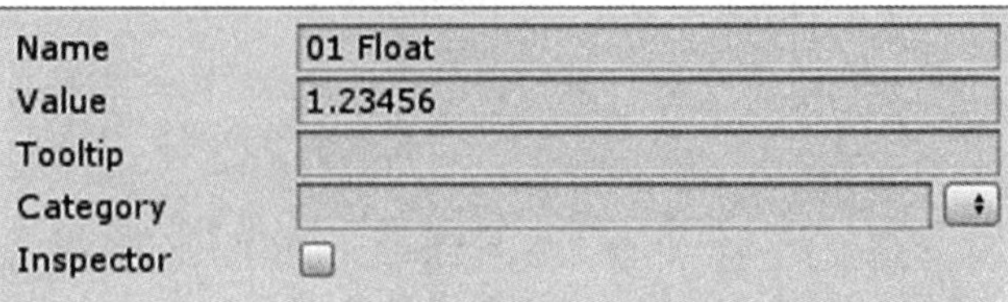

图4.2-3　浮点型数据类型变量的赋值

（2）Int

添加整型数据类型变量。选择变量栏Variables，New Variable输入02 Int，Variable Type Float选择Int，点击Add，如图4.2-4所示。Value输入相关值，整型数据类型变量的值是整型数据，如图4.2-5所示。

图4.2-4　添加整型数据类型变量

图4.2-5　整型数据类型变量的赋值

（3）Bool

添加布尔型变量。选择变量栏Variables，New Variable输入03 Bool，Variable Type 选择Bool，点击Add，如图4.2-6所示。

图4.2-6　添加布尔型变量

布尔型变量的值是真或假 true or false，通过value值的单选框进行赋值，勾选为“true”，不勾选为“false”如图4.2-7所示。

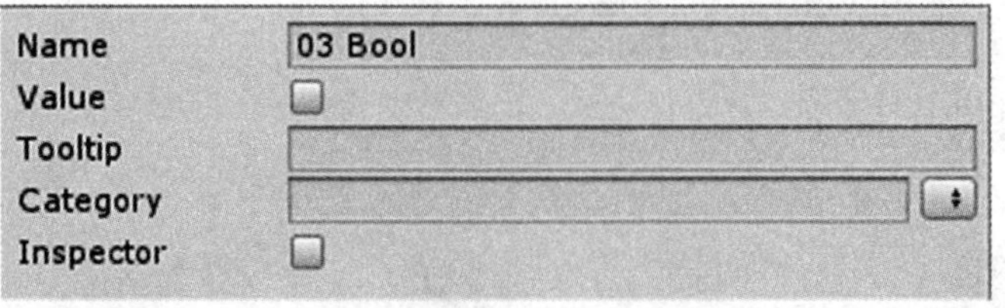

图4.2-7　布尔型变量的赋值

（4）GameObject

添加游戏物体变量。选择变量栏Variables，New Variable输入04 GameObject，Variable Type选择GameObject，点击Add，添加游戏物体变量如图4.2-8所示。

游戏物体变量的值通过拖动Hierarchy视图中的游戏对象进行赋值，如图4.2-9所示。

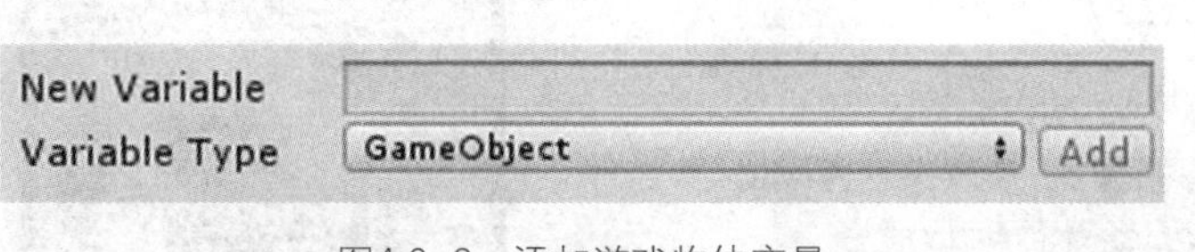

图4.2-8 添加游戏物体变量

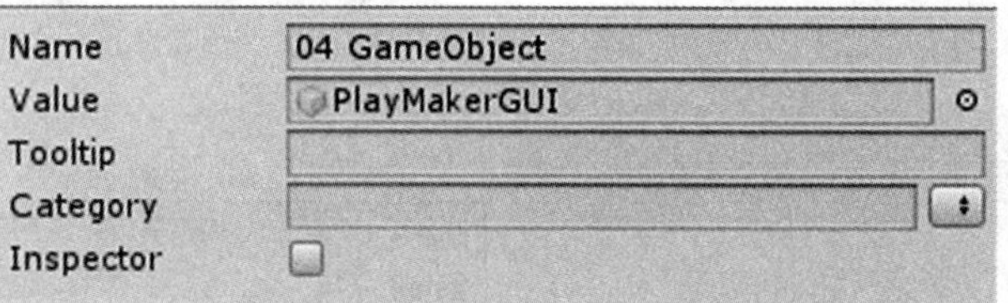

图4.2-9 游戏对象变量赋值

（5）String

添加字符串变量。选择变量栏Variables，New Variabl输入05 String，Variable Type选择String，点击Add，添加字符串变量如图4.2-10所示。

字符串变量的值在Value文本框中输入字符串进行赋值，如图4.2-11所示。

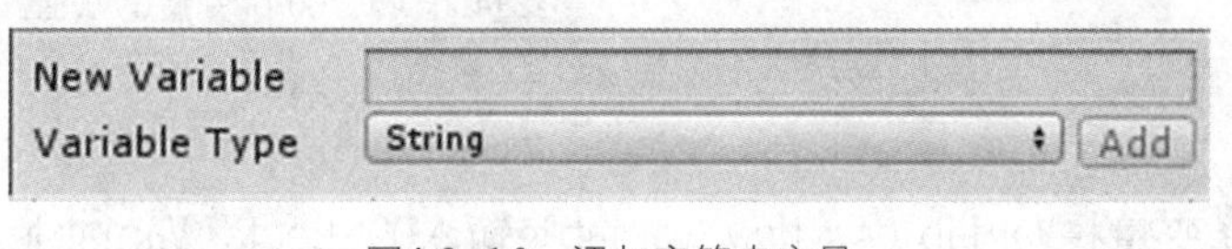

图4.2-10 添加字符串变量

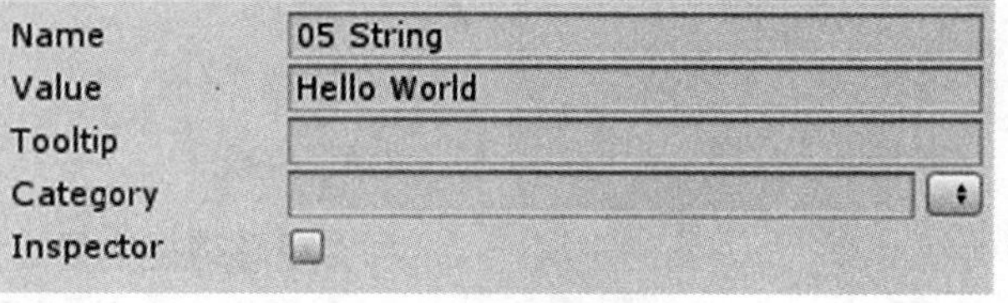

图4.2-11 字符串变量赋值

（6）Vector2

添加二维向量。选择变量栏Variables，New Variable输入06 Vector2，Variable Type，选择Vector2，点击Add，添加二维向量如图4.2-12所示。

（7）Vector3

添加三维向量。选择变量栏Variables，New Variable输入07 Vector3，Variable Type，选择Vector3，点击Add，添加三维向量如图4.2-13所示。

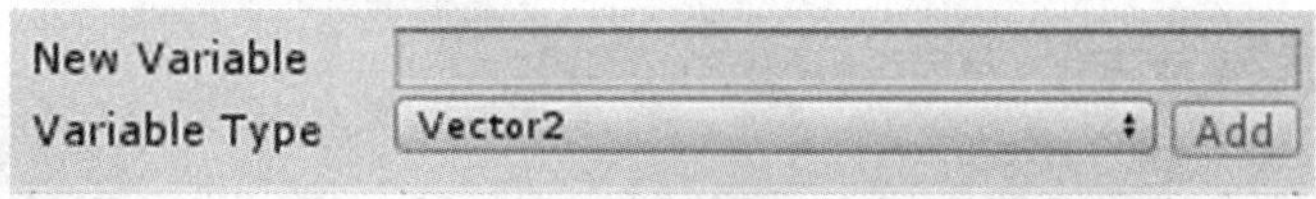

图4.2-12 添加二维向量

图4.2-13 添加三维向量

（8）Color

添加颜色变量。选择变量栏Variables，New Variable输入08 Color，Variable Type选择Color，点击Add，添加颜色变量如图4.2-14所示。

颜色变量的赋值在Value框中进行粗调和细调，如图4.2-15所示。

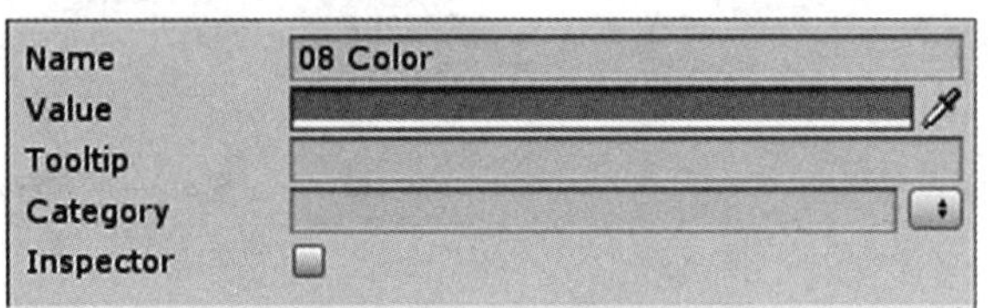

图4.2-14　添加颜色变量

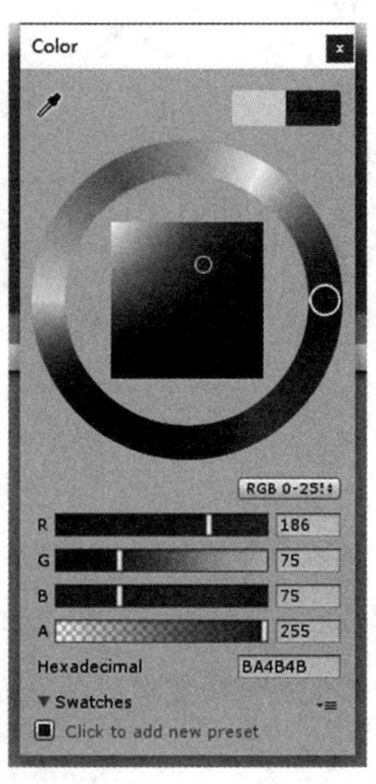

图4.2-15　Color变量的赋值

（9）Rect

添加矩形路径变量。选择变量栏Variables，New Variable输入09 Rect，Variable Type选择Rect，点击Add，如图4.2-16所示。

图4.2-16　添加矩形路径变量

参数解析："x"是必需的，指矩形左上角的x轴坐标；"y"是必需的，指矩形左上角的y轴坐标；"width"是必需的，指矩形的宽度；"height"是必需的，指矩形的高度。如图4.2-17所示。

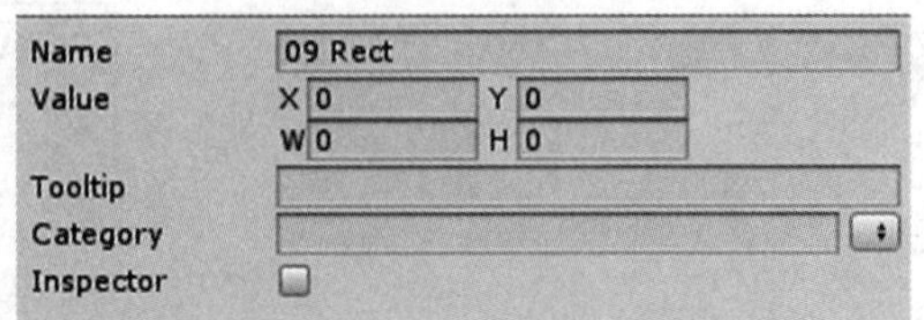

图4.2-17　矩形路径变量参数值

（10）Material

添加材质变量。选择变量栏Variables，New Variable输入10 Material，Variable Type选择Material，点击Add，添加材质变量如图4.2-18所示。

材质变量的值通过拖动Assets视图中的材质球进行赋值，如图4.2-19所示。

图4.2-18　添加材质变量

图4.2-19　材质变量赋值

（11）Texture

添加贴图纹理变量。选择变量栏Variables，New Variable输入11 Texture，Variable Type选择Texture，点击Add，添加贴图纹理变量如图4.2-20所示。

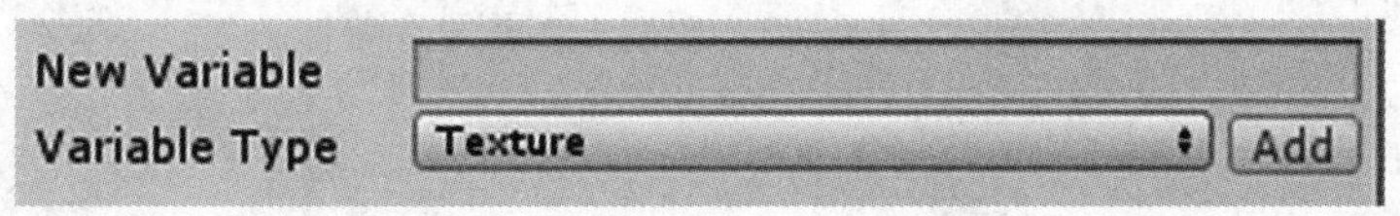

图4.2-20　添加贴图纹理变量

4.3　循环和预制体的实例化

Create objects at random positions in a loop：在一个循环中随机创建对象。

实例难度系数：★

场景文件：网盘\Projects\Chapter4\Assets\Scenes\4.3 Create objects at random positions in a loop

视频文件：网盘\视频教程\第4章\4.3 Create objects at random positions in a loop

1. 功能简介

在一个状态机的循环中创建随机放置的对象，而不是多个状态。每点击一次unpause（取消暂停键）在随机位置出现一个Cube。如图4.3-1所示。

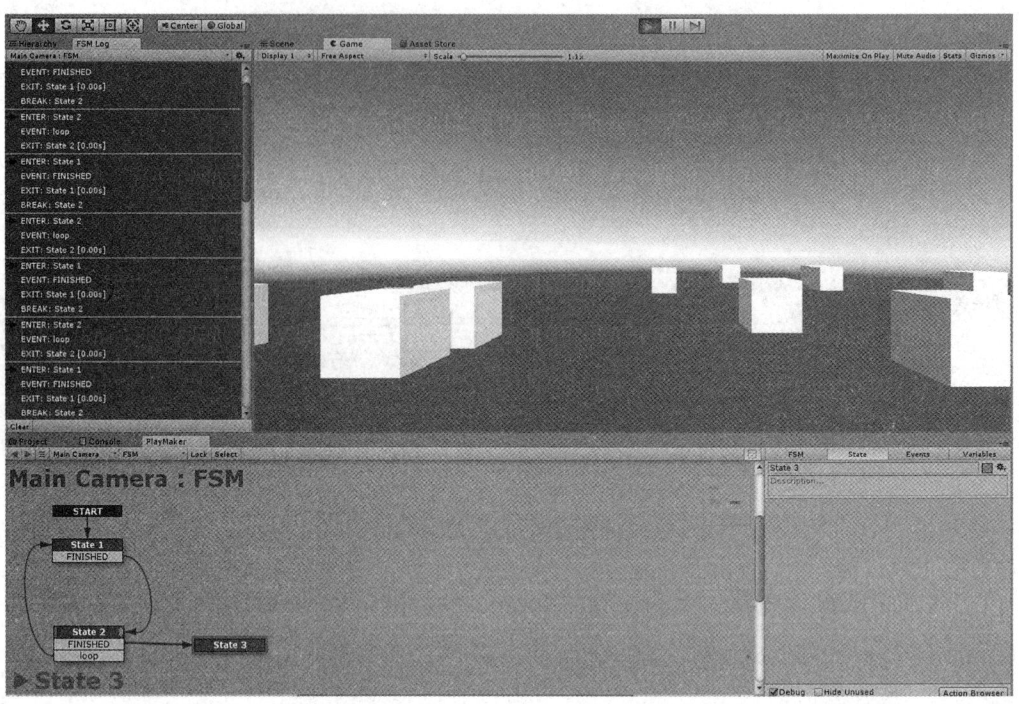

图4.3-1 实例效果图

2. 准备工作

本实例用到的是系统自带的模型。

3. 实例的架构

运行后进入State 1状态，在State 1状态下随机生成一个位置坐标，进入State 2状态，在State 2状态下将自动创建一个预设体Cube并进行计数，当变量objCount（初始值为10）大于0时，通过loop过渡，循环至State 1状态，同时变量objCount-1；当变量objCount等于0时，通过FINISHED过渡进入State 3状态结束循环。如图4.3-2所示。

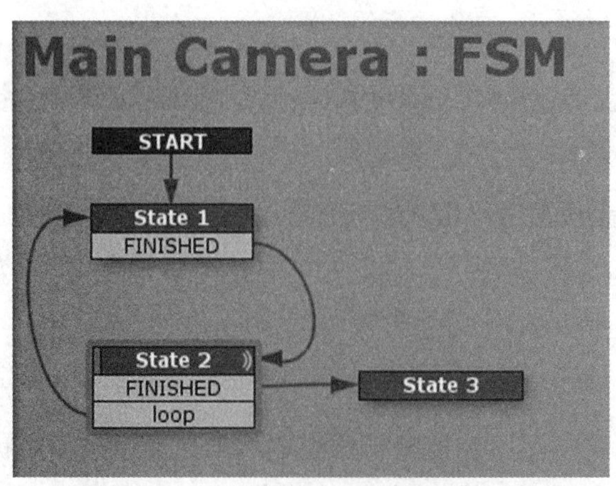

图4.3-2 "Main Camera"上的状态机

4. 主要动作说明

Random Float：设置一个浮点变量为一个在最小/最大范围内的随机值。

Set Vector3 XYZ：设置V3变量的XYZ轴通道。

Create Object：在一个出生点实例化一个游戏对象/预制件。

Int Add：添加一个值到一个整数变量。

Int Compare：基于2个整数比较发送事件。

5. 实例的制作步骤

（1）创建新场景。

（2）创建PlayMakerGUI。选择菜单栏PlayMaker—>“Components”—>“Add PlayMakerGUI To Scene”，如图4.3-3所示。

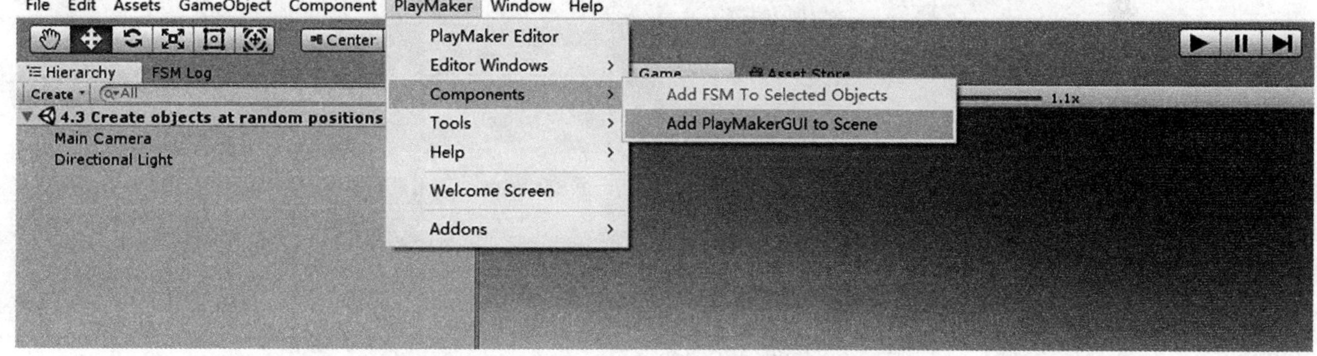

图4.3-3 创建PlayMakerGUI

（3）添加状态机。选中“Camera”，在PlayMaker面板空白处右键—>Add FSM，如图4.3-4所示。

图4.3-4 添加状态机

（4）添加Random Float动作。在“State 1”状态中，点击Action Browser按钮，输入“Random Float”，双击，如图4.3-5所示。

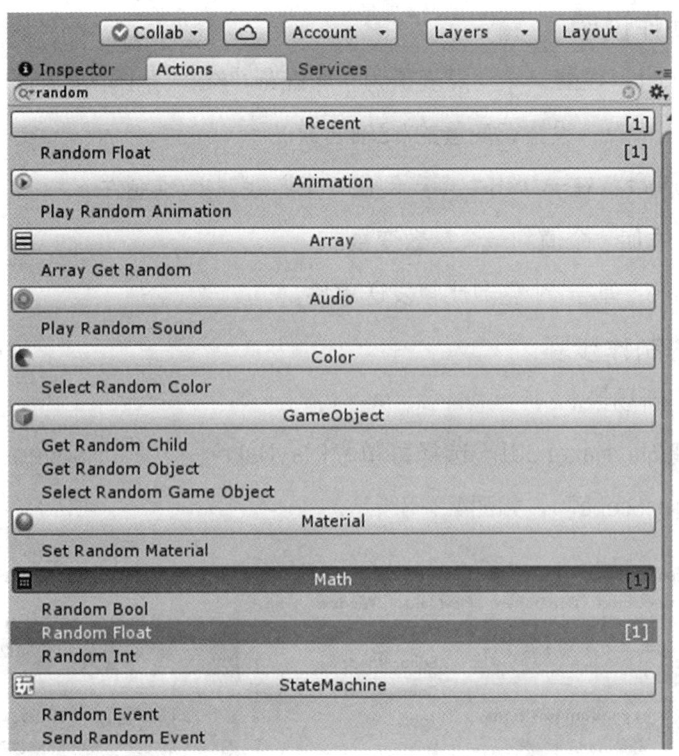

图4.3-5　添加Random　Float动作

（5）设置Random Float动作下的属性。在Min的文本框中输入“-10”，在Max的文本框中输入“10”。选择Store Result的下拉菜单中选择“New Variable…”，输入“axisX”。如图4.3-6所示。

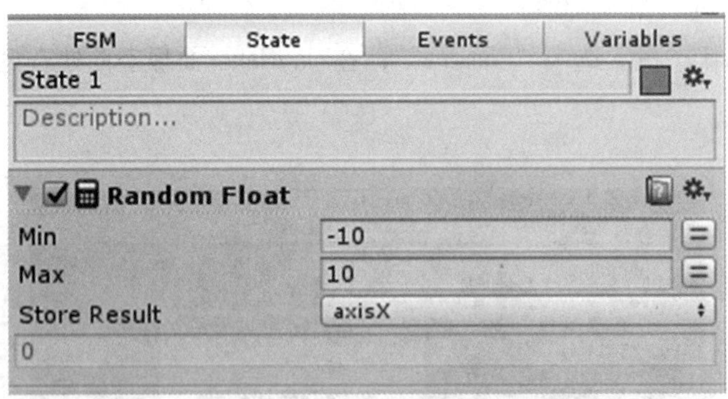

图4.3-6　设置Random Float动作下的属性

（6）再次添加Random Float动作。在“State 1”状态中，点击Action Browser按钮，输入“Random Float”，双击，设置Random Float动作下的属性。在Min的文本框中输入“-10”，在Max的文本框中输入“10”。选择Store Result的下拉菜单中选择“New Variable…”，输入“axisZ”。如图4.3-7所示。

（7）添加Set Vector3 XYZ动作。在“State 1”状态中，点击Action Browser按钮，输入“Set Vector3 XYZ”，双击，如图4.3-8所示。

图4.3-7　设置Random Float动作下的属性

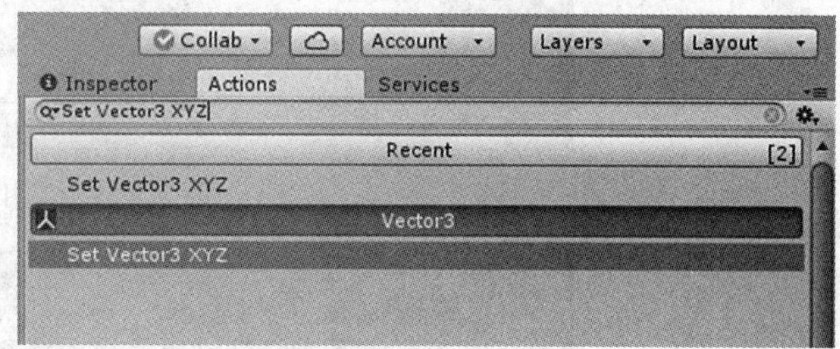

图4.3-8　添加Set Vector3 XYZ动作

（8）设置Set Vector3 XYZ动作下的属性。在Vector3 Variable的下拉菜单中选择“New Variable…”，文本框中输入“position”，在Vector3 Value的文本框中选择“position”。选择X的下拉菜单中选择“axisX”，选择Y的下拉菜单中输入“0”，选择Z的下拉菜单中选择“axisZ”，如图4.3-9所示。

（9）选中State 1，右击，选择Add Transition—>FINISHED；右击空白处，选择Add State，添加State 2，并将“State 1”下面的“FINISHED”与State 2连接，如图4.3-10所示。

（10）创建预设体。在Hierarchy面板中创建一个Cube，右击3D Object—>Cube；选中Project的Assets，右击Create—>Folder，创建文件夹，并将其命名为“Prefab”，如图4.3-11所示。

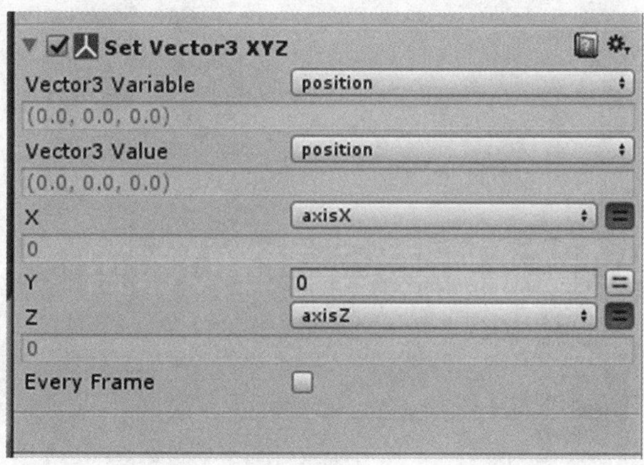

图4.3-9　设置Set Vector3 XYZ动作下的属性

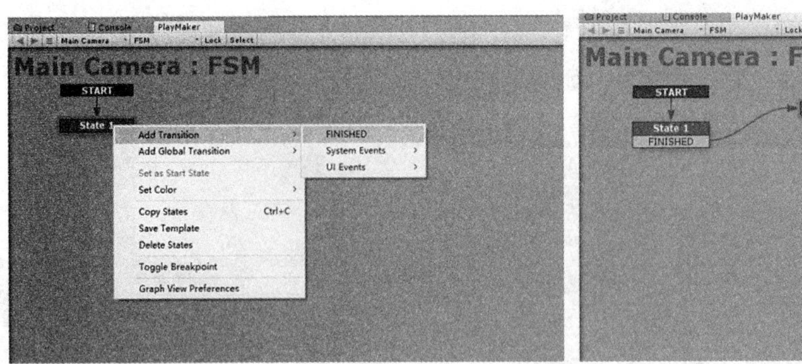

图4.3-10　连接状态

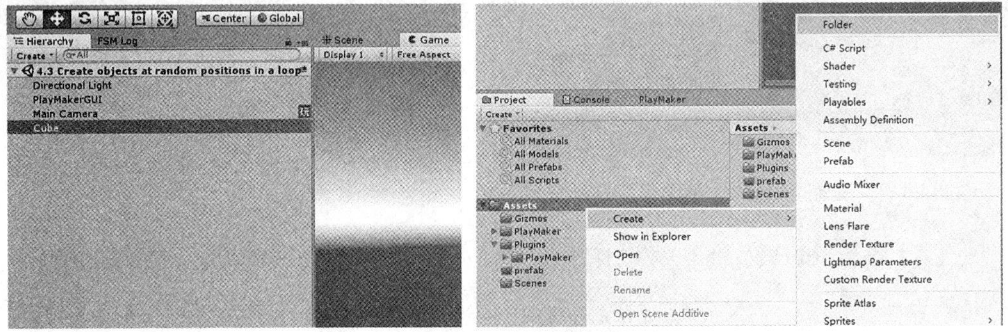

图4.3-11　创建预设体

（11）将Hierarchy面板中的Cube拖入文件夹Prefab中，删除Hierarchy面板中的Cube，预设体创建完成，如图4.3-12所示。

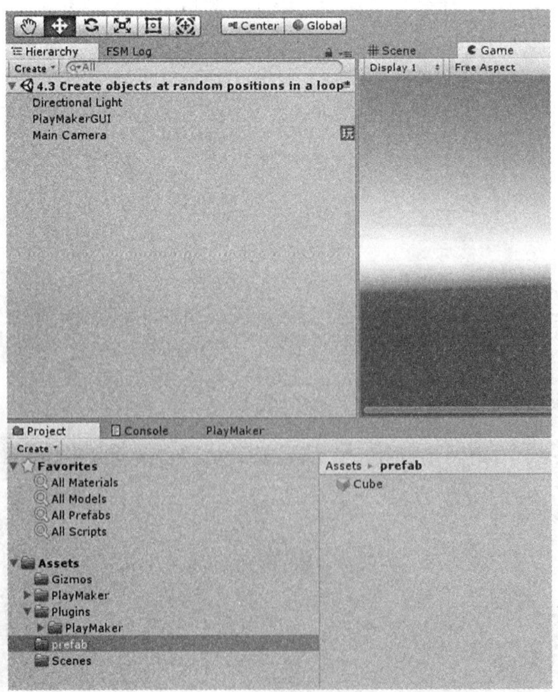

图4.3-12　预设体创建完成

（12）添加Create Object动作。选中Camera，在PlayMaker面板的“State 2”状态中，点击Action Browser按钮，输入“Create Object”，双击，如图4.3-13所示。

（13）设置Create Object动作下的属性。在Game Object的下拉菜单中选择预设体“Cube”；Position文本框中选择“position”，如图4.3-14所示。

图4.3-13　添加Create Object动作

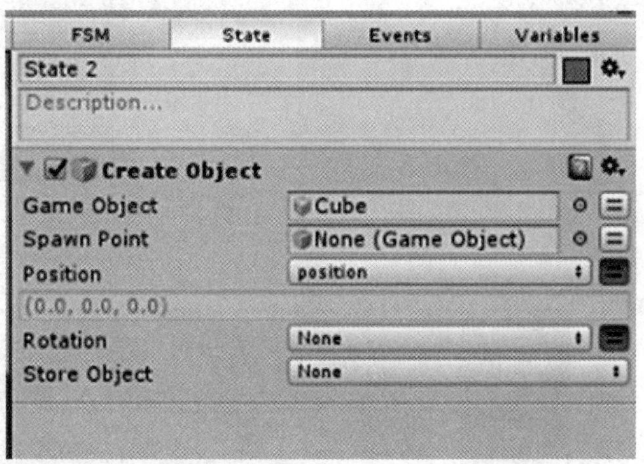

图4.3-14　设置Create Object动作下属性

（14）选中State2，右击，选择Add Transition—>FINISHED；右击空白处，选择Add State，添加State3，并将“State 2”下面的“FINISHED”与State 3连接，如图4.3-15所示。

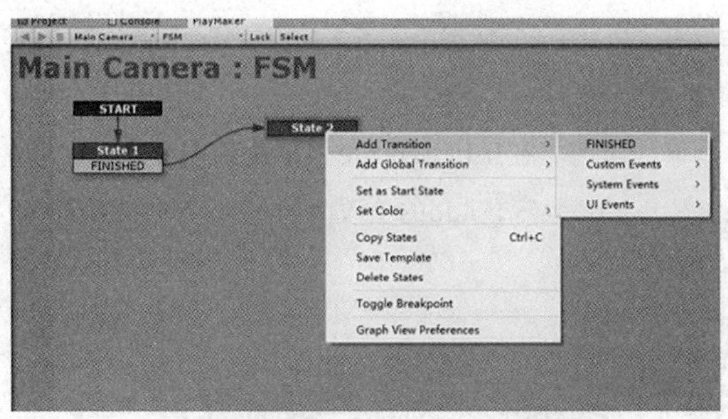

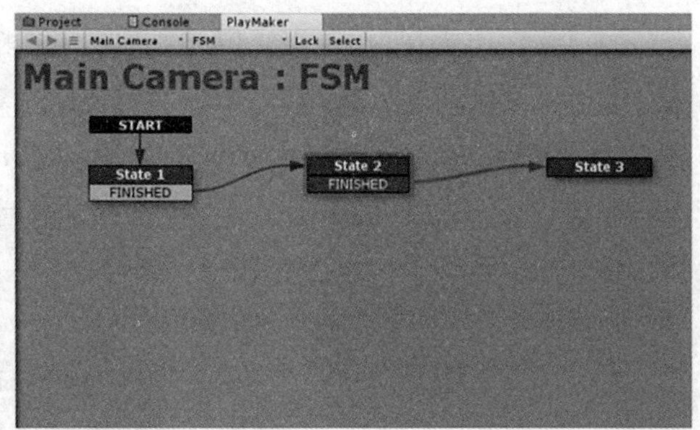

图4.3-15　将“State 2”下面的“FINISHED”与State 3连接

（15）添加循环事件。在“State 2”状态下，在Events设置框中的Add Event文本框中输入“loop”，回车，如图4.3-16所示。

（16）在“State 2”状态机下，右击，选择Add Transition—>loop；将loop与State 1连接，如图4.3-17所示。

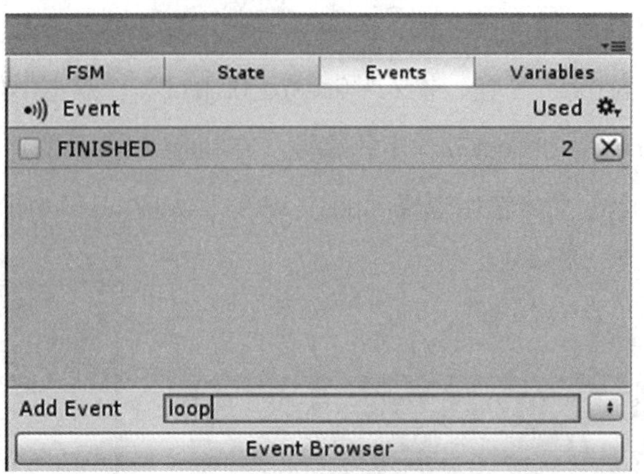

图4.3-16　添加loop事件

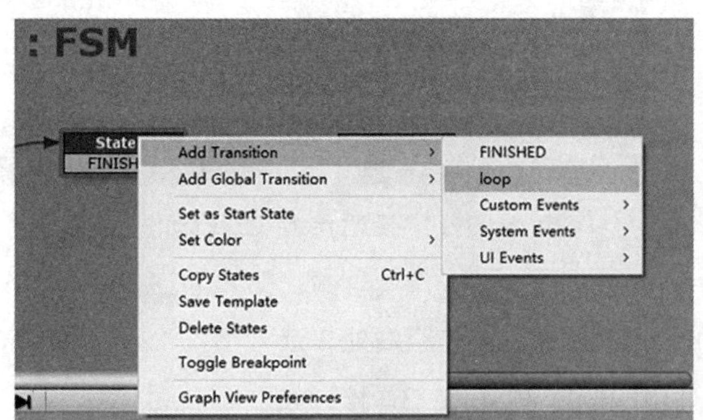

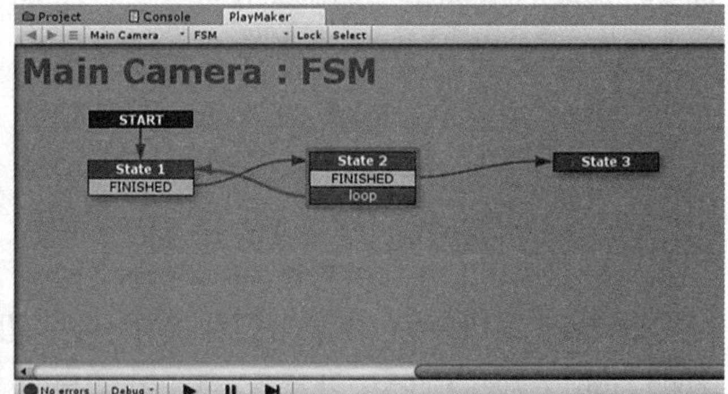

图4.3-17　连接状态

（17）添加Int Add动作。在“State 2”状态中，点击Action Browser按钮，输入“Int Add”，双击，如图4.3-18所示。

（18）设置Int Add动作下的属性。在Int Vaiable的下拉菜单中选择“New Variable…”，文本框中输入“objCount”，Add的值改为“-1”，如图4.3-19所示。

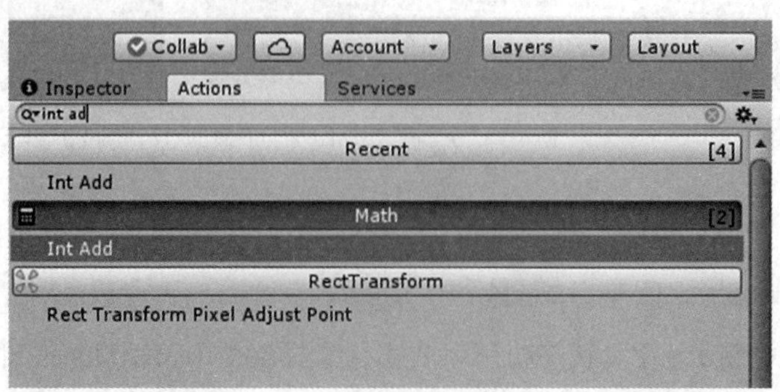

图4.3-18　添加Int Add动作

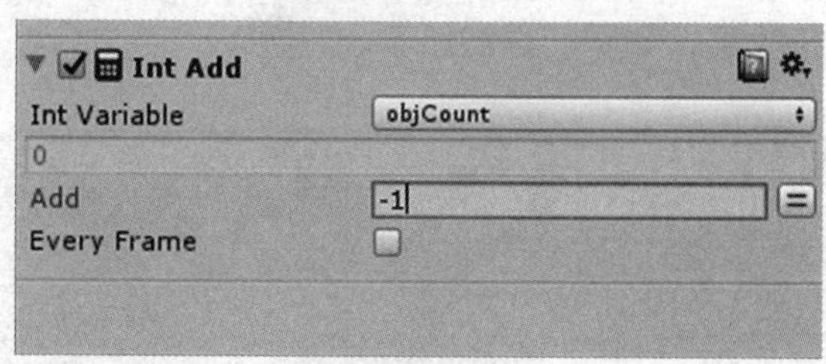

图4.3-19　设置Int Add动作下的属性

（19）设置“objCount”的值为10。在Vaiable面板中，选“objCount”，将“Value”值设置为10。如图4.3-20所示。

（20）添加Int Compare动作。在“State 2”状态中，点击Action Browser按钮，输入“Int Compare”，双击，如图4.3-21所示。

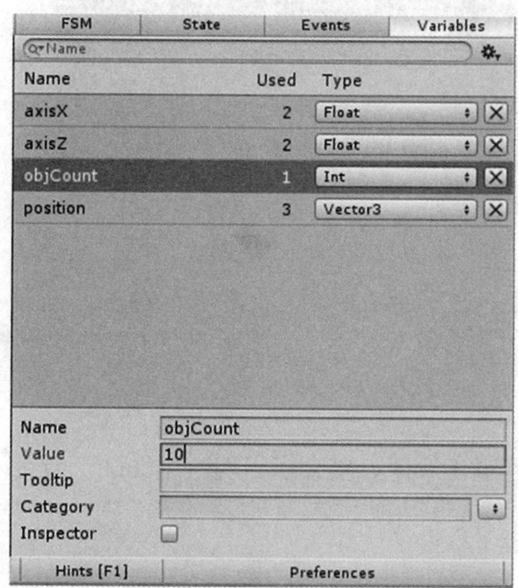

图4.3-20　设置“objCount”的值为10

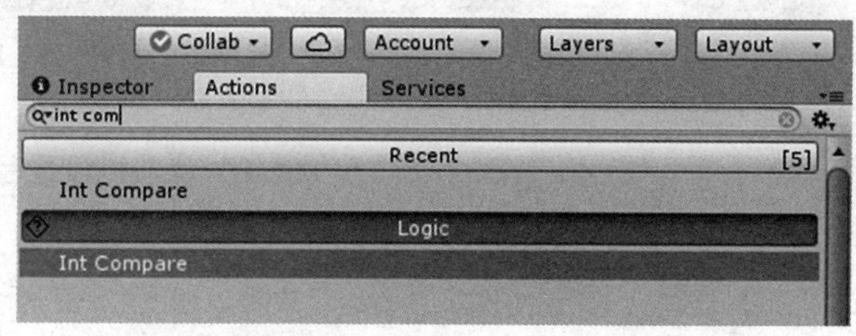

图4.3-21　添加Int Compare动作

（21）设置Int Compare动作下的属性。在Integer 1的下拉菜单中选择“objCount”，在Equal的下拉菜单中选择“FINISHED”，在Greater Than的下拉菜单中选择“loop”，如图4.3-22所示。

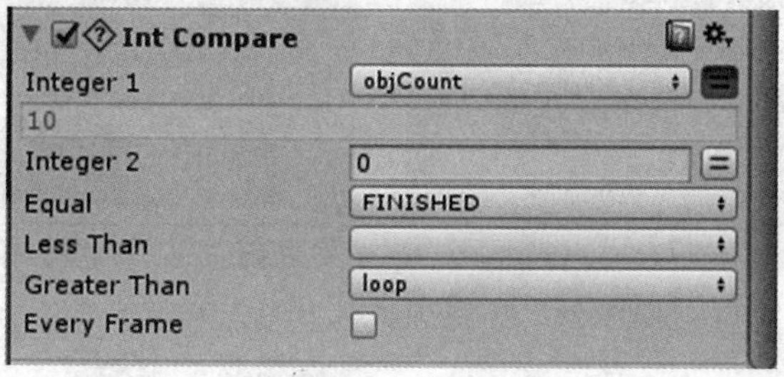

图4.3-22　设置Int Compare动作下的属性

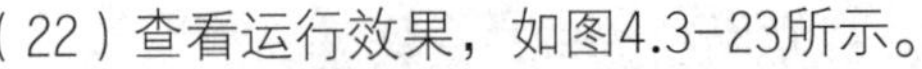

（22）查看运行效果，如图4.3-23所示。

图4.3-23　查看运行效果

（23）为“State 2”状态机设置断点。在“State 2”状态下，右击，选择“Toggle BreakPoint”，如图4.3-24所示。

（24）查看运行效果，如图4.3-25所示。

（25）每点击一次“unpause（取消暂停键）”时，就会多出现一个Cube，直至循环结束。如图4.3-26所示。

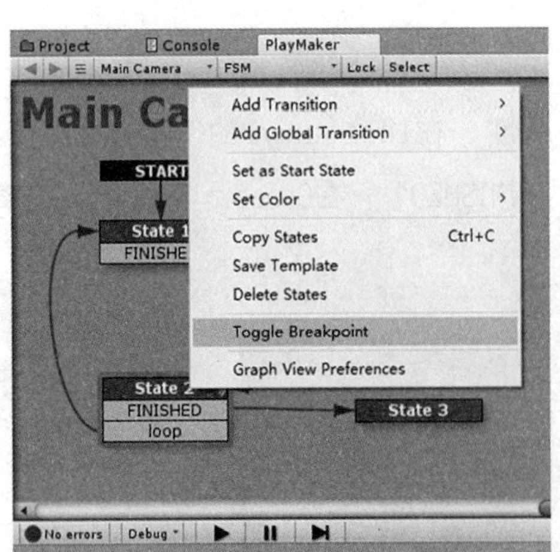

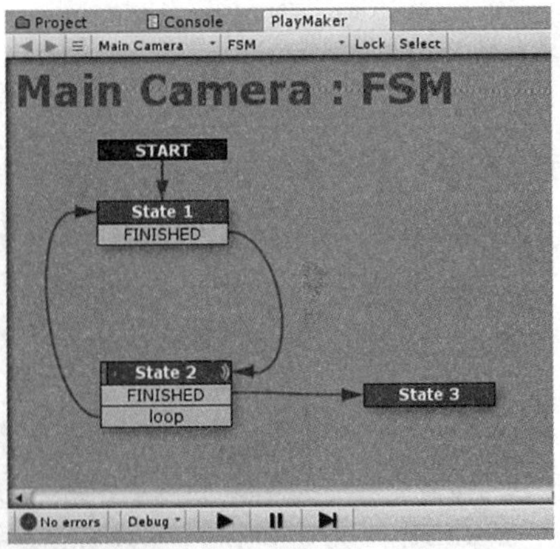

图4.3-24　为“State 2”状态机设置断点

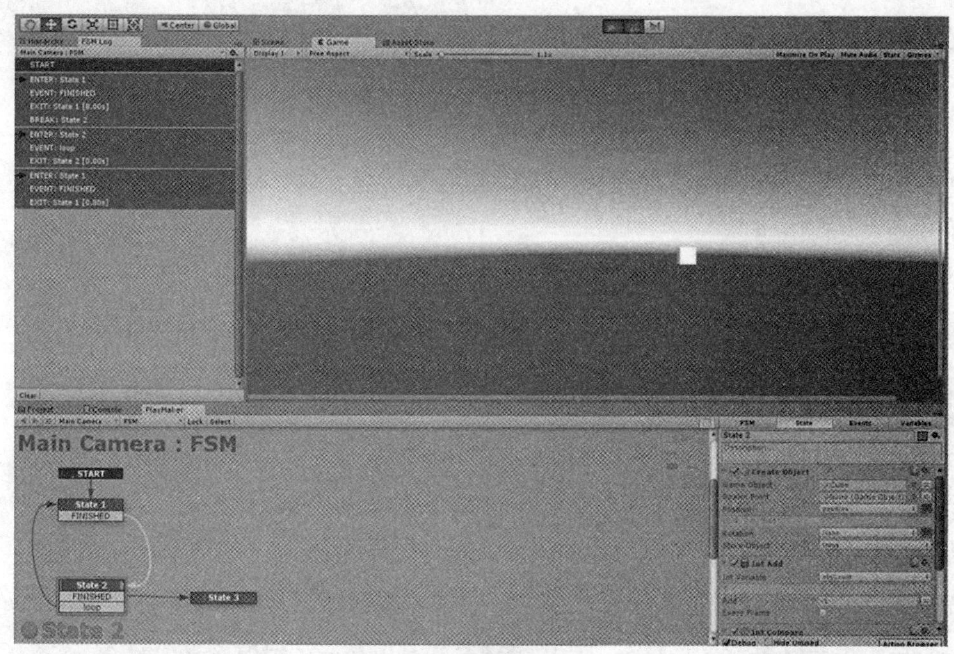

图4.3-25　查看运行效果

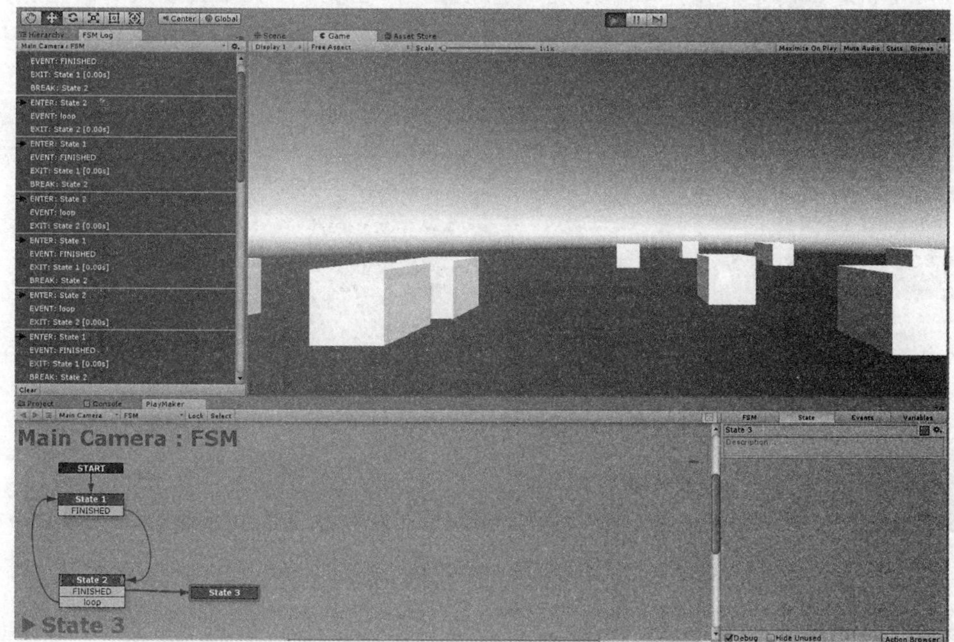

图4.3-26　点击unpause（取消暂停键）出现Cube

4.4 全局事件和全局过渡的使用

Global events and Global Transitions：全局事件与全局过渡的使用。

实例难度系数：★

场景文件：网盘\Projects\Chapter4\Assets\Scenes\4.4 Global events and Global Transitions

视频文件：网盘\视频教程\第4章\4.4 Global events and Global Transitions

1. 功能简介

Global events（全局事件）是在整个工程中各场景间可以使用的事件。Global Transitions（全局过渡）是在整个工程中各场景间可以使用的过渡。

在一个状态机内定义用户事件，设为全局事件，在整个工程中各场景间都可以使用。运行后单击鼠标，触发事件改变物体颜色，如图4.4-1所示。

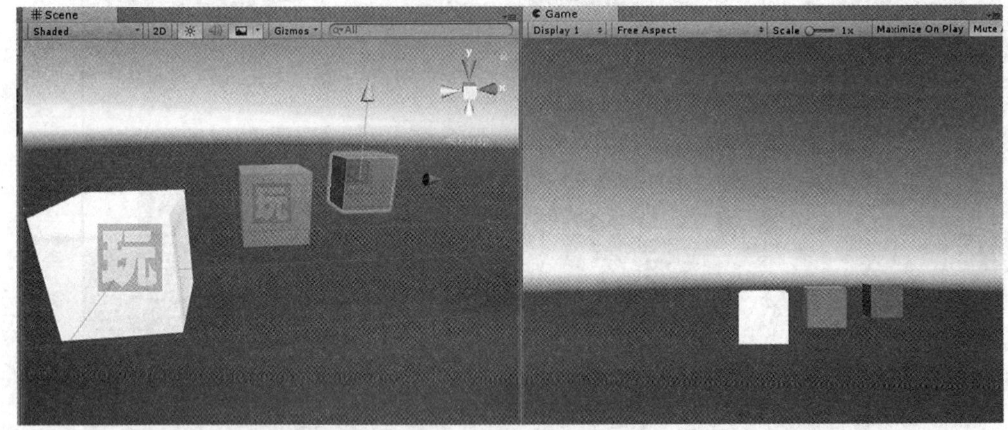

图4.4-1　实例效果图

2. 准备工作

本实例用到的是系统自带的模型。

3. 实例的架构

运行后，3个Cube均进入State 1状态，Cube均为初始颜色白色。当单击鼠标时，Cube1上的状态机通过过渡事件MOUSE DOWN进入State 2状态，发送全局事件change-color，Cube2、Cube3均进入State 2状态，改变物体颜色。物体上的状态机如图4.4-2所示。

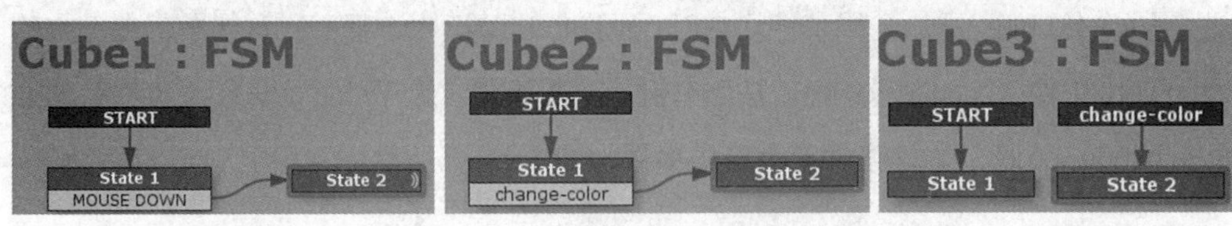

图4.4-2　3个Cube上的状态机

4. 主要动作说明

Send event：在一个可选延迟后发送一个指定事件。

Set Material color：在一个游戏对象的材质中设置一个已命名颜色的值。

5. 实例的制作步骤

（1）创建新场景。

（2）创建3个cube物体。选择GameObject—>3D Object—>Cube，如图4.4-3所示。

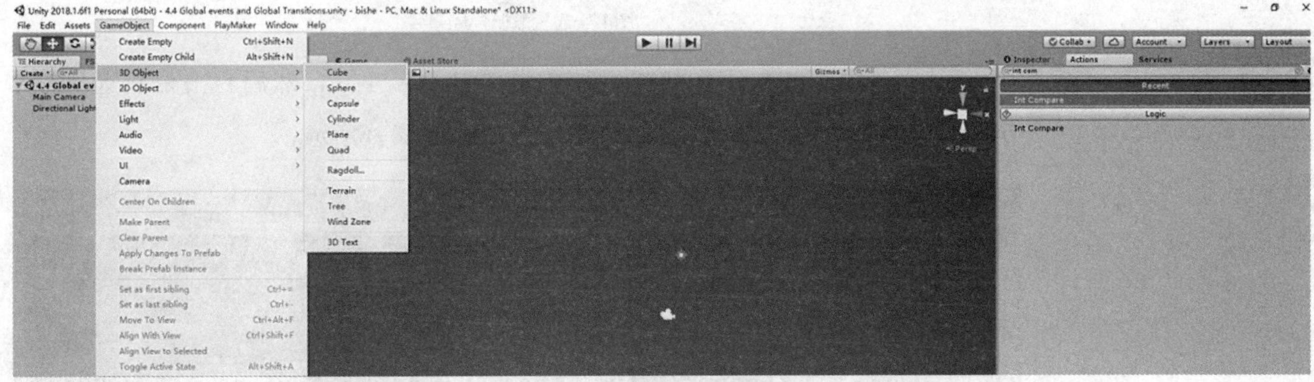

图4.4-3　创建Cube

（3）给Cube2添加状态机。选中“Cube2”，在PlayMaker面板空白处右击—>Add FSM，如图4.4-4所示。

图4.4-4　添加状态机

（4）给Cube2添加全局事件。在PlayMaker Editor中选择Events界面，在下方的Add Event中输入change-color，按回车键，添加事件。选中change-color事件前的方框将change-color从本地事件变为全局事件，如图4.4-5所示。

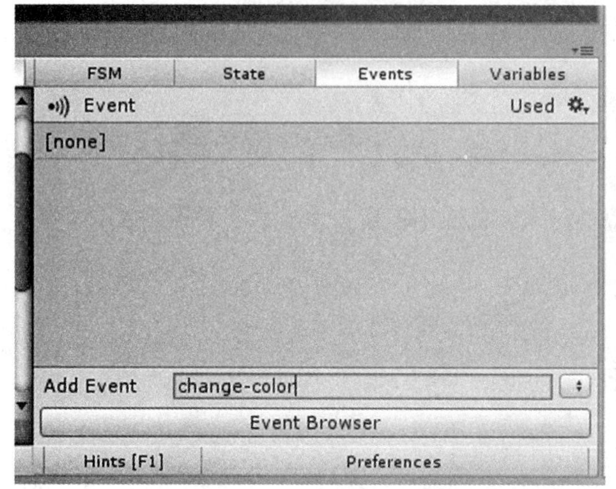

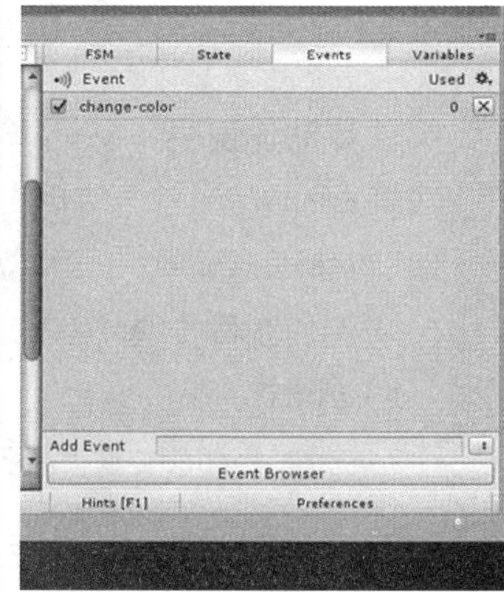

图4.4-5　添加全局事件

（5）在Cube1中添加状态机并选中“State 1”，然后右击依次选择Add Transition—>System Events—>MOUSE DOWN，如图4.4-6所示。

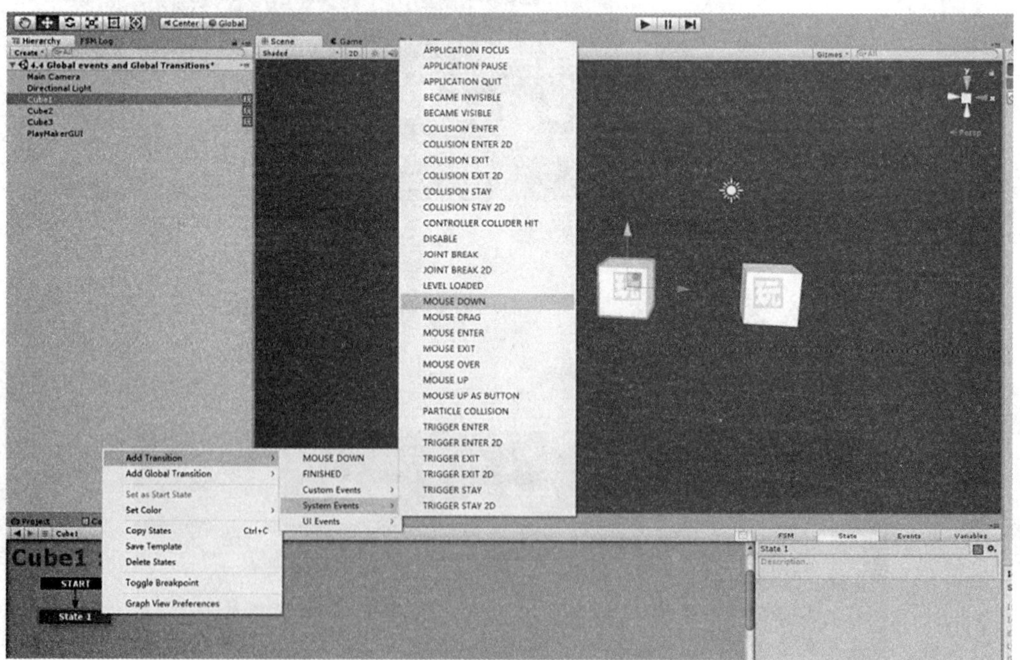

图4.4-6　添加MOUSE DOWN

（6）按住Ctrl并单击State 1下方的MOUSE DOWN向右拖动，松开后会出现一个新的state 2，如图4.4-7所示。

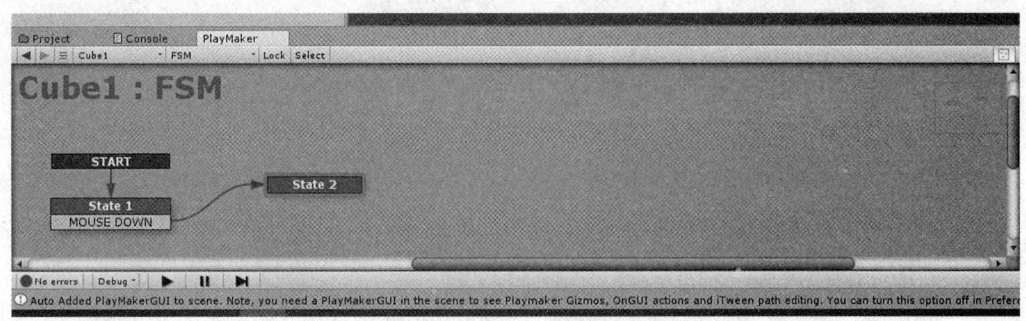

图4.4-7　添加state 2

（7）选中state 2，打开State—>Action Browser，选择“Send event”，双击添加到State中，对State2的Send Event进行广播全局事件change-color，相关属性设置如图4.4-8所示。

图4.4-8　添加Send event动作并调整属性

（8）在Cube2中右击State 1选择Add Transition—>change-color，如图4.4-9所示。

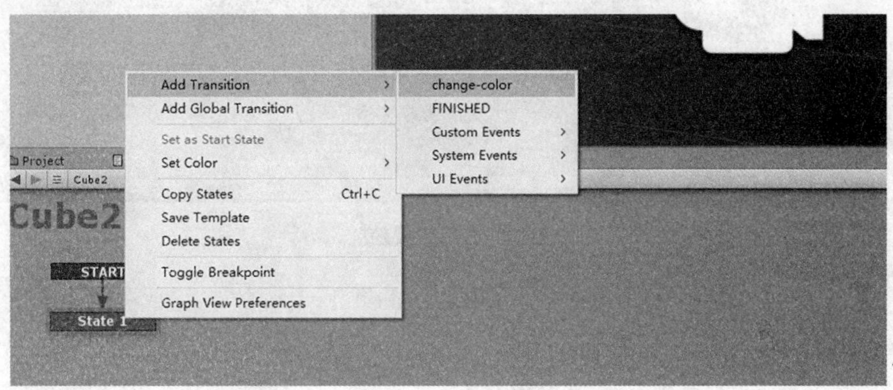

图4.4-9　添加change-color全局过渡事件

（9）添加State 2，将State1 下方的change-color与State2相连，在State 2中添加Set Material color 动作，如图4.4-10所示。

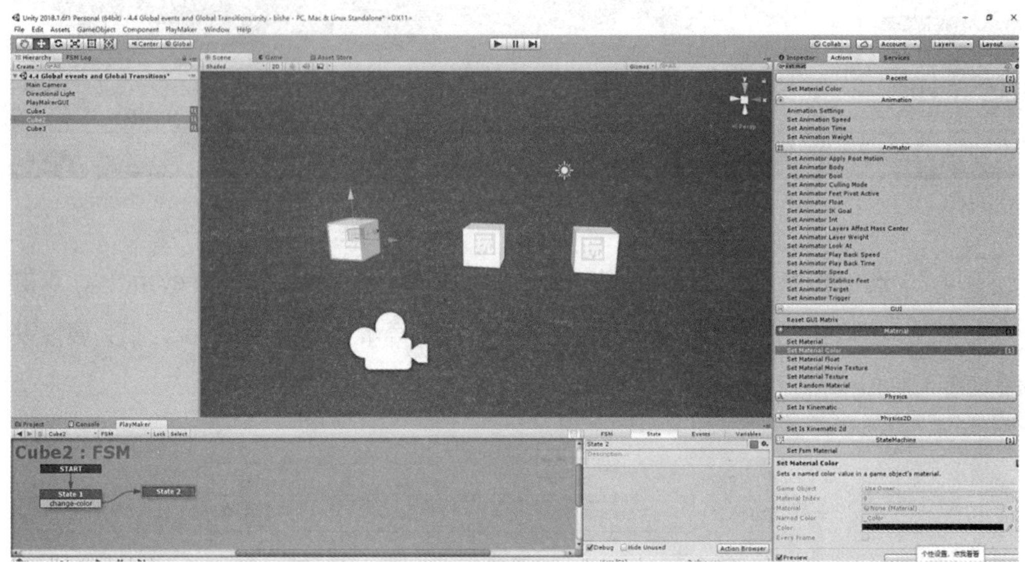

图4.4-10 添加Set Material color动作

（10）点击color后方色块设置颜色，如图4.4-11所示。

图4.4-11 设置颜色

（11）在Cube3中添加状态机。在PlayMaker Editor的空白处右击，依次选择Add Global Transition—>change-color，如图4.4-12所示。

（12）在State2中添加 Set Material color 动作，同步骤（10）。

图4.4-12　添加change-color全局过渡事件

（13）查看运行结果。点击运行，Cube均为初始颜色白色。当单击鼠标时，发送全局事件change-color，Cube2、Cube3均改变颜色。如图4.4-13、图4.4-14所示。

图4.4-13　运行，Cube均为白色

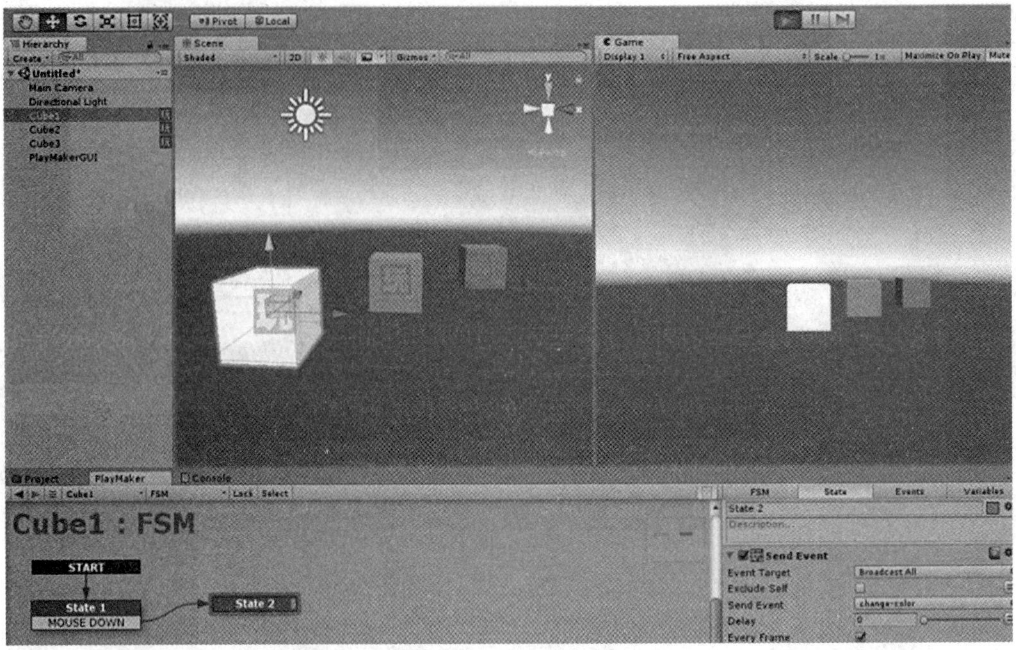

图4.4-14　点击鼠标，Cube2、Cube3变色

4.5　全局变量的定义与使用

Global Variables：全局变量。

实例难度系数：★

场景文件：网盘\Projects\Chapter4\Assets\Scenes\4.5 Global Variables

视频文件：网盘\视频教程\第4章\4.5 Global Variables

1. 功能简介

在整个工程中，各个场景都可以调用的变量称为全局变量。点击“BIGGER”按钮可以放大Cube，点击“SMALLER”按钮可以缩小Cube。

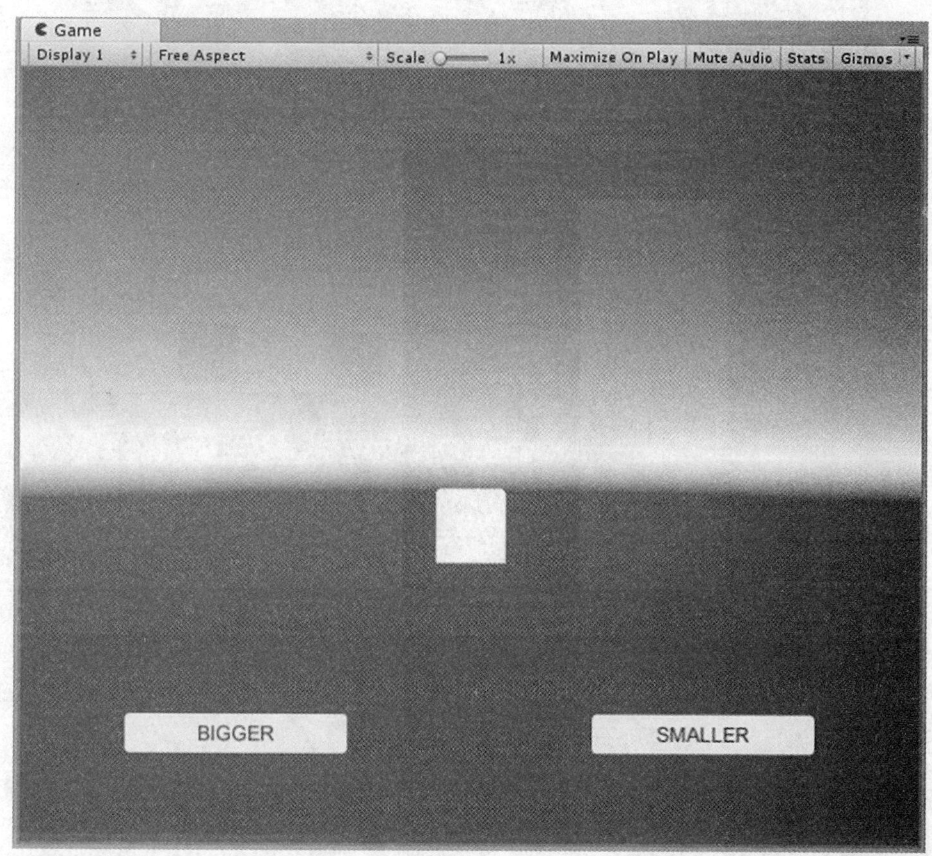

图4.5-1　点击按钮可以放大和缩小Cube

2. 准备工作

本实例用到的是系统自带的模型。

3. 实例的架构

当Button被点击，触发“UI CLICK”事件跳转至“State2”，触发“Finished”事件再跳转回“State1”。如图4.5-2所示。

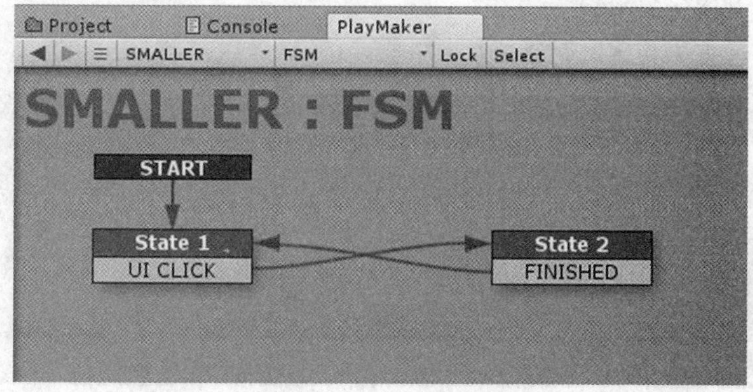

图4.5-2　“BIGGER”和“SMALLER”按钮上的状态机

4. 主要动作说明

Set Scale：设置缩放。

Int Add：整数增加。

5. 实例创作步骤

（1）创建新场景。

（2）创建一个Cube物体。GameObject—>3D Object—>Cube，如图4.5-3所示。

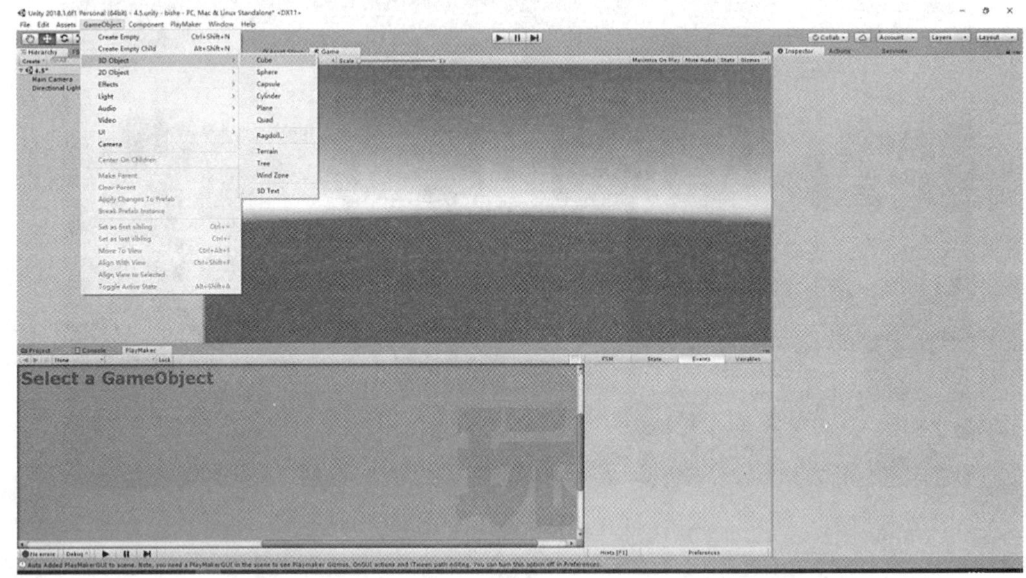

图4.5-3　创建Cube

（3）给Cube添加状态机。选中Cube物体，在下方PlayMaker Editor界面中右击Add FSM，如图4.5-4所示。

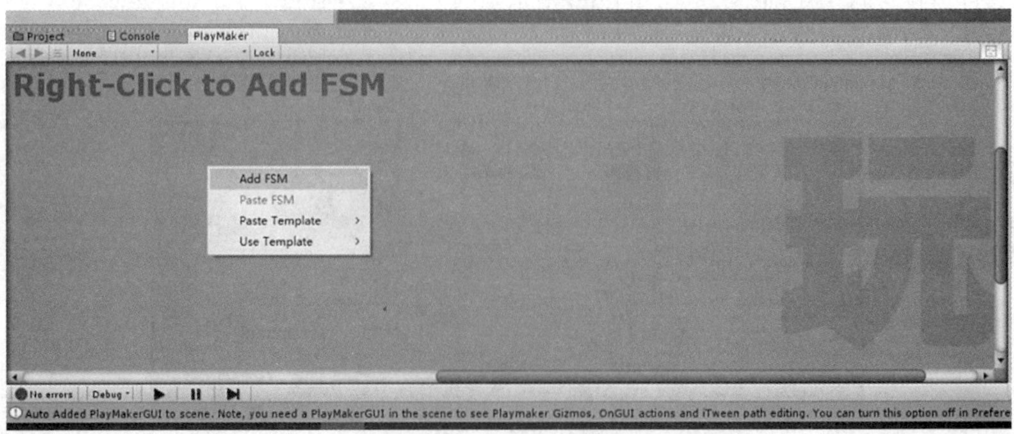

图4.5-4　添加状态机

（4）添加全局变量。在“Variables”中点击右上角的小齿轮选择“Global Variables”，在打开的界面中添加一个名为X的int类型变量，如图4.5-5所示。设Value为1，如图4.5-6所示。

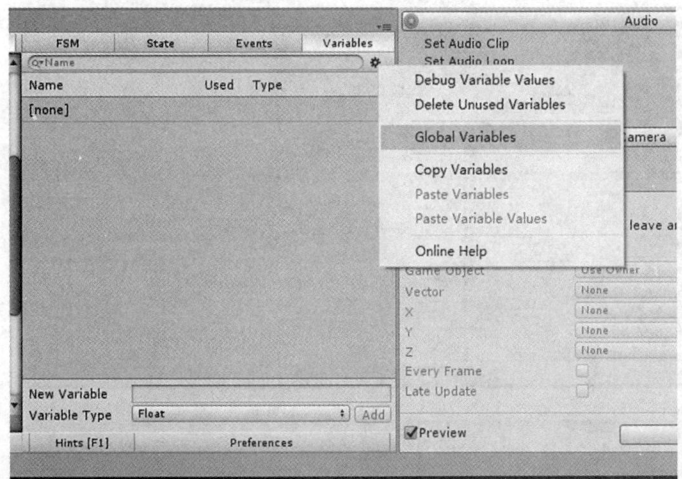

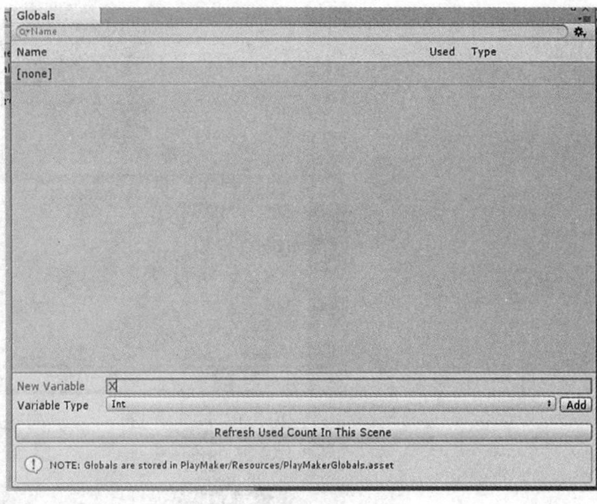

图4.5-5　添加变量

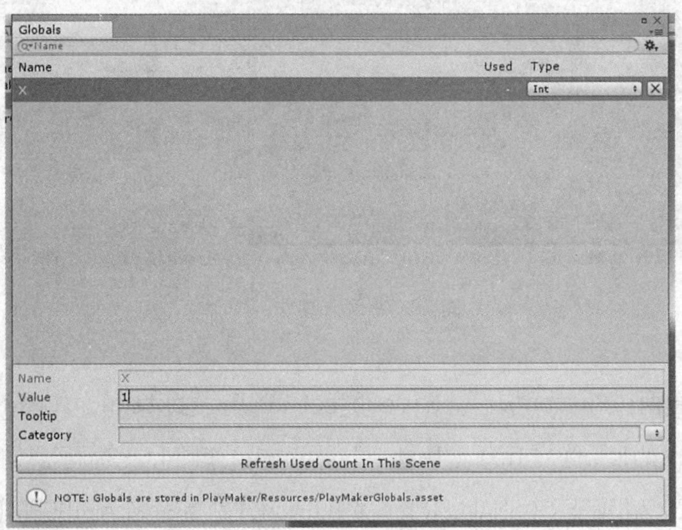

图4.5-6　设置数值

（5）回到State栏中，点击“Action Browser”，双击添加动作“Set Scale”。在编辑栏中将XYZ方向的变化都选择全局变量X，并勾选Every Frame，如图4.5-7所示。

图4.5-7　添加动作

（6）新建两个Button按钮。GameObject—>UI—>button，如图4.5-8所示。修改“Target Graphic”为“Text（Text）”并双击，如图4.5-9所示。对Button包含的TEXT内容分别改为BIGGER（SMALLER），将Button分别重命名为BIGGER（SMALLER），如图4.5-10所示。

（7）在此前给两个Button均添加状态机，给Button添加过渡事件。在State1中右击选择Add Transition—>UI Events—>UI CLICK，如图4.5-11所示。

（8）新建State2，将UI CLICK与State2相连，从“Action Browser”内给State 2添加动作Int Add。Int variable选择全局变量X，Add输入1（BIGGER为1，SMALLER为-1），不勾选Every Frame，如图4.5-12所示。

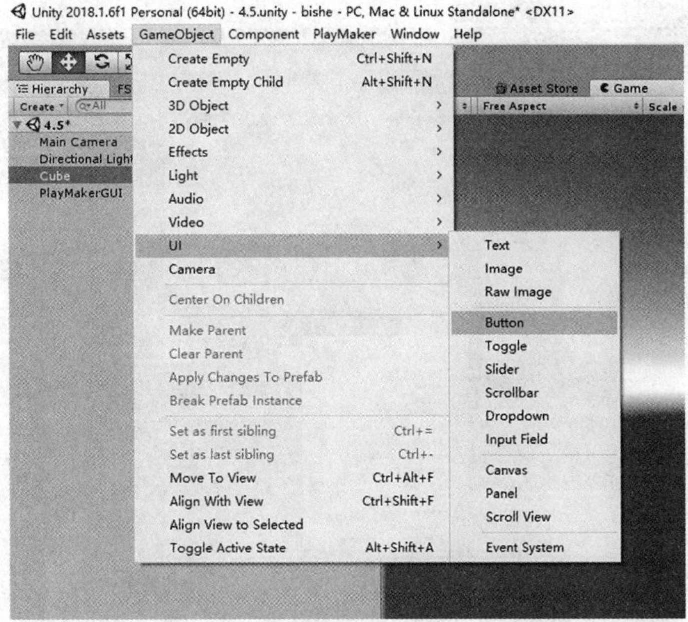

图4.5-8 添加Button

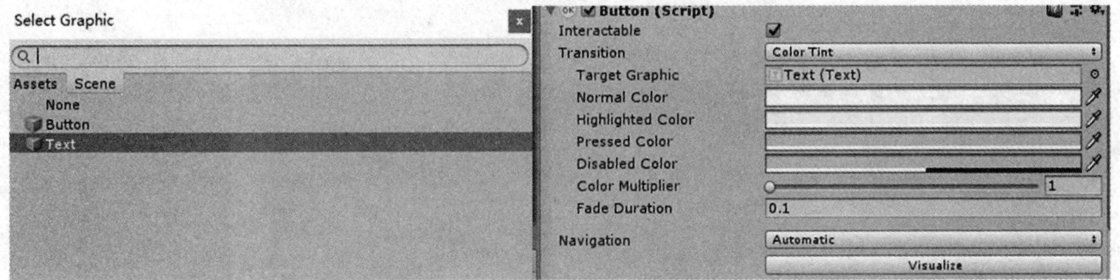

图4.5-9 修改“Target Graphic”为“Text（Text）”

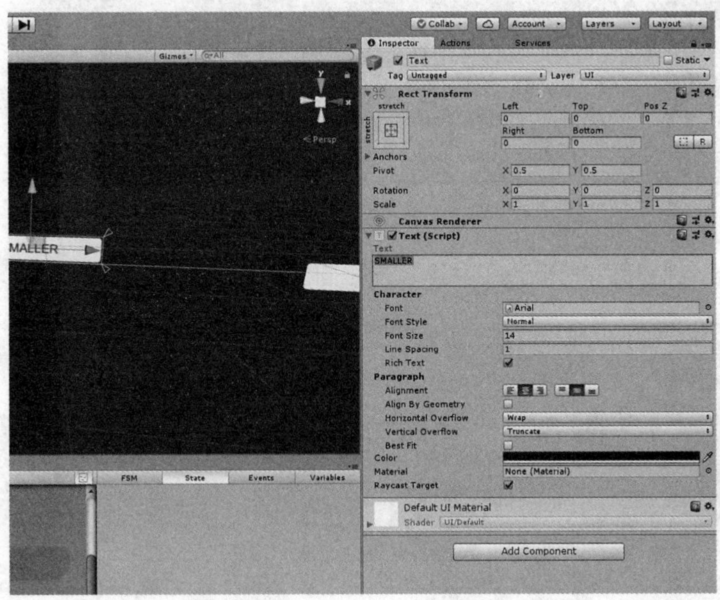

图4.5-10 修改text内容

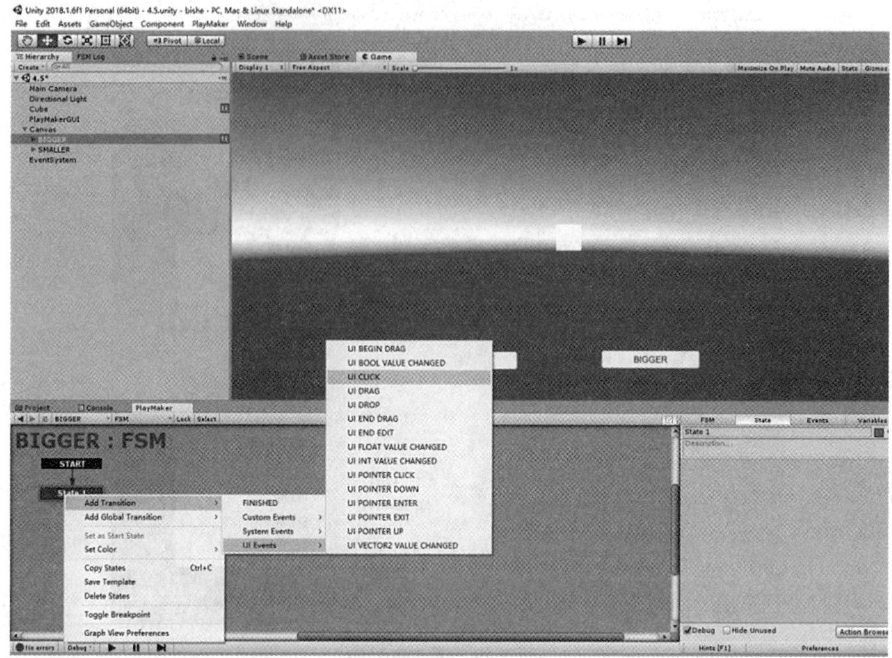

图4.5-11　添加事件

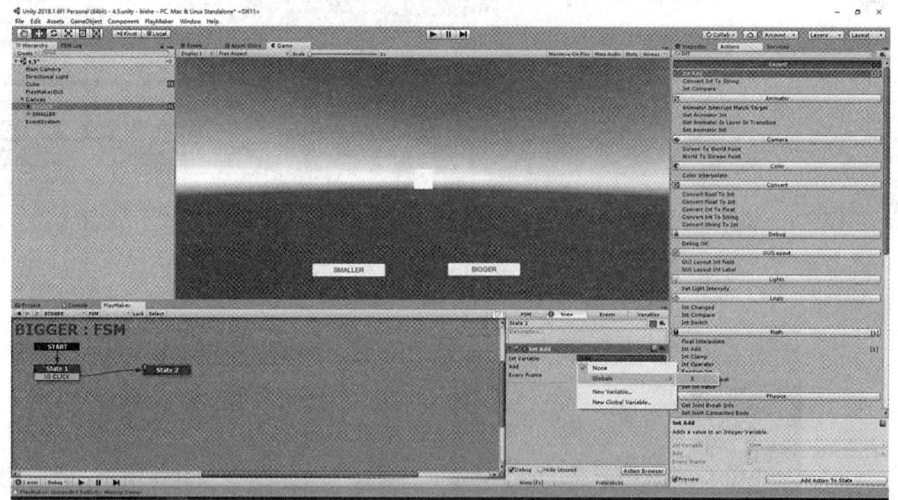

图4.5-12　添加动作

（9）给State2添加FINISHED过度，连接回State1，如图4.5-13所示。

图4.5-13　连接

4.6 PlayMaker面板的使用

本节介绍PlayMaker基础知识。

实例难度系数：★

场景文件：网盘\Projects\Chapter4\Assets\Scenes\4.6 Introduction to PlayMaker

视频文件：网盘\视频教程\第4章\4.6 Introduction to PlayMaker

1. PlayMaker Editor界面简介

在PlayMaker Editor添加状态机（FSM），状态机就是替换脚本，在所附对象上像脚本一样工作，编辑器如图4.6-1所示。

2. 准备工作

本实例用到的是系统自带的模型。

3. 实例的架构

当“my first State”激活等待3秒后跳转至“do stuff”，等待3秒后跳转回“my first State”，循环3回之后，当“StuffHappened”值为“0”，执行“yer dead”事件跳转至“dead”状态。

图4.6-1 PlayMaker Editor界面

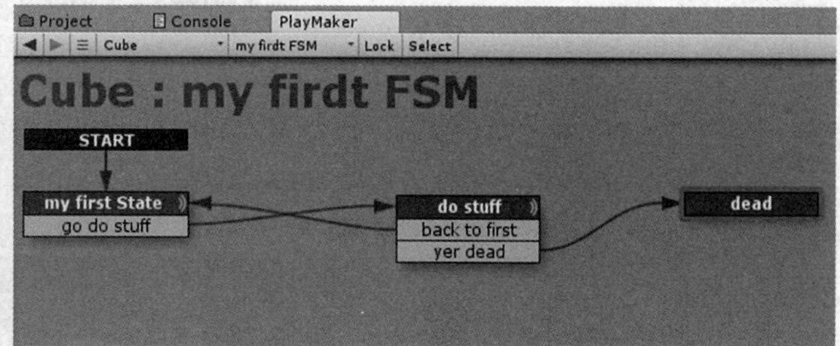

图4.6-2 “Cube”上的状态机

4. 主要动作说明

Wait：延时。

Int Add：整数增加。

Int Compare：整数比较。

5. 实例的制作步骤

（1）创建立方体。选择Hierarchy视图栏—>右击—>3D Object—>Cube，创建立方体如图4.6-3所示。

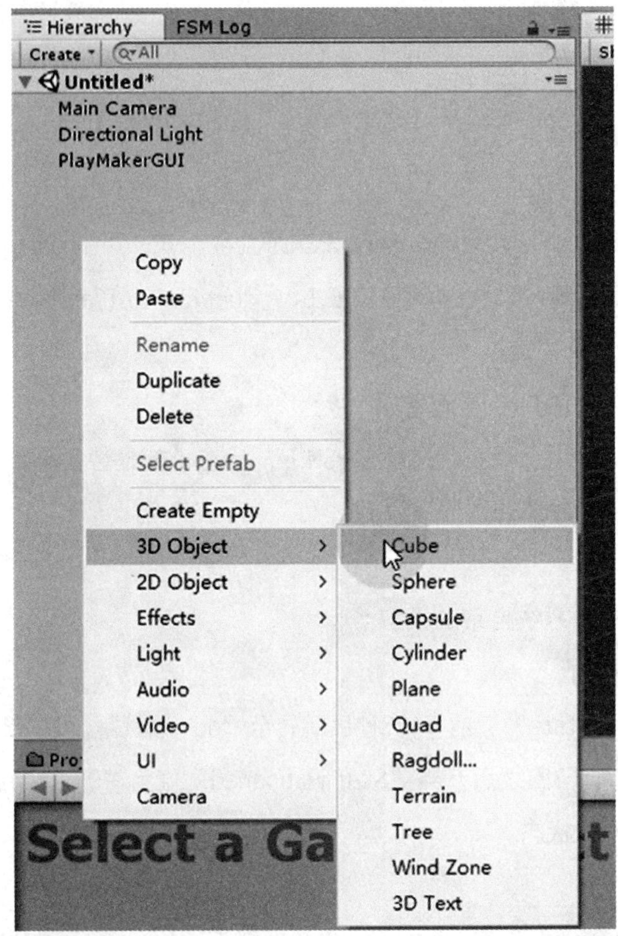

图4.6-3 创建立方体

（2）为立方体添加状态机。在PlayMaker Editor—>右击—>Add FSM，创建状态机步骤如图4.6-4所示，创建结果如图4.6-5所示。

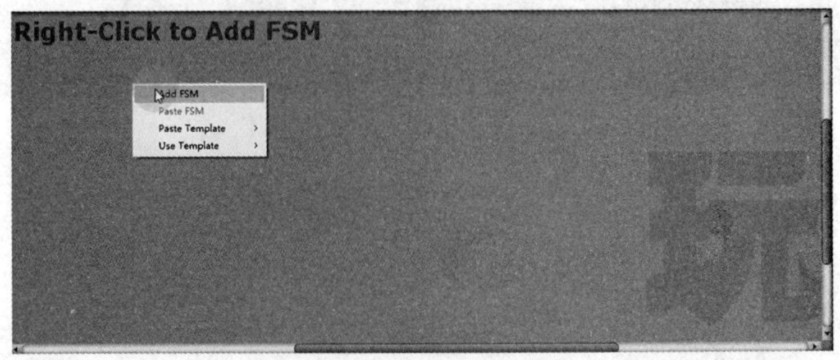

图4.6-4 创建状态机步骤

图4.6-5　创建状态机结果

（3）三种方式观察对象是否含有状态机，三种方式如图4.6-6、图4.6-7、图4.6-8所示。

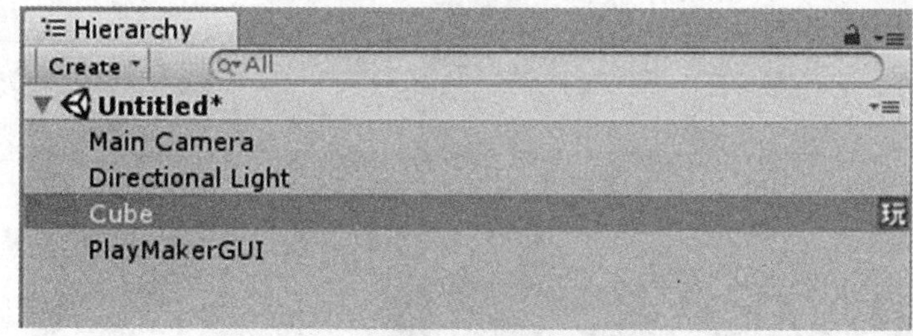

图4.6-6　Hierarchy视图

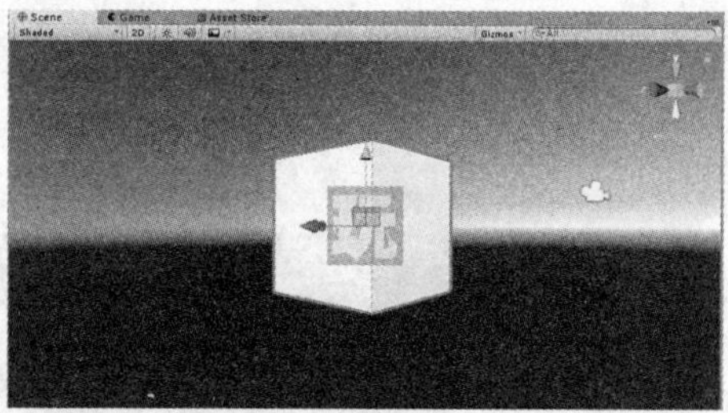

图4.6-7　Scene场景视图

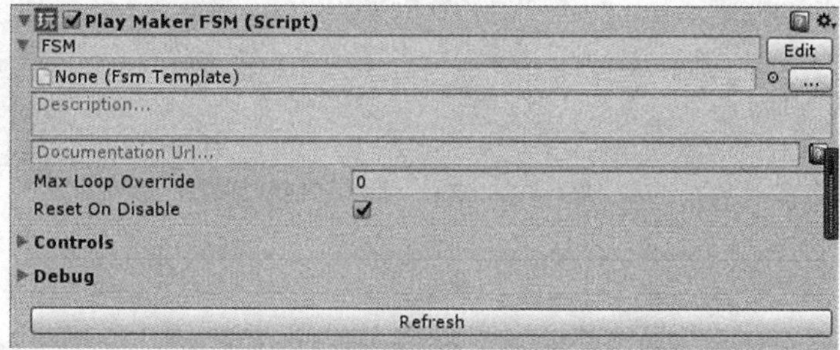

图4.6-8　Inspector属性面板

（4）重命名状态机名称。选择PlayMaker Editor右侧属性栏FSM，更改状态机名称为“my first FSM”，名称更改前后如图4.6-9、图4.6-10所示。

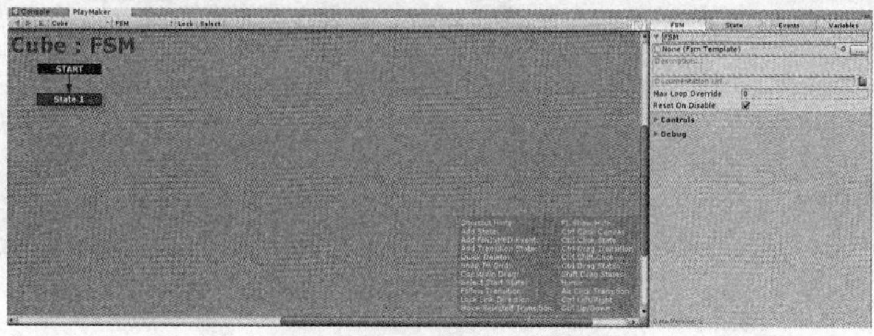

图4.6-9　状态机重命名前

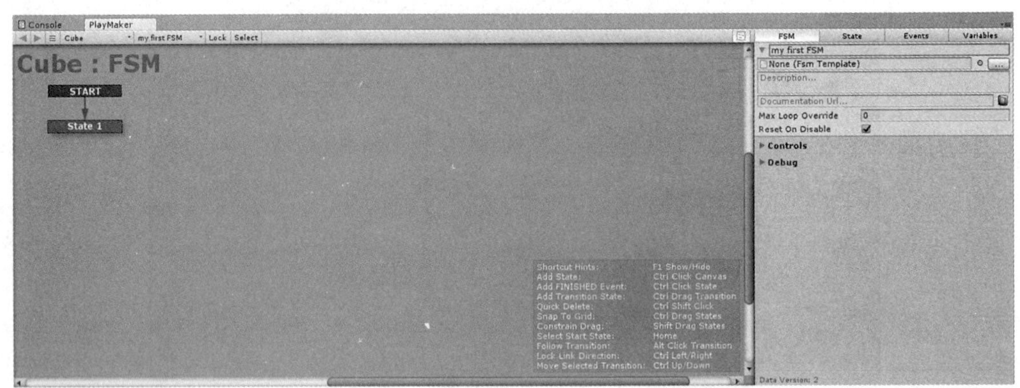

图4.6-10　状态机重命名后

重命名状态名称，选择PlayMaker Editor右侧属性栏State，更改状态称为“my first State”，当点击“State”时显示蓝色框代表是激活状态或是被选中，名称更改前后如图4.6-11、图4.6-12所示。

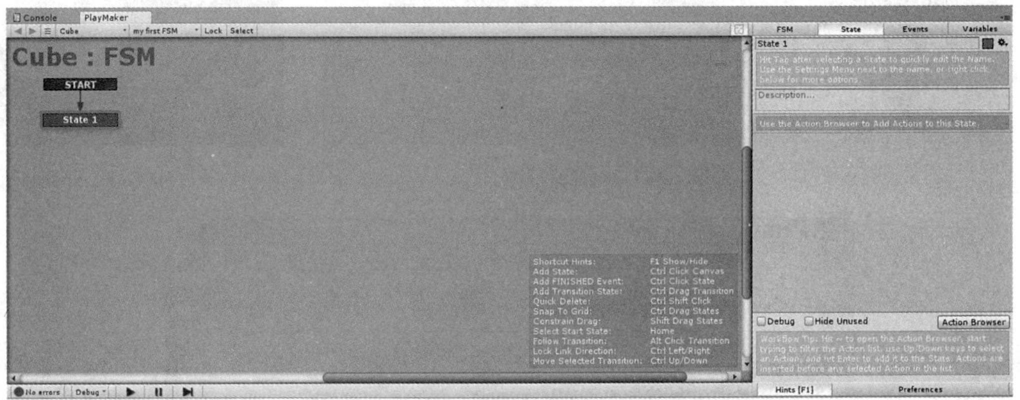

图4.6-11　状态重命名前

图4.6-12　状态重命名后

（5）Action：Action是PlayMaker中重要的代码片段，通过点击Action Browser会看到很多种类的Action，通过分类和提示可以精确了解Action的功能，如图4.6-13所示。

图4.6-13　Actions

为“my first State”添加Action“wait”，在Action中查找“wait”，双击便可添加，“wait”指经历一段时间然后触发一个事件，添加完如图4.6-14所示。

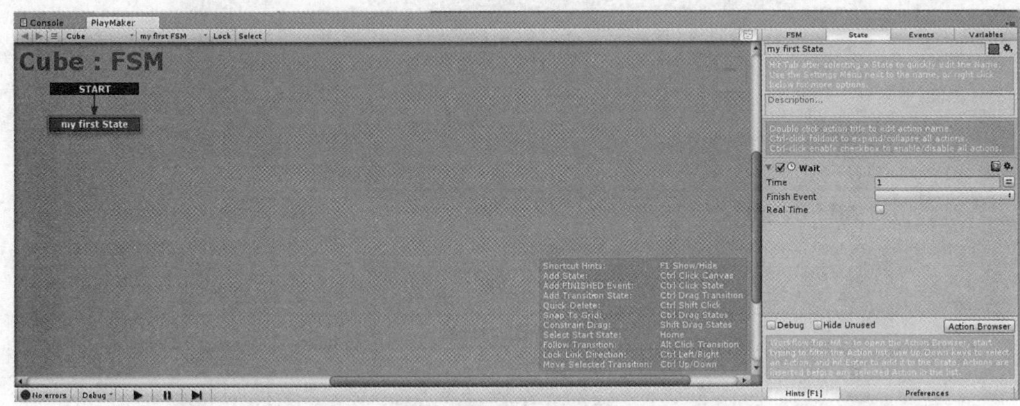

图4.6-14　添加Action“wait”

（6）新建一个“State”改名为“do stuff”，新建新状态如图4.6-15所示。

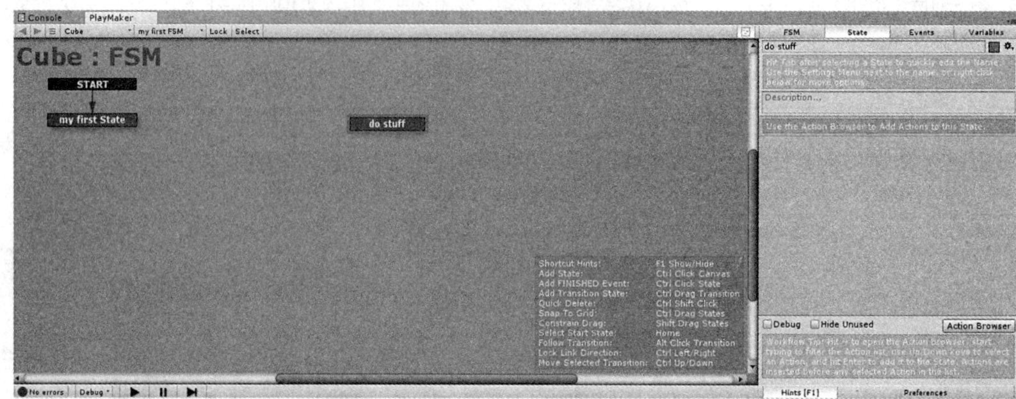

图4.6-15　新建新状态“do stuff”

添加“go do stuff” event，如图4.6-16所示。

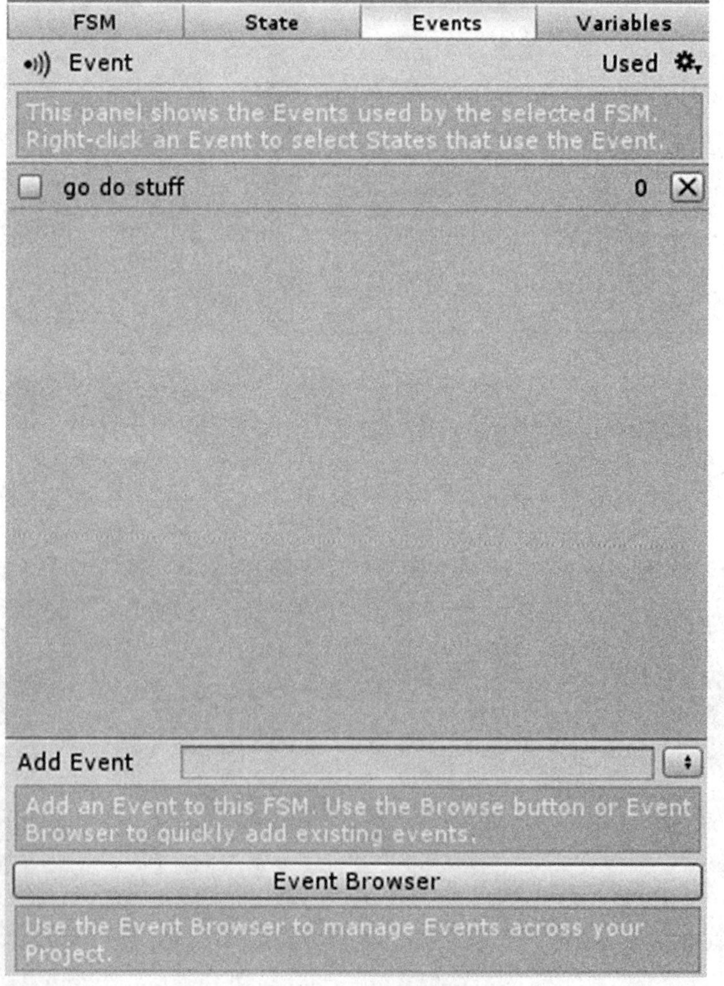

图4.6-16　添加“go do stuff” event

为“my first State”添加“go do stuff” event。右击“Add Transition” —> “go do stuff”，如图4.6-17所示，点击“go do stuff” event拖拽箭头指向“do stuff”，连接之后如图4.6-18所示。

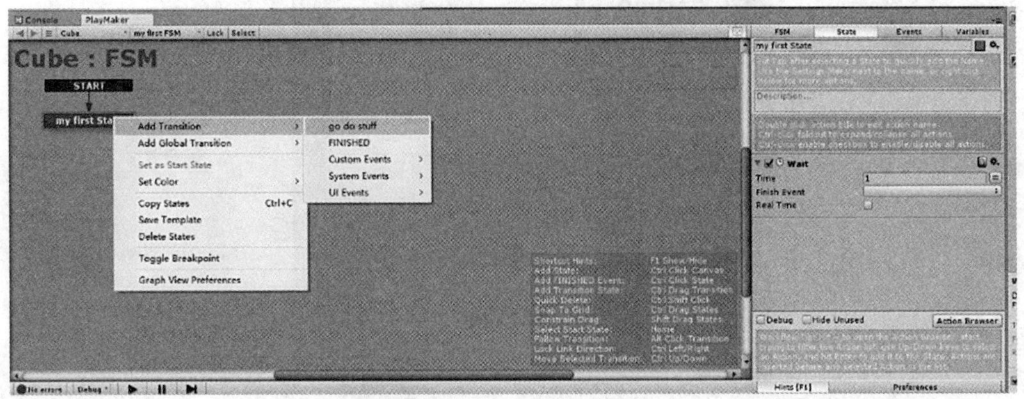

图4.6-17　添加“go do stuff” event

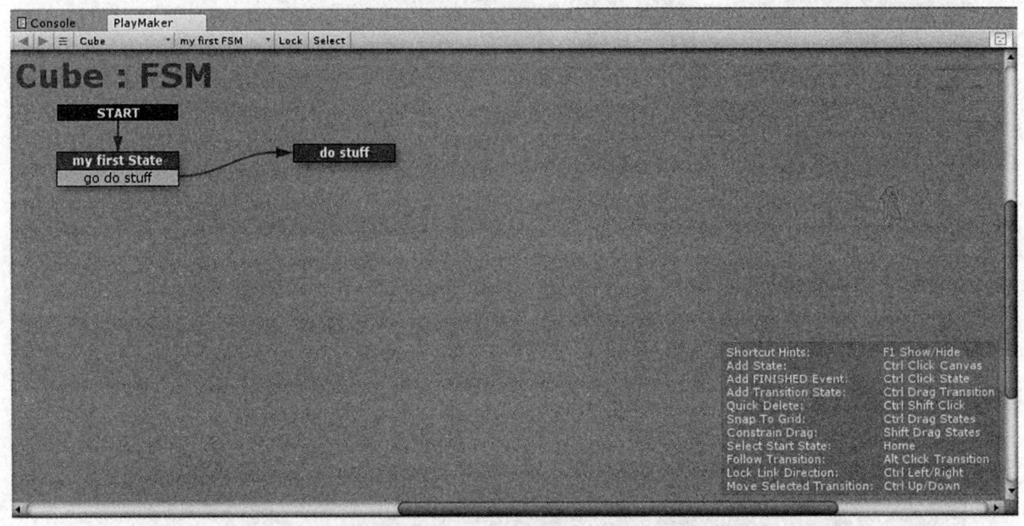

图4.6-18　连接“go do stuff” event和“do stuff”

使“my first State”等待3秒之后，激活下一个状态“do stuff”，点击“my first State”，修改“Time”值为3，选择“Finish Event”为“go do stuff”，如图4.6-19所示。

点击运行，活动状态周围的绿框表示该状态被激活，可看到“my first State”亮了3秒之后跳转到下一个状态，运行效果如图4.6-20、图4.6-21所示。

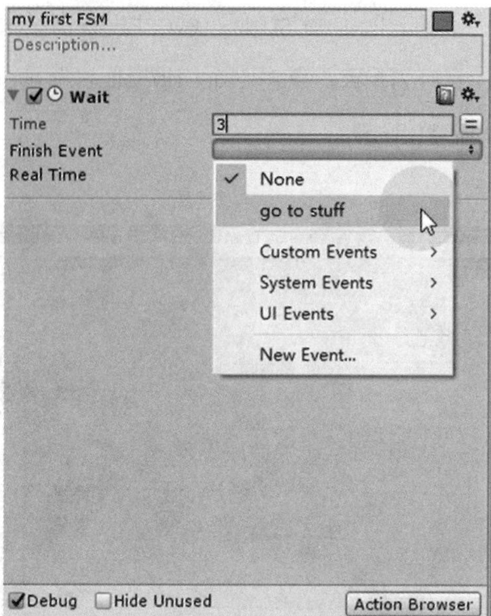

图4.6-19　修改“wait”参数

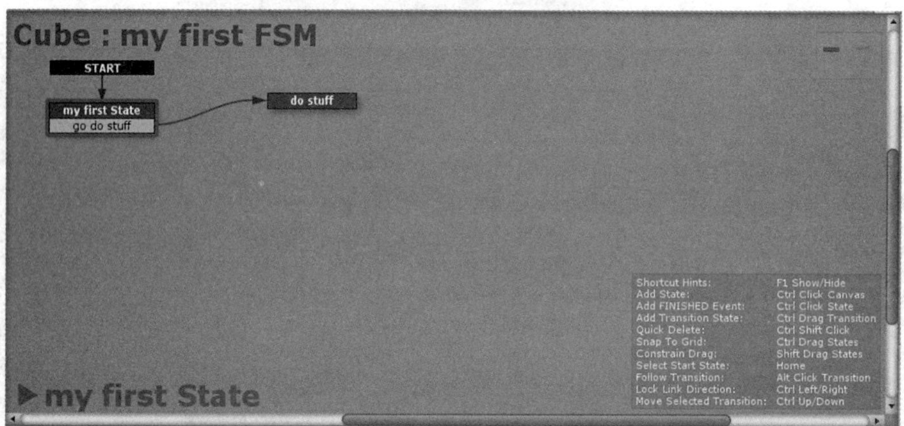

图4.6-20　“my first State”等待3秒

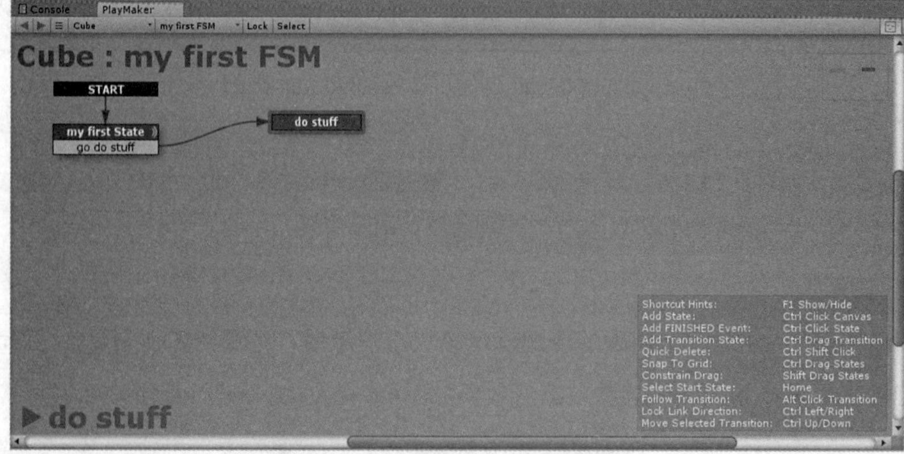

图4.6-21　3秒之后激活“do stuff”

（7）两个状态往返。添加“back to first”event，右击 “do stuff”添加—>“back to first”，点击“back to first”event拖拽箭头指向“my first State”，连接之后如图4.6-22所示。

图4.6-22 连接“back to first”event和“my first State”

复制 “my first State”的“wait”Action，如图4.6-23所示，粘贴在“do stuff”右侧的State栏中，如图4.6-24所示。粘贴之后修改wait中的“Finish Event”为“back to first”，如图4.6-25所示。

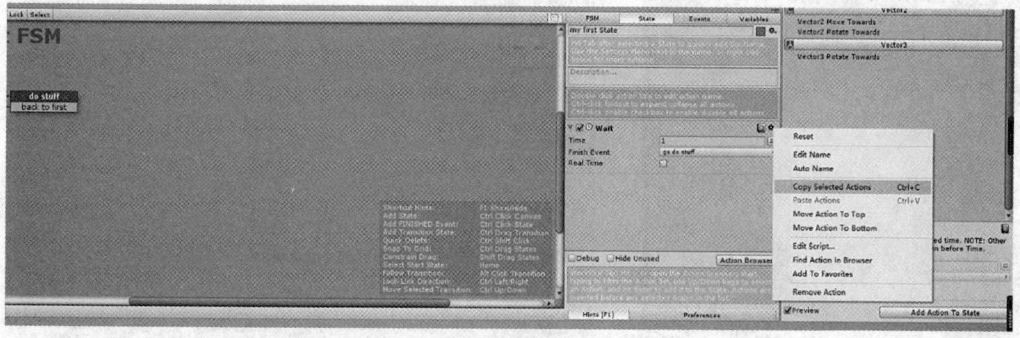

图4.6-23 复制“wait”Action

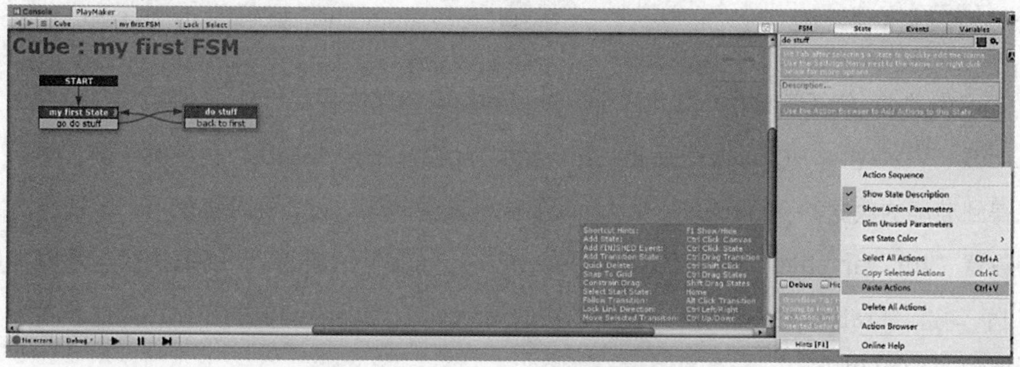

图4.6-24 粘贴“my first State”的“wait”Action

效果描述：在“my first State”激活后3秒之后跳转到“do stuff”，“do stuff”激活后3秒之后跳转到“my first State”，如此往复循环。

（8）添加“Int”型变量，利用“Int”型变量记录状态激活次数，以便于进行深入的数据处理。选择变量栏Variables—>New Variable—> Variable Type Int—> Add，添加“Int”型变量图4.6-26所示。

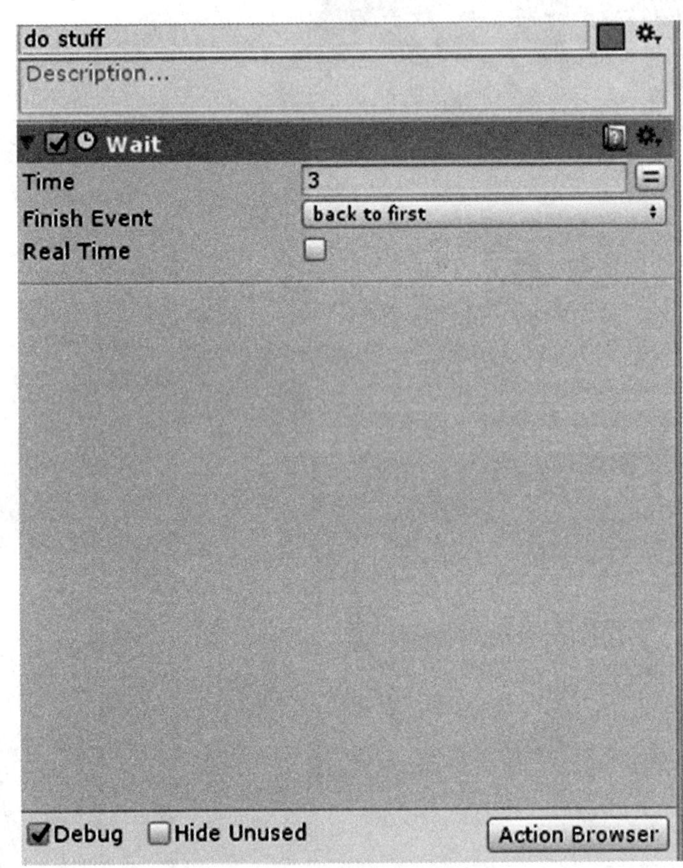

图4.6-25　修改wait

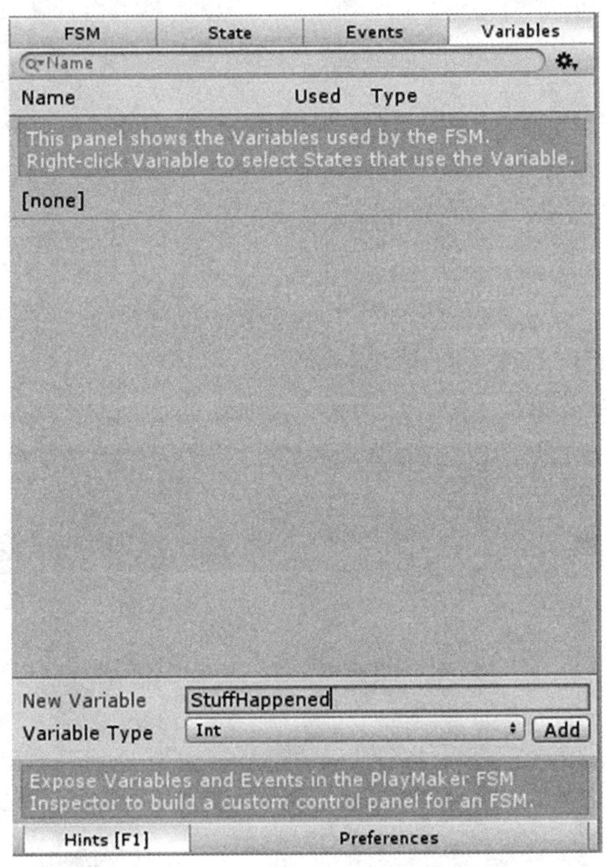

图4.6-26　添加“Int”型变量StuffHappened

为“do stuff”添加“Int Add”Action。选择属性栏Actions—>输入查找“Int Add”—>双击添加，添加之后将“Int Add”Action置于“State”栏中第一层，想要得到准确的数据，“Int Add”Action就要高于其他动作。设置完成如图4.6-27所示。设置“Int Variable”为“StuffHappened”，“Add”的值为1，即每执行一次就加1；勾选“State”栏中的Debug，可以实时看到StuffHappened值的变化，具体参数设置如图4.6-28所示。

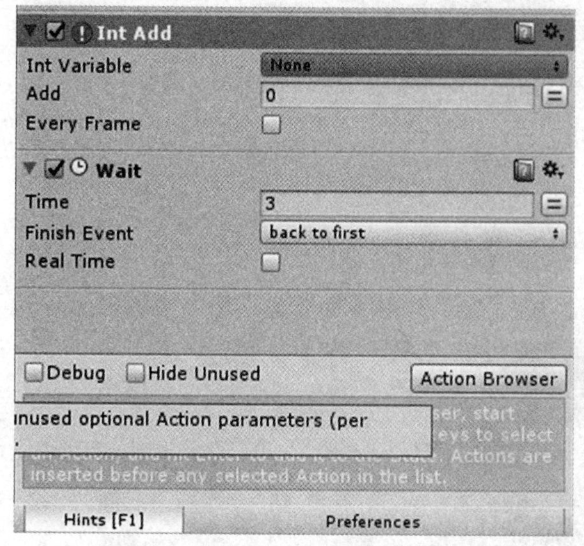

图4.6-27　置于最上层

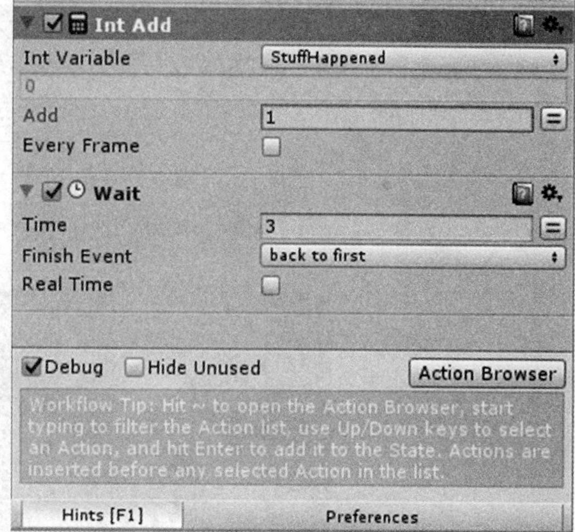

图4.6-28　参数设置

运行3次的结果，输出int值为“3”，如图4.6-29所示。如果将“Add”的值改为“-1”，StuffHappened初始值设置为“3”，则运行3次的结果，输出int值为“0”，如图4.6-30所示。

图4.6-29　初始值0每次加1运行3次输出int值为3

图4.6-30　初始值3每次加—1运行3次输出int值为0

可以将StuffHappened看作是生命值，当它为0时可作为死亡标志。

（9）根据Int值是否为零跳转死亡状态，新建“dead”状态。在PlayMaker Editor中右击—>Add State修改“State”名为“dead”，在“Event”栏中新建“yer dead”事件，并为“do stuff”状态添加“yer dead”事件，点击“yer dead”事件拖拽出箭头指向“dead”状态，效果如图4.6-31所示。

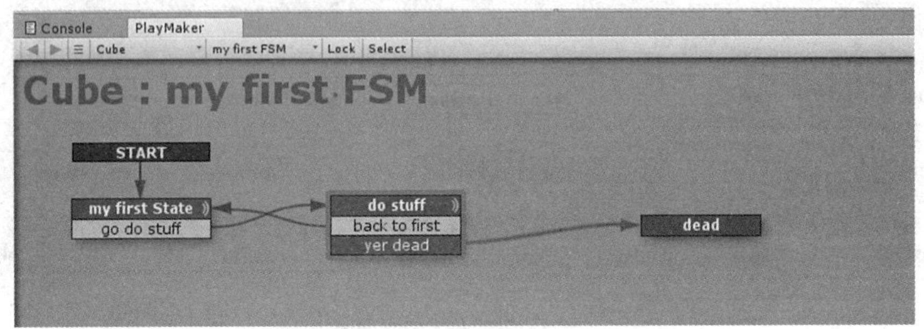

图4.6-31　新建“dead”状态，添加“yer　dead”事件

为“do stuff”状态添加“Int Compare”Action，在Action面板中输入“Int Compare”双击添加即可，设置Integer1为“StuffHappened”，Integer2为“0”，0代表生命值最低，当小于等于“0”时触发“yer dead”事件，具体参数设置如图4.6-32所示。

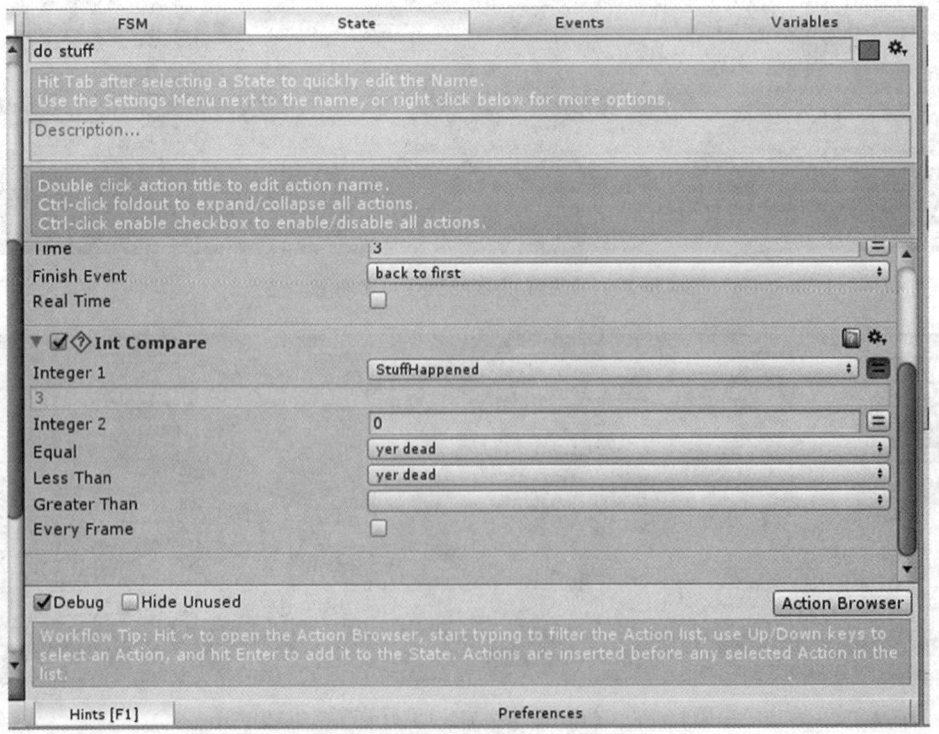

图4.6-32　Int Compare具体参数设置

运行效果即当“my first State”激活等待3秒后跳转至“do stuff”，等待3秒后跳转回“my first State”，循环3回之后，当“StuffHappened”值为“0”，执行“yer dead”事件跳转至“dead”状态，执行结果如图4.6-33所示。

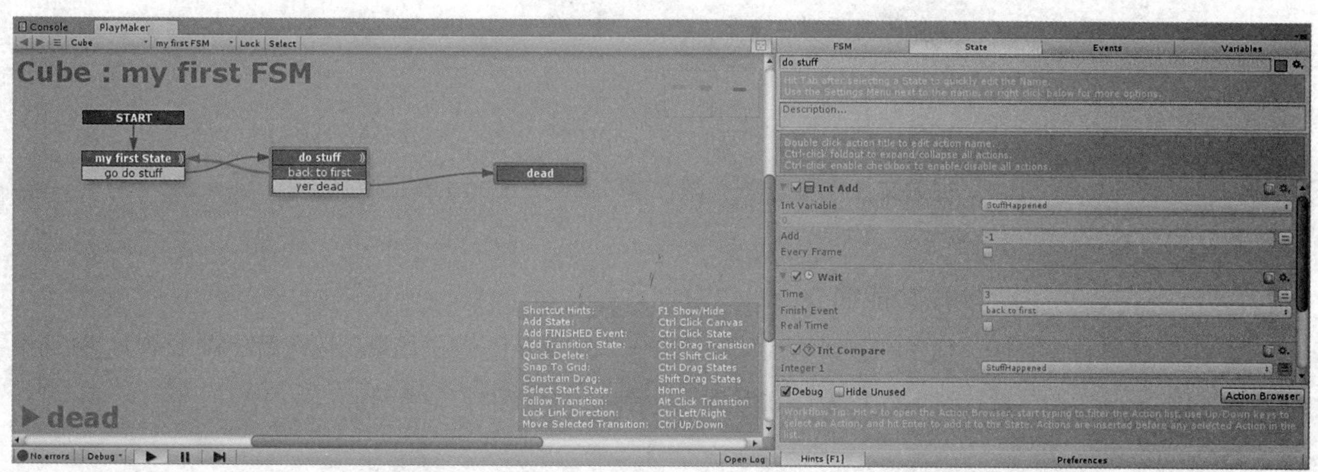

图4.6-33 “StuffHappened”为0跳转至“dead”状态

（10）为同一对象添加多个状态机。PlayMaker Editor上面状态机名称的下拉三角，可出现添加状态机，状态机的重命名，添加事件、动作、参数等操作均相同，如图4.6-34所示。

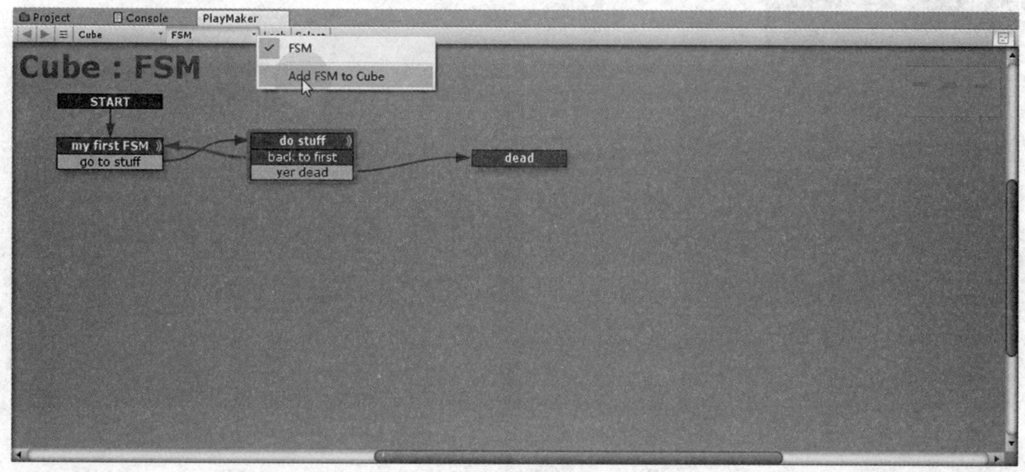

图4.6-34 为同一对象添加状态机

4.7 场景加载

Load Levels：加载Unity中的场景。

实例难度系数：★

场景文件：网盘\Projects\Chapter4\Assets\Scenes\4.7 Load Levels

视频文件：网盘\视频教程\第4章\4.7 Load Levels

1. 功能简介

使用PlayMaker加载场景操作，加载Unity中的场景。运行后Load Levels_01场景跳转到Load Levels_02场景，如图4.7-1、图4.7-2所示。

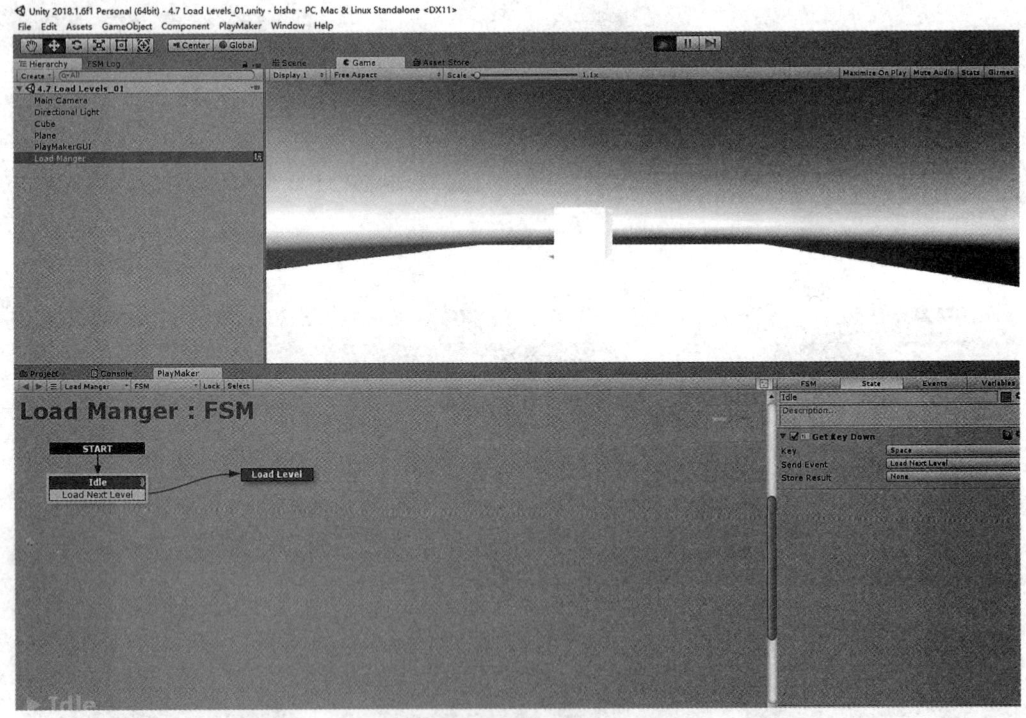

图4.7-1 Load Levels_01场景

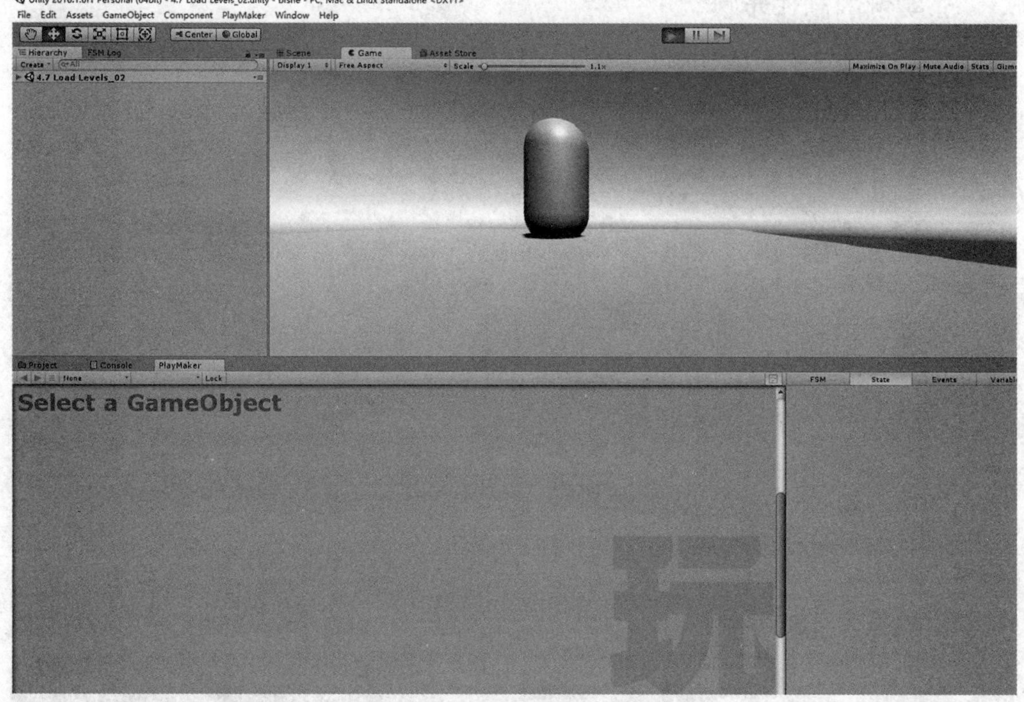

图4.7-2　跳转到Load Levels_02场景

2. 准备工作

本实例用到的是系统自带的模型。

3. 实例的架构

按下“Space”键，触发“Load Next Level”事件，从“Idle”状态跳转到“Load Level”状态，如图4.7-3。

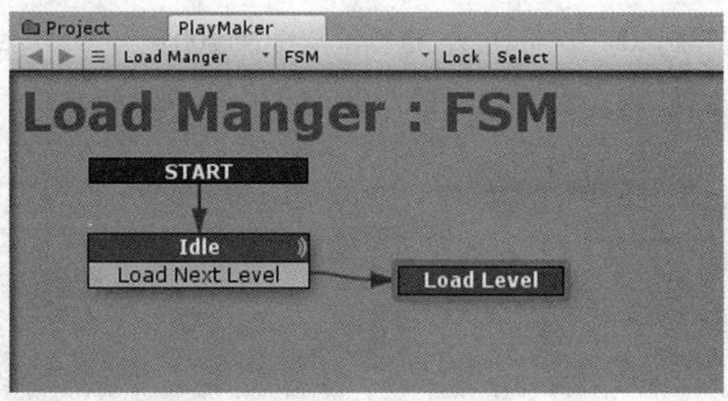

图4.7-3　“Load Manger”上的状态机

4. 主要动作说明

Get Key Down：当一个按键被按下时发送FSM事件。

Dont Destroy On Load：使目标对象在载入到新的场景时依旧保留。

5. 实例的制作步骤

（1）创建两个新场景Load Levels_01和Load Levels_02。在Load Levels_01场景中创建Plane和Cube；在Load Levels_02场景中创建Plane和Capsule。如图4.7-4所示。

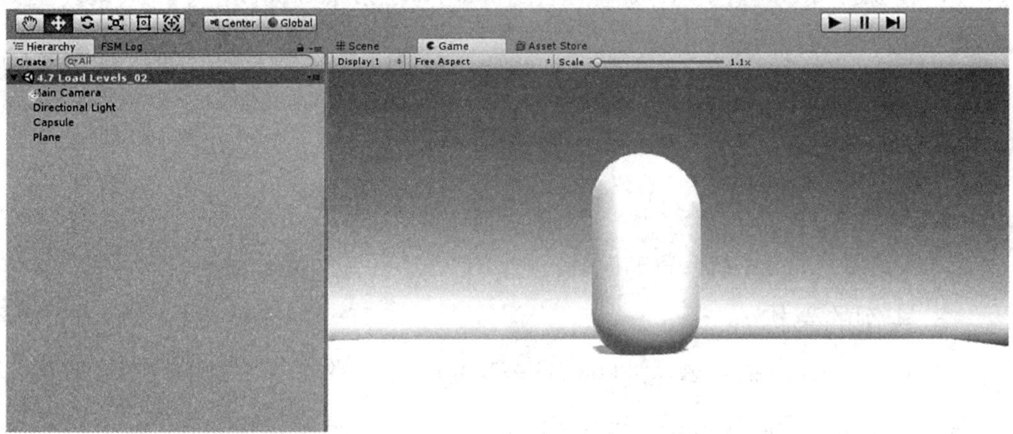

图4.7-4　创建两个新场景Load Levels_01和Load Levels_02

（2）创建空物体Create Empty。选择菜单栏GameObject—>“Create Empty”，并将其改名为“Load Manger”，如图4.7-5所示。

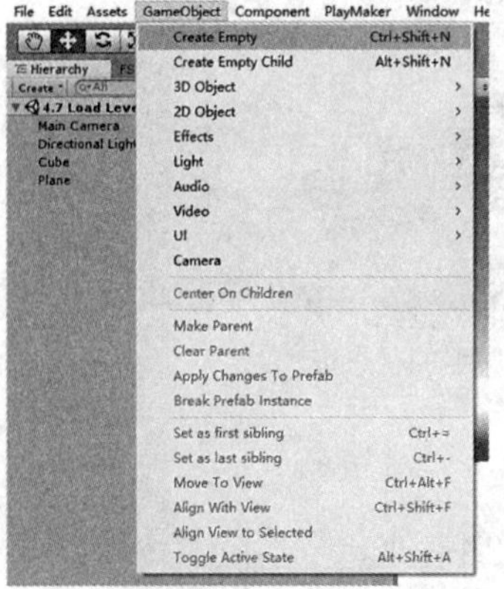

图4.7-5　创建空物体

（3）添加状态机。选中“Load Manger”，在PlayMaker面板空白处右键—>Add FSM，新建State，并将State1和State2分别更名为Idle、Load Level，如图4.7-6所示。

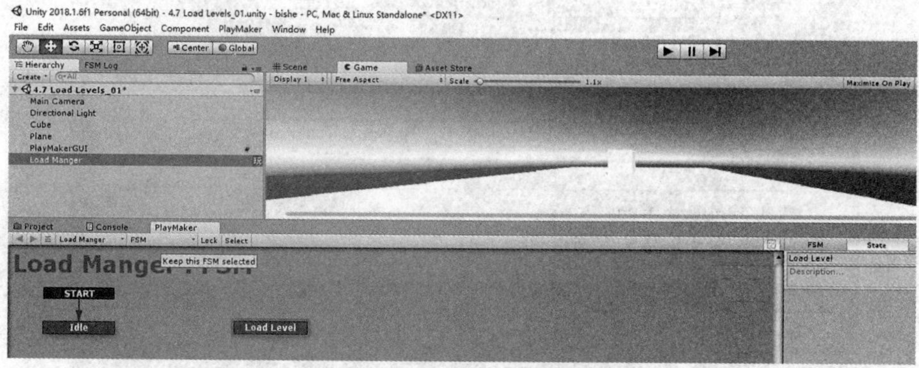

图4.7-6　添加状态机

（4）添加Load Next Level事件。在“Idle”状态中，点击Events面板，在Add Event文本框中输入“Load Next Level”，回车，如图4.7-7所示。

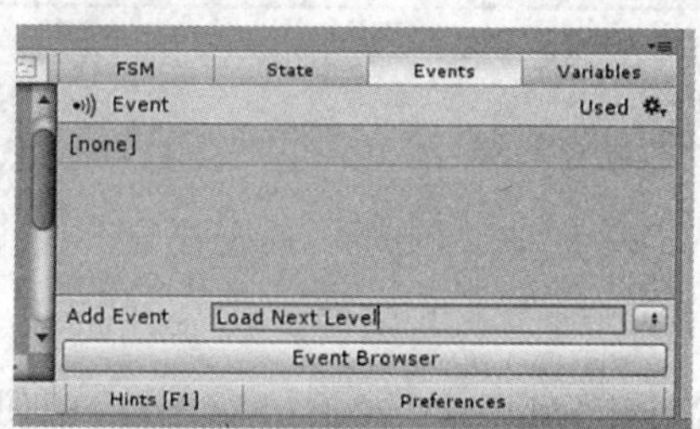

图4.7-7　添加Load Next Level事件

（5）在“Idle”状态中，右击，选择Add Transition—>Load Next Level；并将“Idle”下面的“Load Next Level”与Load Level连接，如图4.7-8所示。

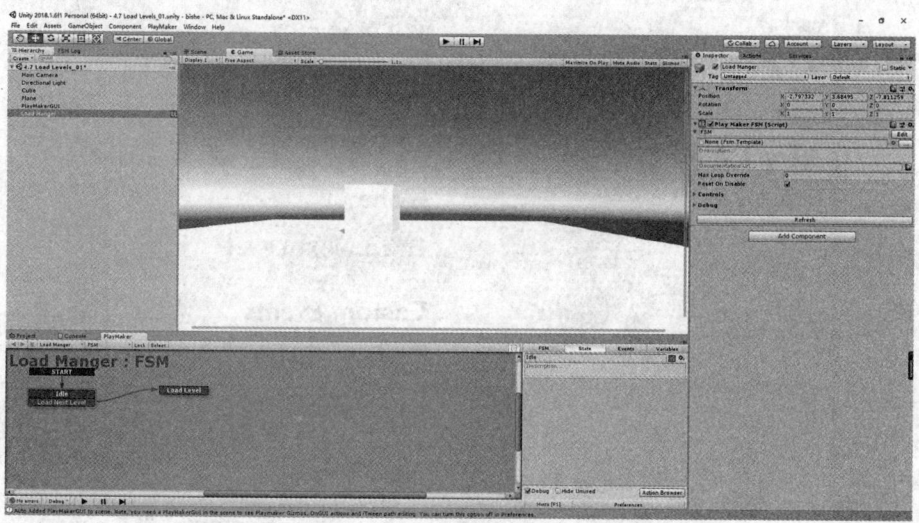

图4.7-8　连接“Load Next Level”与Load Level

（6）添加Get Key Down动作。在“Idle”状态中，点击Action Browser按钮，输入“Get Key Down”，双击，如图4.7-9所示。

图4.7-9　添加Get Key Down动作

（7）设置Get Key Down动作下的属性。在Key的下拉菜单中选择Space键，在Send Event的下拉菜单中选择Load Next Level，如图4.7-10所示。

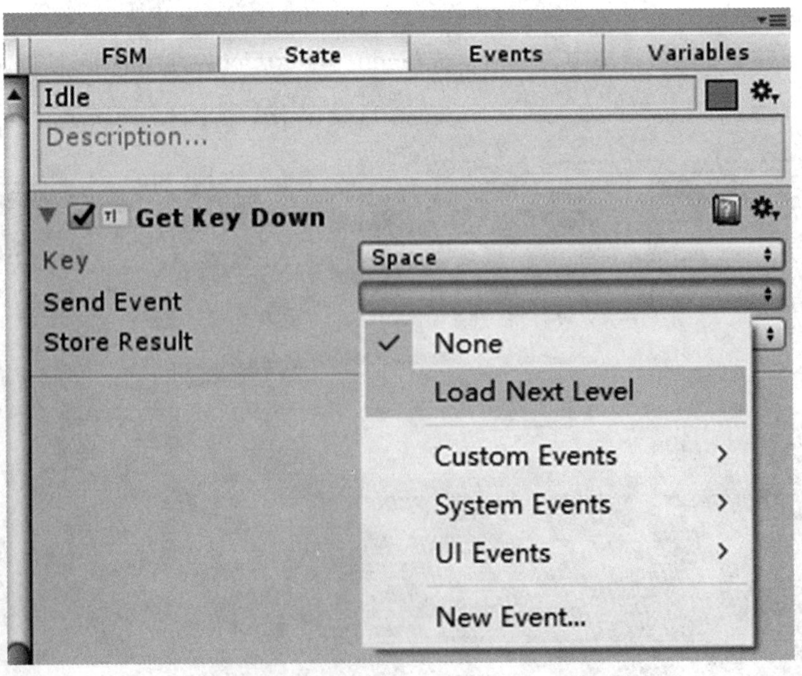

图4.7-10　设置Get Key Down动作下的属性

（8）添加Load Level动作。在“Load Level”状态中，点击Action Browser按钮，输入“Load Level”，双击，如图4.7-11所示。

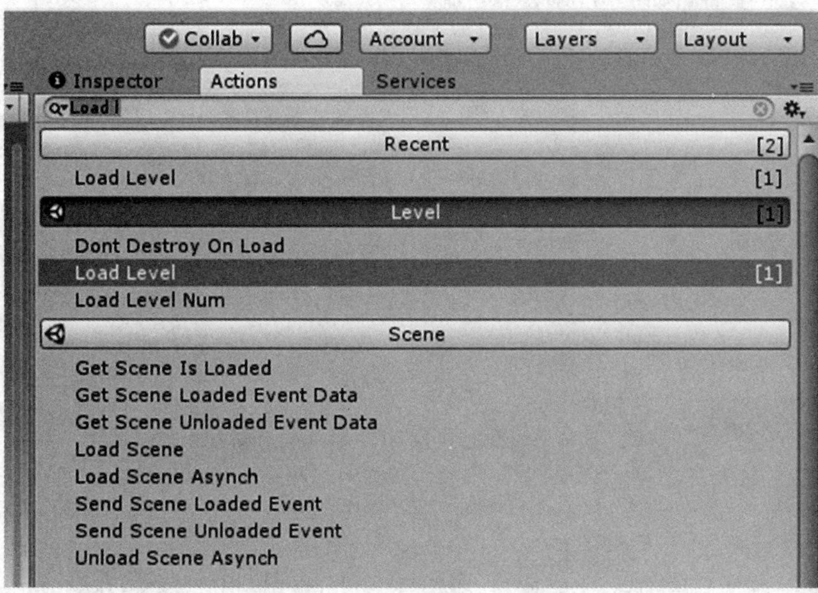

图4.7-11　添加Load Level动作

（9）设置Load Level动作下的属性。在Level Name的文本框中输入场景二的名称“Load Levels_02”，如图4.7-12所示。

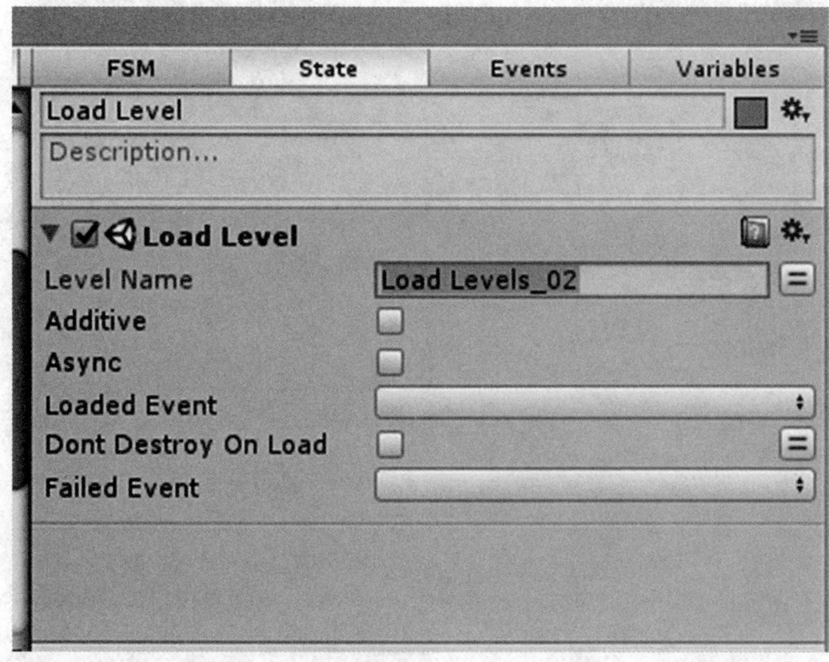

图4.7-12　设置Load Level动作下的属性

（10）点击菜单栏中的“File”，选择“Build Settings…”，如图4.7-13所示。

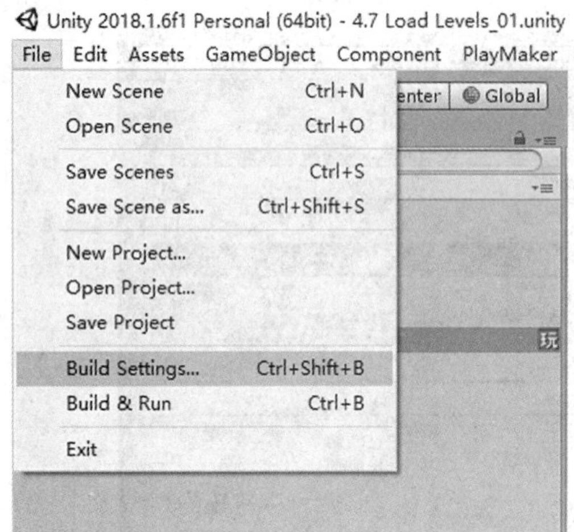

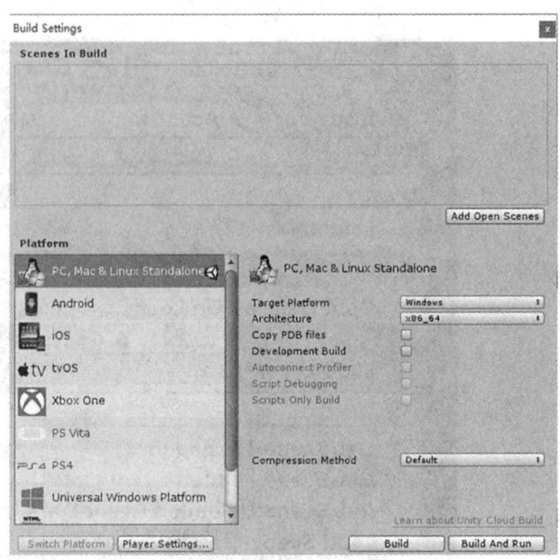

图4.7-13 场景设置

（11）添加场景Load Levels_01和场景Load Levels_02。将Scenes中的场景Load Levels_01和场景Load Levels_02 拖入Scenes In Build的框内，如图4.7-14所示。

图4.7-14 添加场景

（12）查看运行效果，当按下Space键时，加载场景Load Levels_02，如图4.7-15所示。

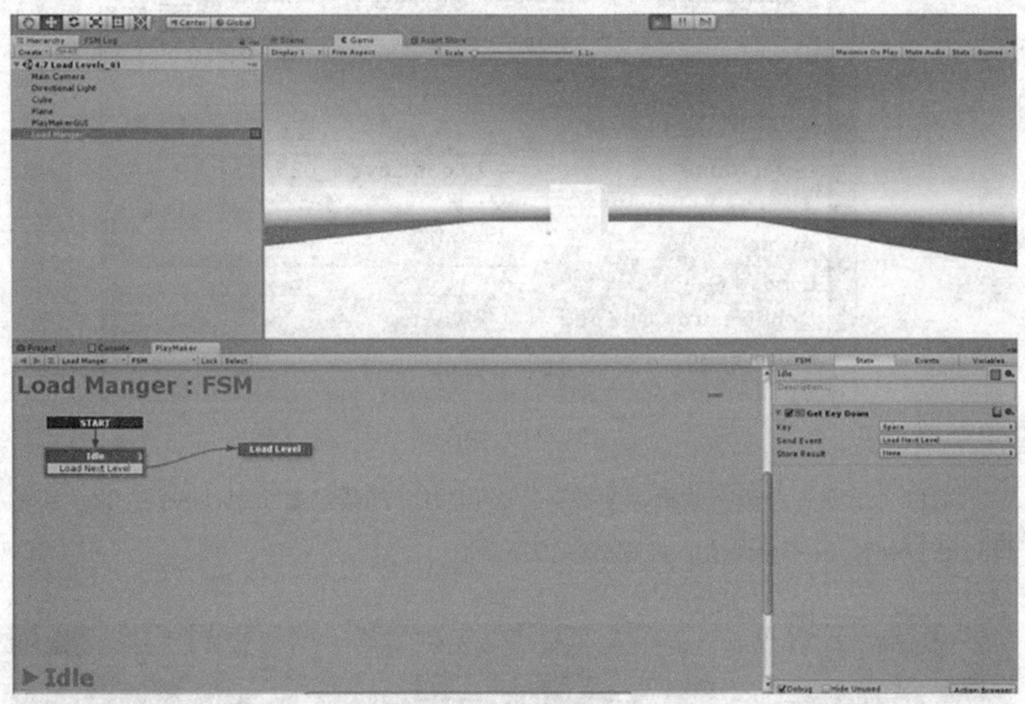

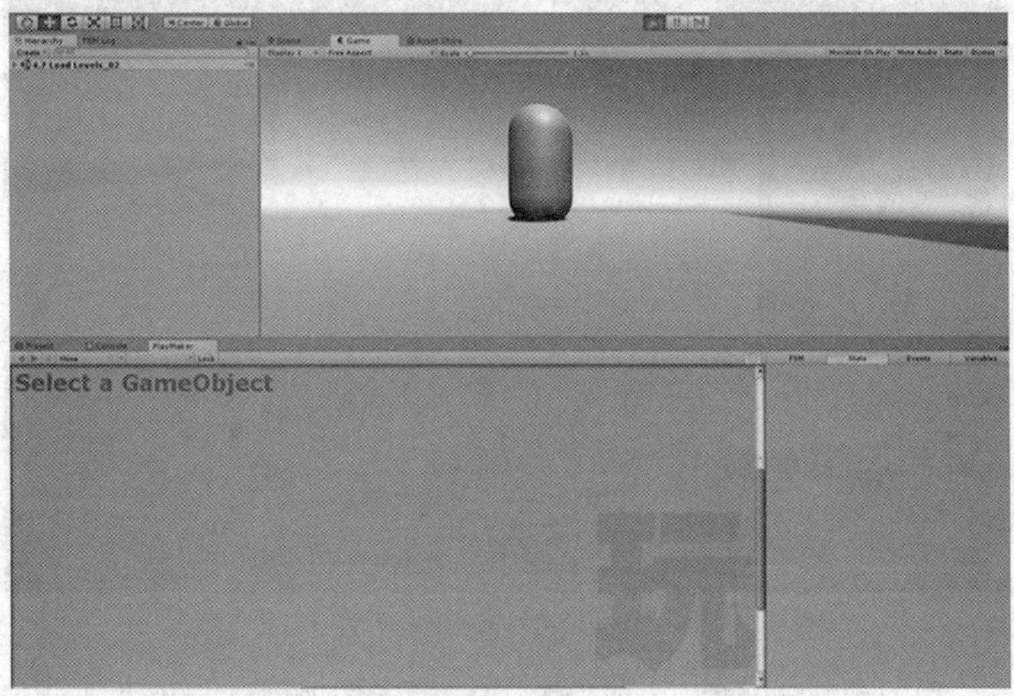

图4.7-15　查看效果

（13）在“Load Level”状态下，勾选Additive的单选框，如图4.7-16所示。

图4.7-16　勾选Additive

（14）再次查看运行效果，当按下Space键时，加载场景Load Levels_02，且场景Load Levels_01不会消失，如图4.7-17所示。

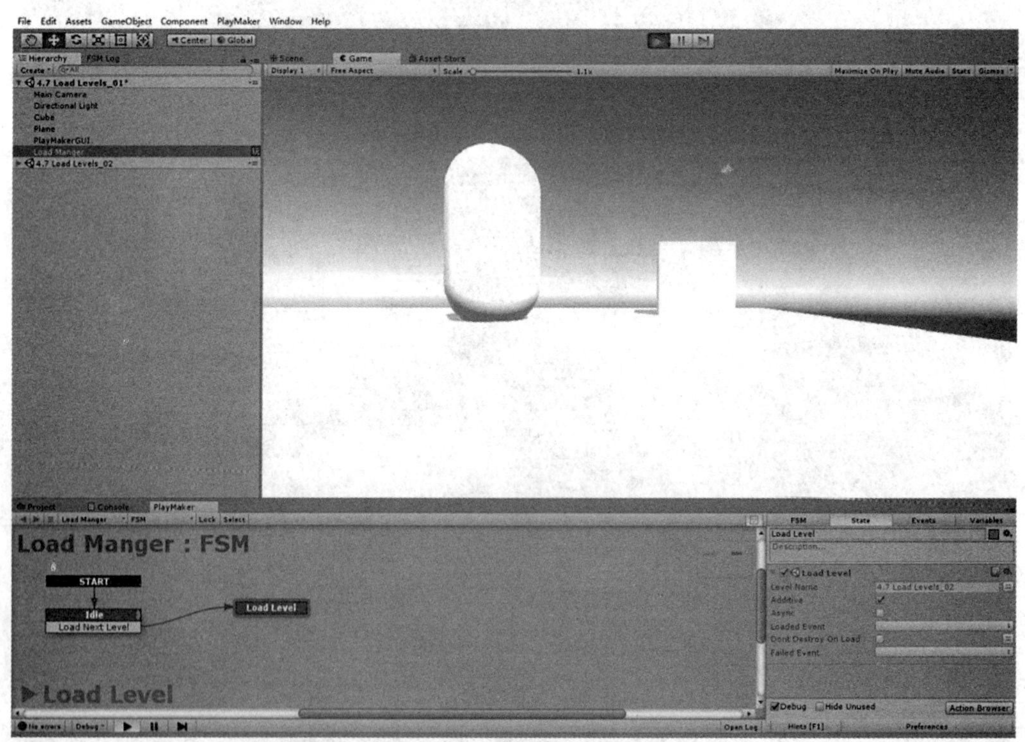

图4.7-17　查看效果

（15）添加Dont Destroy On Load动作。选中场景Load Levels_01中的Cube，为其添加状态机，在“State 1”状态中，点击Action Browser按钮，输入“Dont Destroy On Load”，双击，如图4.7-18所示。

（16）再次查看运行效果，当按下Space键时，加载场景Load Levels_02，且场景Load Levels_01中的Cube不会被销毁，如图4.7-19所示。

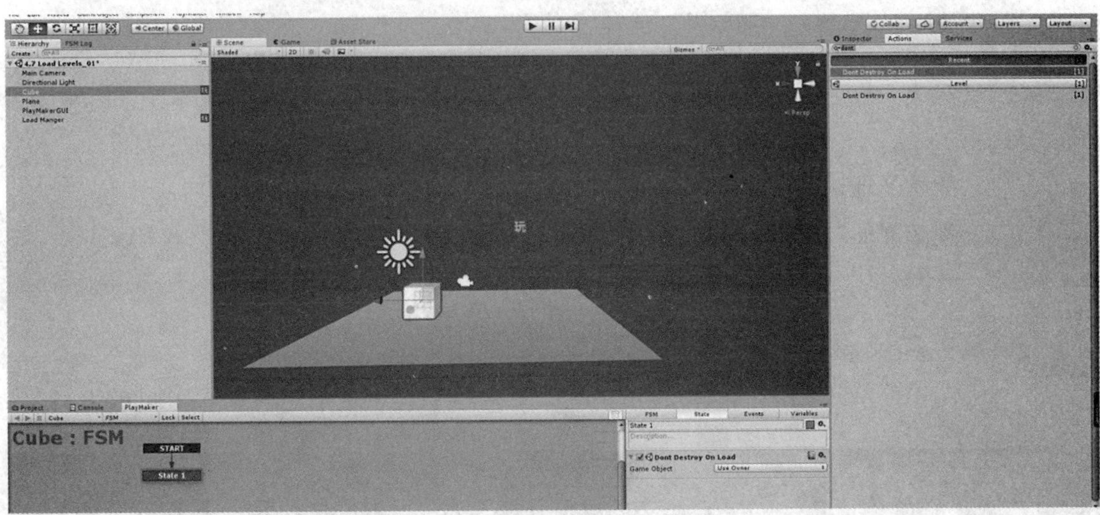

图4.7-18　添加Dont Destroy On Load动作

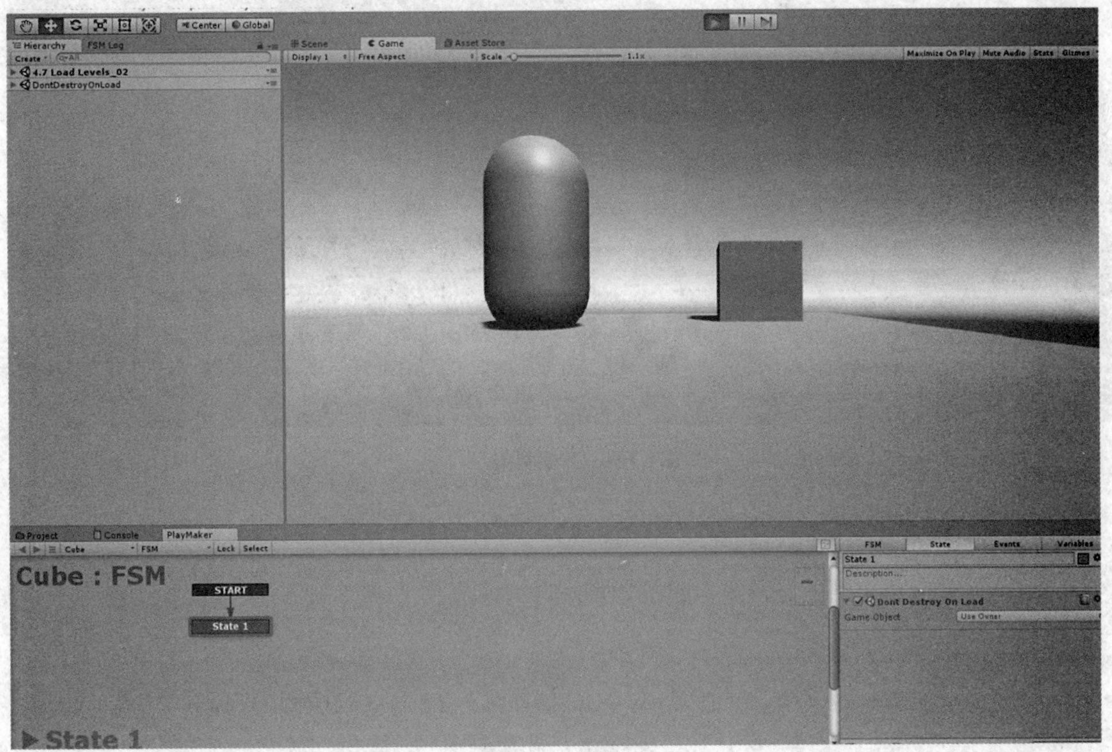

图4.7-19　查看效果

4.8 UI的创建

Menu UI basic：菜单UI基础。

实例难度系数：★★

场景文件：网盘\Projects\Chapter4\Assets\Scenes\4.8 Menu UI basic

视频文件：网盘\视频教程\第4章\4.8 Menu UI basic

1. 功能简介

制作菜单UI按钮。选择不同的按钮，目标对象会发生相应的变化，如图4.8-1。

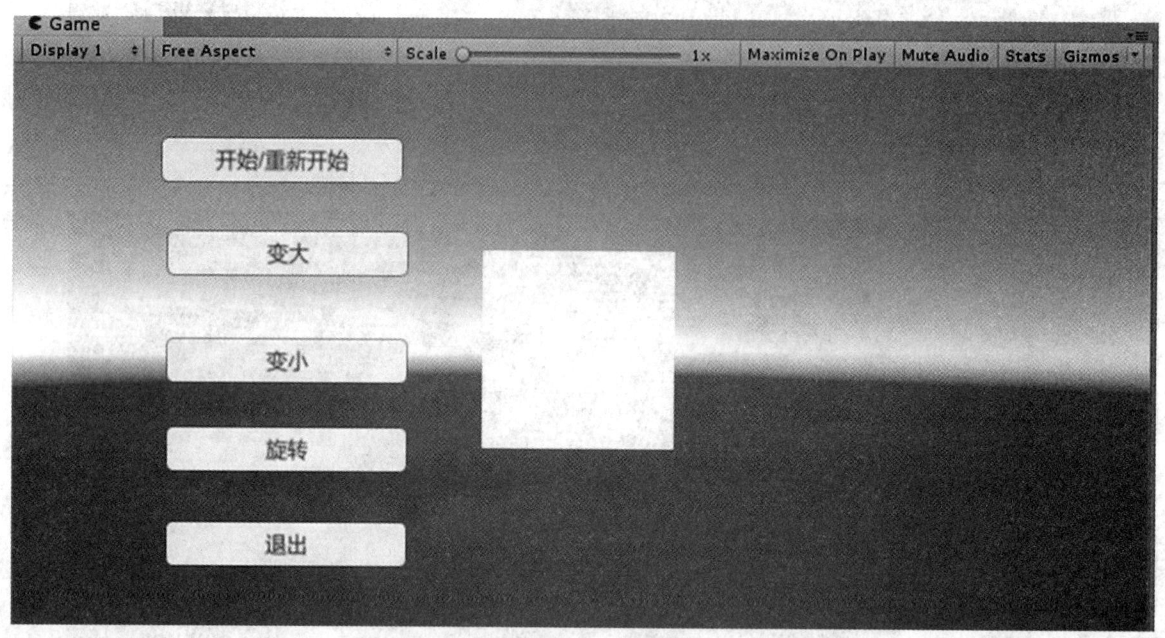

图4.8-1　本例场景

2. 准备工作

本实例用到的是系统自带的模型。

3. 实例的架构

“State 1”状态执行“UI click”事件，按下相应按钮，自动跳转到“State 2”状态，实现目标对象相应的改变，如图4.8-2。

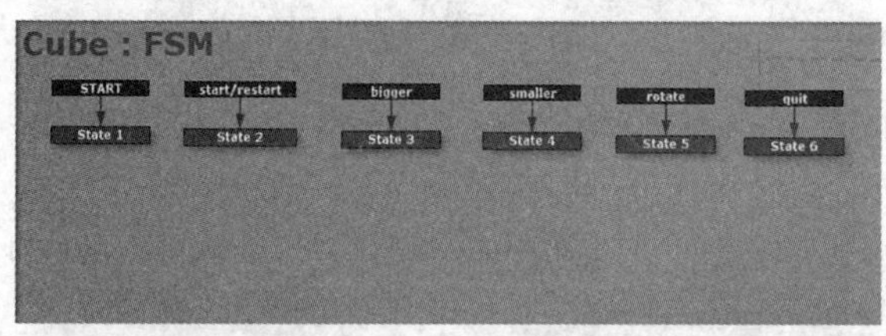

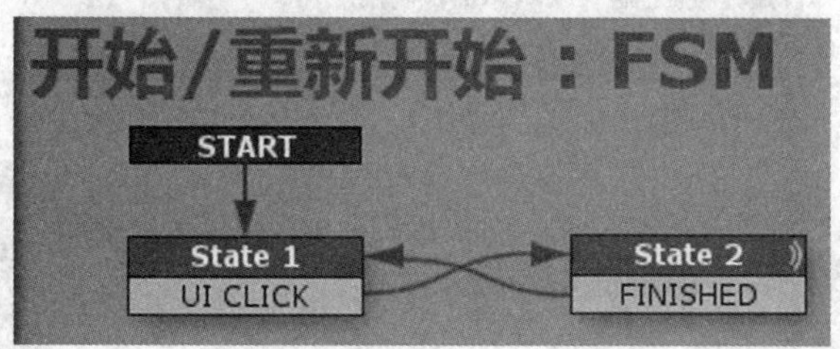

图4.8-2　"Cube"和"开始/重新开始"上的状态机

4. 主要动作说明

Set Scale：设置游戏对象的缩放。

Set Rotation：设置游戏对象的旋转。

Send Event：发送一个指定事件。

Application Quit：退出程序。

5. 实例的制作步骤

（1）创建新场景。

（2）新建一个Cube。如图4.8-3所示。

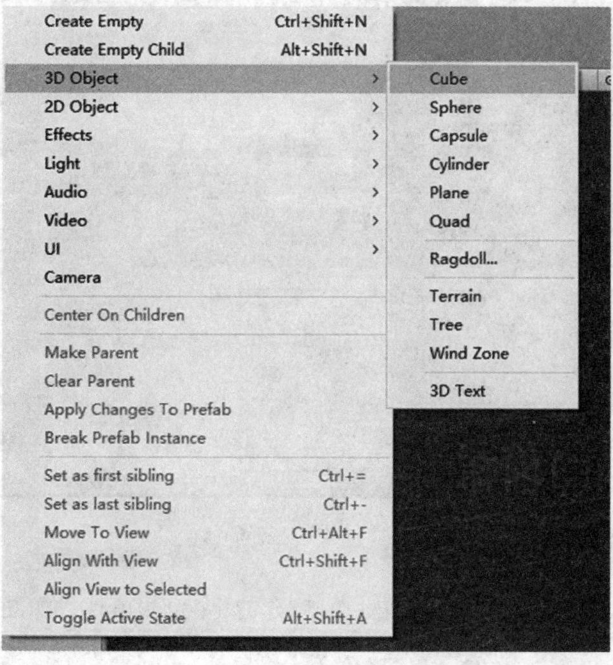

图4.8-3　创建Cube

（3）创建5个Button按钮，如图4.8-4所示。在Inspector界面中对其进行命名，并调整按钮的位置，如图4.8-5所示。

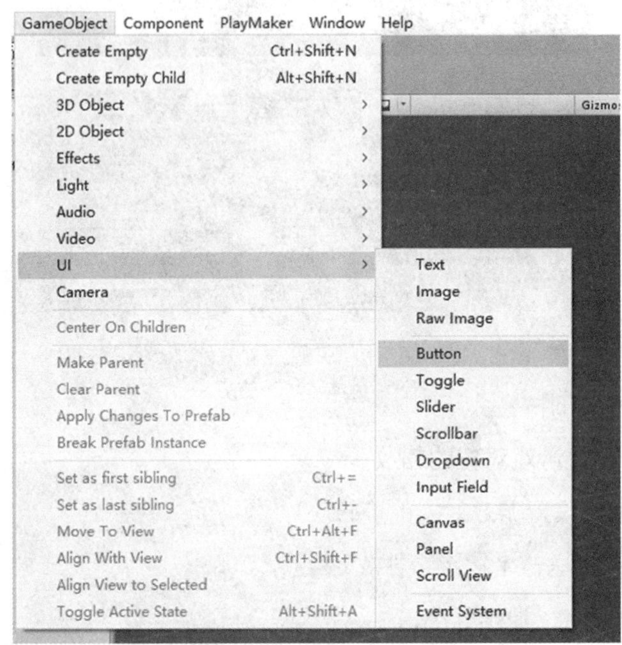

图4.8-4　创建Button按钮

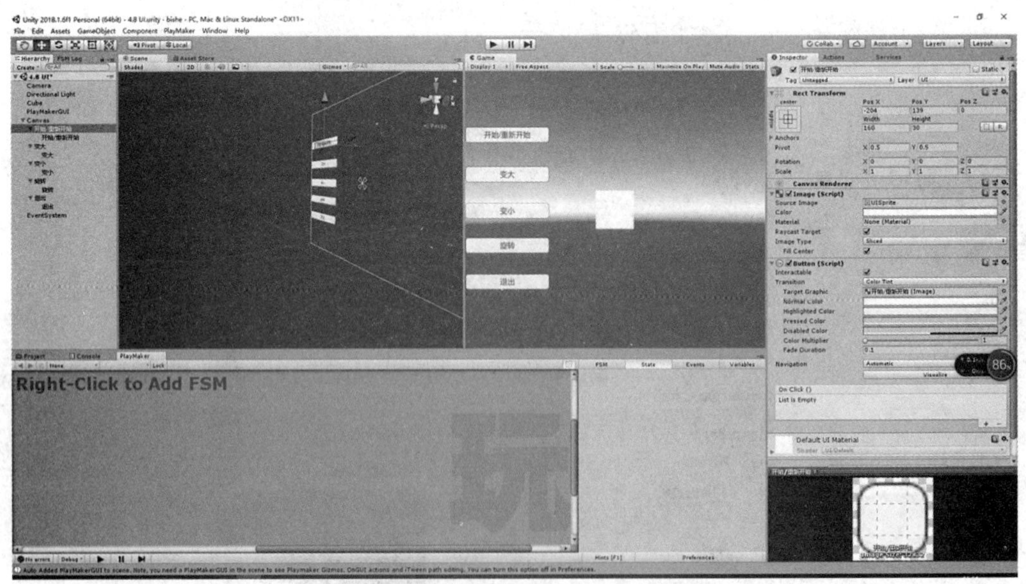

图4.8-5　命名

（4）给Cube添加状态机，并在Events中建立5个全局事件，如图4.8-6所示。

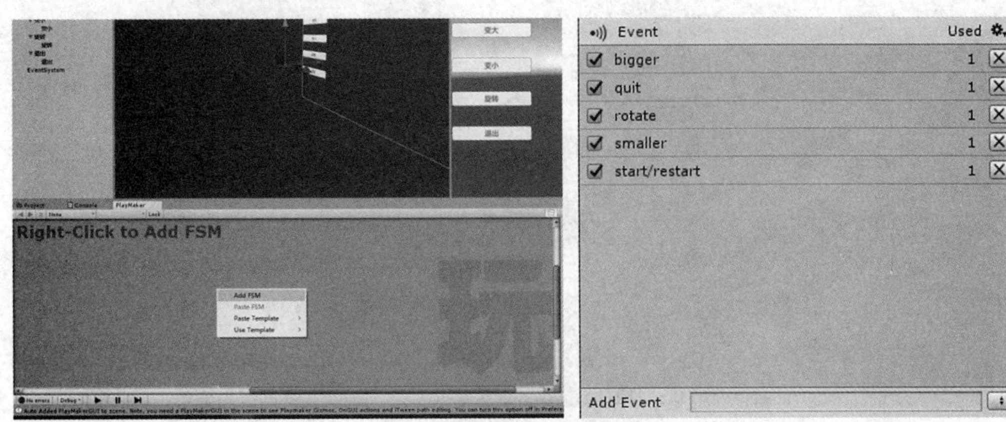

图4.8-6　添加全局事件

（5）在Cube中添加全局过渡，Add Global Transition—>start/restart，其余同理，如图4.8-7所示。对全局过渡下方的状态添加相应的Action，并设置参数，如图4.8-8所示。

（6）给各个按钮添加状态机及UI CLICK事件，如图4.8-9所示。给各个按钮的“State2”状态添加动作发送相应事件，如图4.8-10所示。

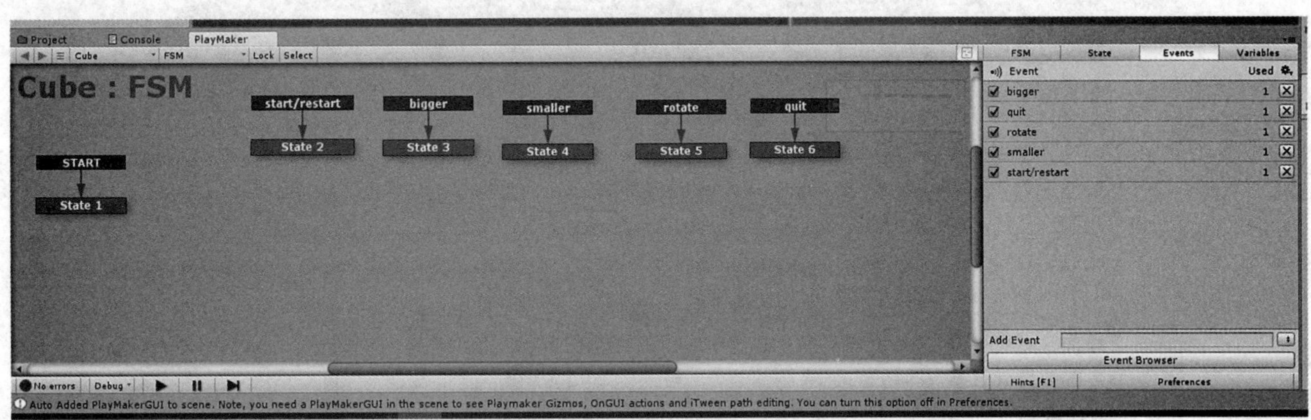

图4.8-7　添加全局过度

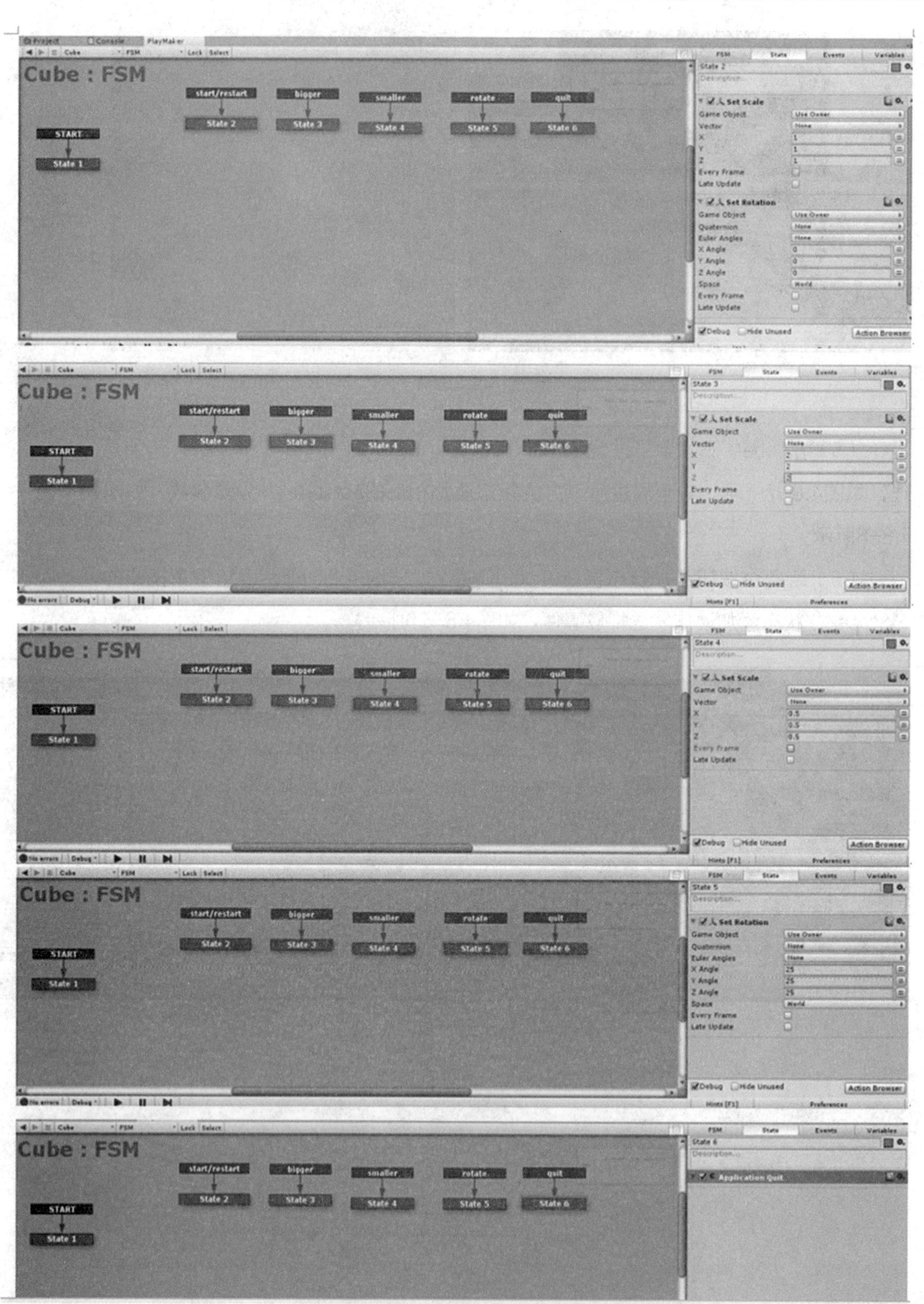

图4.8-8 设置Action及参数

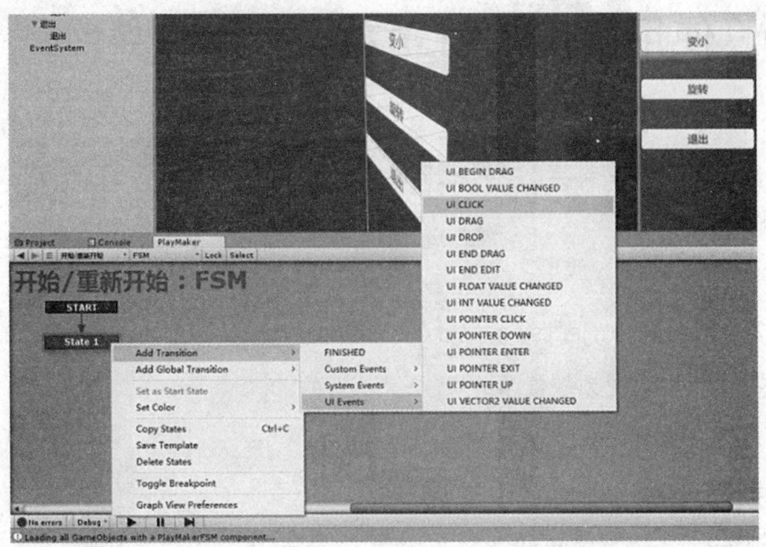

图4.8-9　添加状态机及UI CLICK事件

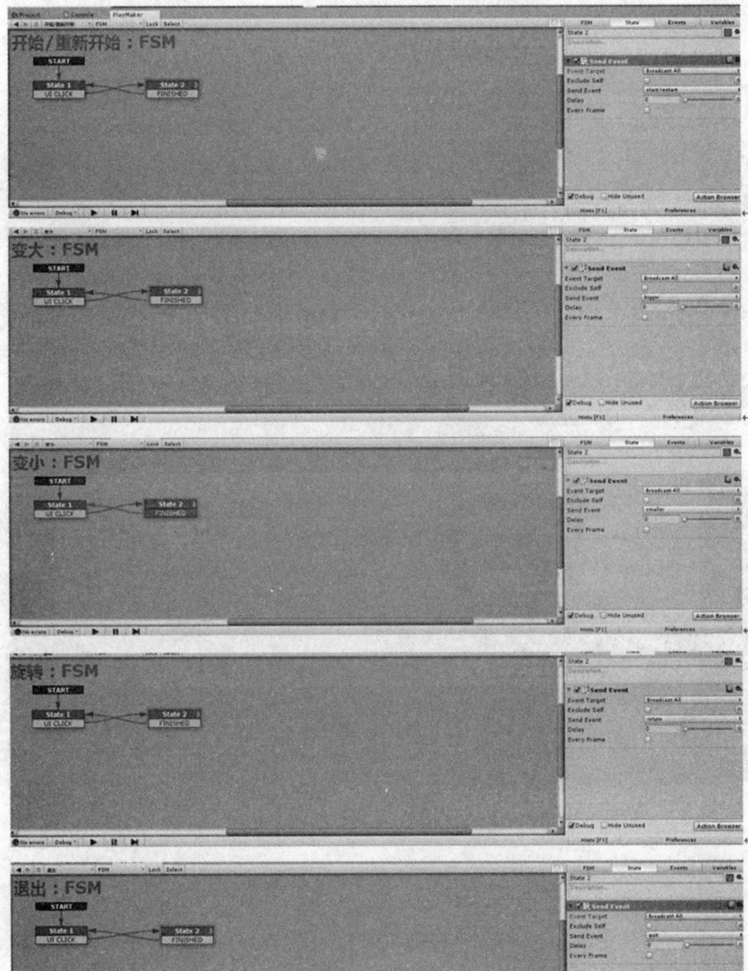

图4.8-10　添加动作

（7）点击运行，查看效果。

4.9 使用按键控制立方体的移动

Move A Cube：非常基本的移动物体示例。

实例难度系数：★

场景文件：网盘\Projects\Chapter4\Assets\Scenes\4.9 Move A Cube

视频文件：网盘\视频教程\第4章\4.9 Move A Cube

1. 功能简介

本实例运行时，当用户按下箭头键或“w”/“s”（更准确地说是在Unity输入设置中定义的实际“垂直”输入）时，能够移动立方体，如图4.9-1、图4.9-2所示。

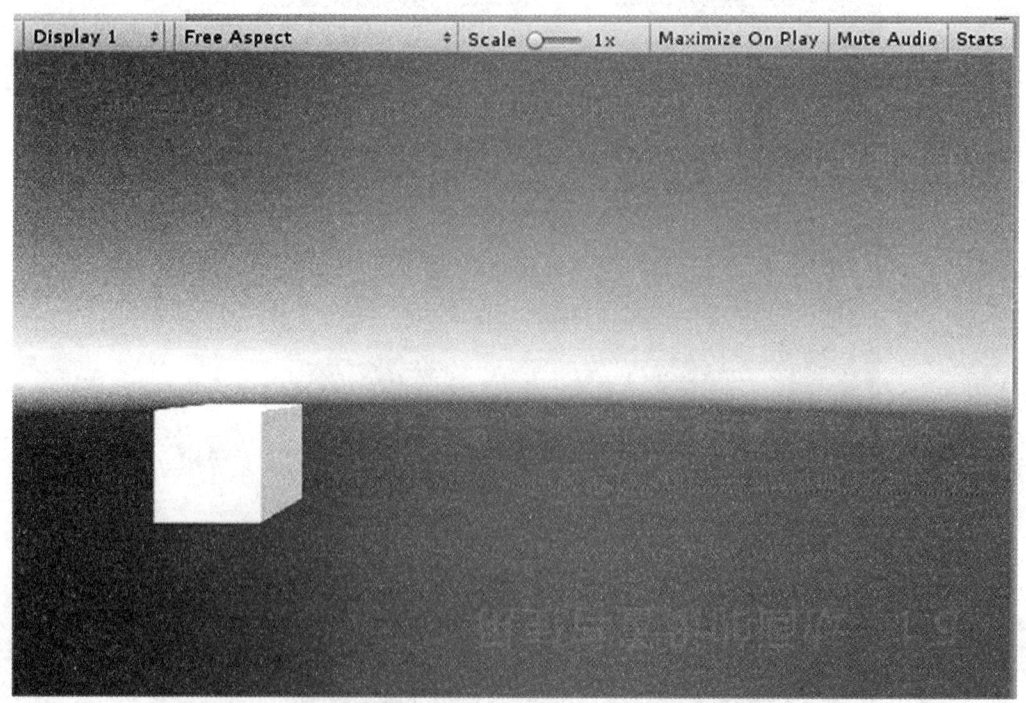

图4.9-1 移动前

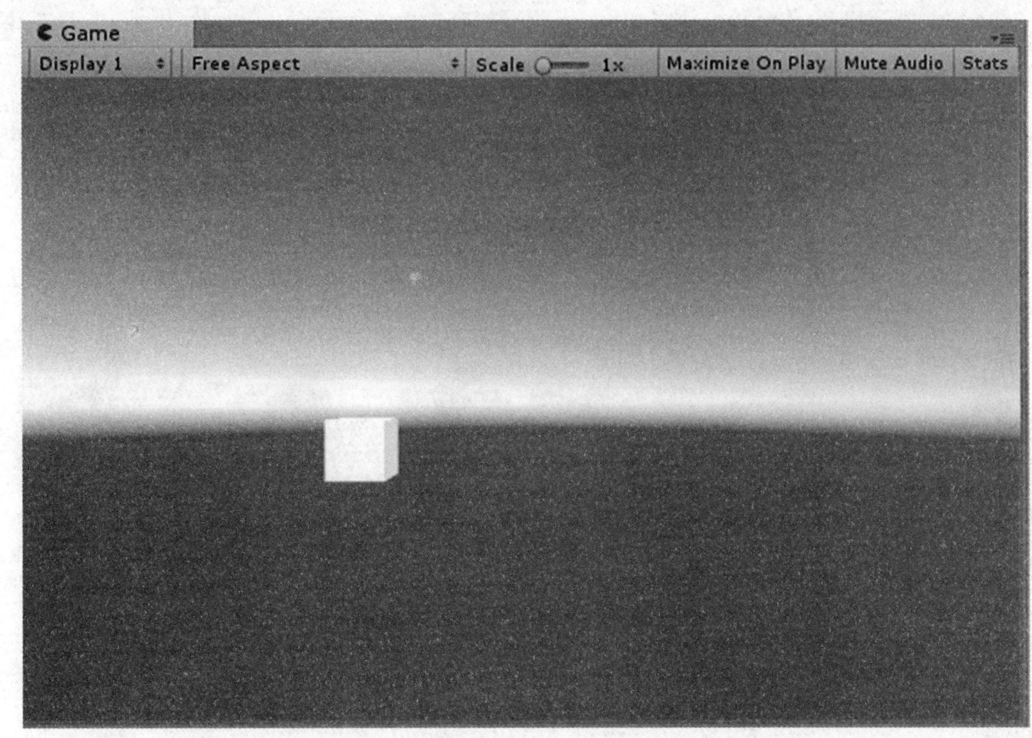

图4.9-2　移动后

2. 准备工作

本实例将用到的为系统自带模型。

3. 实例的架构

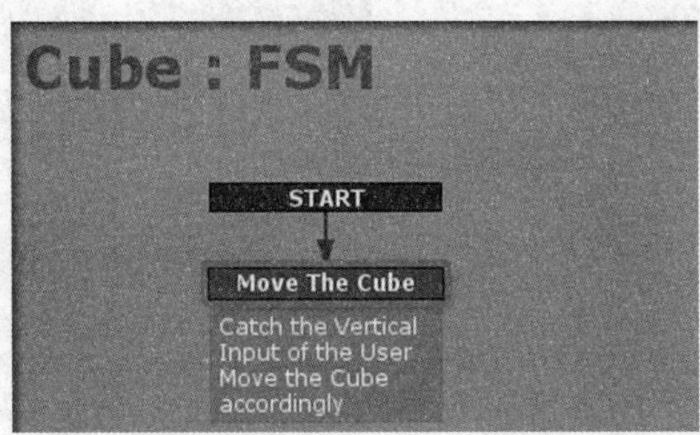

图4.9-3　"Cube"上的状态机

4. 主要动作说明

Get Axis：获取指定的输入轴的值并在一个浮动变量中存储。

Translate：可转换为一个游戏对象沿着某个轴移动。

5. 实例的制作步骤

（1）创建新场景。

（2）创建Cube。

（3）添加状态机。选中“Cube”，在PlayMaker面板空白处右键—>Add FSM，并将State1更名为Move The Cube，并在文本框中输入“Catch the Vertical Input of the User Move the Cube accordingly”，如图4.9-4所示。

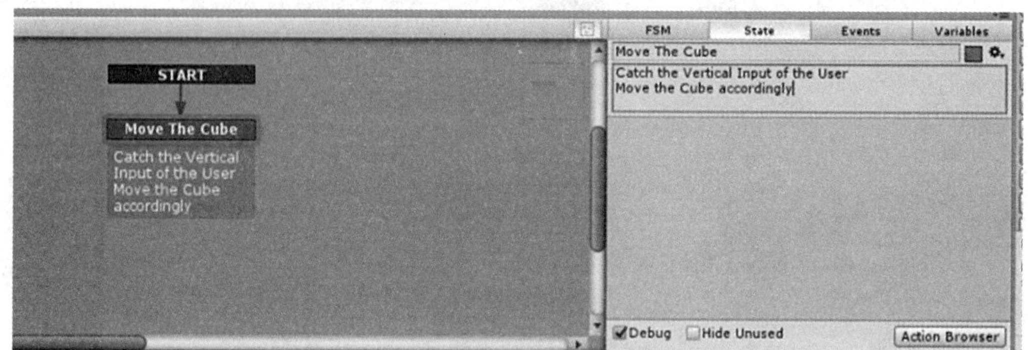

图4.9-4　添加状态机

（4）添加move变量。在“Move The Cube”状态中，点击Variables面板，在New Variable文本框中输入“move”，回车，如图4.9-5所示。

（5）添加Get Axis动作。在“Move The Cube”状态中，点击Action Browser按钮，输入“Get Axis”，双击，如图4.9-6所示。

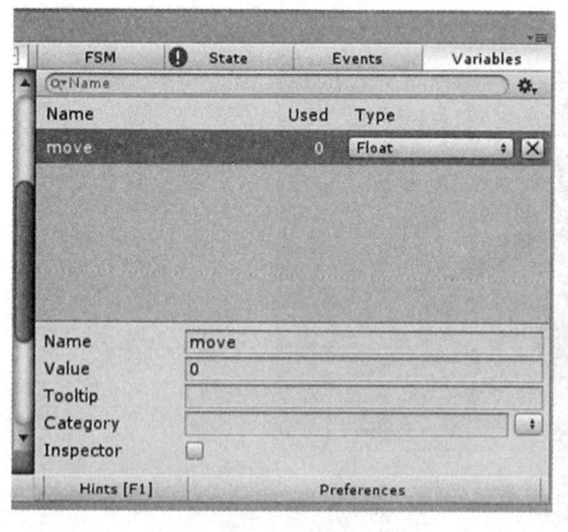

图4.9-5　添加move变量

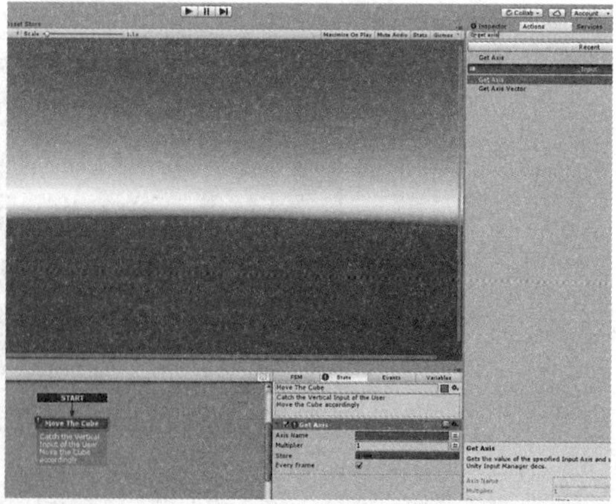

图4.9-6　添加Get Axis动作

（6）设置Get Axis动作下的属性。在Axis的文本框中输入“Vertical”，在Store的下拉菜单中选择“move”，如图4.9-7所示。

（7）添加Translate动作，并设置Translate动作下的属性。如图4.9-8所示。

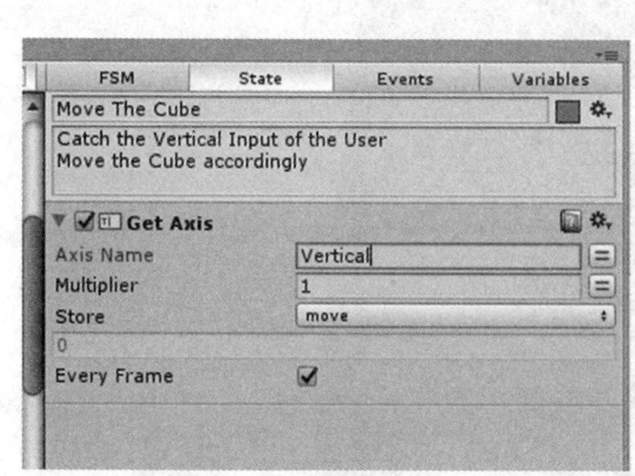

图4.9-7　设置Get　Axis动作下的属性

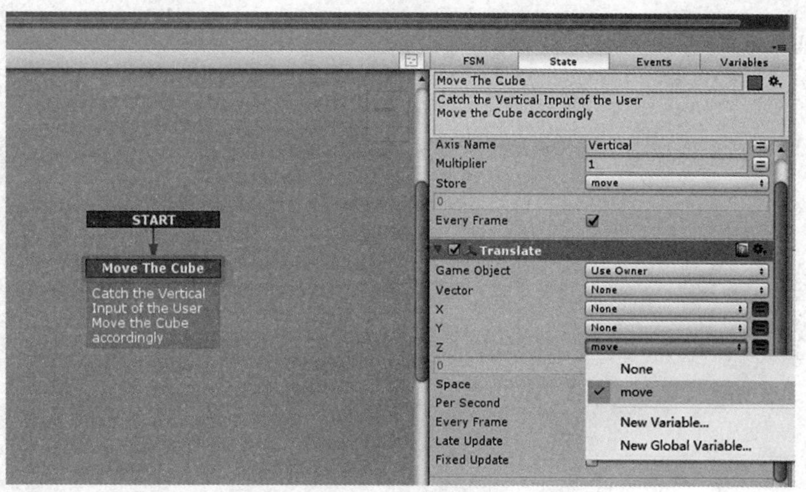

图4.9-8　添加Translate动作，并设置Translate动作下的属性

（8）查看运行效果。当按下上/下箭头键或者W/S键时，立方体Cube会移动，如图4.9-9所示。

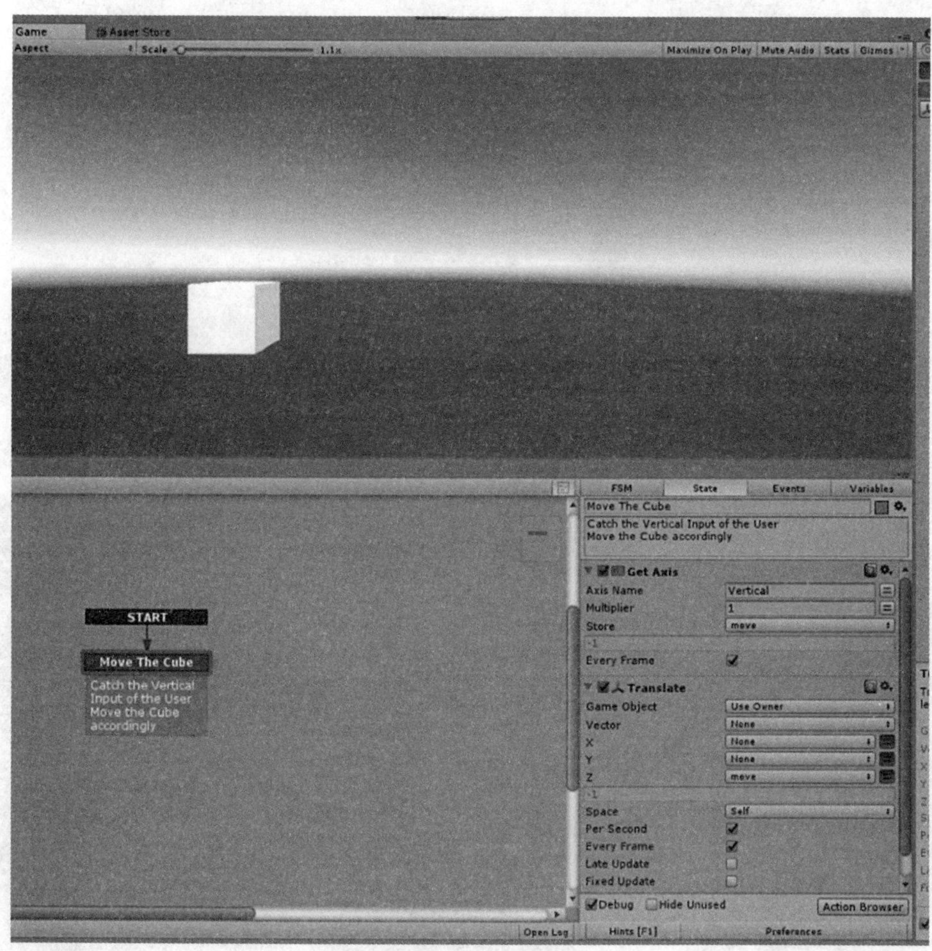

图4.9-9　查看效果

第五章　PlayMaker中级

本章通过十个实例讲解了利用PlayMaker制作复杂三维互动作品的基本操作和方法。

5.1　动画的设置与使用

Active Animation set up：动画设置。

实例难度系数：★★★

场景文件：网盘\Projects\Chapter5\Assets\Scenes\5.1 Active Animation set up

视频文件：网盘\视频教程\第5章\5.1 Active Animation set up

1. 功能简介

在一个游戏对象上播放设置的指定的动画。本实例运行时鼠标点击Cube，Cube将会进行转动，如图5.1-1所示。

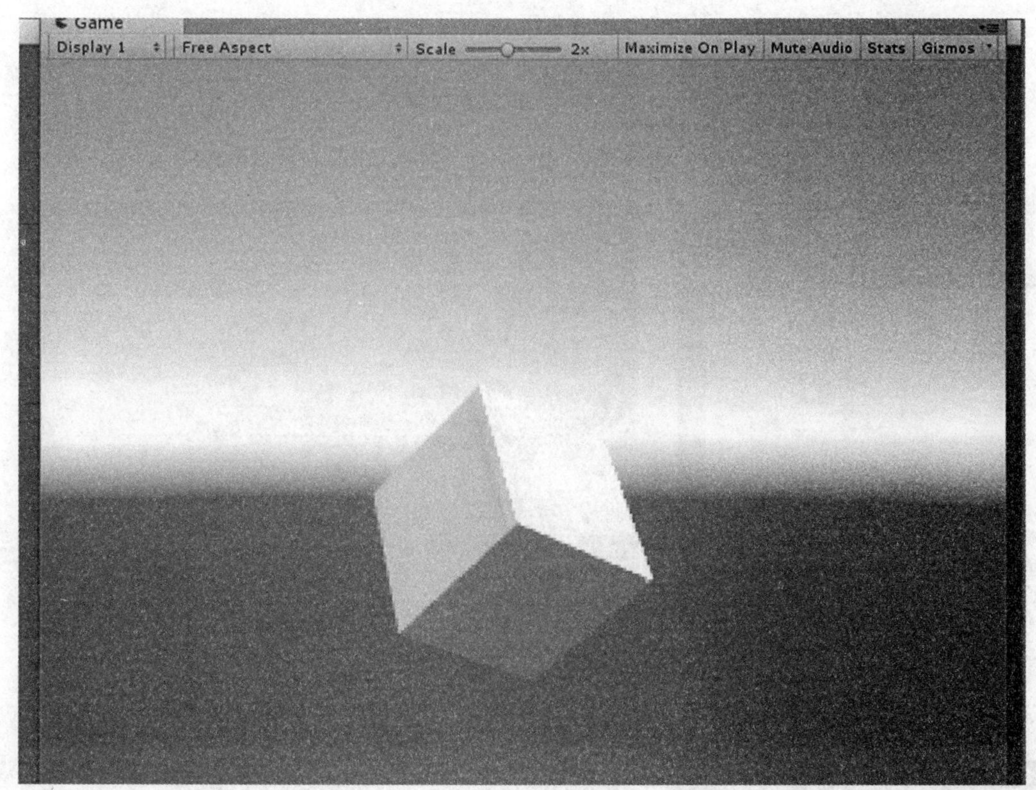

图5.1-1　实例场景

2. 准备工作

本实例将用到的为系统自带模型。

3. 实例的架构

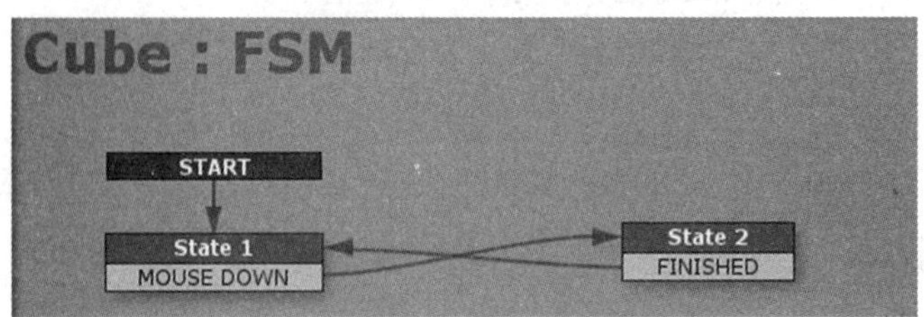

图5.1-2 “Cube”上的状态机

4. 主要动作说明

Animation Settings：动画设置。从游戏对象中选择指定动画，可以设置动画速度、时间等。

Play Animation：在一个游戏对象上播放一个动画（游戏对象必须具有一个动画组件）。

5. 实例创作步骤

（1）创建新场景。

（2）创建Cube，如图5.1-3所示。

（3）添加动画组件，如图5.1-4所示。

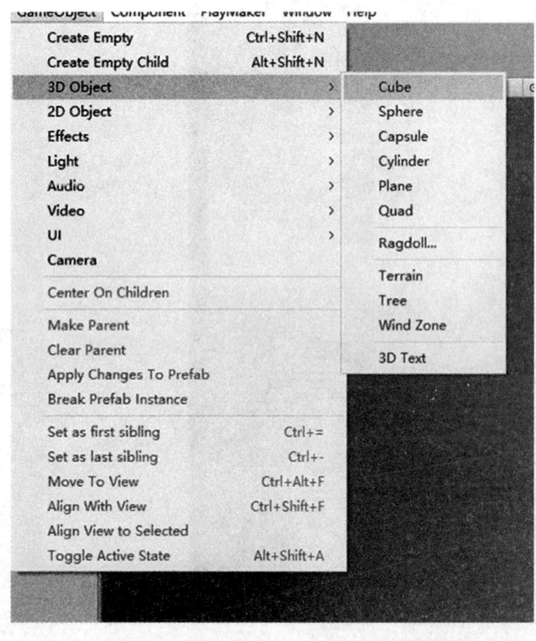

图5.1-3 创建Cube

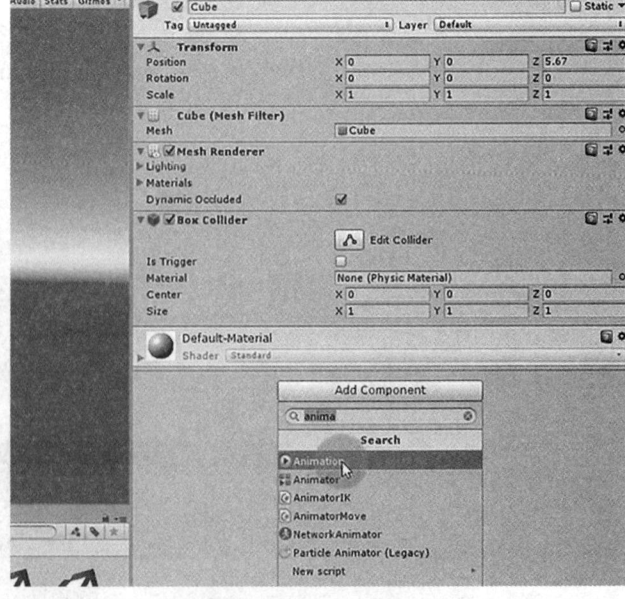

图5.1-4 添加组件

（4）建立新文件夹，如图5.1-5所示，命名为ANIMATION。

（5）点击Cube，点击菜单栏的“Windows”，选择“Animation”，如图5.1-6所示。

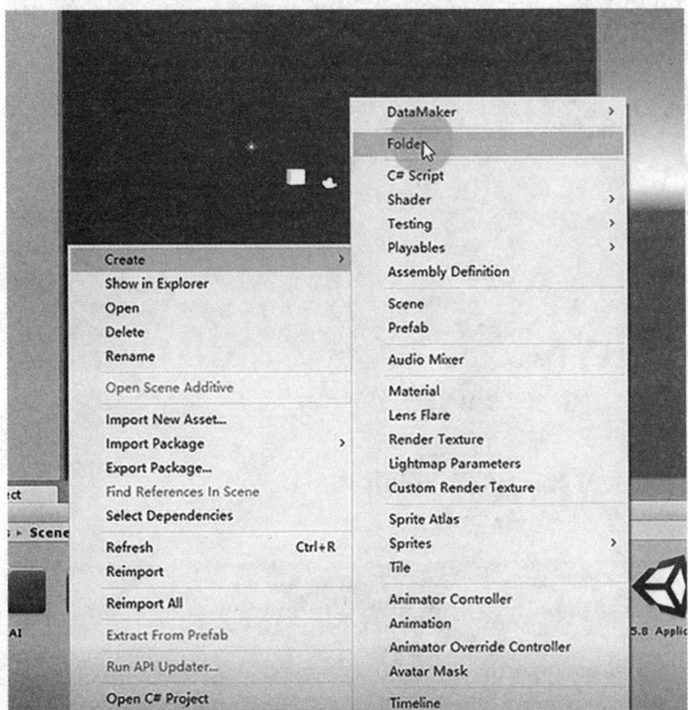

图5.1-5　建立文件夹

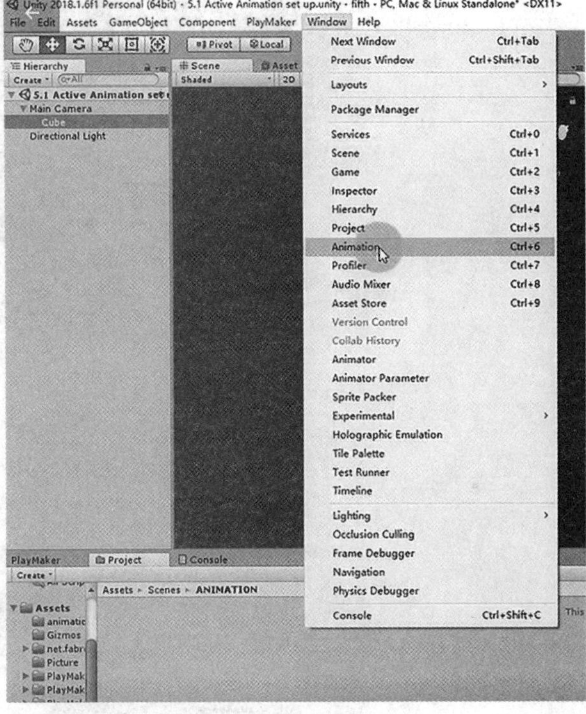

图5.1-6　添加Animation

（6）点击Create，然后选择创建的ANIMATION文件夹，命名文件后点击保存，如图5.1-7所示。

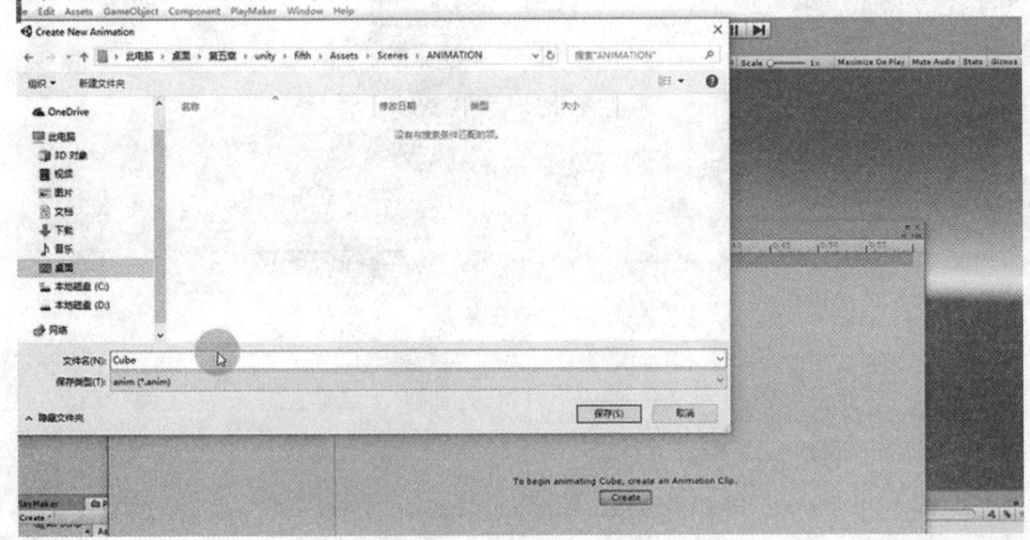

图5.1-7　选择文件夹

（7）点击“Add Property”，选择“Transform”下的“Rotation”，如图5.1-8所示。

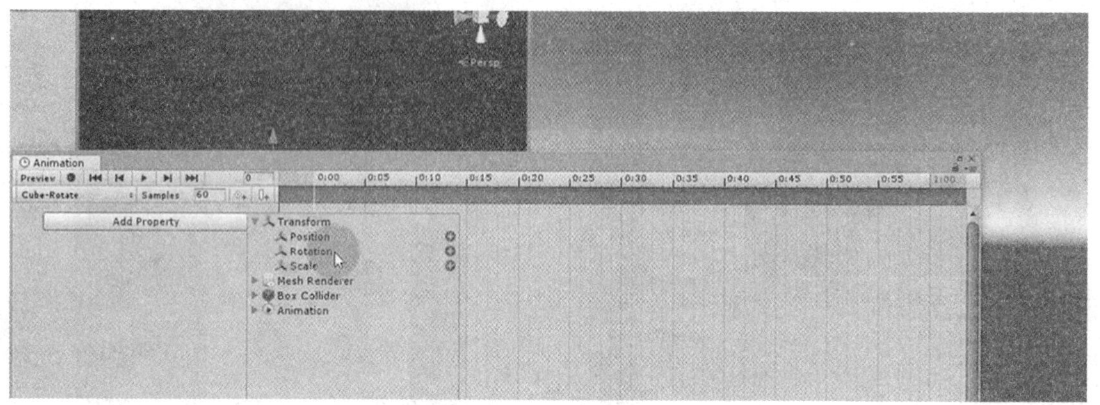

图5.1-8　添加旋转

（8）给“Rotation”随意设置参数，如图5.1-9所示。

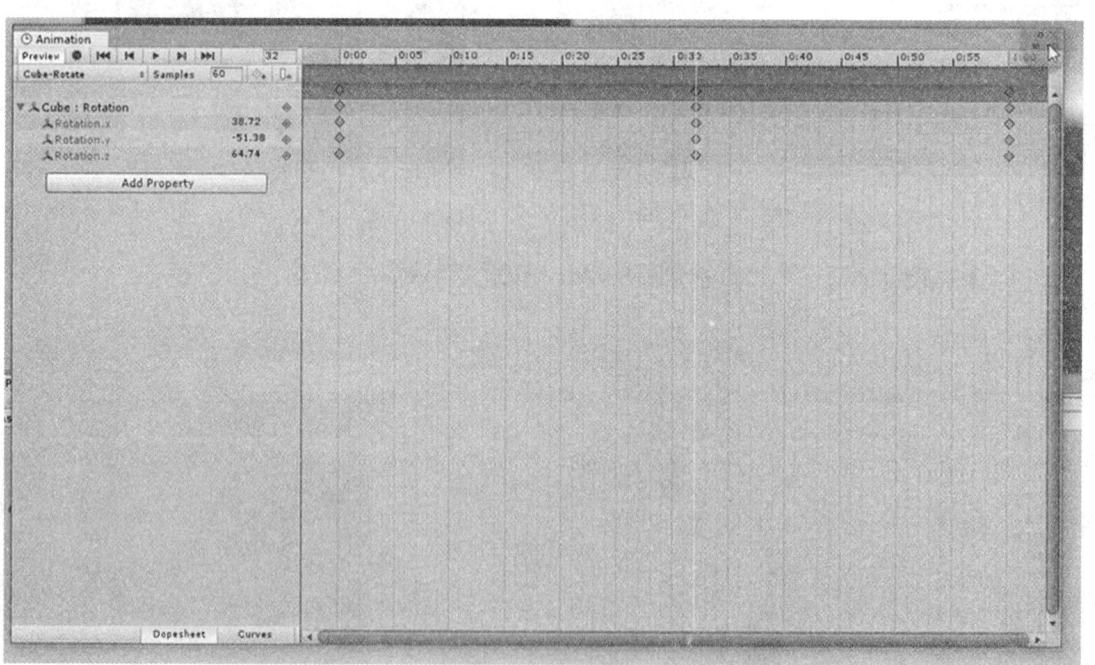

图5.1-9　设置参数

（9）关闭后可以看到文件夹内有了相应动画，给动画重新命名为“Cube-Rotate”，如图5.1-10所示。

（10）给“Cube”添加状态机，如图5.1-11所示。给“State1”添加过渡事件MOUSE DOWN，如图5.1-12所示。

图5.1-10　动画

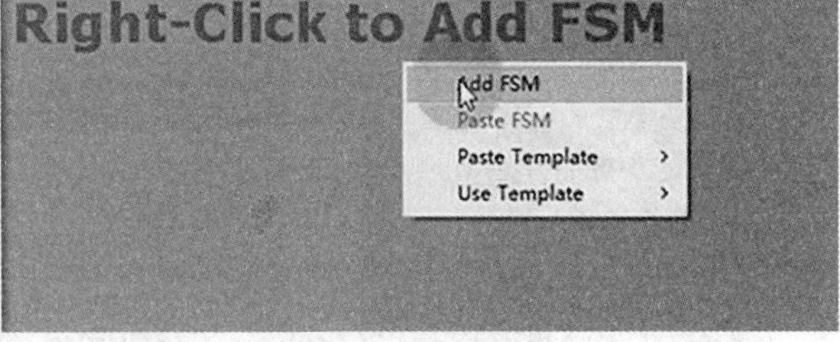

图5.1-11　添加状态机

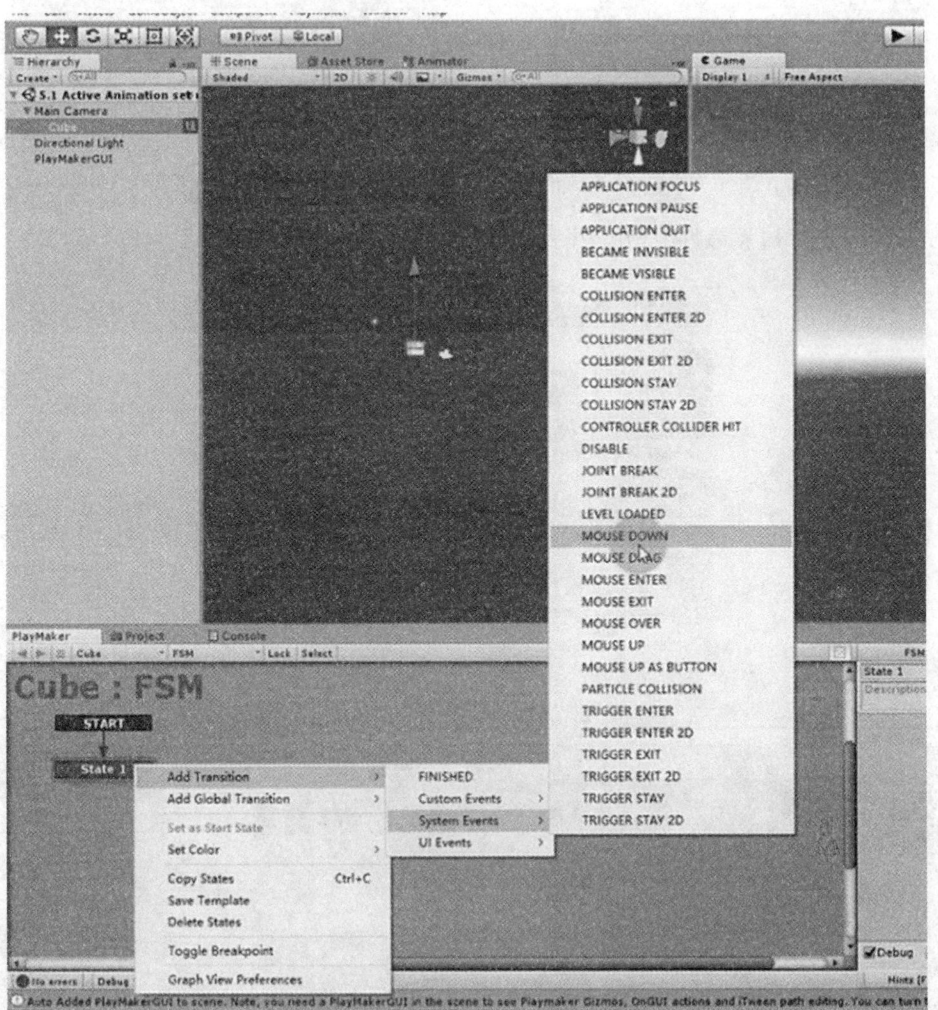

图5.1-12　添加过渡事件MOUSE DOWN

（11）新建“State2”，与“MOUSE DOWN”连接，如图5.1-13所示。添加动作“Animation Settings ”并设置，如图5.1-14所示。

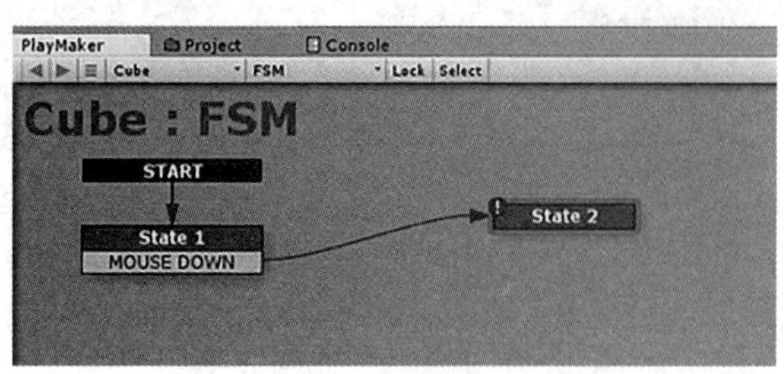

图5.1-13　新建状态

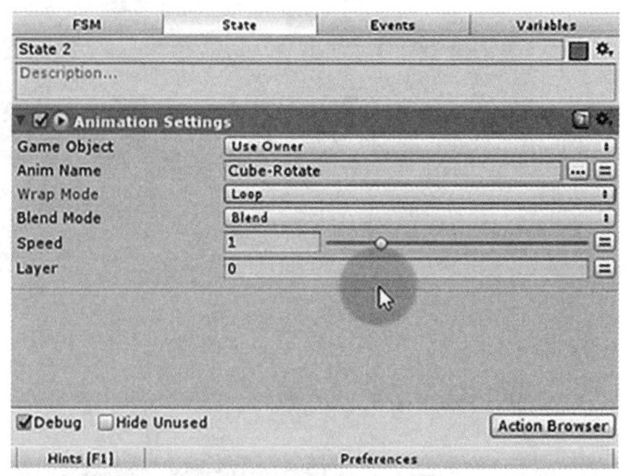

图5.1-14　动作设置

（12）添加动作“Play Animation”并设置相关参数，如图5.1-15所示。给“State2”添加过渡事件“FINISHED”连接到“State1”，如图5.1-16所示。

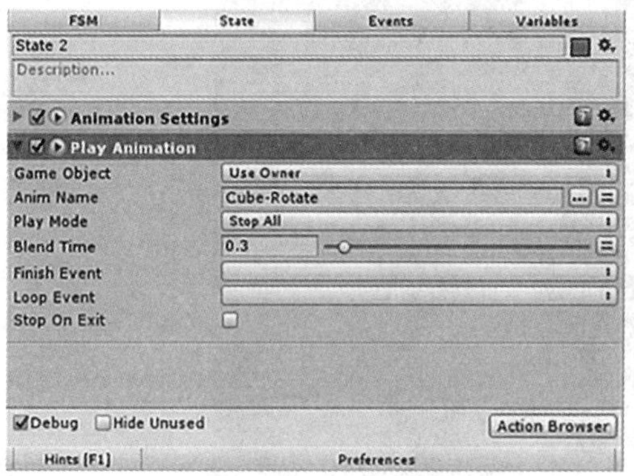

图5.1-15　动作设置

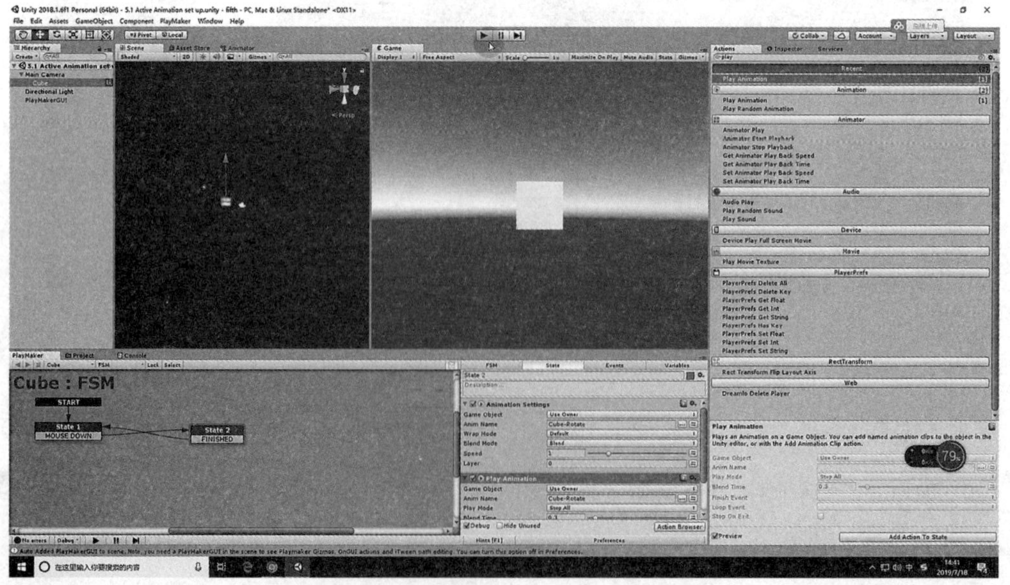

图5.1-16　连接

（13）运行，Cube点击后只旋转一次，改变“Animation Settings”的参数，让动画变为循环，如图5.1-17所示。

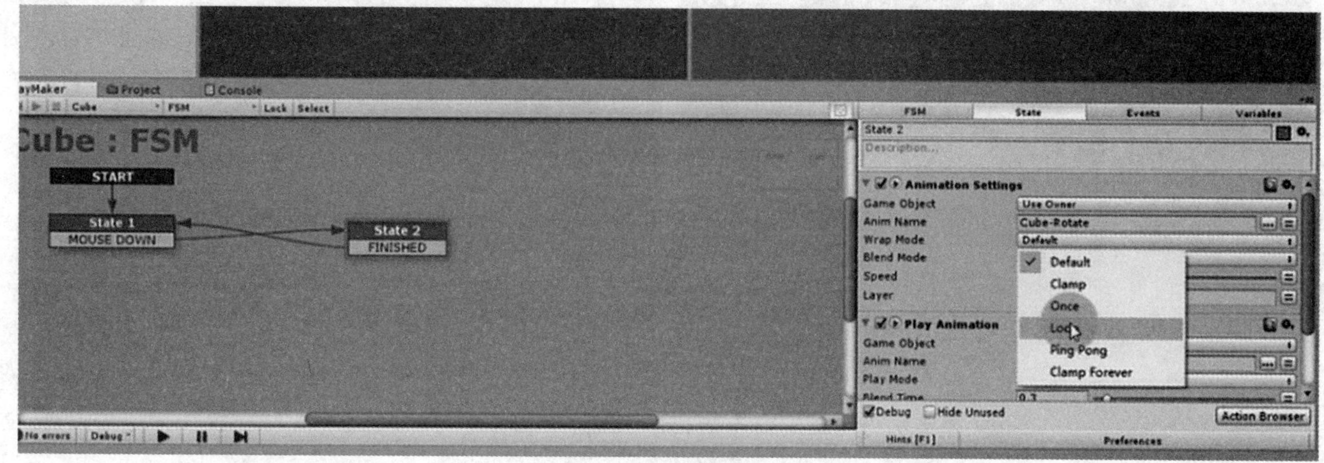

图5.1-17　循环动画

5.2　使用精灵显示分数

Display custom score using sprites：使用精灵显示自定义分数。

实例难度系数：★★★

场景文件：网盘\Projects\Chapter5\Assets\Scenes\5.2 Display custom score using sprites

视频文件：网盘\视频教程\第5章\5.2 Display custom score using sprites

1. 功能简介

自定义分数。本实例运行时图片从右边第3张开始换，每秒换1张图，当第3张图片叠换9次，中间的图片会换1次，类似于数字的叠加，如图5.2-1、图5.2-2所示。

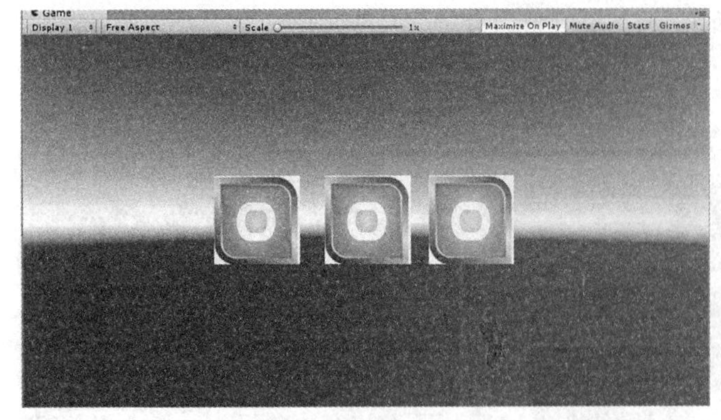

图5.2-1　运行前

图5.2-2　运行后

2. 准备工作

本实例将用到的为系统自带模型。

3. 实例的架构

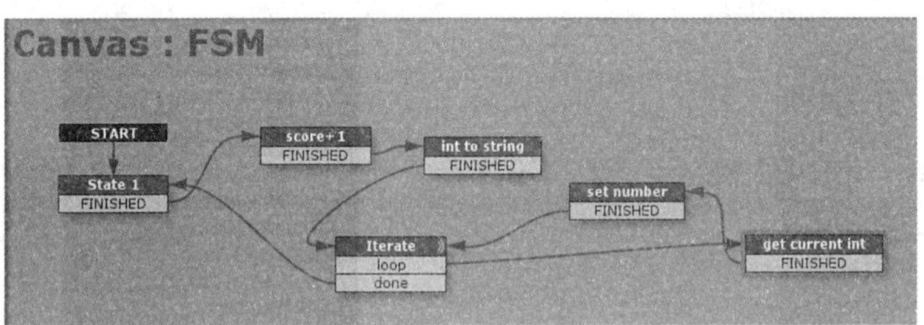

图5.2-3　“Canvas”上的状态机

4. 主要动作说明

Wait：在指定时间内延迟完成一个节点。

Int Add：添加一个值到一个整数变量。

Convert Int To String：转换一个整数变量到一个字符串变量。

Get String Length：获取一个字符串的长度并存储结果。

Iterate：自己通过编辑脚本添加的动作。

Set Int Value：设置一个整数变量的值。

Int Operator： 在2个整数中进行数学运算：加，减，乘，除，最小，最大。

Get Substring：获取一个字符串变量的子字符串。

Convert String To Int：转换一个字符串值到一个整数值。

Array Get：在索引处取值。

5. 实例创作步骤

（1）创建新场景。

（2）创建Image（Creat—>UI—>Image），如图5.2-4所示，重命名后再复制两个，如图5.2-5所示。

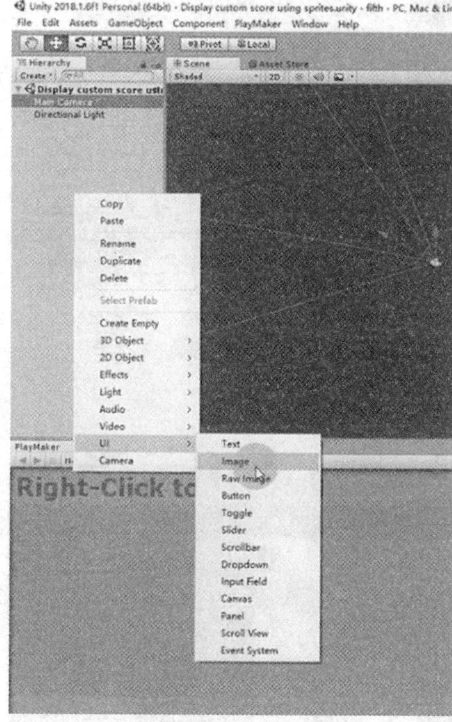

图5.2-4　创建Image

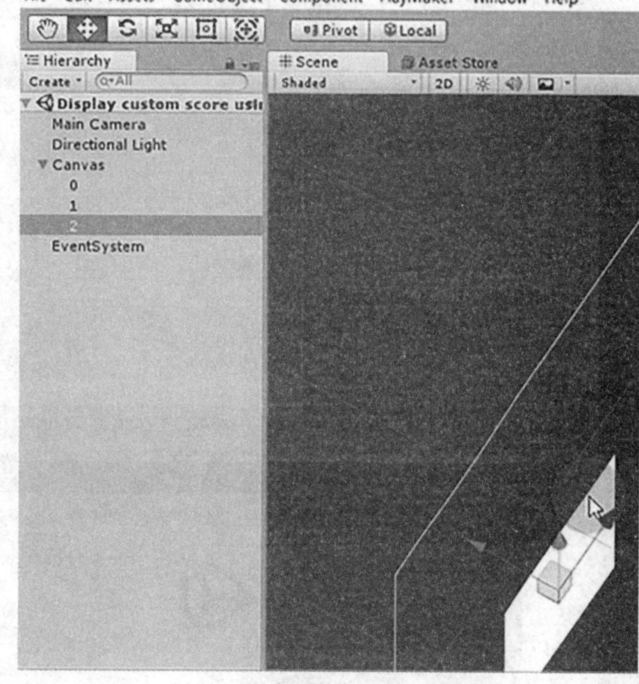

图5.2-5　命名Image

（3）将3张Image依次排布，如图5.2-6所示。

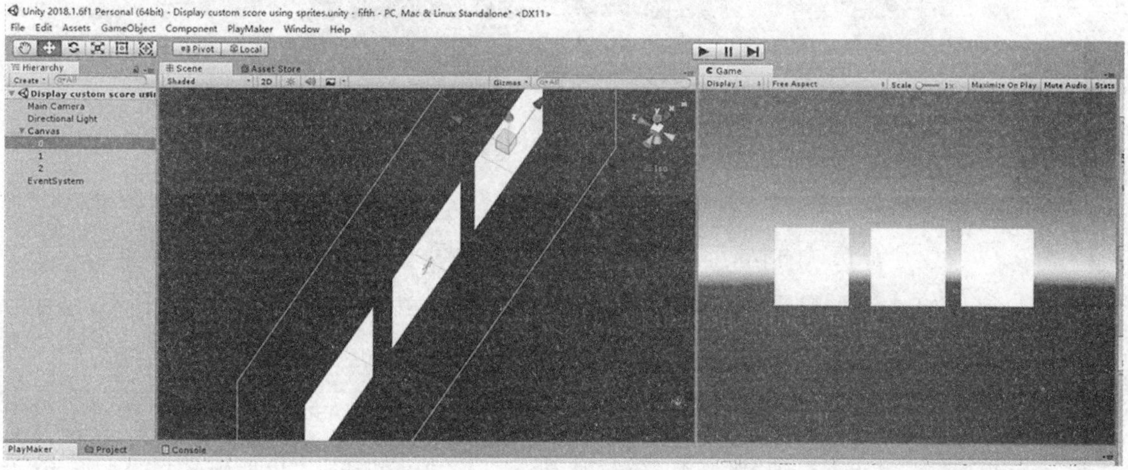

图5.2-6　排布Image

（4）选中10张图片，将图片的纹理改为“Sprite”，如图5.2-7所示。

图5.2-7　改变纹理

（5）跳出来的提示框中点击“Apply”，如图5.2-8所示。

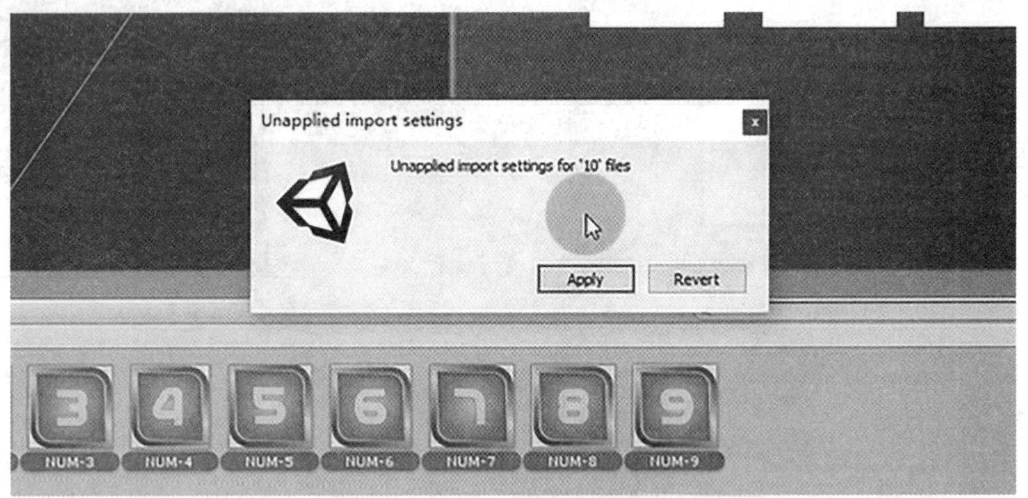

图5.2-8　应用纹理

（6）选择图片“NUM-0”，拖动到“Images”下的“Source Image”处，如图5.2-9所示。

（7）点击“Canvas”，在PlayMaker面板上新建状态机，如图5.2-10所示。

（8）添加变量“object”，类型为Array，参数设置如图5.2-11所示，Array Type（数组类型）为Game Object，Element处拖入Canvas下的Image0、1、2。

（9）添加Type类型为Array的变量“NUM”，将其Aarry Type设置为Object，Object Type设置为Sprite，参数设置如图5.2-12所示，Element处拖入10张数字图片。

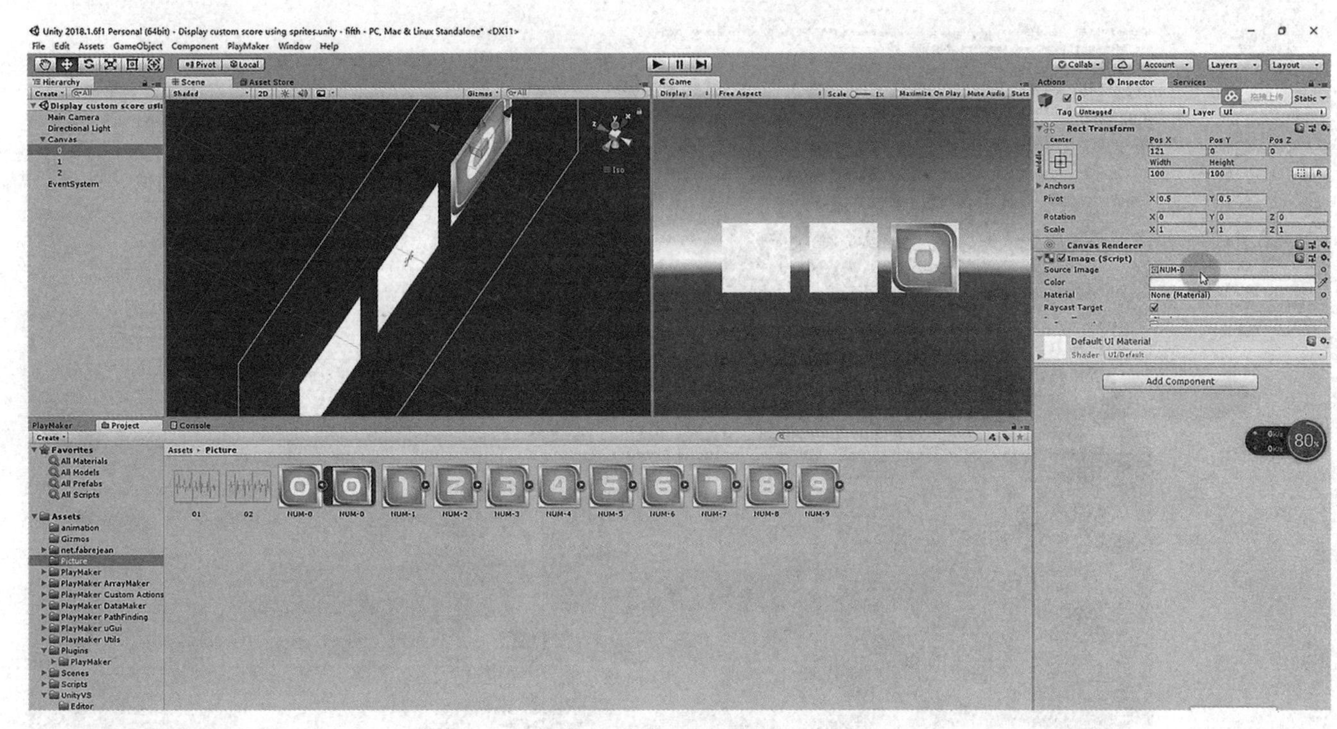

图5.2-9　添加图片

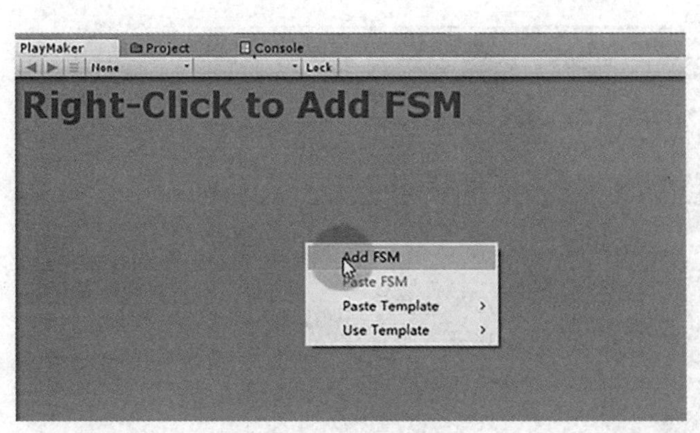

图5.2-10　新建状态机

图5.2-11　变量“object”

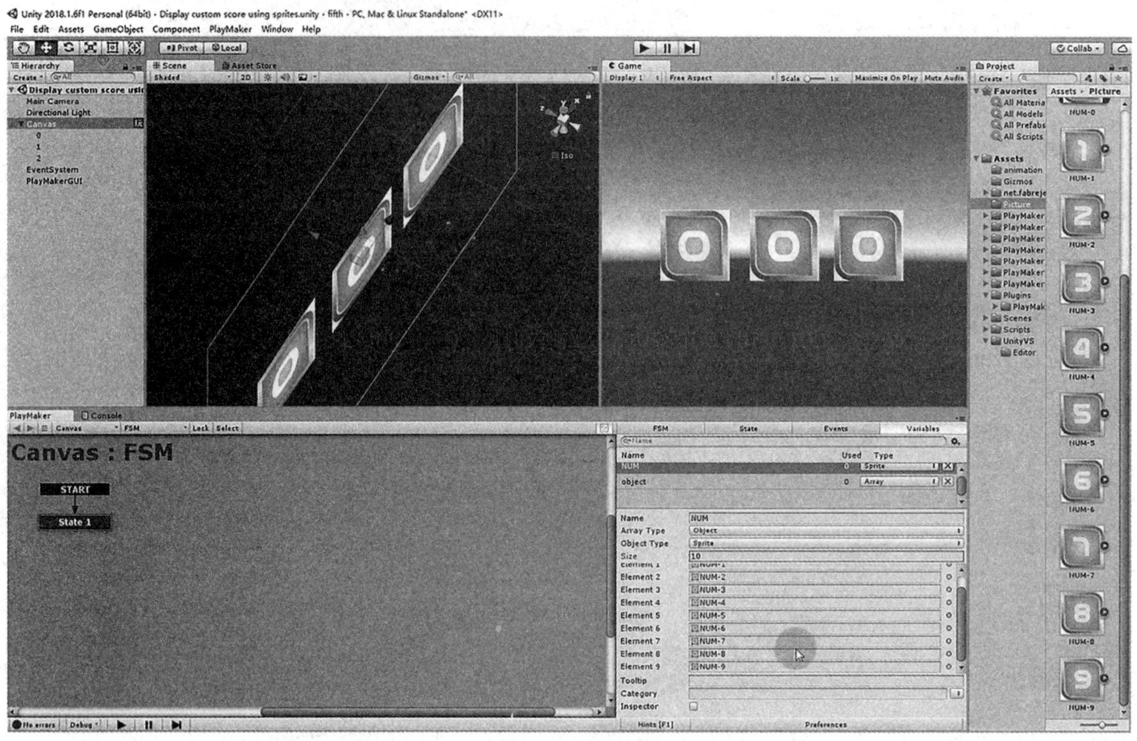

图5.2-12　变量“NUM”

（10）添加变量“wait”，参数设置如图5.2-13所示。

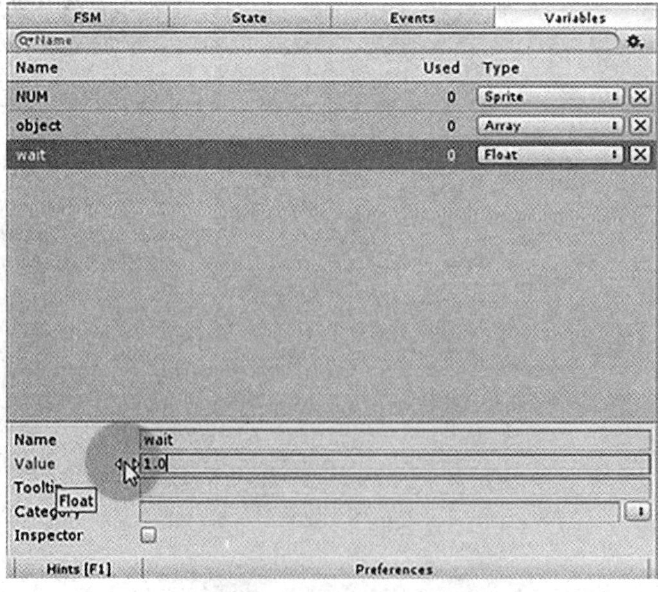

图5.2-13　变量“wait”

（11）点击“Action Browser”给“State1”添加动作“wait”，参数设置如图5.2-14所示。给“State1”添加过渡事件“FINISHED”，如图5.2-15所示。

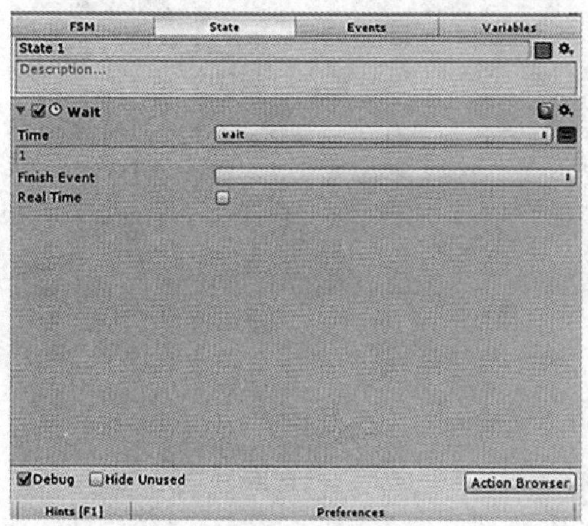

图5.2-14　添加动作

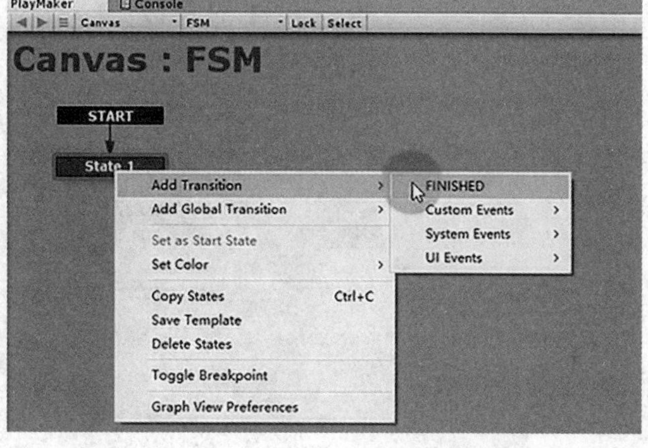

5.2-15　添加事件

（12）新建“State2”重命名为“score+1”，与“FINISHED”相连，如图5.2-16所示。添加动作“Int Add”，参数设置如图5.2-17所示。

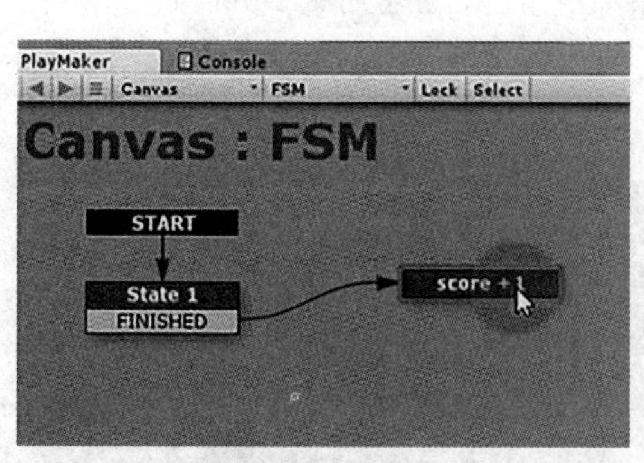

图5.2-16　添加状态

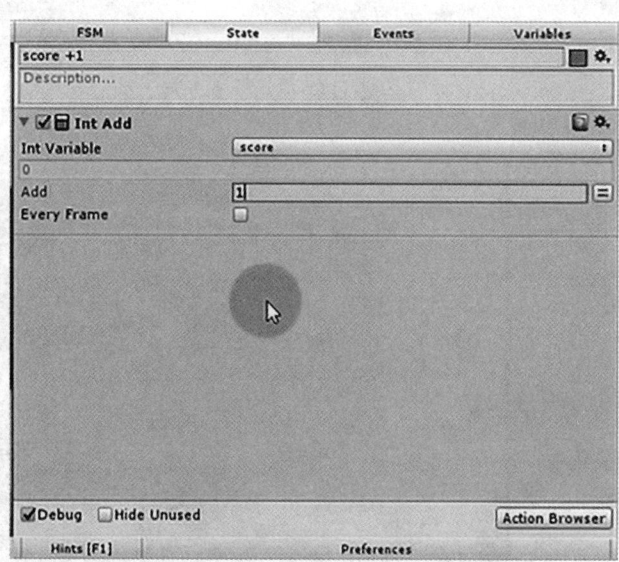

图5.2-17　添加动作

（13）给“score+1”添加过渡事件“FINISHED”。新建“State2”重命名为“int to string”，与“FINISHED”相连，如图5.2-18所示。

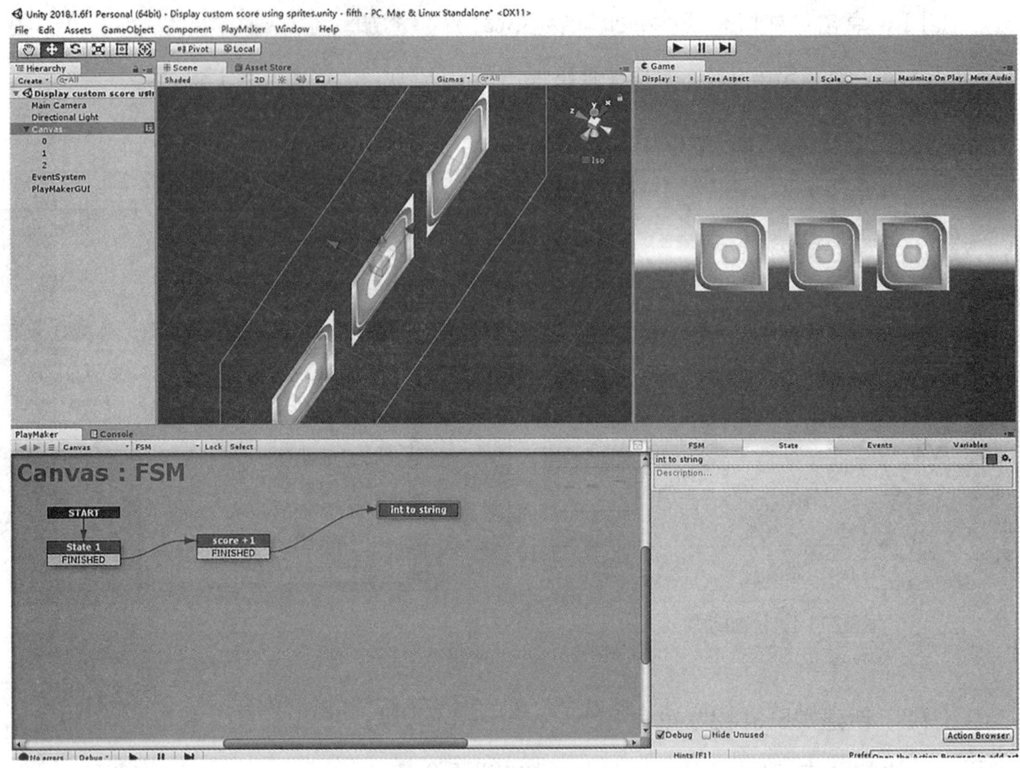

图5.2-18 添加状态

（14）点击“Action Browser”给“int to string”添加动作Convert Int To String，参数设置如图5.2-19所示。

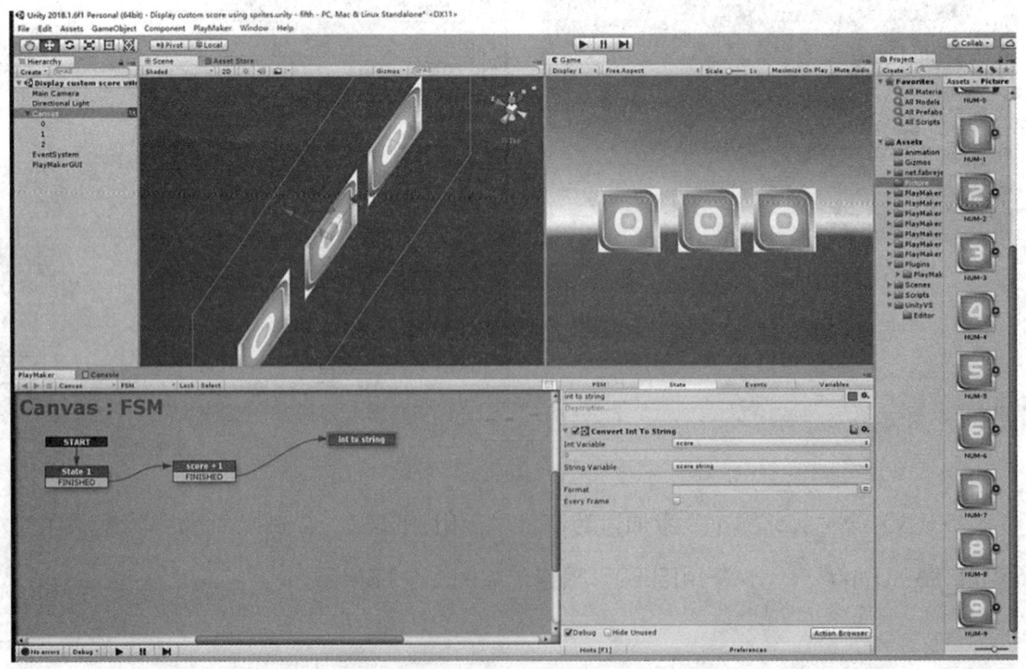

图5.2-19 添加动作

（15）继续给“int to string”添加动作“Get String Length”与“Set Int Value”，参数设置如图5.2-20所示。

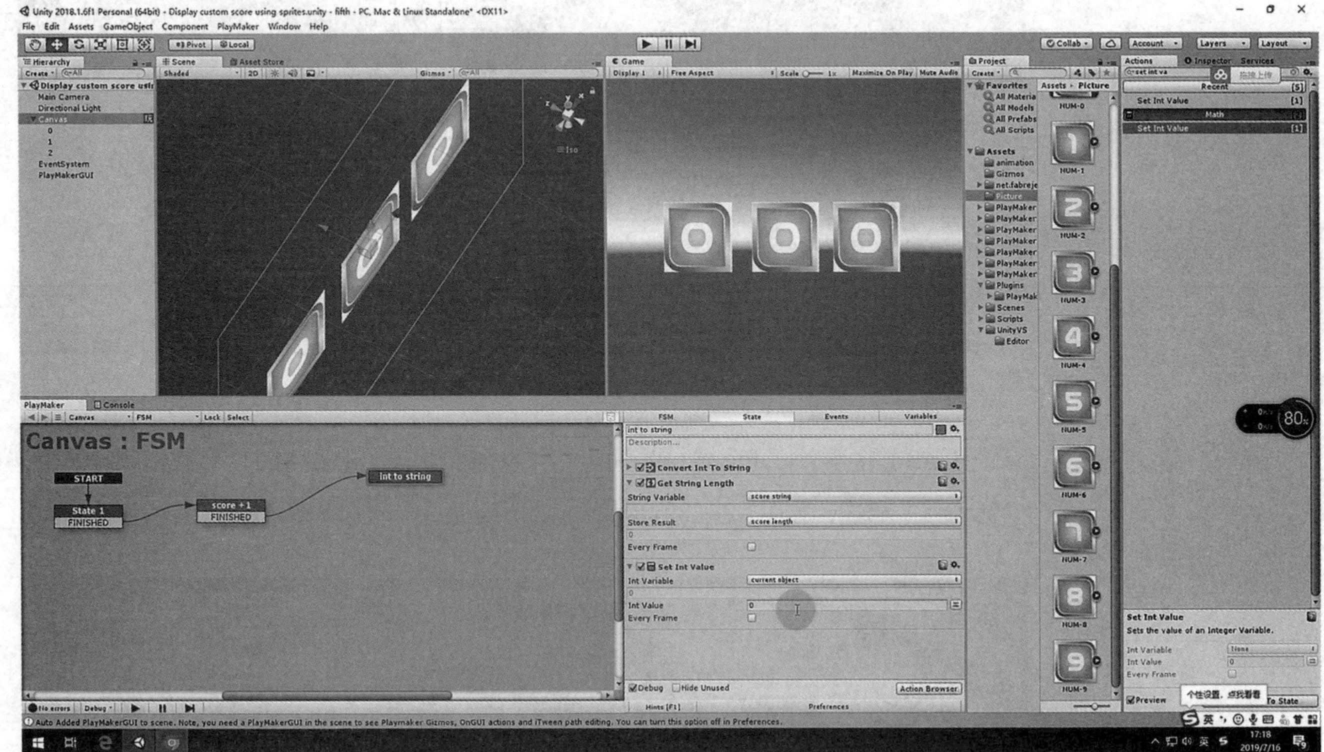

图5.2-20　添加动作

（16）给“int to string”添加过渡事件“FINISHED”。新建“State2”重命名为“Iterate”，与“FINISHED”相连，如图5.2-21所示。

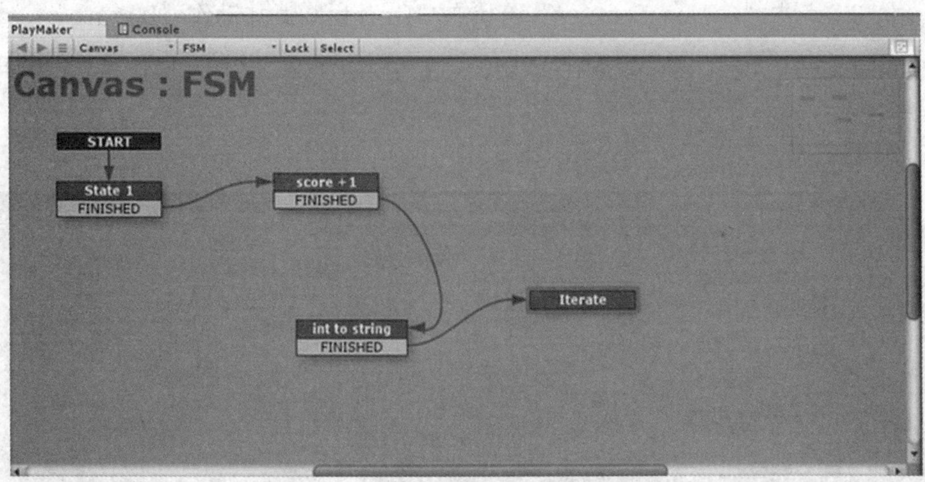

图5.2-21　添加状态

（17）在“Events”面板添加事件“loop”和“done”。如图5.2-22所示。

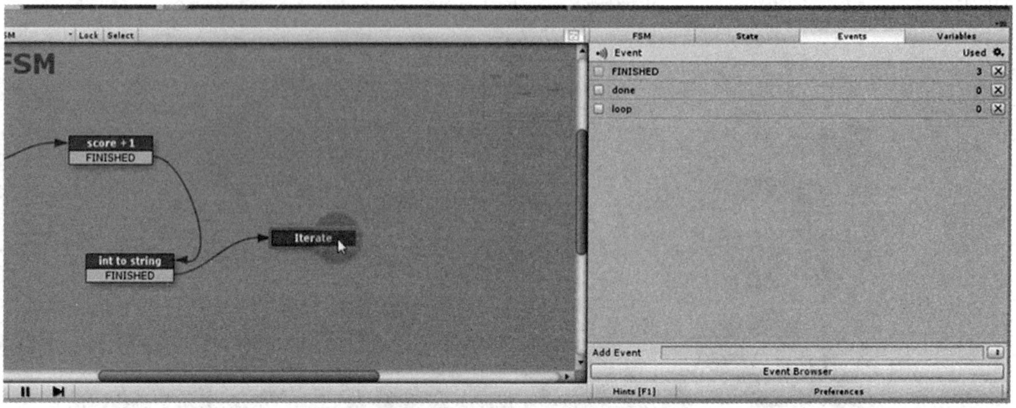

图5.2-22　新建事件

（18）将事件“loop”和“done”添加到状态“Iterate”上。“done”和“State1”相连，如图5.2-23所示。

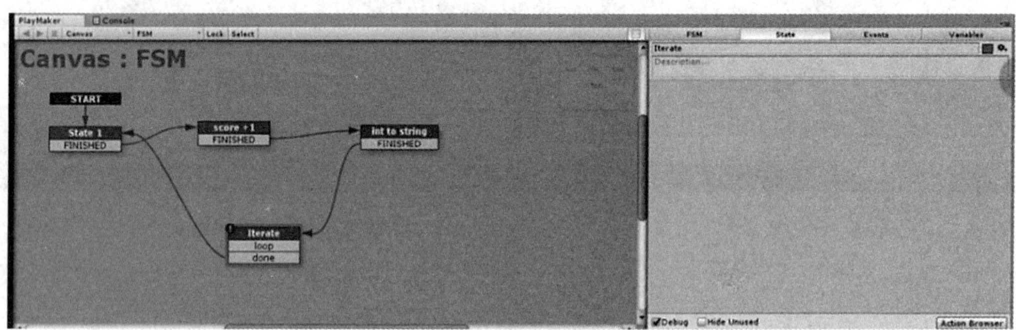

图5.2-23　添加事件

（19）点击“Action Browser”给状态“Iterate”添加动作“Iterate”。参数设置如图5.2-24所示（若未找到Iterate，可先学习第六章实例6.1操作，自己利用脚本创建自定义动作）。

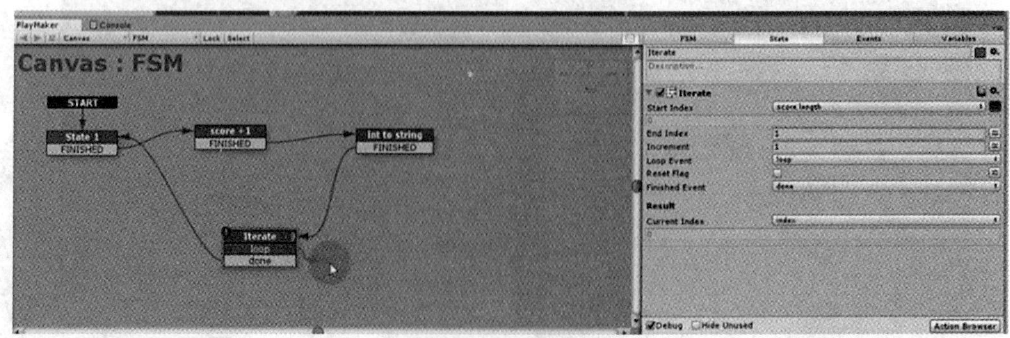

图5.2-24　添加动作

（20）新建状态与“loop”相连，命名为“get current int”，如图5.2-25所示。

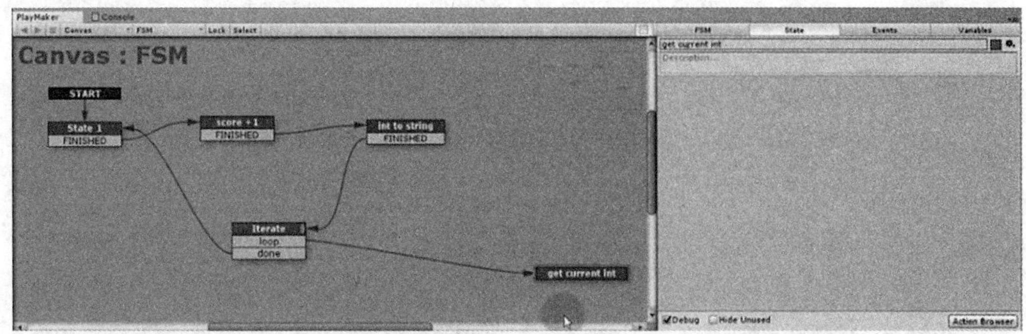

图5.2-25　新建状态

（21）点击“Action Browser”给状态“get current int”添加动作“Int Operator”，参数设置如图5.2-26所示。

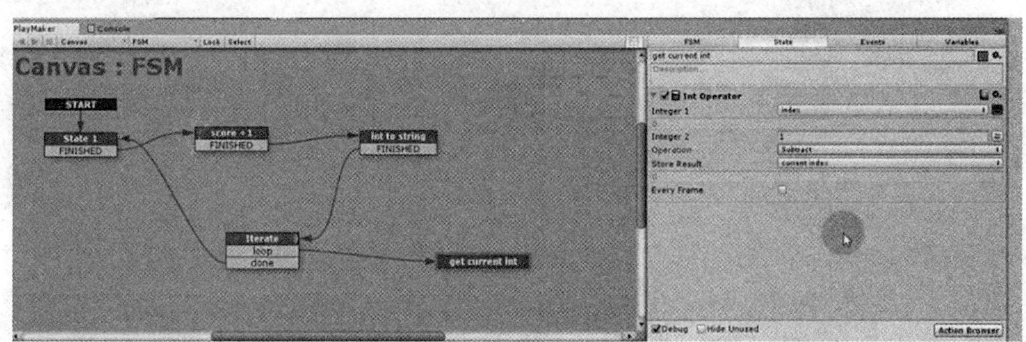

图5.2-26　添加动作“Int Operator”

（22）继续给状态“get current int”添加动作“Get Substring”，参数设置如图5.2-27所示。

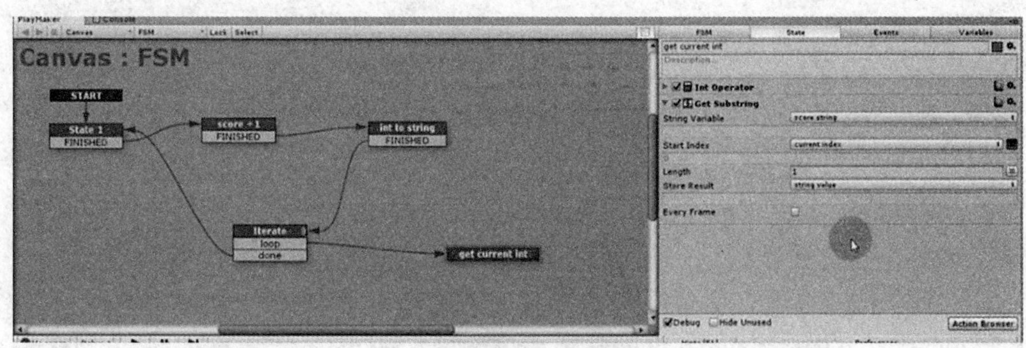

图5.2-27　添加动作“Get Substring”

（23）继续给状态“get current int”添加动作“Convert String To Int”，参数设置如图5.2-28所示。

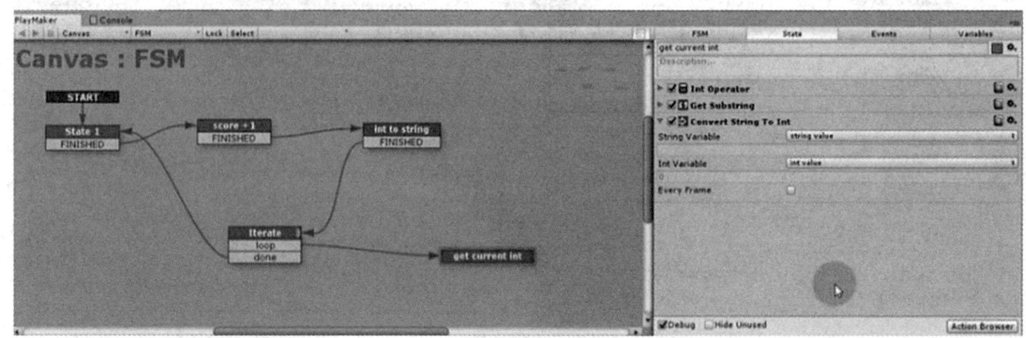

图5.2-28　添加动作“Convert String To Int”

（24）给“get current int”添加过渡事件“FINISHED”。新建“State2”重命名为“set number”，与“FINISHED”相连，如图5.2-29所示。

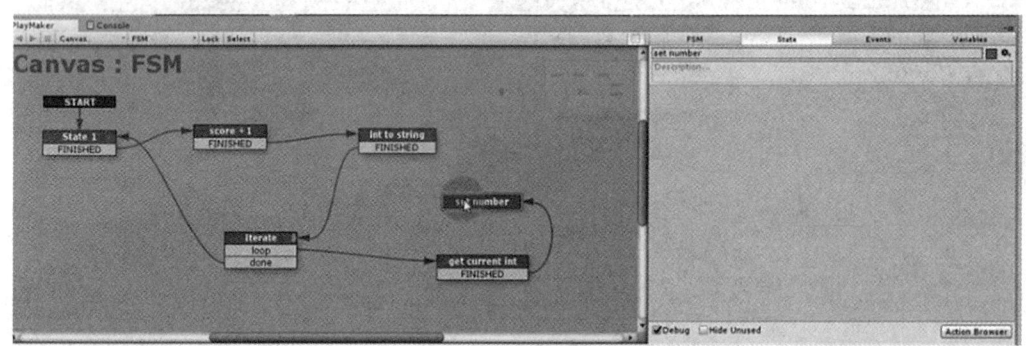

图5.2-29　添加状态

（25）点击“Action Browser”给状态“set number”添加动作“Array Get”，参数设置如图5.2-30所示。

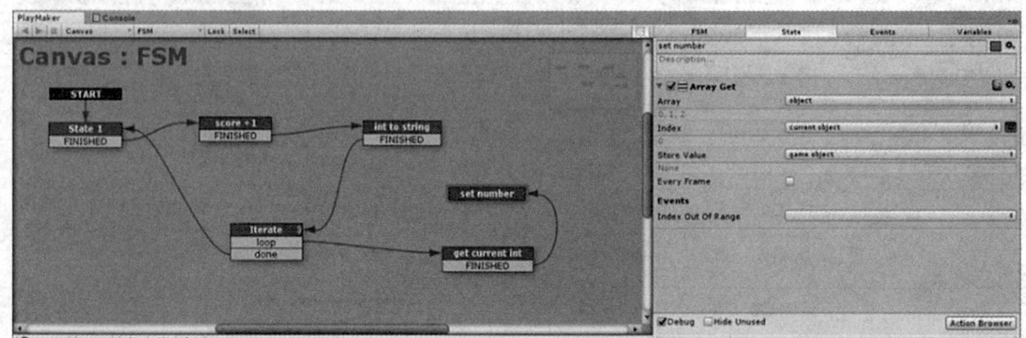

图5.2-30　添加动作“Array　Get”

（26）继续给状态“set number”添加动作“Int Add”，参数设置如图5.2-31所示。

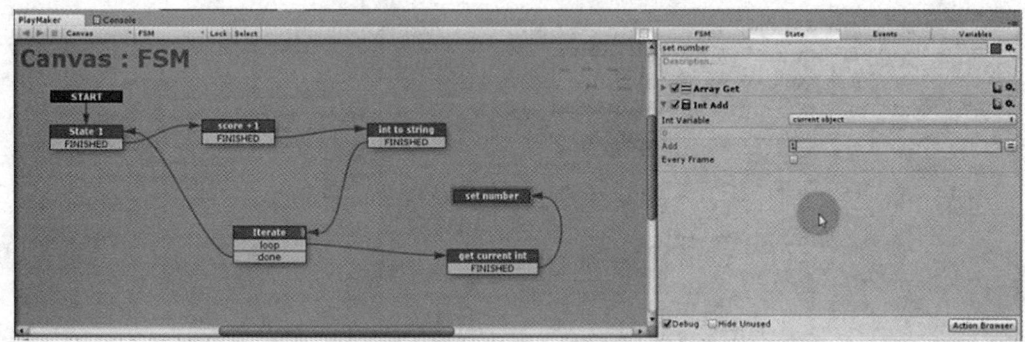

图5.2-31　添加动作“Int Add”

（27）继续给状态“set number”添加动作“Array Get”，参数设置如图5.2-32所示。

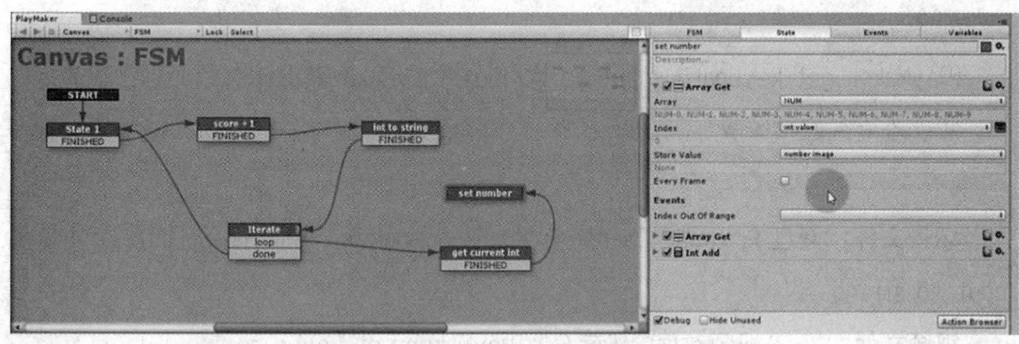

图5.2-32　添加动作“Array　Get”

（28）继续给状态“set number”添加动作“U Gui Image Set Sprite”（需要先导入Unity插件包uGuiProxyFull.unitypackage（菜单点击Assets—>Import Package—>Custom Package选择文件导入）请至网盘自行下载该插件，参数设置如图5.2-33所示。

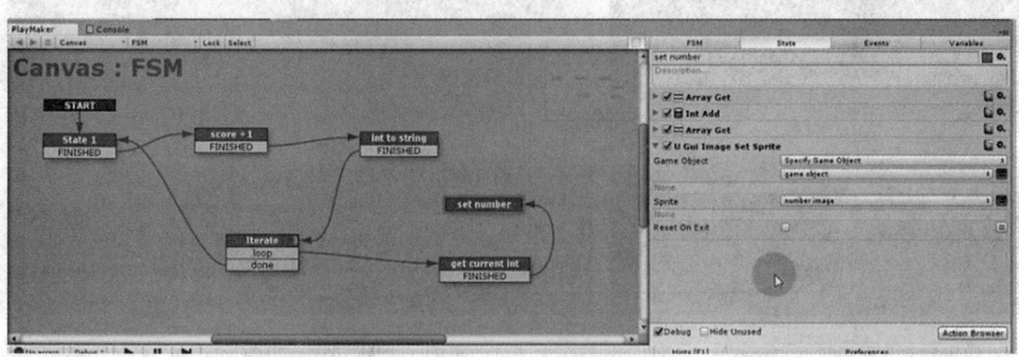

图5.2-33　添加动作“U Gui Image Set Sprite”

（29）给“set number”添加过渡事件“FINISHED”，与“Iterate”相连，如图5.2-34所示。

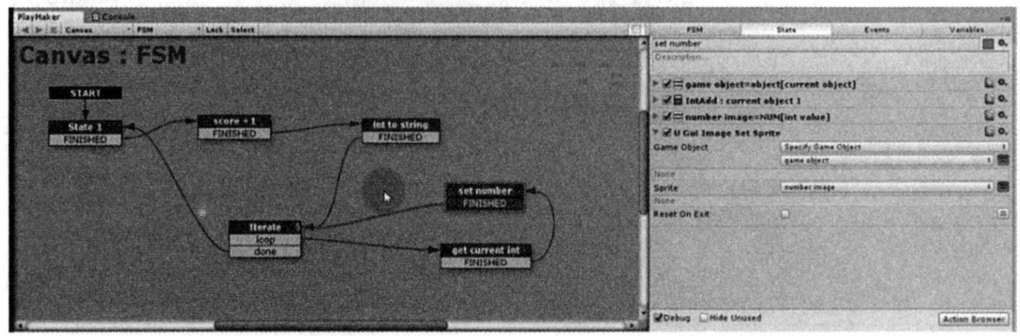

图5.2-34　添加过渡事件并连接状态

5.3　获取键盘输入内容

PlayMaker get keyboard input to string：PlayMaker获得键盘输入到字符串。

实例难度系数：★★

场景文件：网盘\Projects\Chapter5\Assets\Scenes\5.3 PlayMaker get keyboard input to string

视频文件：网盘\视频教程\第5章\5.3 PlayMaker get keyboard input to string

1.功能简介

本实例运行时从键盘输入内容在屏幕上显示，如图5.3-1、图5.3-2所示。

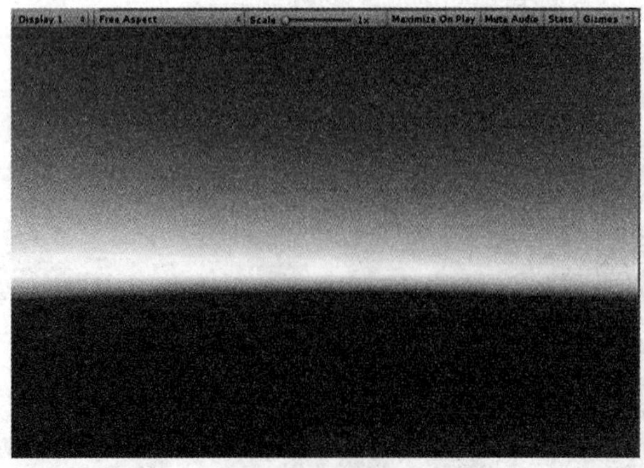

图5.3-1　运行前

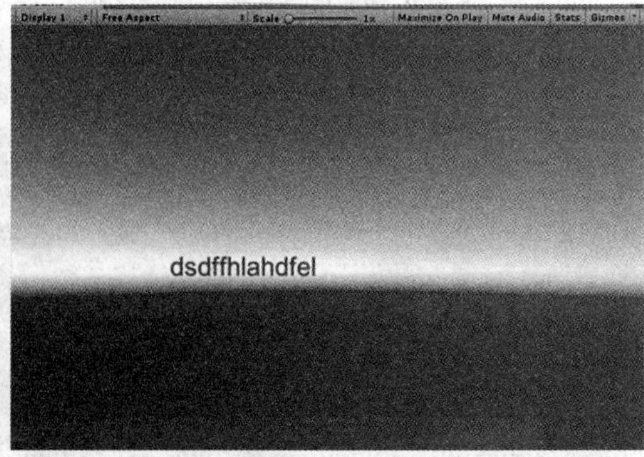

图5.3-2　运行后

2. 准备工作

本实例将用到的为系统自带模型。

3. 实例的架构

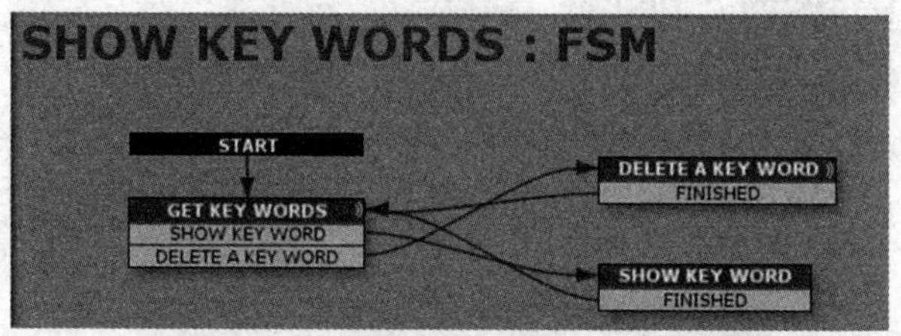

图5.3-3 “SHOW KEY WORDS”上的状态机

4. 主要动作说明

Get Key Down： 当一个按键被按下时发送FSM事件。

Any Key Store String：从键盘上获取字符并存储。

Build String：从其他字符串构建一个字符串。

UI Text Set Text：显示文本内容。

Get String Length：获取一个字符串的长度并存储结果。

Int Add：添加一个值到一个整数变量。

Get String Left：从一个字符串获取左侧的n个字符。

Get Key Up：当一个按键被释放时发送一个FSM事件。

5. 实例创作步骤

（1）创建新场景。

（2）添加Text，如图5.3-4所示。

（3）命名为“DISPLAY”。进行调整使其效果如图5.3-5所示。

（4）新建一个空物体，如图5.3-6所示。

（5）空物体命名为“SHOW KEY WORDS”。添加FSM状态机，将State 1重命名为“GET KEY WORDS”。添加两个事件“SHOW KEY WORD”、“DELETE A KEY WORD”，如图5.3-7所示。

（6）给状态“GET KEY WORDS” 添加过渡事件和动作（要添加Any Key Store String动作需要先导入Unity插件包Ecosystem.unitypackage（请至网盘自行下载该插件，菜单点击Assets—>Import Package—>Custom Package选择文件导入），再搜索Any Key Store String动作，后点击get），新建State并重命名为“SHOW KEY WORD”，如图5.3-8所示。

（7）给“SHOW KEY WORD”添加过渡事件和动作，参数如图5.3-9所示。

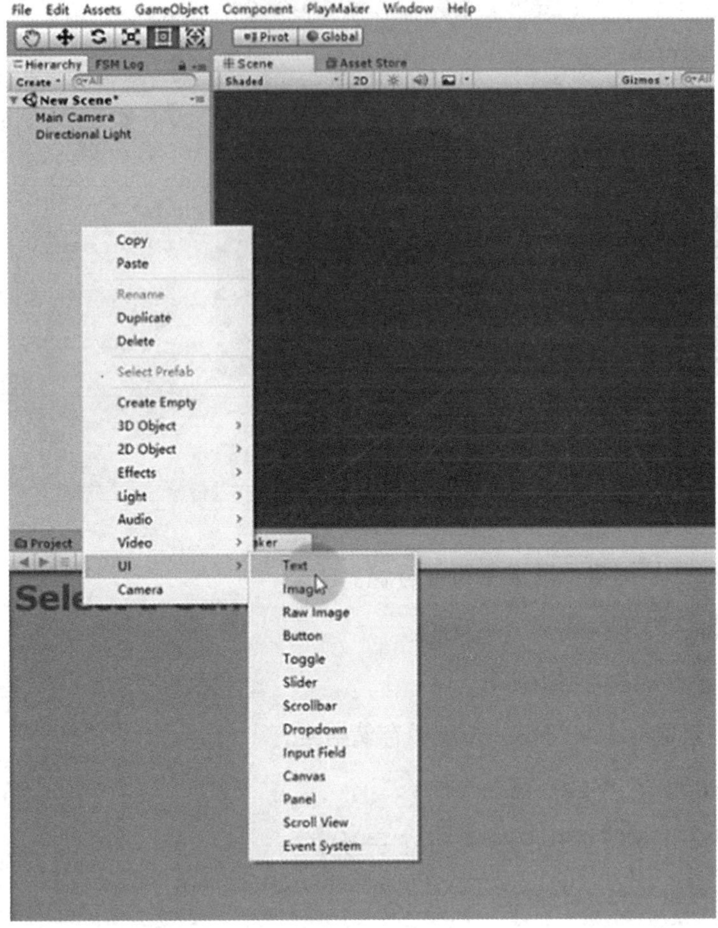

图5.3-4　创建Text

图5.3-5　调整Text

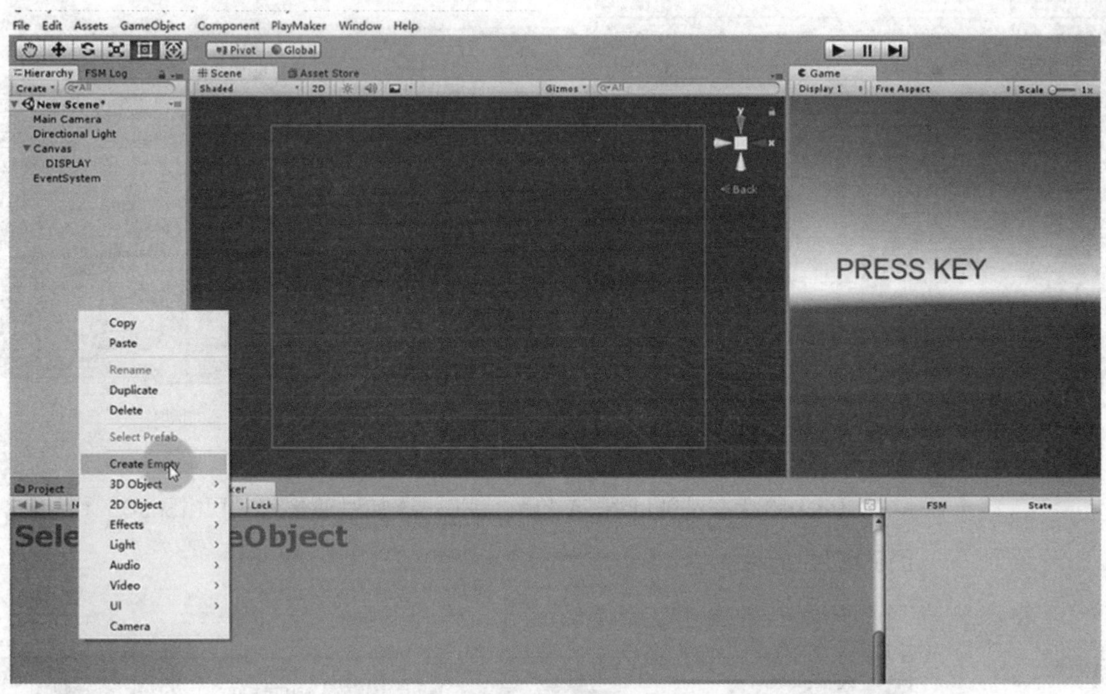

图5.3-6　新建空物体

图5.3-7　添加事件

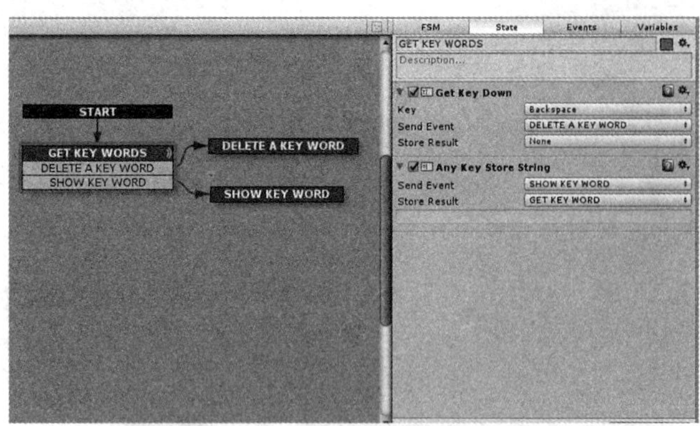

图5.3-8　状态及动作

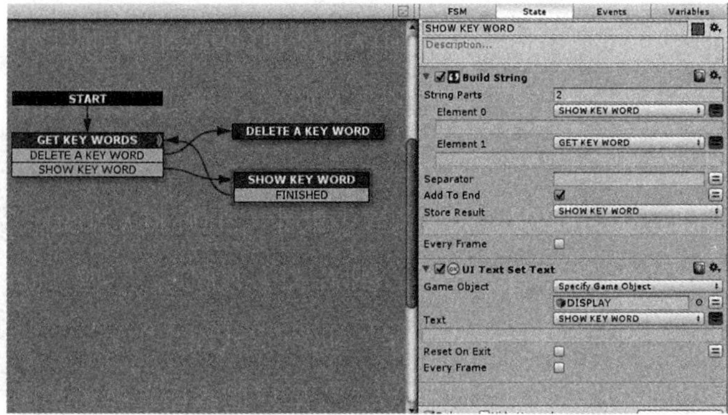

图5.3-9　添加动作

（8）给状态“DELETE A KEY WORD”添加过渡事件“FINISHED”和动作，参数如图5.3-10所示。

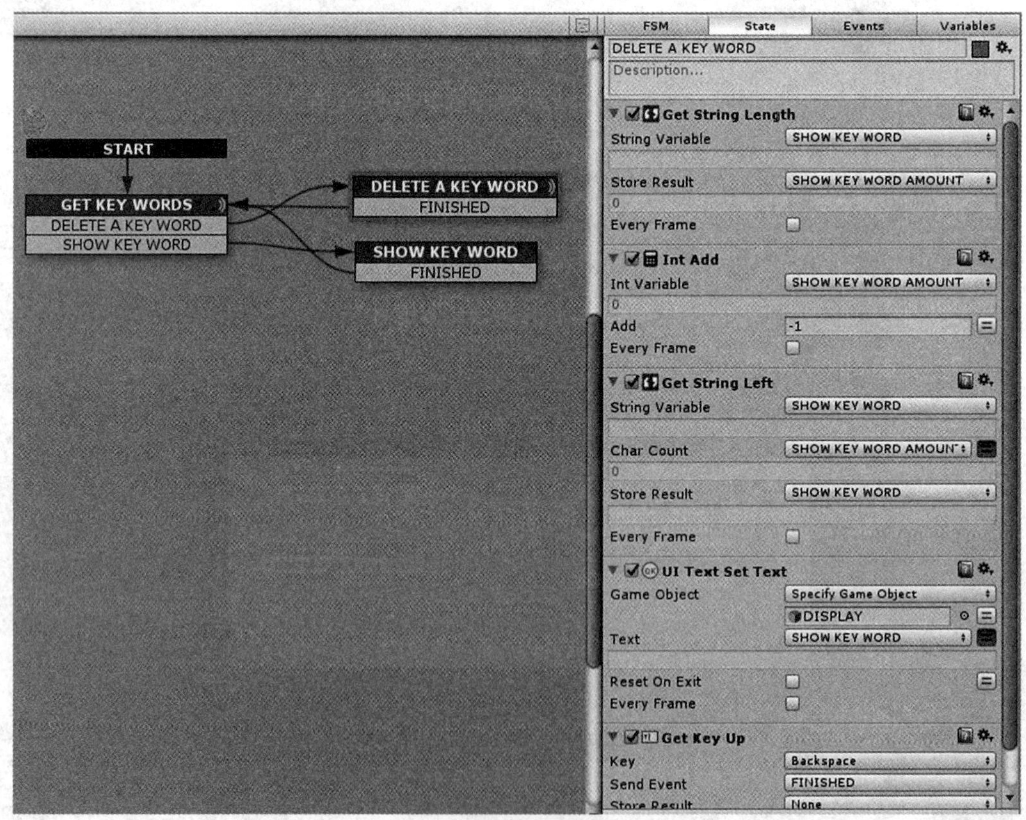

图5.3-10　添加动作

5.4 模拟子弹发射效果

Make Bullets Fly：让子弹飞。

实例难度系数：★★

场景文件：网盘\Projects\Chapter5\Assets\Scenes\5.4 Make Bullets Fly

视频文件：网盘\视频教程\第5章\5.4 Make Bullets Fly

1. 功能简介

不断发送事件。每点击一下鼠标，生成一个Sphere并发射。实例运行效果如图5.4-1所示。

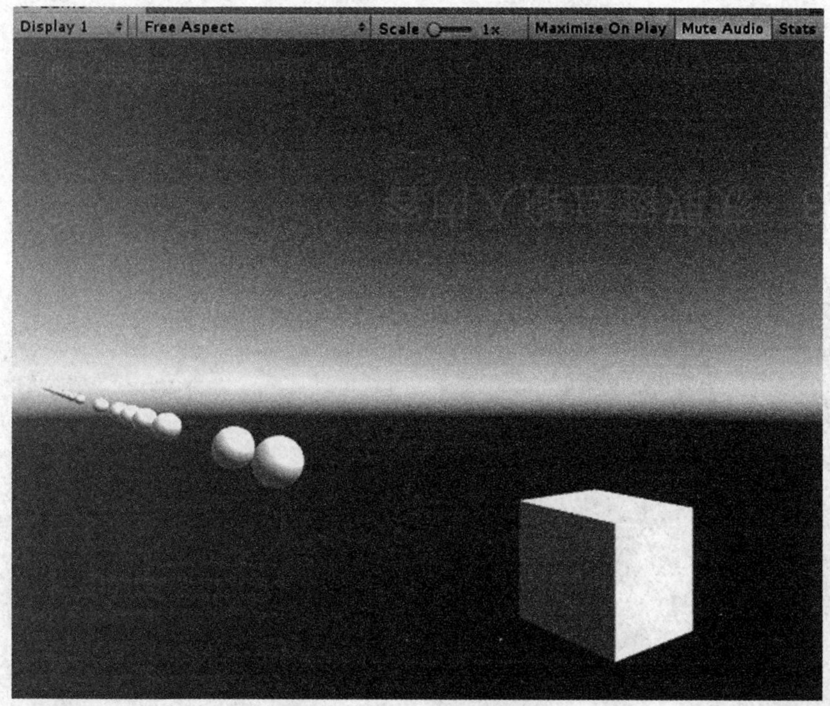

图5.4-1 实例运行效果

2. 准备工作

本实例用到的是系统自带的模型。

3. 实例的架构

点击运行，Sphere、Cube均进入State1状态，Sphere执行动作Translate发射出去。当鼠标点击时，Cube将由MOUSE DOWN过渡到State2状态，自动在Cube的位置创建一个Sphere，Sphere一出现便进入State1状态执行动作Translate发射出去。每点击一次鼠标即生成一个“子弹”并发射。Sphere、Cube上的状态机如图5.4-2所示。

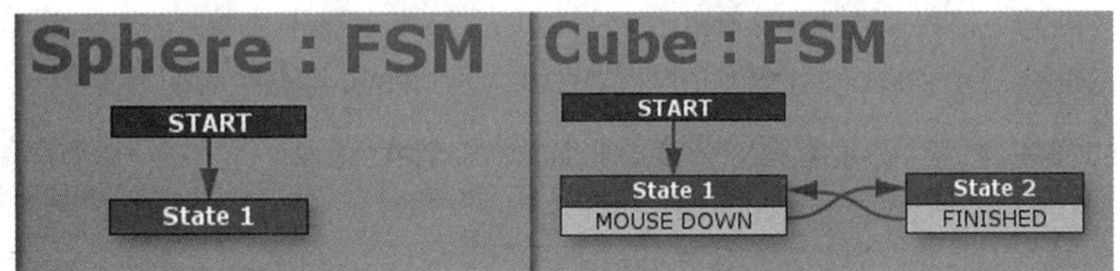

图5.4-2 “Sphere”和“Cube”上的状态机

4. 主要动作说明

Translate：使一个游戏对象沿着某个轴移动，默认情况下使用该对象的本地空间。

Create object：在一个初始点实例化一个游戏对象/预制件。

5. 实例的制作步骤

（1）创建新场景。创建Cube，创建Sphere，如图5.4-3所示。

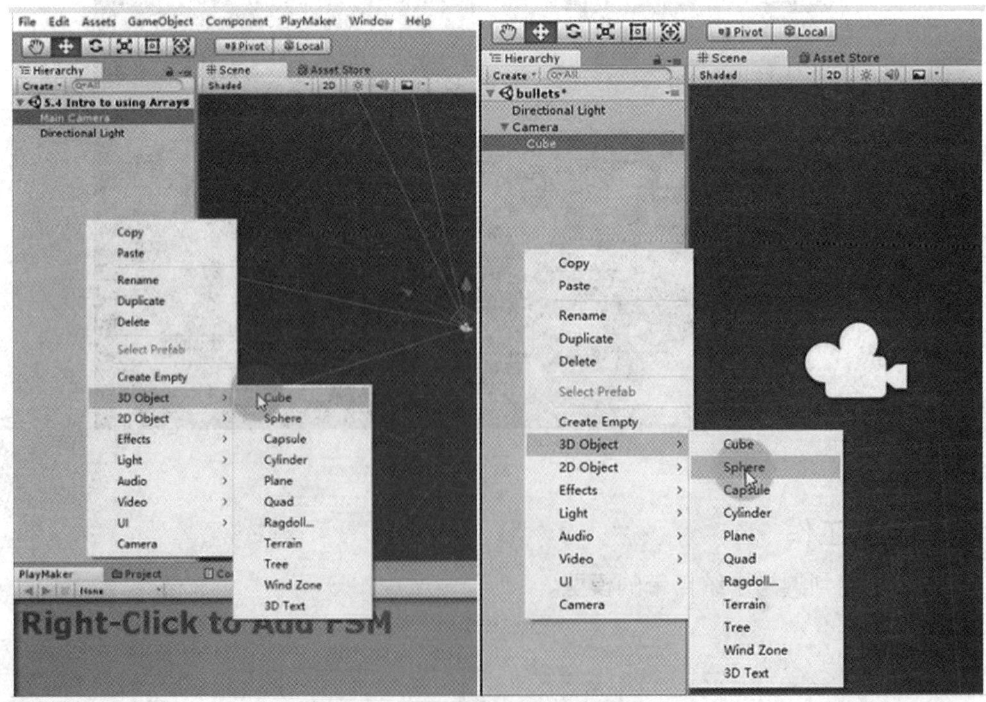

图5.4-3 创建Cube、Sphere

（4）在Sphere下新建状态机，如图5.4-4所示。

图5.4-4　新建状态机

（5）给“State1”添加动作“Translate”，将“Z”设为20，如图5.4-5所示。

（6）在Cube下新建状态机并添加过渡事件“MOUSE DOWN”，如图5.4-6所示。

（7）新建“State2”与“MOUSE DOWN”相连，添加过渡事件“FINISHED”与“State1”相连，如图5.4-7所示。

（8）给“State2”添加动作“Create object”，将Game Object设置为Sphere，将Spawn Point设为Cube，如图5.4-8所示。

图5.4-5　添加动作“Translate”

图5.4-6　添加过渡事件

图5.4-7　新建并连接状态

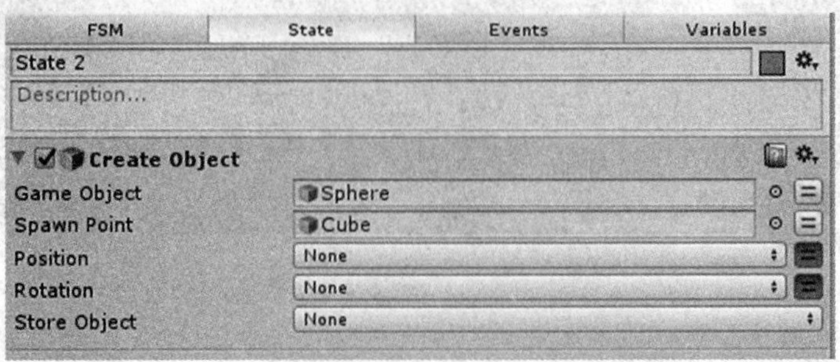

图5.4-8　添加动作“Create object”

（9）检查运行效果。点击运行，Sphere发射，每点击一次鼠标即生成一个“子弹”并发射，如图5.4-9所示。

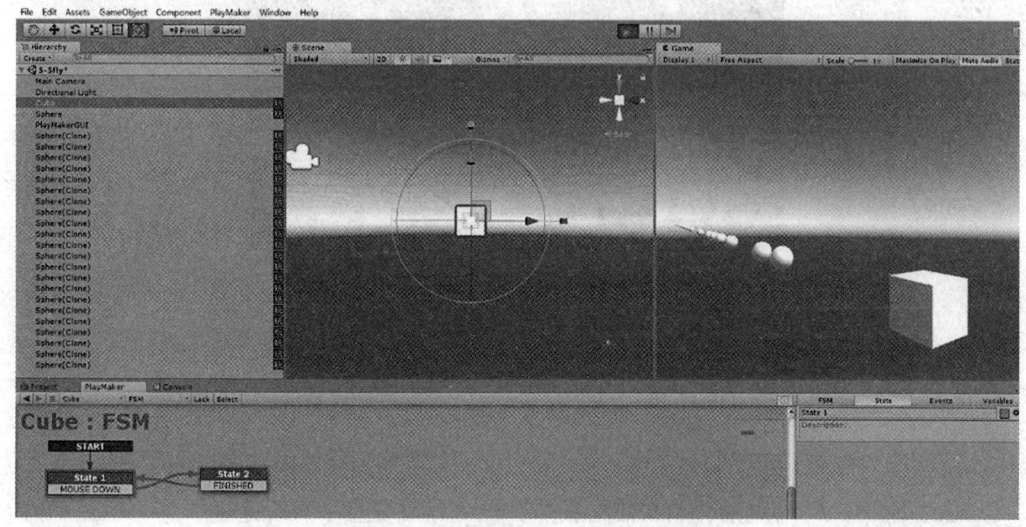

图5.4-9　实例运行效果

5.5　物体跟随鼠标旋转

Object Rotation from Mouse Position：从鼠标位置旋转对象。

实例难度系数：★★

场景文件：网盘\Projects\Chapter5\Assets\Scenes\5.5 Object Rotation from Mouse Position

视频文件：网盘\视频教程\第5章\5.5 Object Rotation from Mouse Position

1. 功能简介

旋转物体。按下鼠标左键不放，移动鼠标，Cube将随鼠标的X轴位置旋转。

2. 准备工作

本实例用到的是系统自带的模型。

3. 实例的架构

点击运行，Cube进入State1状态，当鼠标点击时，Cube将发送事件FINISHED并过渡到State2状态，在State2状态获取鼠标的X轴位置并在一个浮点变量x中存储，Cube将绕Y轴旋转-360x，即随鼠标移动旋转。鼠标按钮被释放时发送事件FINISHED并过渡回State1状态。Cube上的状态机如图5.5-1所示。

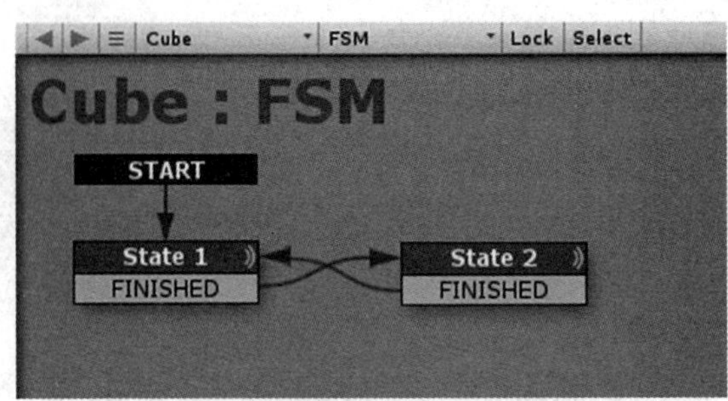

图5.5-1 “Cube”上的状态机

4. 主要动作说明

Get Mouse Button Down：当指定鼠标按钮被按下时发送一个FSM事件。

Get Mouse Button Up：当指定鼠标按钮被释放时发送一个FSM事件。

Get Mouse X：获取鼠标的X轴位置并在一个浮动变量中存储它。

Float Multiply：通过另一个浮点值增加一个浮点变量。

Set Rotation：设置游戏对象的旋转。

5. 实例的制作步骤

（1）创建新场景。

（2）创建Cube，如图5.5-2所示。

图5.5-2 创建Cube

（3）新建状态机，添加过渡事件“FINISHED”，添加动作“Get Mouse Button Down”并将Send Event改为FINISHED，如图5.5-3所示。

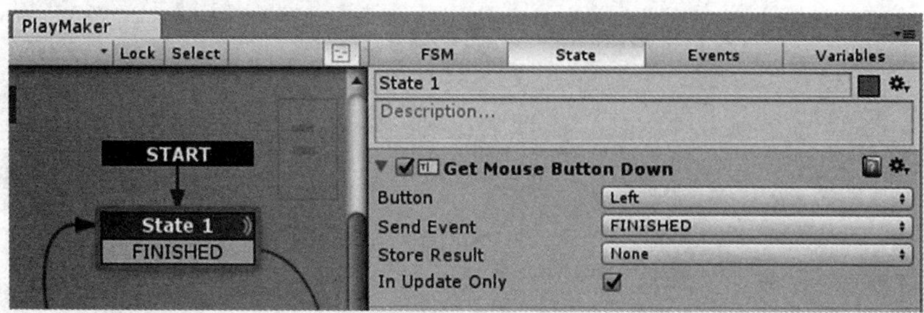

图5.5-3　添加动作“Get Mouse Button Down”

（4）新建状态“State2”与“FINISHED”相连，添加过渡事件“FINISHED”与“State1”相连，如图5.5-4所示。

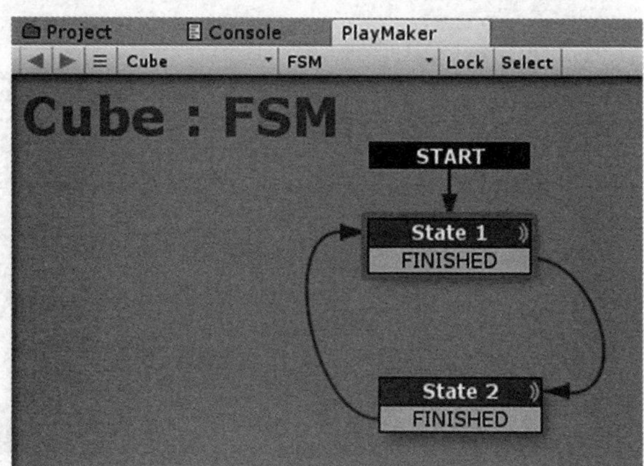

图5.5-4　添加状态与过渡事件“FINISHED”

（5）给“State2”添加动作“Get Mouse Button Up”，将Send Event改为FINISHED，如图5.5-5所示。

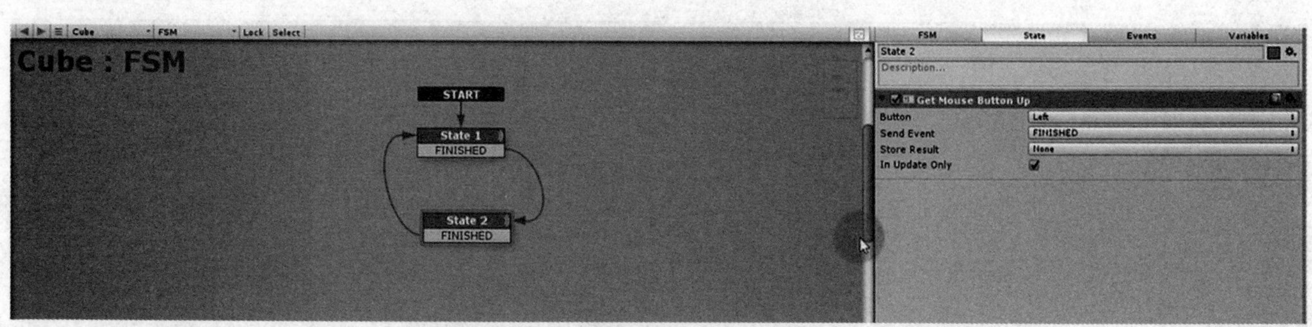

图5.5-5　添加动作“Get Mouse Button Up”

（6）继续添加动作“Get Mouse X”，在Store Result处新建变量x。参数设置如图5.5-6所示。

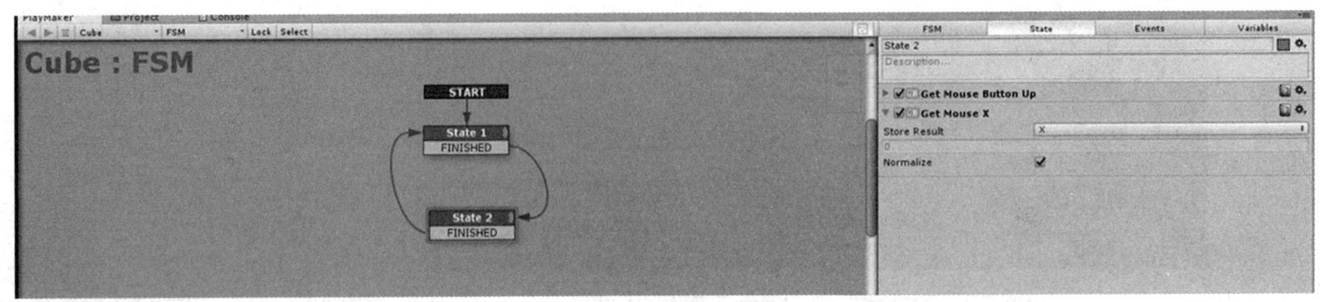

图5.5-6　添加动作“Get Mouse X”

（7）继续添加动作“Float Multiply”，将Float Variable改为x，Multiply By改为-360，勾选Every Frame。参数设置如图5.5-7所示。

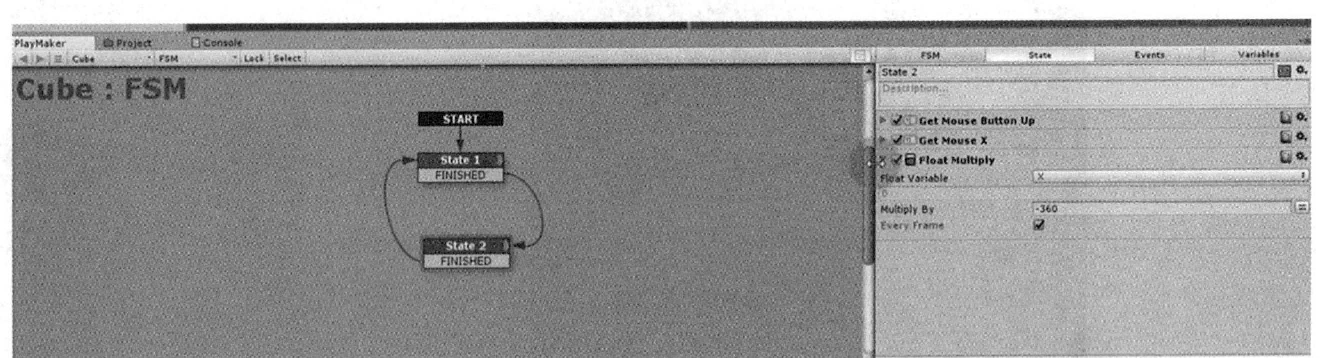

图5.5-7　添加动作“Float Multiply”

（8）继续添加动作“Set Rotation”，将Y Angle改为x，勾选Every Frame。参数设置如图5.5-8所示。

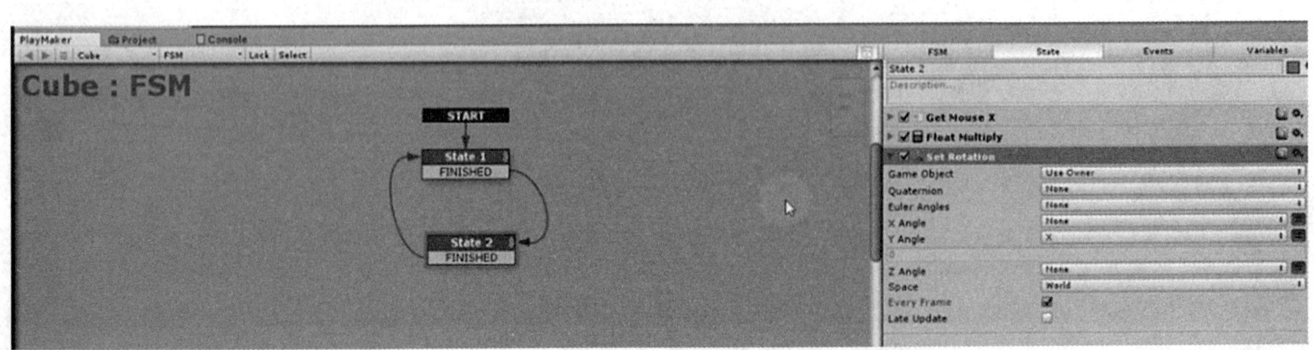

图5.5-8　添加动作“Set Rotation”

（9）检查运行效果，按下鼠标左键不放，移动鼠标，Cube将随鼠标的X轴位置旋转，如图5.5-9所示。

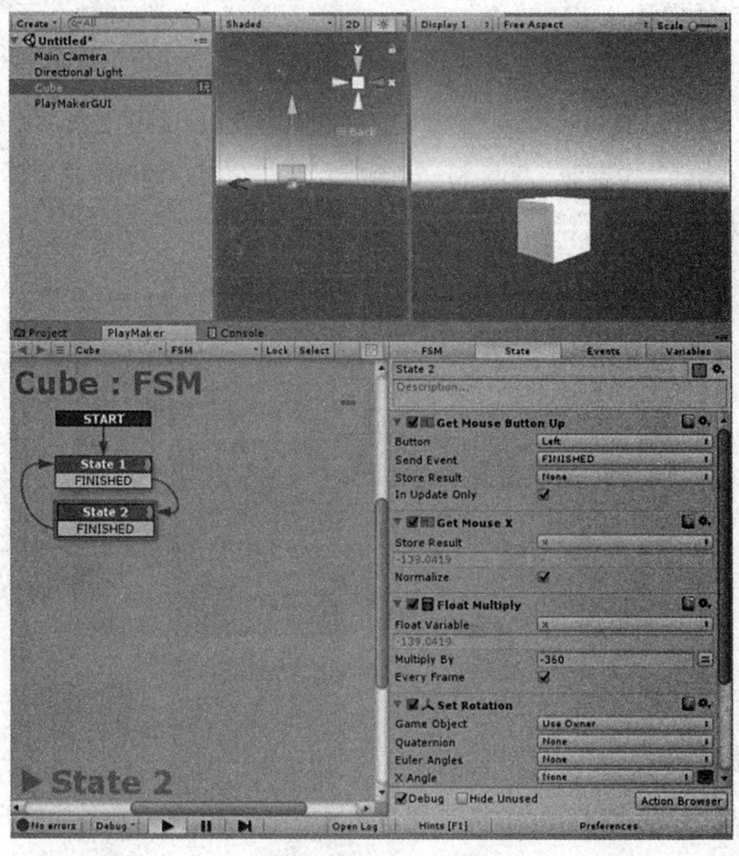

图5.5-9　实例运行效果

5.6　游戏对象朝着鼠标点击位置移动

Point And Click Interface：点击界面。

实例难度系数：★★

场景文件：网盘\Projects\Chapter5\Assets\Scenes\5.6 Point And Click Interface

视频文件：网盘\视频教程\第5章\5.6 Point And Click Interface

1. 功能简介

角色向鼠标点击位置移动。

2. 准备工作

本实例用到的是系统自带的模型。

3. 实例的架构

点击运行，Cube进入State1状态，变为黄绿色。当鼠标左键点击时，Cube将发送事件come here过渡到State2状态，在State2状态获取鼠标的位置并在一个三维变量“mouse point”中存储，Cube将移动到鼠标点击位置，同时发送事件FINISHED过渡回State1状态。Cube上的状态机如图5.6-1所示。

图5.6-1 “Cube”上的状态机

4. 主要动作说明

Set Material Color：在一个游戏对象的材质中设置一个已命名颜色的值。

Get Mouse Button Down：当指定鼠标按钮被按下时发送一个FSM事件。

Mouse Pick：在场景中执行鼠标选取并存储结果。使用射线距离去设置关闭相机，必须选择对象。

Move Towards：移动一个游戏对象至目标处，（可选）当成功后发送一个事件，目标可以被指定为一个游戏对象或一个世界位置，如果您指定这两个，则位置将用来自目标位置的本地偏移量。

5. 实例创作步骤

（1）创建新场景。

（2）创建Plane，右击—>3D Object—>Plane，如图5.6-2所示。

（3）创建Cube，右击—>3D Object—>Cube，如图5.6-3所示。

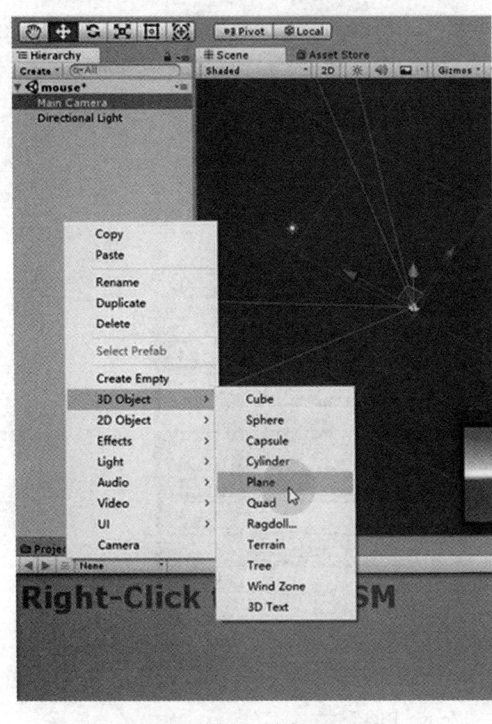

图5.6-2　创建Plane

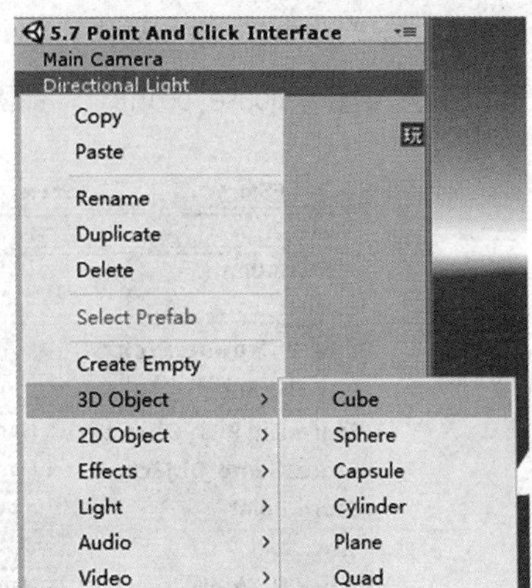

图5.6-3　创建Cube

（4）在Cube下新建状态机，添加动作“Set Material Color”，将Color设为黄绿色。添加动作“Get Mouse Button Down”，Button处选择Left，Send Event处新建事件“come here”，如图5.6-4所示。

（5）为状态“State1”添加过渡事件“come here”，新建“State2”并与之相连，如图5.6-5所示。

图5.6-4　添加动作“Set Material Color”和“Get Mouse Button Down”并设置参数

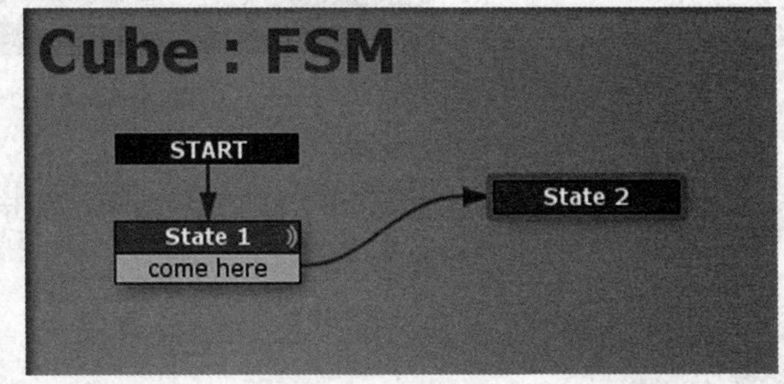

图5.6-5　新建状态

（6）给“State2”添加动作“Mouse Pick”，将Ray Distance设为100，在Store Point处新建变量“mouse point”，如图5.6-6所示。

图5.6-6　添加动作“Mouse Pick”

（7）给“State2”添加过渡事件“FINISHED”，与“State1”相连。添加动作“Move Towards”，将Target Position选为变量“mouse point”，参数设置如图5.6-7所示。

图5.6-7　添加过渡事件“FINISHED”和动作“Move Towards”

（8）检查运行效果。点击运行，Cube变为黄绿色，点击鼠标，Cube移动到鼠标点击位置。

5.7 AI寻路

Quick AI Pathingfinding：快速AI寻路。

实例难度系数：★★

场景文件：网盘\Projects\Chapter5\Assets\Scenes\5.7 Quick AI Pathingfinding

视频文件：网盘\视频教程\第5章\5.7 Quick AI Pathingfinding

1. 功能简介

快速设置寻路。本实例运行后，Sphere将绕开障碍物到达Capsule的位置。

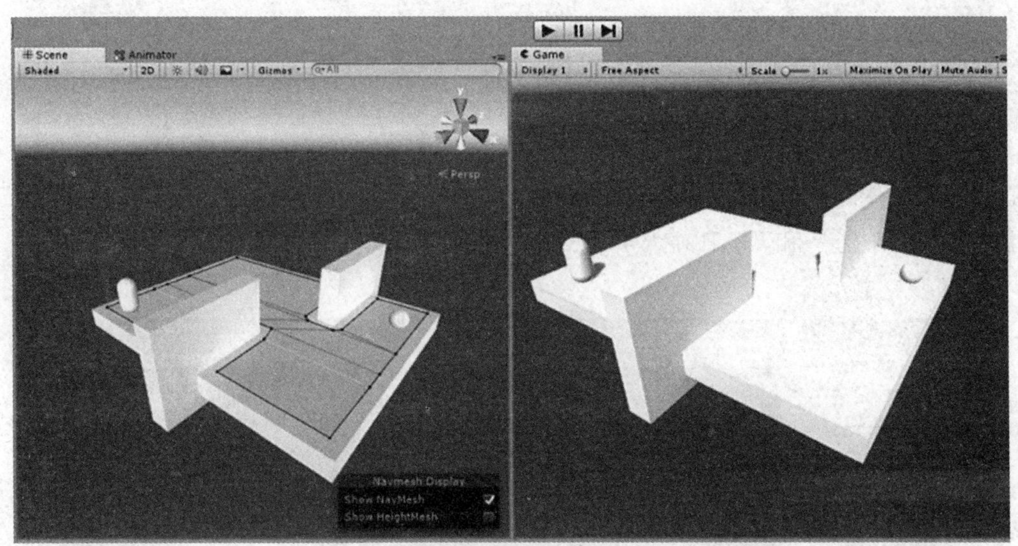

图5.7-1 Sphere绕开障碍物到达Capsule的位置

2. 准备工作

本实例用到的是系统自带的模型。

3. 实例的架构

本实例运行后，“State1”状态执行“Find Game Object”和“Wait”动作，完成后跳转到“State2”状态，执行“Get Position”、“Set Agent Destination”和“Wait”动作，完成后跳转到“State3”并执行相同的动作。

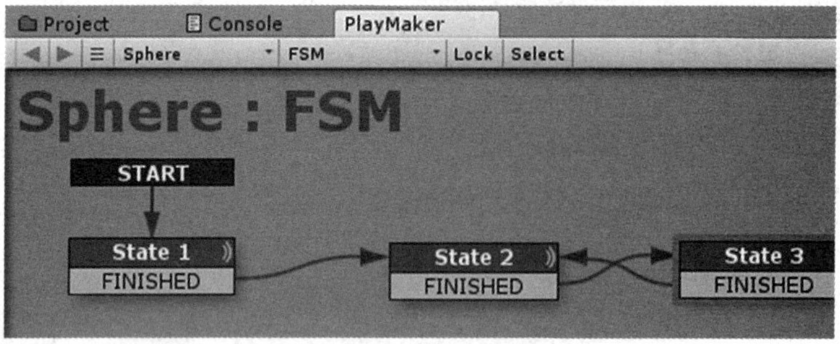

图5.7-2 “Sphere”上的状态机

4. 主要动作说明

Find Game Object：按名称查找一个对象/标签，并将它存储在一个变量中以供以后使用。

Wait：延时。

Get Position：获取位置。

Set Agent Destination：设置代理目的地。

5. 实例创作步骤

（1）创建简单场景。新建3个Cube，1个Sphere和1个Capsule。将两个Cube分别命名为“Wall 01”和“Wall 02”并拖动至“Cube”下，如图5.7-3所示。

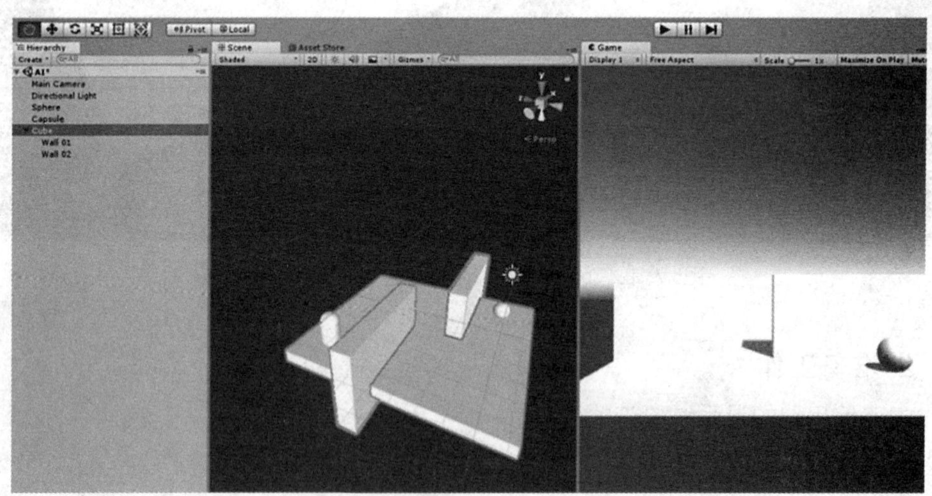

图5.7-3 创建Cube

（2）新建两个Tags，如图5.7-4所示。将Sphere的Tag改为A，Capsule的Tag改为B。

（3）在Sphere下新建状态机，添加两个变量，参数如图5.7-5所示。

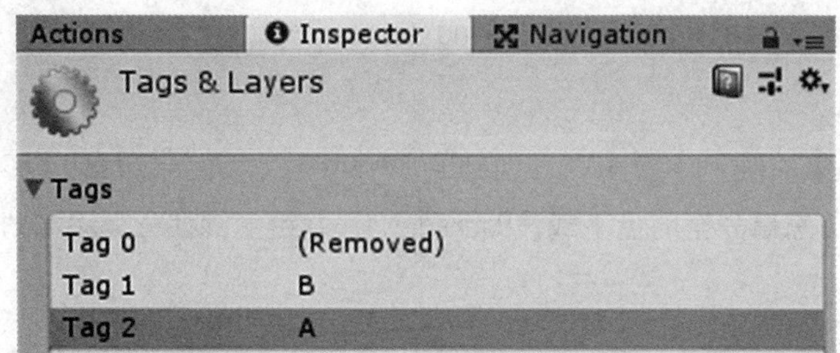

图5.7–4　新建Tags

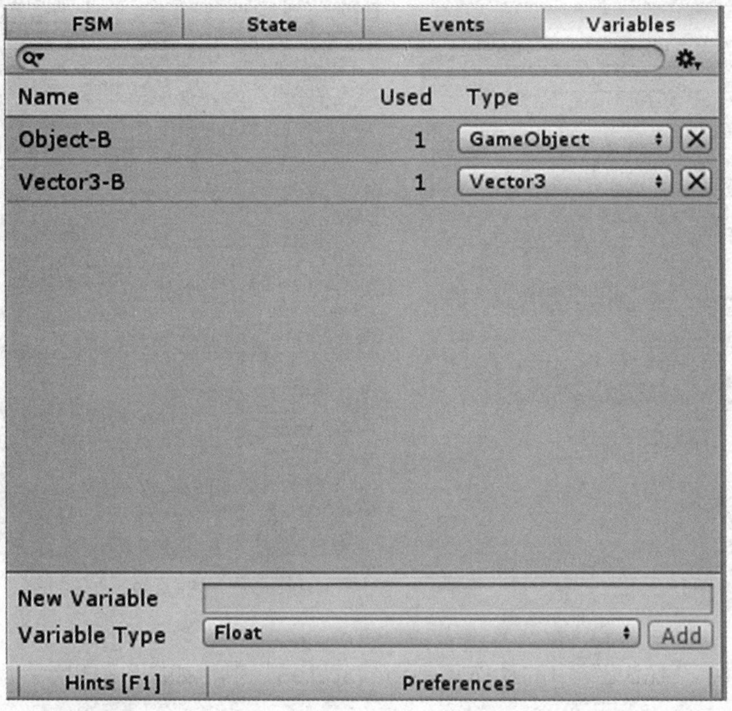

图5.7–5　添加变量

（4）新建状态“State2”和“State3”，添加过渡事件“FINISHED”并连接，如图5.7–6所示。

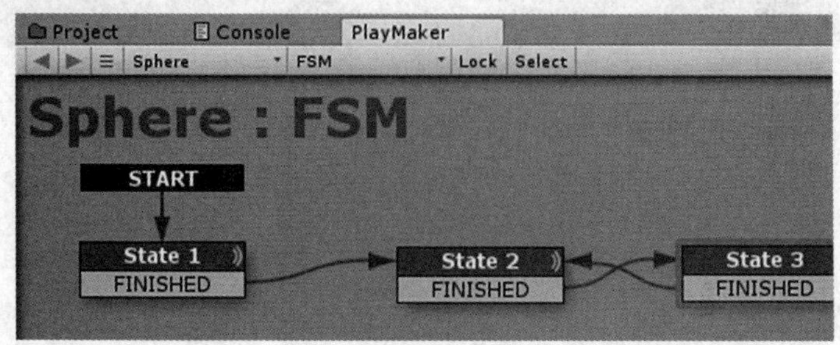

图5.7–6　添加状态

（5）给“State1”添加动作“Find Game Object”和“Wait”，参数设置如图5.7-7所示。

（6）点击“Asserts”—>“Import Package”—>“Custom Package”，导入PathFinding（需事先至网盘下载该Package），并给“State2”添加动作，参数设置如图5.7-8所示。

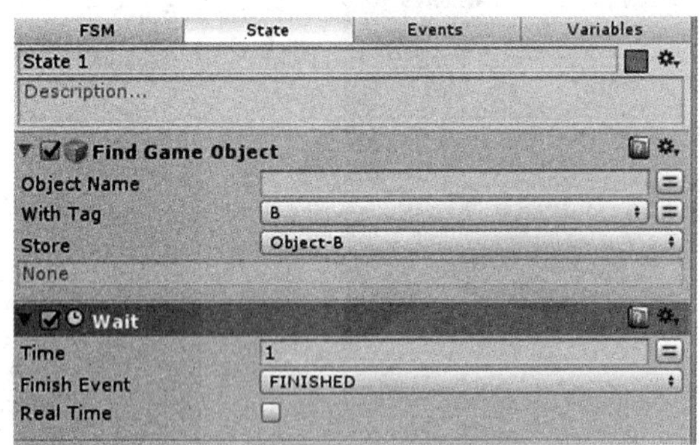

图5.7-7　添加动作

图5.7-8　添加动作

（7）将“State2”中的动作复制到“State3”中，如图5.7-9所示。

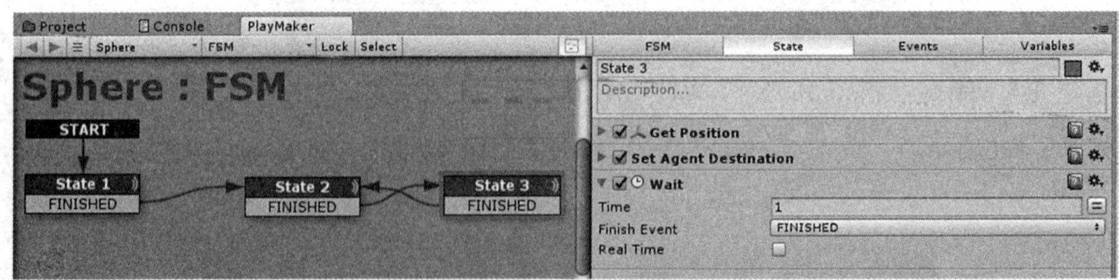

图5.7-9　复制动作

（8）选择Navigation并点击“Bake”按钮，如图5.7-10和图5.7-11所示。

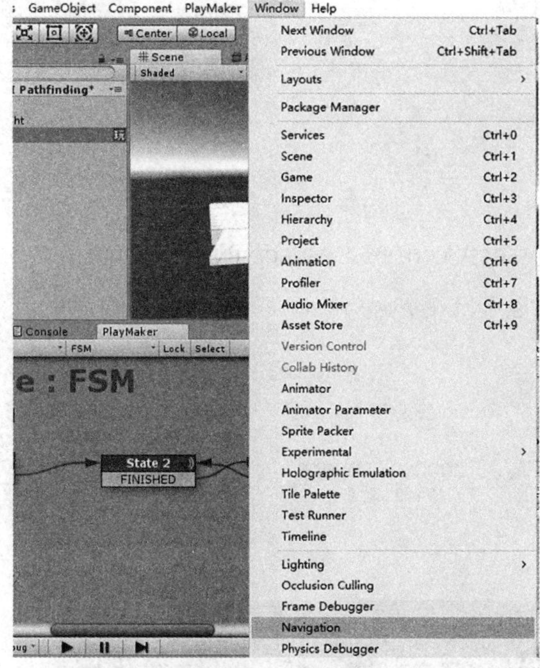

图5.7-10　选择导航

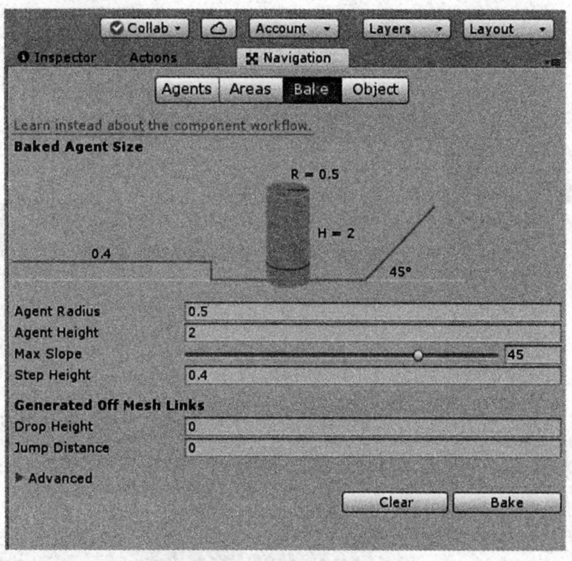

图5.7-11　点击“Bake”按钮

（9）勾选地面的“Static”选项，如图5.7-12所示。

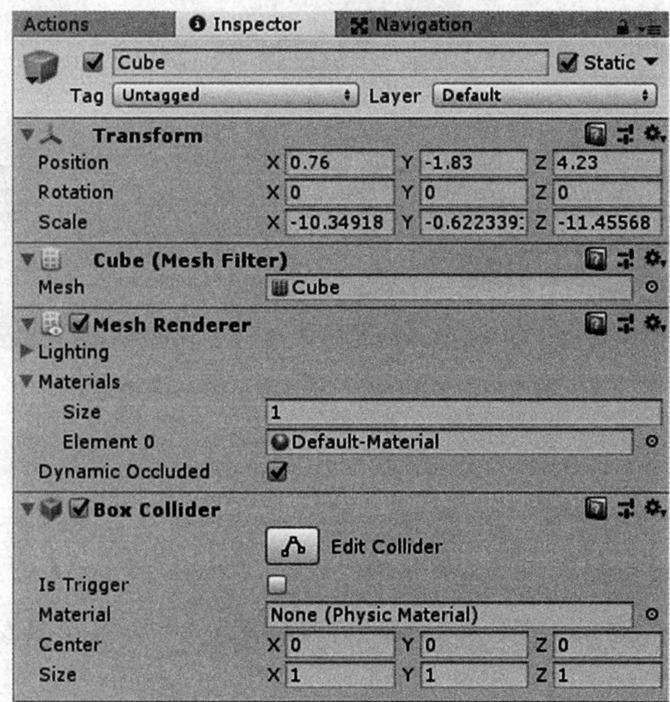

图5.7-12　勾选Static

5.8 按钮的设置与使用

select Player menu：选择播放菜单。

实例难度系数：★★★

场景文件：网盘\Projects\Chapter5\Assets\Scenes\5.8 select Player menu

视频文件：网盘\视频教程\第5章\5.8 select Player menu

1. 功能简介

选择菜单。单击按钮“choose-cube”、“choose-sphere”、“choose-capsule”将会出现对应的物体。

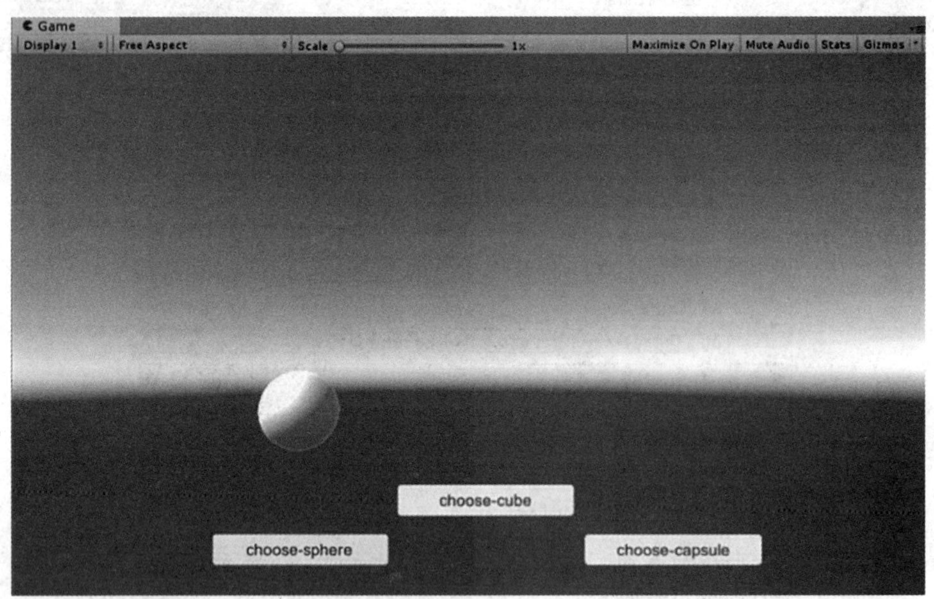

图5.8-1　单击按钮“choose-sphere”的效果

2. 准备工作

本实例用到的是系统自带的模型。

3. 实例的架构

当Button被点击，触发“UI CLICK”事件跳转至“State2”，触发“FINISHED”事件再跳转回“State1”。

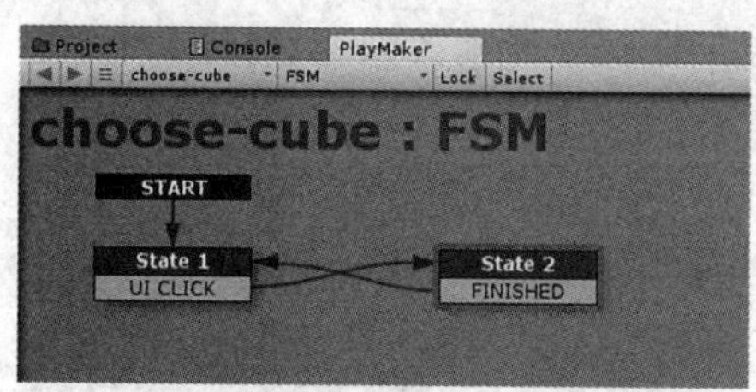

图5.8-2 "choose-cube"上的状态机

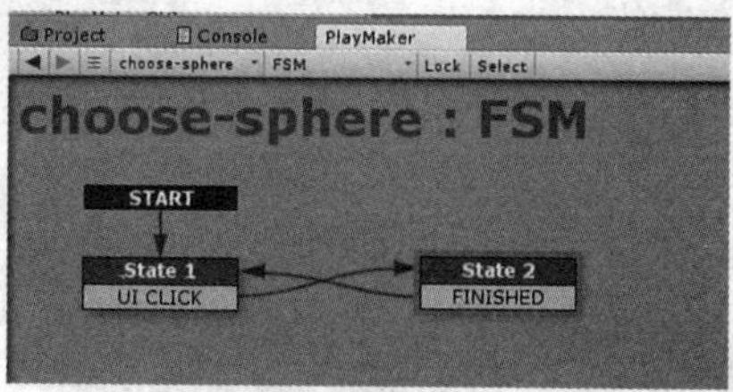

图5.8-3 "choose-sphere"上的状态机

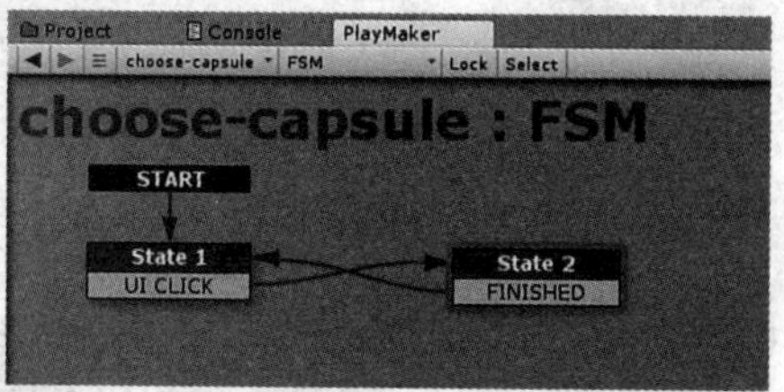

图5.8-4 "choose-capsule"上的状态机

4. 主要动作说明

Set Property：设置属性。

5. 实例创作步骤

（1）创建新场景。

（2）创建Cube、Sphere、Capsule，如图5.8-5所示。

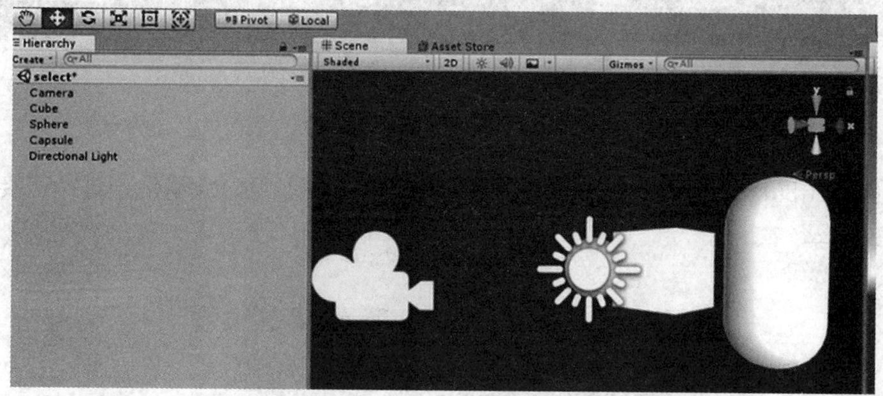

图5.8-5 创建物体

（3）添加Button，如图5.8-6所示。

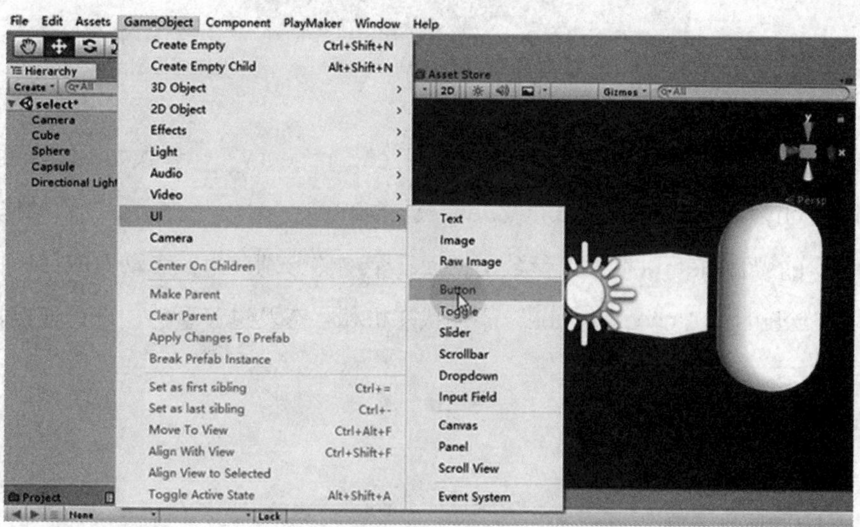

图5.8-6 添加按钮

（4）重命名Button，修改Text内容，再复制两个Button修改内容后排布，如图5.8-7所示。

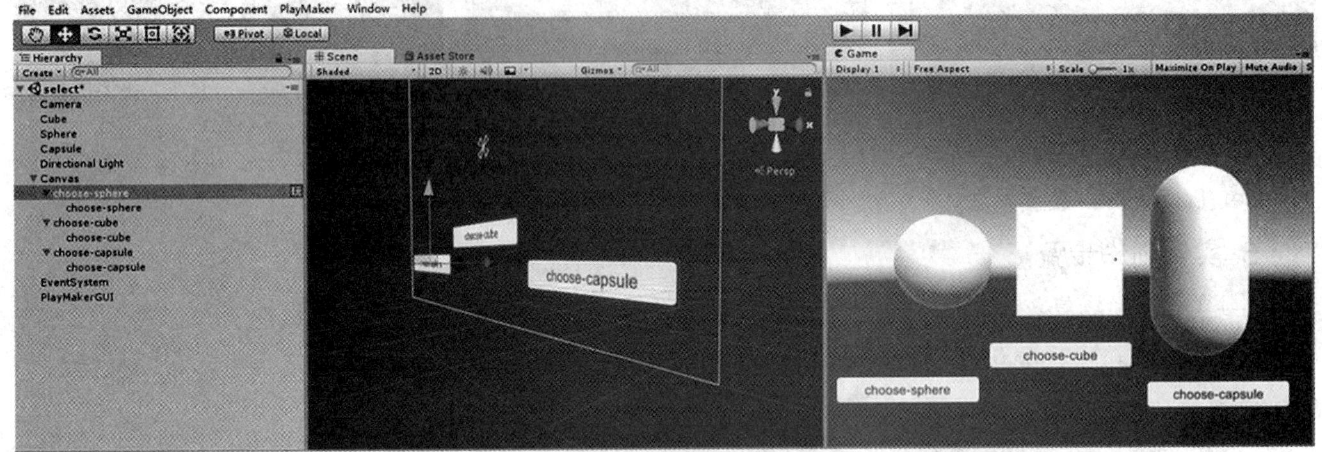

图5.8-7　复制Button

（5）给Button“choose-sphere”添加状态机和状态及过渡事件，进行连接，如图5.8-8所示。

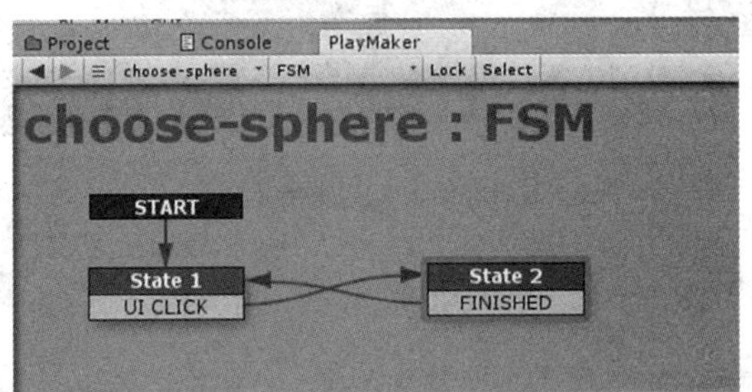

图5.8-8　添加状态机

（6）给“State2”添加三个相同动作“Set Property”，参数如图5.8-9所示。在“Hierarchy”面板中依次拖动“Cube”、“Sphere”、“Capsule”到动作“Set Property”的“Target Object”参数上，使三个物体分别成为三个动作的目标物体。

（7）给Button“choose-cube”添加状态机和状态及过渡事件，进行连接，如图5.8-10所示。

图5.8-9　添加动作

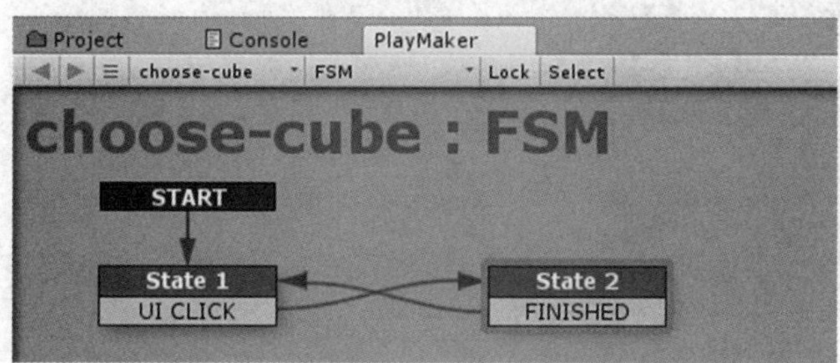

图5.8-10　添加状态机

（8）给“State2”添加三个相同动作“Set Property”，参数如图5.8-11所示。

（9）给Button“choose-capsule”添加状态机和状态及过渡事件，进行连接，如图5.8-12所示。

图5.9-11　添加动作

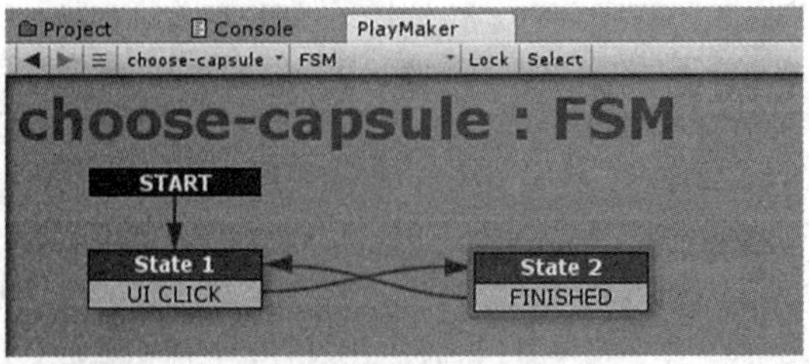

图5.8-12　添加状态机

（10）给“State2”添加三个相同动作“Set Property”，参数如图5.8-13所示。

图5.8-13　添加动作

5.9　根据物体状态设置声音效果

Setup Multiple Footstep Sounds Terrain and Objects：设置多个足迹声音地形和对象。

实例难度系数：★★★

场景文件：网盘\Projects\Chapter5\Assets\Scenes\5.9 Setup Multiple Footstep Sounds Terrain and Objects

视频文件：网盘\视频教程\第5章\5.9 Setup Multiple Footstep Sounds Terrain and Objects

1.功能简介

设置不同足迹的声音。小球滚过触发声音。

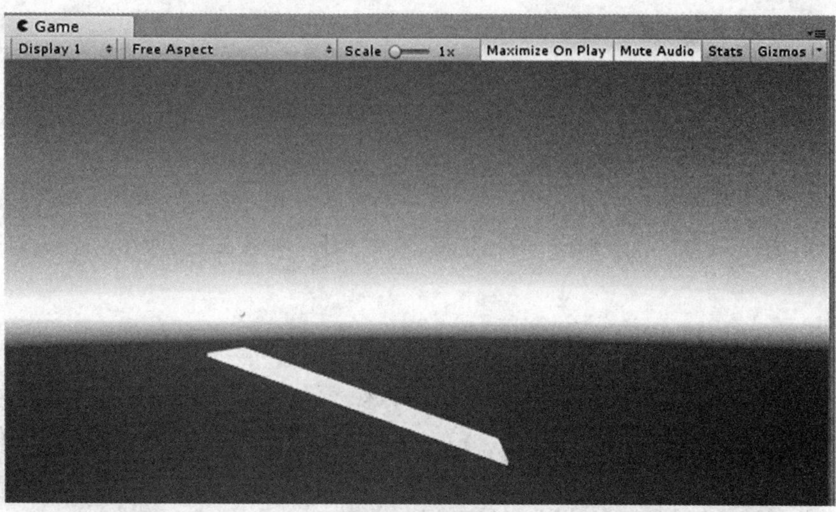

图5.9-1　小球滚落触发声音

2.准备工作

本实例用到的声音资源放在网盘\Projects\Chapter5\Assets\Scenes\AUDIO，详细情况如表5.9-1所示。

表5.9-1　声音资源

声音文件名	格式	用途
01	MP3	触发即可播放
02	MP3	触发即可播放
03	MP3	触发即可播放

3. 实例的架构

当小球掉落碰到trigger就触发“TRIGGER ENTER”执行“Set Property”动作，跳转至“State2”触发声音再跳转回到“State1”。

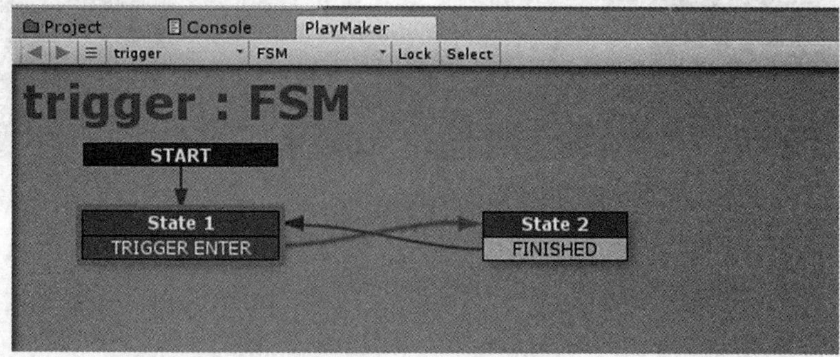

图5.9-2　“trigger”上的状态机

4. 主要动作说明

Set Property：设置属性。

5. 实例创作步骤

（1）创建新场景。

（2）创建Cube，随意修改Scale并重命名为01，如图5.9-3所示。

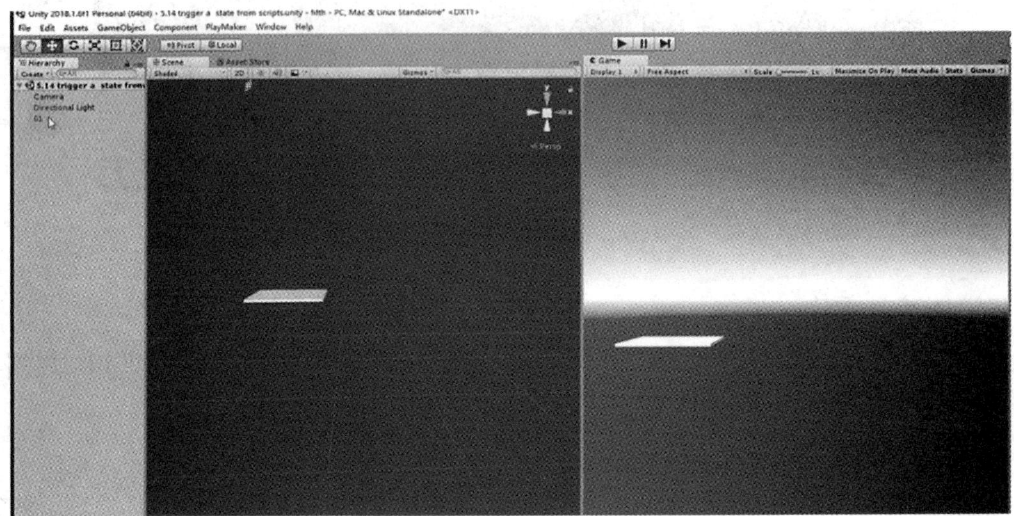

图5.9-3　创建Cube

（3）复制01重命名为trigger，作为01的子物体，在“Inspector”面板中，勾选“Box Collider”下的Is Trigger，如图5.9-4所示。

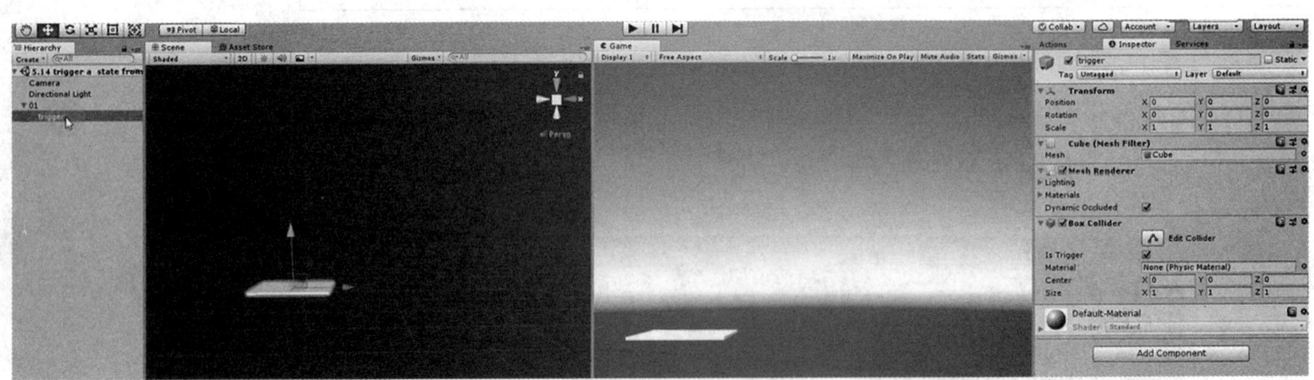

图5.9-4　复制物体

（4）新建“Audio Source”，如图5.9-5所示。

（5）将音频文件拖动到AudioClip中，如图5.9-6所示。

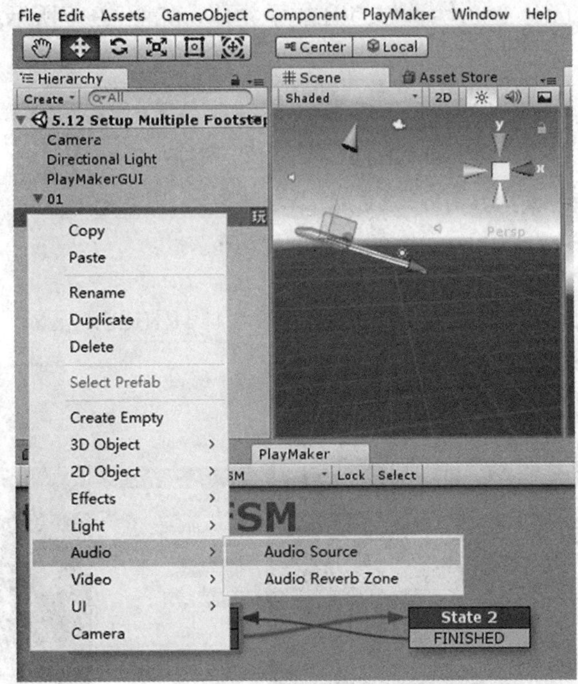

图5.9-5　声音组件

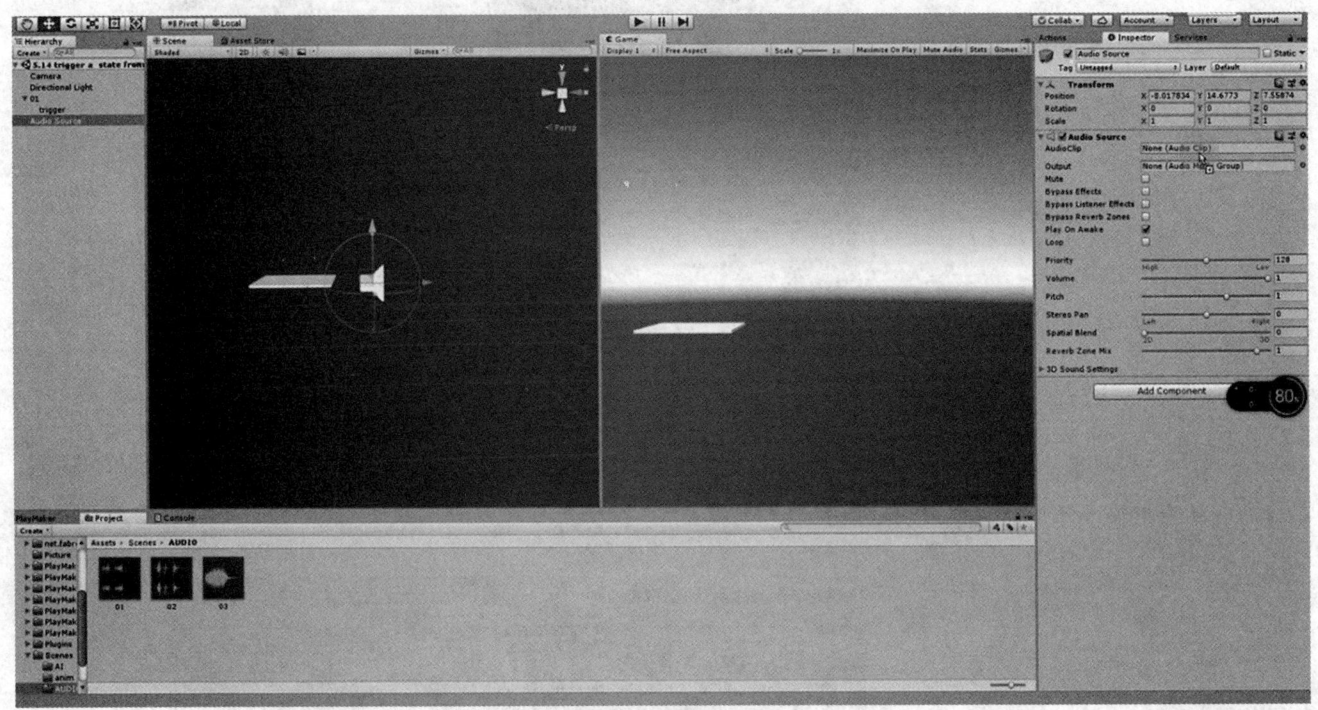

图5.9-6　添加音频文件

（6）重命名Audio Source，作为01的子物体，如图5.9-7所示。

图5.9-7　重命名

（7）给trigger添加状态机和过渡事件“TRIGGER ENTER”，如图5.9-8所示。

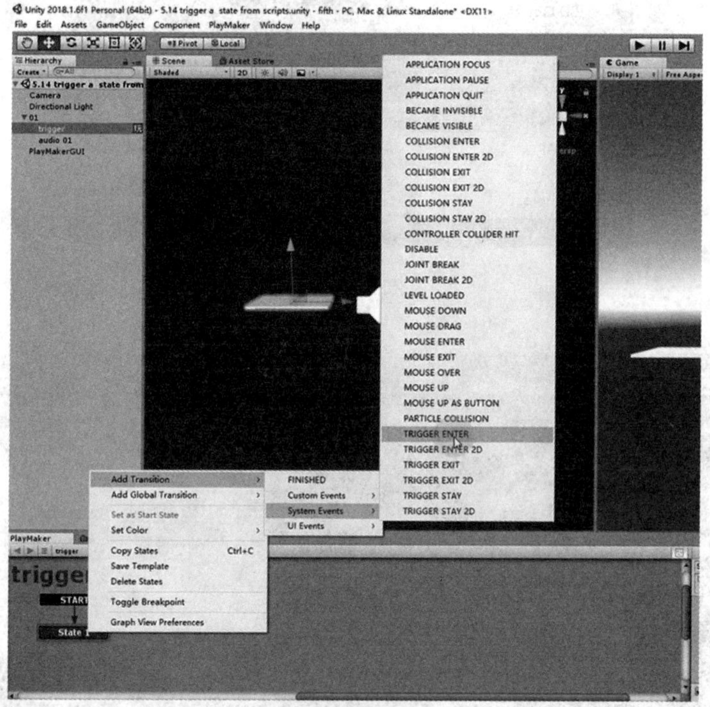

图5.9-8　添加状态机

（8）继续添加状态“State2”和过渡事件“FINISHED”，和“State1”连接，如图5.9-9所示。

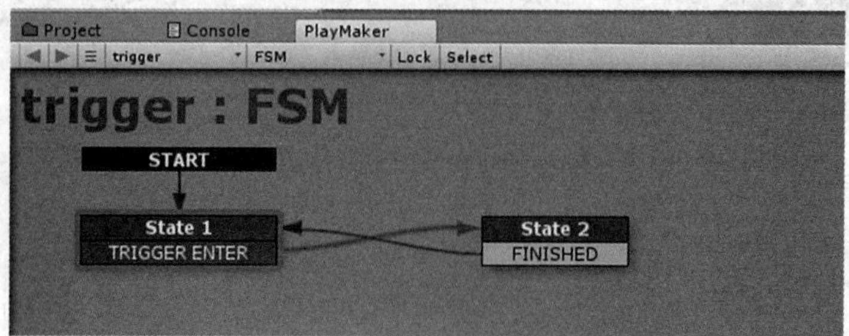

图5.9-9　添加过渡事件

（9）给状态“State1”和“State2”添加动作“Set Property”，参数设置如图5.9-10所示。

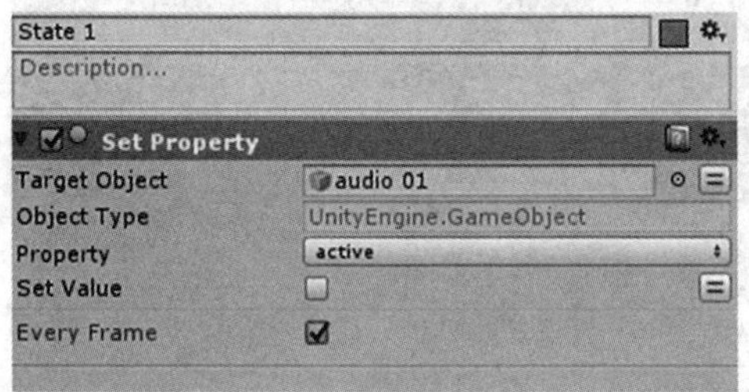

图5.9-10　添加动作

（10）旋转01并复制两个，重命名为02、03，如图5.9-11所示。

（11）替换02与03物体上的音频，如图5.9-12所示。

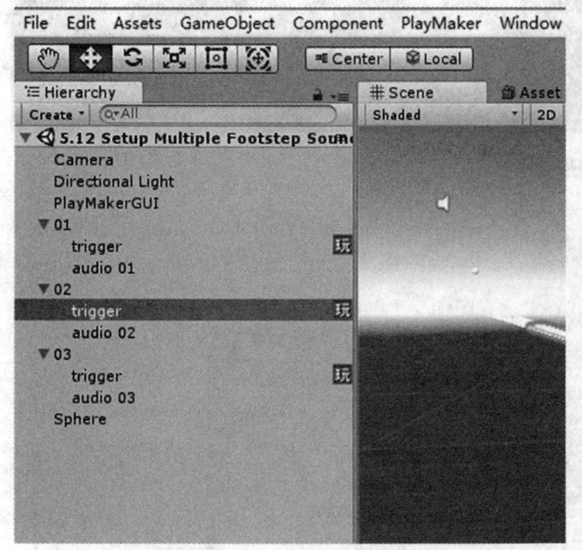

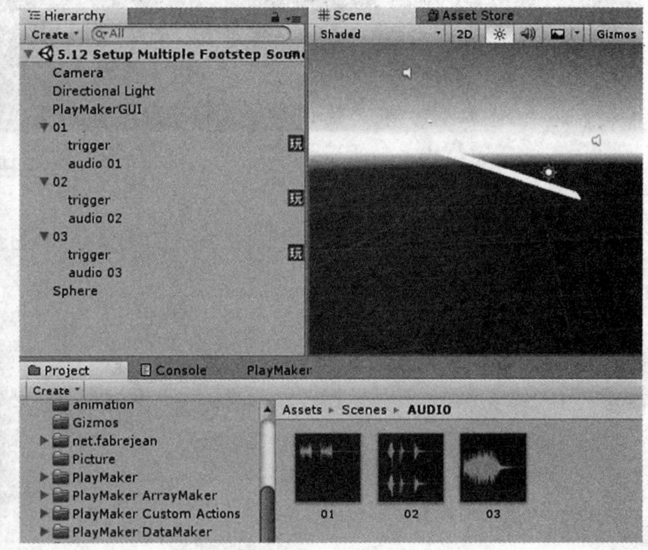

图5.9-11　复制物体　　　　图5.9-12　更改音频

（12）移动02和03的位置，将01、02、03沿Y轴旋转至如图5.9-13所示。

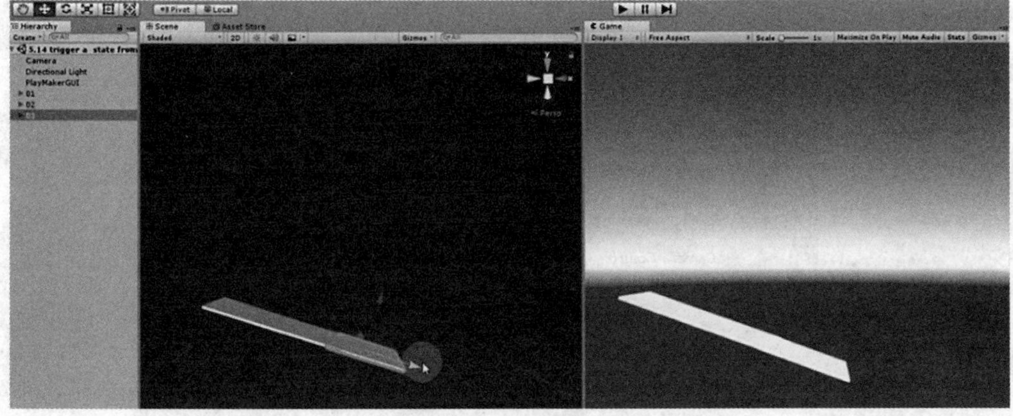

图5.9-13　移动位置

（13）创建Sphere，置于斜坡上方，如图5.9-14所示。

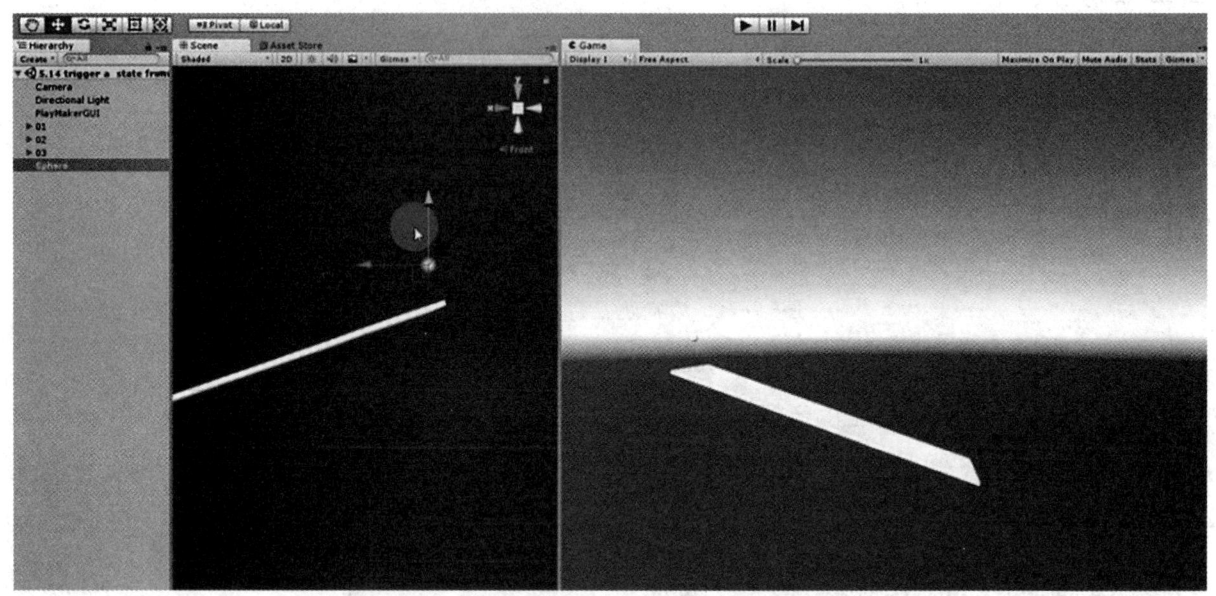

图5.9-14　创建Sphere

（14）给Sphere添加刚体，如图5.9-15所示。

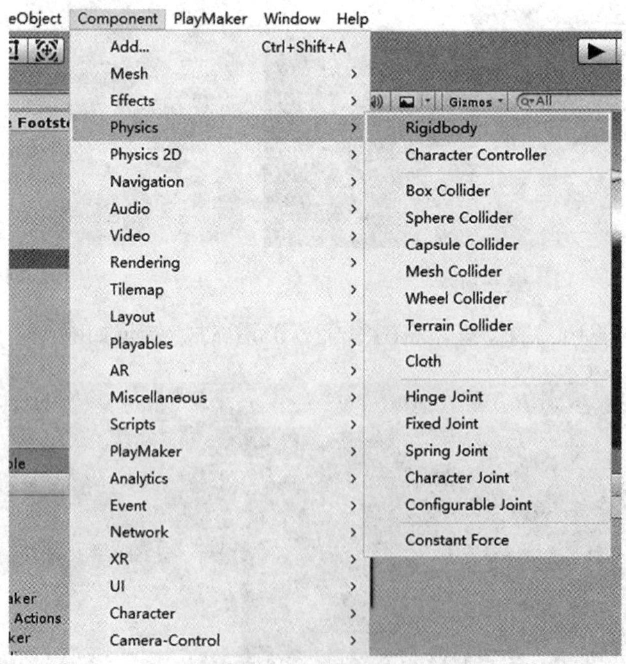

图5.9-15　添加刚体

5.10 图像的显示与替换

ugui Change Images in to create a Pulse：更改图像以创建脉冲。

实例难度系数：★

场景文件：网盘\Projects\Chapter5\Assets\Scenes\5.10 ugui Change Images in to create a Pulse

视频文件：网盘\视频教程\第5章\5.10 ugui Change Images in to create a Pulse

1. 功能简介

创建脉冲。两张图片循环跳转，如图5.10-1和图5.10-2所示。

图5.10-1　初始图片

图5.10-2　跳转图片

2. 准备工作

本实例用到的是系统自带的模型。

3. 实例的架构

“State 1”状态执行“UI Raw Image Set Texture”事件和“Wait”事件，跳转到“State 2”状态执行相同的事件，实现图片跳转，如图5.10-3所示。

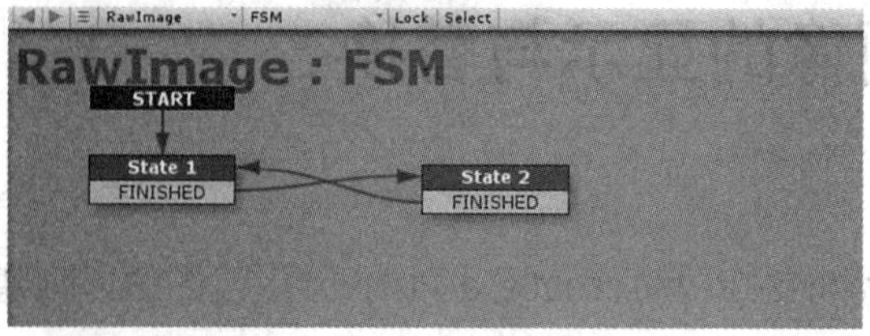

图5.10-3 “RawImage”上的状态机

4. 主要动作说明

UI Raw Image Set Texture：添加所需图片。

Wait：延迟状态至指定时间结束（注意：在此期间，其他操作将继续运行），在指定的时间之后发送完成事件。

5. 实例创作步骤

（1）创建新场景。

（2）新建RawImage，如图5.10-4所示。

（3）将图片拖到Inspector—>Texture处，如图5.10-5所示。

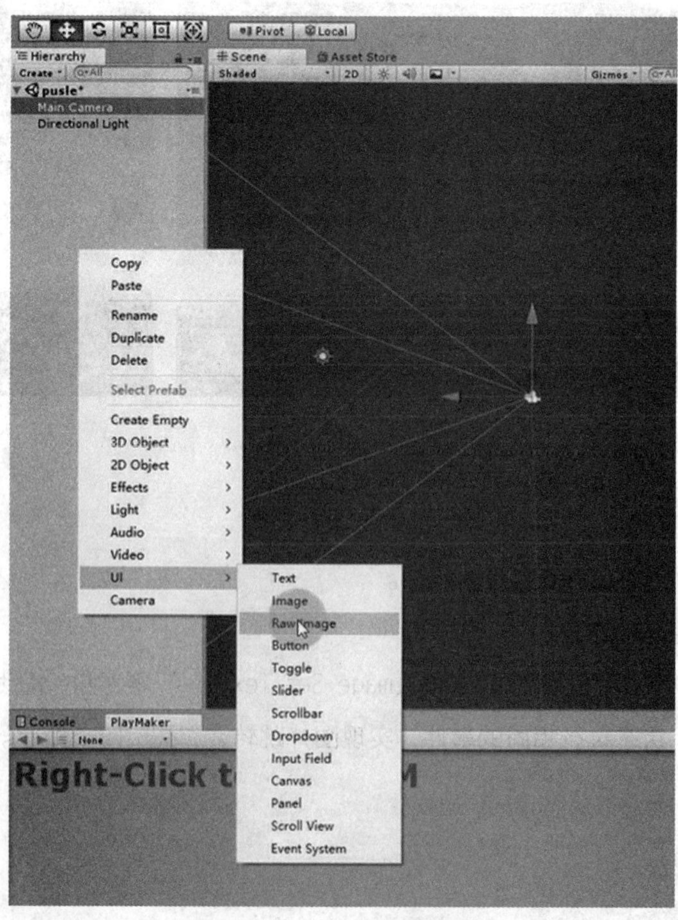

图5.10-4 创建RawImage

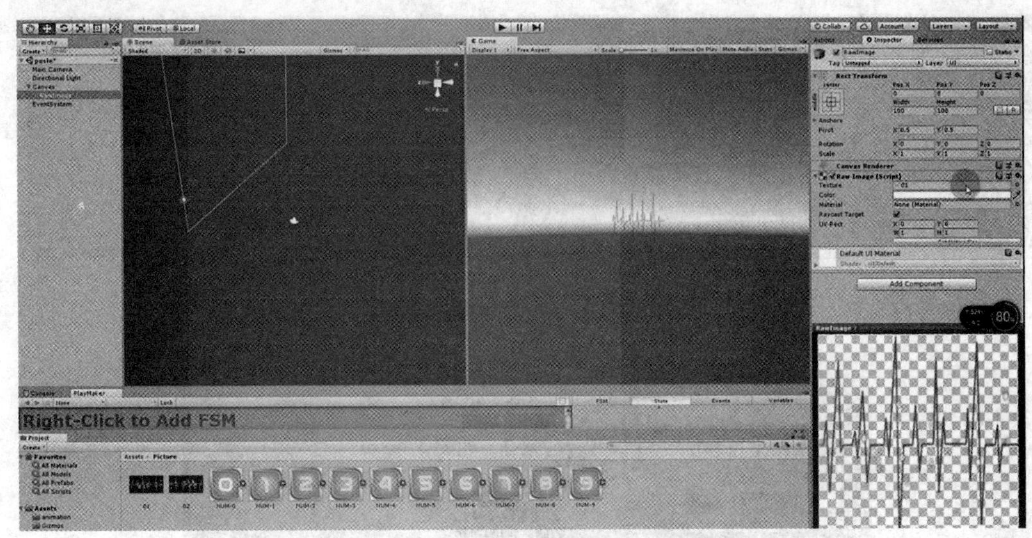

图5.10-5　添加图片

（4）给“RawImage”添加状态机，添加动作“UI Raw Image Set Texture”，参数如图5.10-6所示。

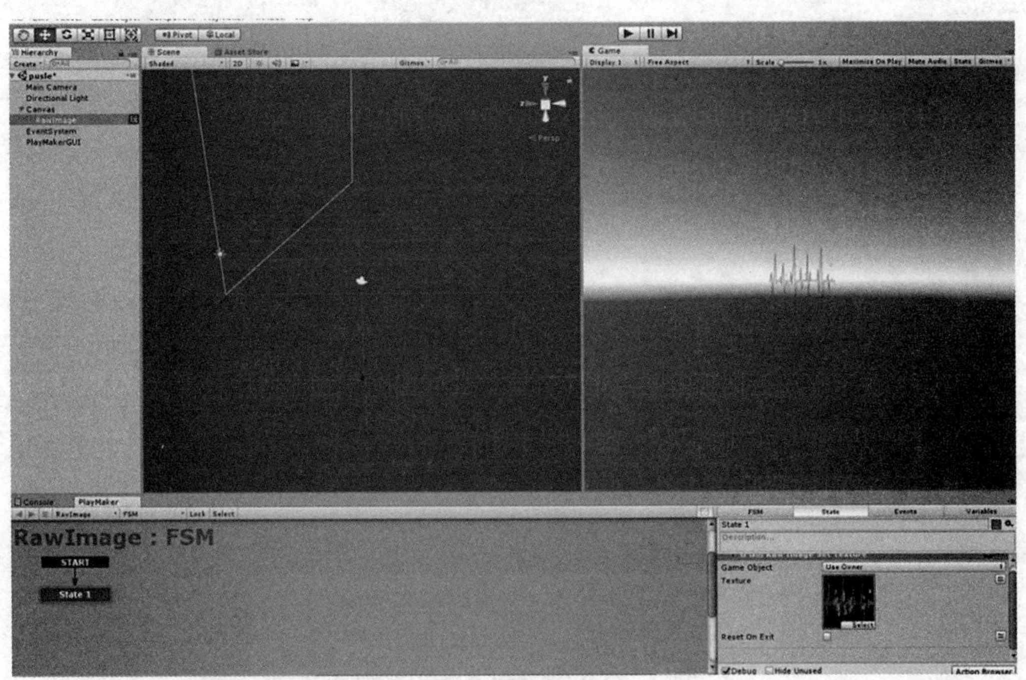

图5.10-6　添加动作

（5）添加动作“Wait”，参数如图5.10-7所示。

（6）给“State1”添加过渡事件“FINISHED”。添加状态“State2”，把“State1”的动作复制过去，用图片02替换Texture的内容，如图5.10-8所示。再给“State2” 添加过渡事件“FINISHED”连回“State1”。

图5.10-7　添加动作

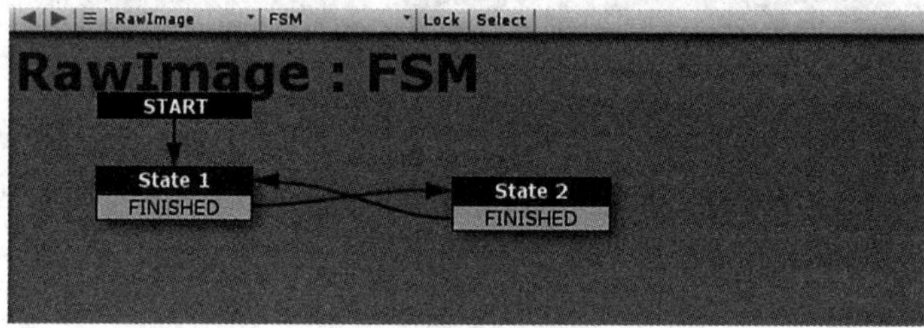

图5.10-8　添加状态及事件

第六章　PlayMaker高级

本章通过二个实例分别讲解了自定义PlayMaker动作的制作和XUL数据处理的方法。

6.1 自定义PlayMaker动作

Make Simple Custom PlayMaker Actions：制作简单的自定义PlayMaker动作。

实例难度系数：★★★★★

场景文件：网盘\Projects\Chapter6\Assets\Scenes\6.1 Make Simple Custom PlayMaker Actions

视频文件：网盘\视频教程\第6章\6.1 Make Simple Custom PlayMaker Actions

1.功能简介

制作自定义PlayMaker动作。

2. 准备工作

本实例将用到的为系统自带模型。

3. 实例的架构

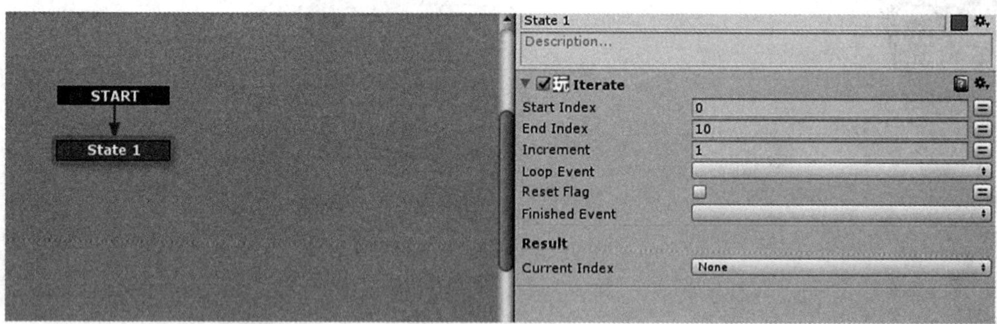

图6.1-1 “Gameobject”上的状态机

4. 主要动作说明

Iterate：迭代。

5. 实例创作步骤

（1）创建新场景。

（2）打开Custom Action Wizard，如图6.1-2所示。

（3）输入自定义动作的Name为Iterate，Description为iterate，自定义一个Custom Category为Custom。如图6.1-3所示。

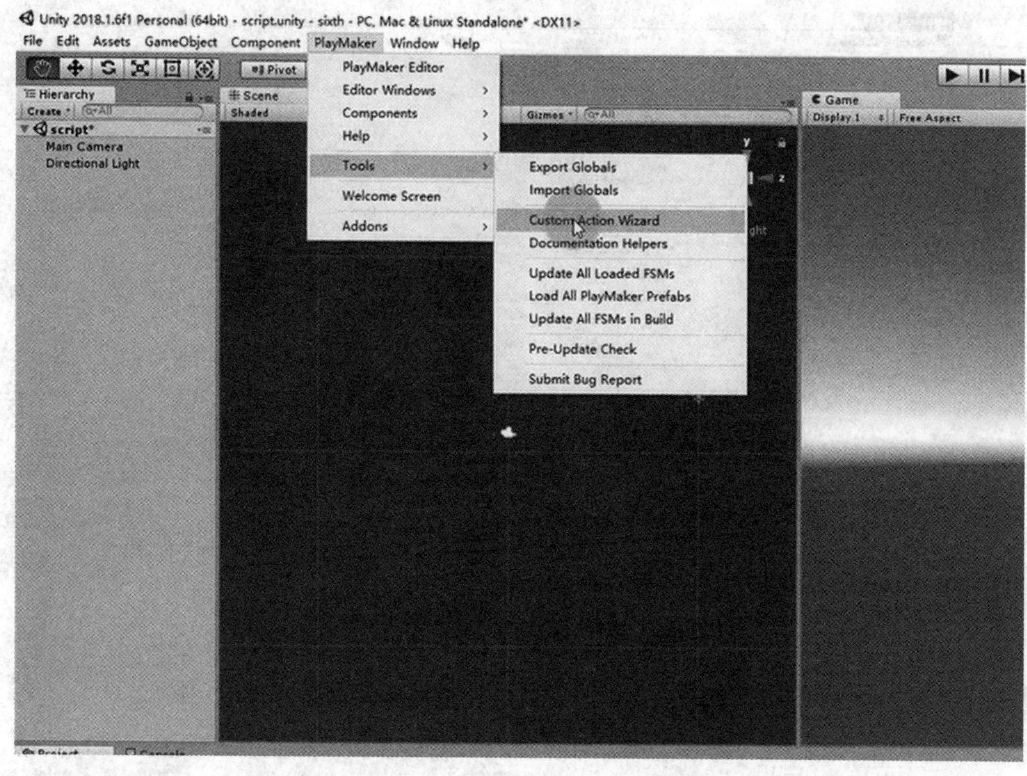

图6.1-2　打开Custom Action Wizard

（4）点击Save Custom Action，点击Find File，在Project中找到创建的自定义Iterate动作，打开Iterate动作脚本，如图6.1-4所示。

（5）清除脚本内原有的内容。将Iterate.cs文件（见本例文未）中的代码复制到脚本“Iterate”中，如图6.1-5所示。

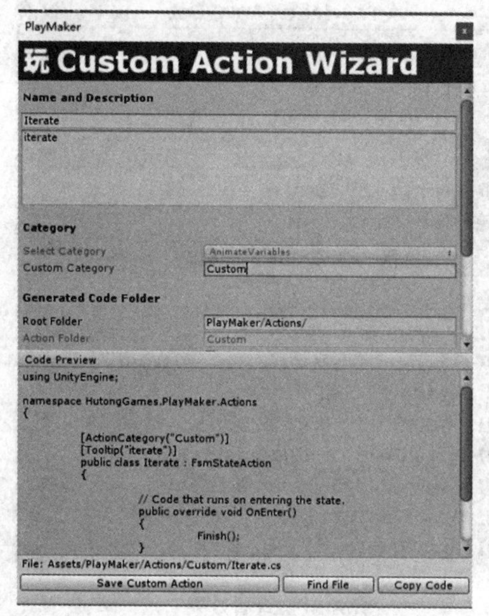

图6.1-3　自定义动作

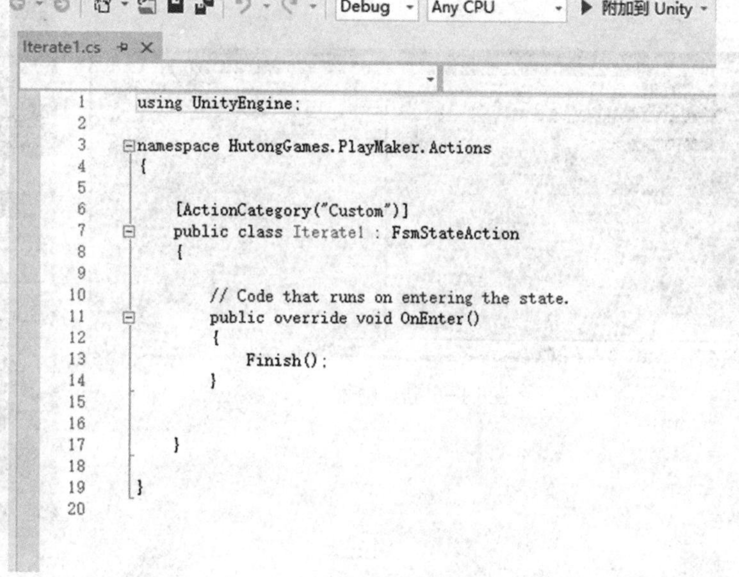

图6.1-4　打开脚本

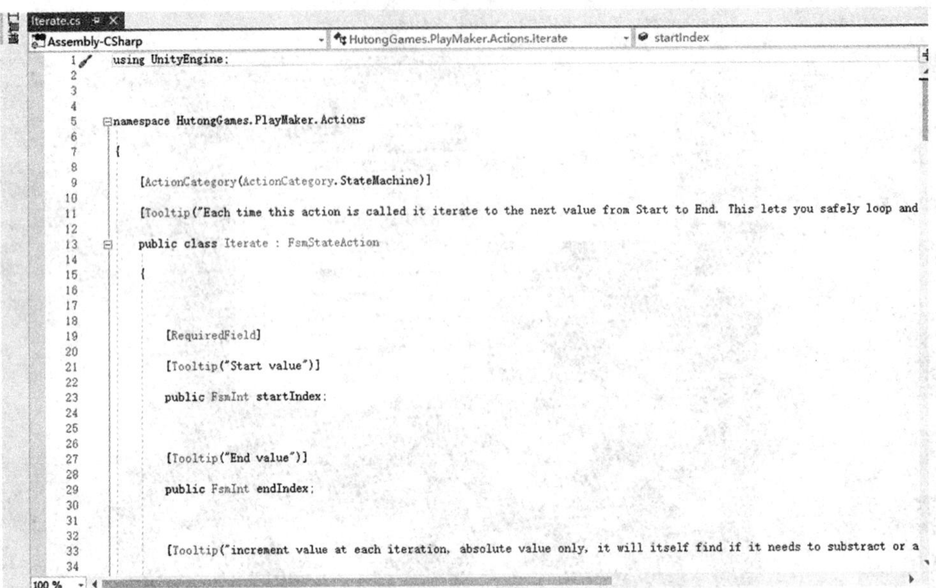

图6.1-5　粘贴脚本

（6）关闭脚本。新建空物体，给空物体添加状态机，如图6.1-6所示。

（7）给“State1”添加动作，可以发现PlayMaker的Action中出现了Iterate的动作，如图6.1-7所示。

脚本地址：https://github.com/jeanfabre/PlayMakerCustomActions_U4/blob/master/Assets/PlayMaker%20Custom%20Actions/StateMachine/Iterate.cs

图6.1-6 新建物体

图6.1-7　查看效果

6.2 XML数据处理

XML data into hash tables using DataMaker：用DateMaker工具将XML文件中数据导入hash table中。

实例难度系数：★★★★

场景文件：网盘\Projects\Chapter6\Assets\Scenes\6.2 XML data into hash tables using DataMaker

视频文件：网盘\视频教程\第6章\6.2 XML data into hash tables using DataMaker

1. 功能简介

制作自定义PlayMaker动作，从xml文件中提取需要信息。

2. 准备工作

（1）本实例用到的插件资源放在网盘\ Package\ DataMaker.unitypackage，详细情况如表6.2-1所示。

表6.2-1 插件文件

文件名	格式	用途
DataMaker.unitypackage	unitypackage	添加数组相关动作

（2）本实例用到的文本资源放在网盘\Projects\Chapter 6\Assets\XML\NPC.xml，详细情况如表6.2-2所示。

表6.2-2 文本文件

文件名	格式	用途
NPC.xml	xml	数据信息引用源

3. 实例的架构

点击运行，进入State1状态，查找xml文件中相应的节点，未找到则进入State3，出现错误则进入State4，找到符合要求的节点时通过found事件过渡到State2状态。在State2状态中获取xml文件中符合要求的记录的id、hp和gender并储存在不同的变量中，通过过渡事件next到状态State5，将记录显示在Inspecor面板中，同时结束回到State2状态，循环直至查找完毕进入State6状态。Game Object上的状态机如图6.2-1所示。

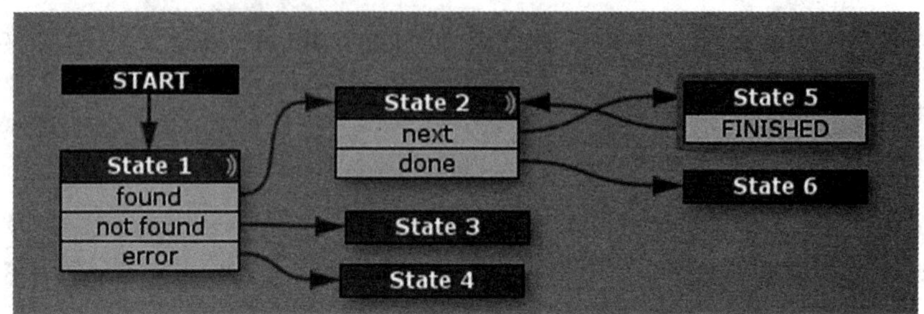

图6.2-1 "GameObject"上的状态机

4. 主要动作说明

Xml Select Nodes：在Xml文件中选择某些符合条件的节点。

Xml Get Next Node List Properties：获取下一个节点列表属性。

Hash Table Add：将带有指定键和值的元素添加到Hash table中。

5. 实例的制作步骤

（1）创建新场景。选择Assets—>Import Package—>Custom Package，在插件所在路径中选择DataMaker.unitypackage，将插件导入。如图6.2-2所示。

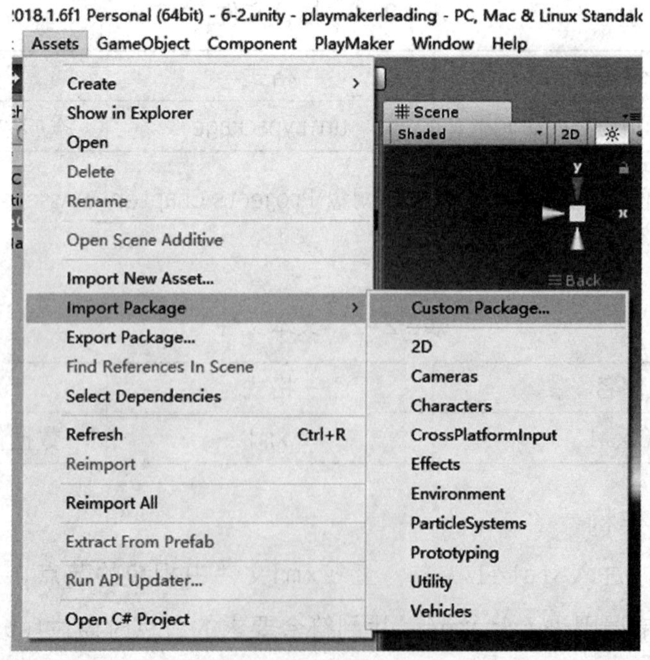

图6.2-2 导入插件Data Maker.unity package

（2）新建空物体，添加状态机，将文件NPC.xml放置在Scenes文件夹中，为状态State1添加动作“Xml Select Nodes”，设置属性，Source selection处选择Text Asset，TextAsset Object处拖入文件NPC.xml，如图6.2-3所示。

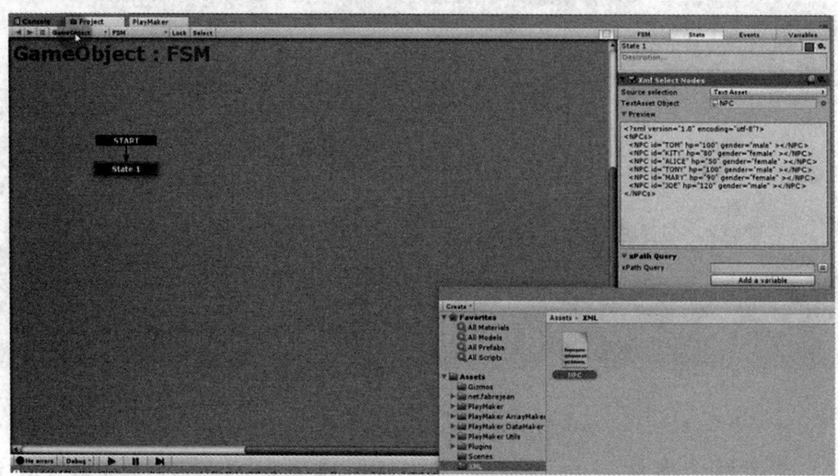

图6.2-3 新建空物体并添加动作“Xml Select Nodes”

（3）新建error、found、not found三个事件，如图6.2-4所示。继续设置动作属性，xPath Query处输入/NPCs/NPC，Store Reference处输入NPCs，Node Count处新建变量Index，Found Event、Not Found Event、Error Event分别设为found、not found、error，如图6.2-5所示。

图6.2-4 新建事件

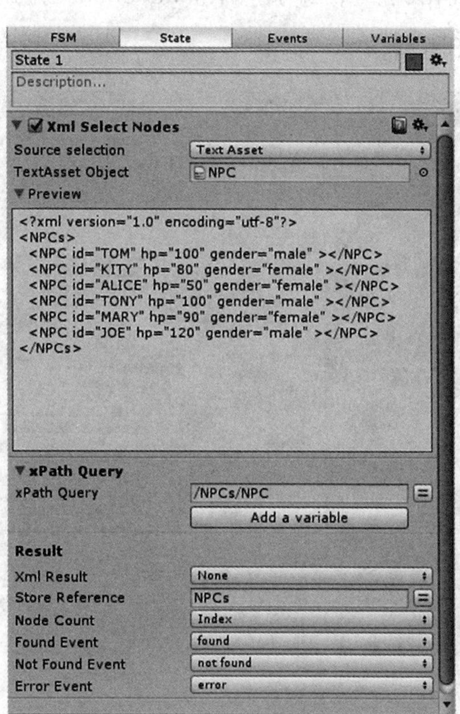

图6.2-5 动作属性

（4）给State1添加三个过渡事件error、found、not found，新建State2、State3、State4并与事件一一连接，如图6.2-6所示。

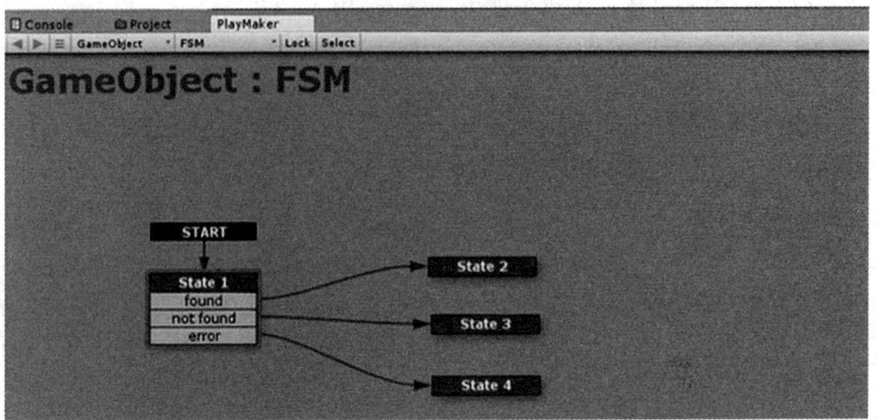

图6.2-6　连接State

（5）新建两个事件“done”、“next”作为State2的过渡事件，连接至State5、State6，给State2添加动作“Xml Get Next Node List Properties”，参数设置如图6.2-7所示。

（6）给空物体添加组件“PlayMaker Hash Table Proxy（Script）”。在Inspecor面板中点击下方的Add Component按钮，选择“PlayMaker Hash Table Proxy（Script）”，添加两个。Reference分别填写NPCHP和NPCGENDER。设置属性如图6.2-8所示。

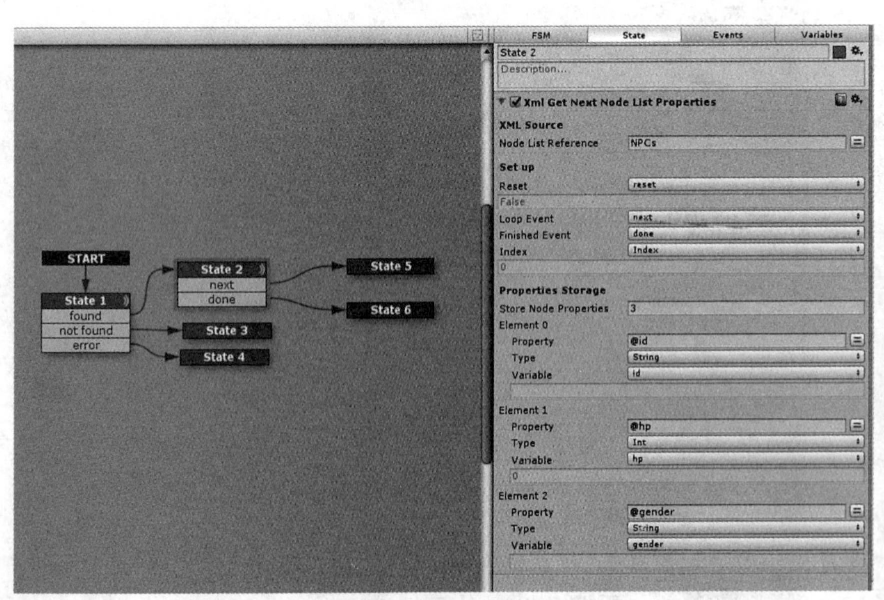

图6.2-7　动作属性设置

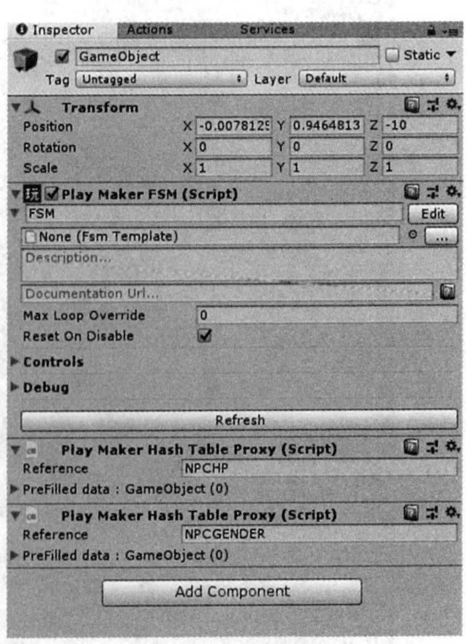

图6.2-8　添加组件“PlayMaker Hash Table Proxy（Script）”

（7）给State5添加过渡事件“FINISHED”，连接至State2。给State5添加动作Hash Table Add，设置属性如图6.2-9所示。

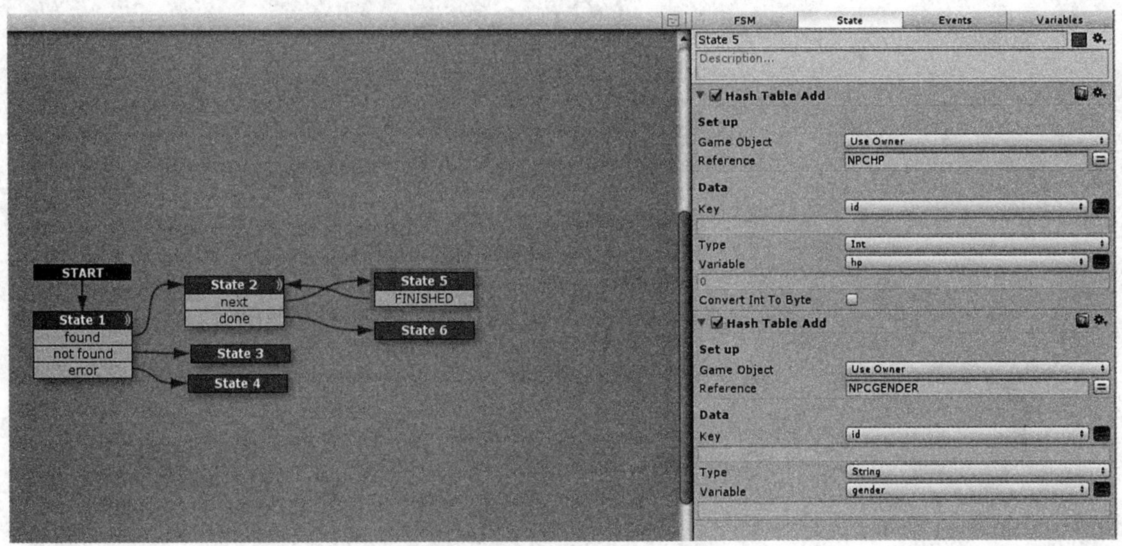

图6.2-9　设置动作Hash Table Add属性

（8）运行查看效果，如图6.2-10所示。

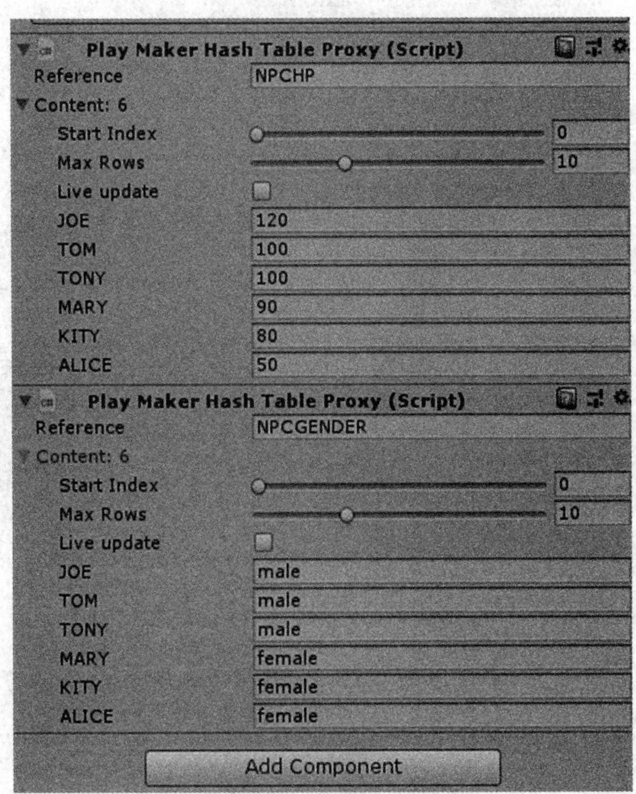

图6.2-10　查看效果

第七章　自定义动作和数组

本章通过二个实例讲解了自定义动作和简单数组的使用方法。

7.1　自定义动作“迭代”的使用

Iterate：迭代。

实例难度系数：★★

场景文件：网盘\Projects\Chapter7\Assets\Scenes\7.1 Iterate

视频文件：网盘\视频教程\第7章\7.1 Iterate

1. 功能简介

用Iterate进行迭代循环操作。

2. 准备工作

本实例用到的是系统自带的模型。

3. 实例的架构

当“Idle”状态完成后跳转至“Iterate”状态，如果触发“DONE”事件则跳转至“DONE”状态，如果触发“NEXT”事件则跳转至“Set Value”状态进行赋值；跳转到“Compare”状态，如果触发“DONE”事件则跳转至“Greater”状态，如果触发“NEXT”事件则跳转至“Wait”状态进行循环。如图7.1-1所示。

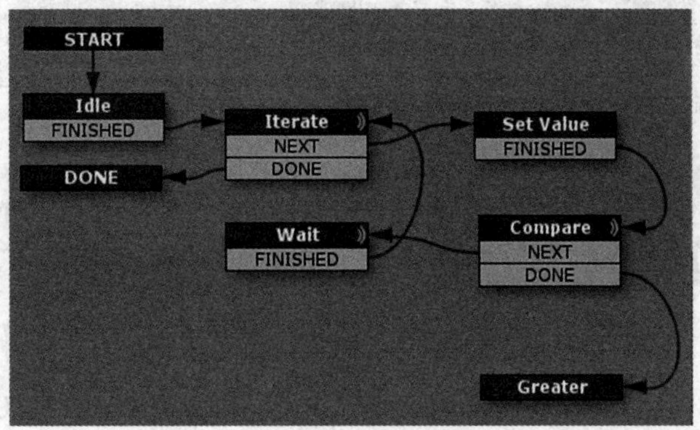

图7.1-1　“GameObject”上的状态机

4. 主要动作说明

Iterate：迭代循环。

Convert Int To String：转换一个整数变量到一个字符串变量。

Build String：从其他字符串构建一个字符串。

Get Fsm Int：从一个FSM中获取一个整数变量的值。

Int Compare：整数比较。

Wait：延时。

5. 实例创作步骤

（1）创建新场景。

（2）新建空物体，添加状态机，将State1命名为Idle，给Idle添加过渡事件FINISHED，连接到新建状态Iterate，如图7.1-2所示。

（3）新建NEXT、DONE两个事件，如图7.1-3所示。

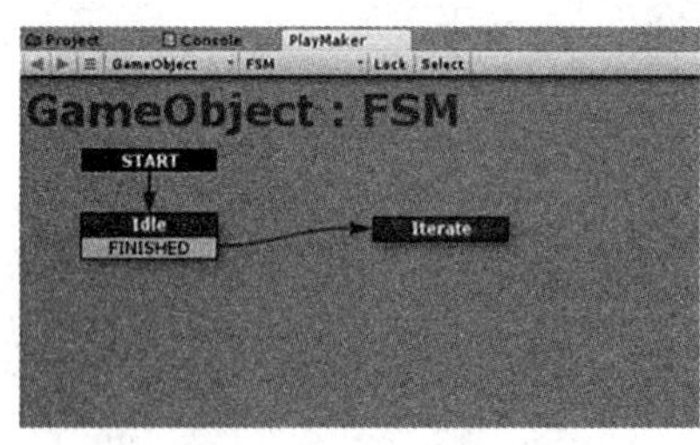

图7.1-2 新建空物体

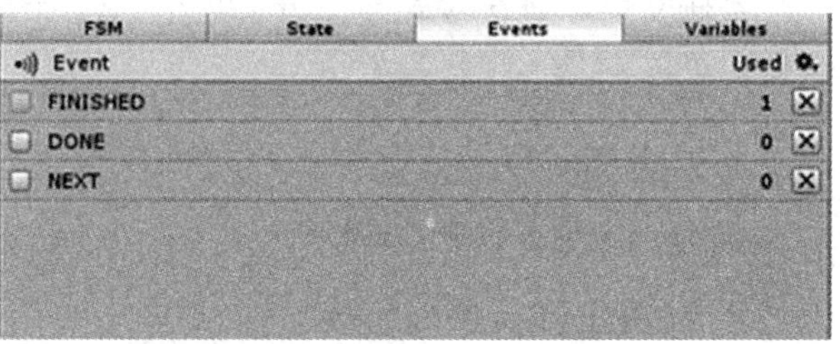

图7.1-3 添加事件

（4）新建变量Index，类型为Int。给Iterate添加过渡事件，与新建状态Set Value、DONE连接，给Iterate添加动作，设置如图7.1-4所示。Iterate动作需要自己添加，具体见第六章6.1实例。

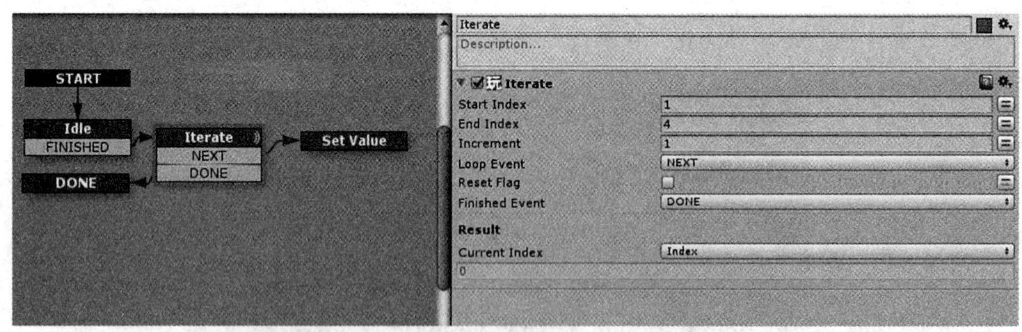

图7.1-4 添加事件及动作

（5）给Set Value添加动作和过渡事件FINISHED，与新建状态Compare连接，如图7.1-5所示。

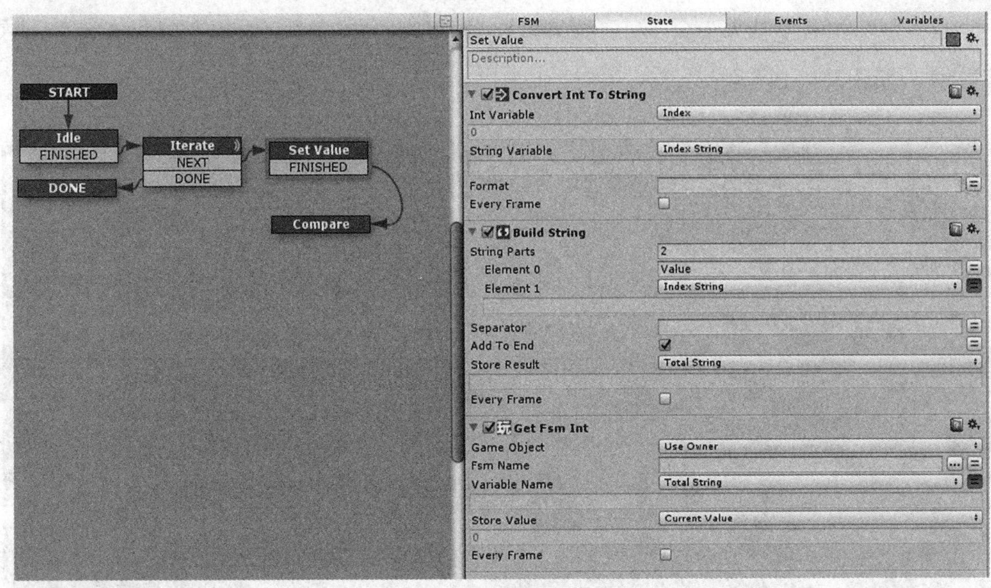

图7.1-5　动作属性

（6）给Compare添加两个过渡事件NEXT和DONE ，与新建状态Wait和Greater连接，添加动作。属性设置如图7.1-6所示。

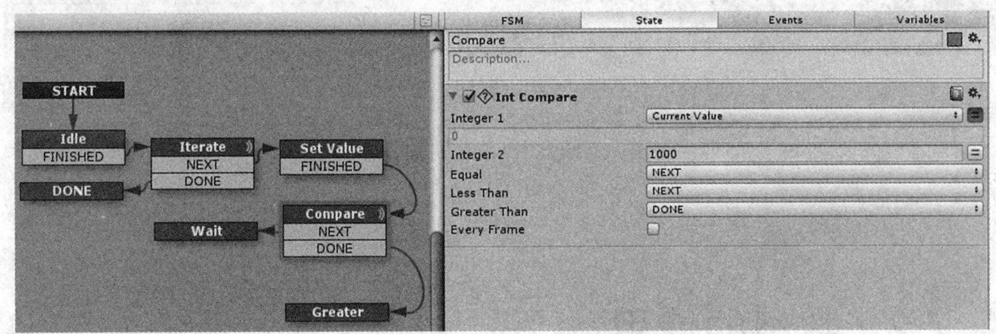

图7.1-6　添加状态和动作

（7）给Wait添加动作和过渡事件FINISHED，与状态Iterate相连。属性设置如图7.1-7所示。

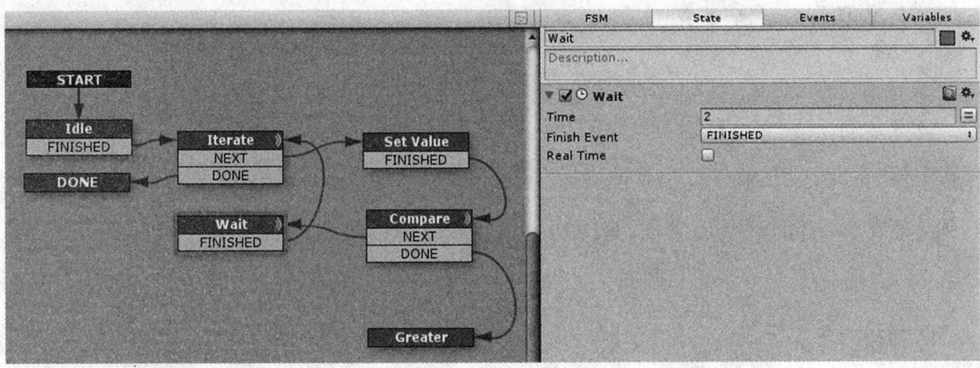

图7.1-7　动作属性

（8）添加4个Int类型变量，将Value1、Value2、Value3、Value4的值设置为任意整数值，如图7.1-8所示。

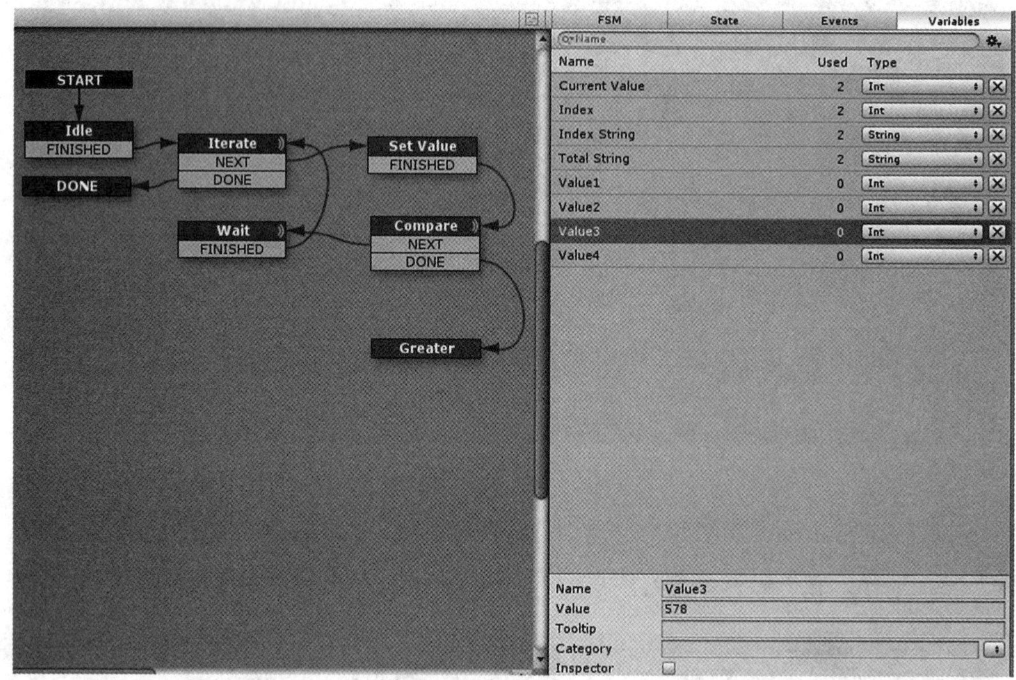

图7.1-8　添加变量

（9）运行测试。

7.2　数组的使用

Unity Quick Tutorial ArrayMaker：Unity ArrayMaker快速教程。

实例难度系数：★★★

场景文件：网盘\Projects\Chapter7\Assets\Scenes\7.2 Unity Quick Tutorial ArrayMaker

视频文件：网盘\视频教程\第7章\7.2 Unity Quick Tutorial ArrayMaker

1. 功能简介

用ArrayMaker代理Hash Table，实现Hash Table中内容的添加。

2. 准备工作

本实例用到的是系统自带的模型。

3. 实例的架构

"State 1"状态执行"Hash Table Contains"动作，如果成功则跳转到"State 2"状态，否则跳转到"State 3"状态执行"Hash Table Set"事件，如图7.2-1。

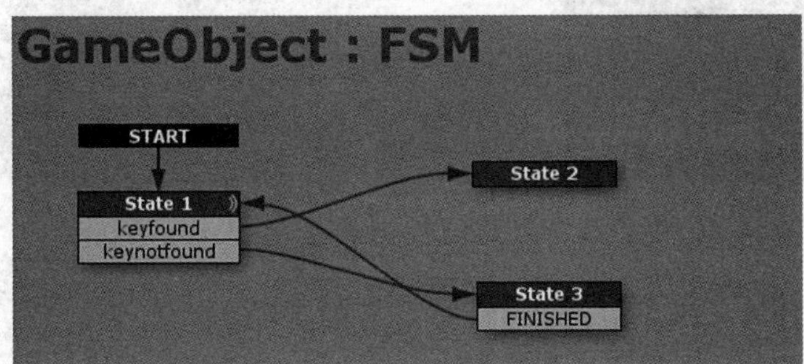

图7.2-1 "GameObject"上的状态机

4. 主要动作说明

Hash Table Contains：判断Hash表是否包含某种条件。

Hash Table Set：设置Hash表。

5. 实例创作步骤

（1）创建新场景。

（2）新建空物体，添加组件PlayMaker Hash Table Proxy（Script），如图7.2-2所示。

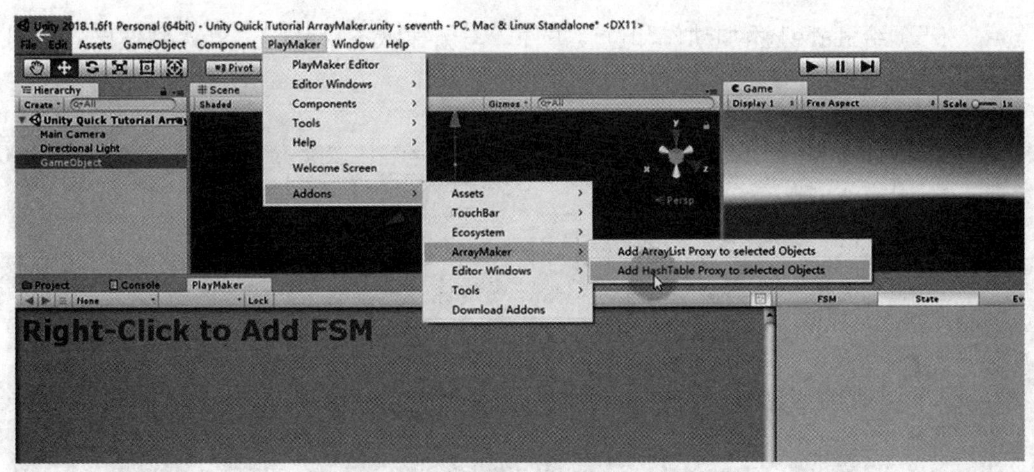

图7.2-2 添加组件

（3）新建两个空物体命名为redkeygo和bluekeygo，设置GameObject组件属性，如图7.2-3所示。

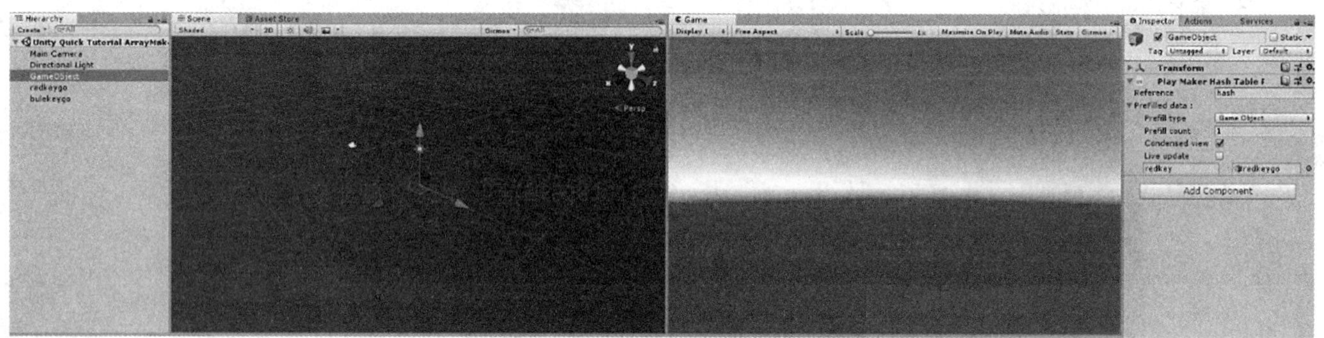

图7.2-3　设置属性

（4）给GameObject添加状态机，新建keyfound和keynotfound两个事件，如图7.2-4所示。

图7.2-4　添加事件

（5）给State1添加动作和过渡事件，与新建状态State2、State3连接，如图7.2-5所示。

图7.2-5　动作属性

（6）给State3添加过渡事件FINISHED，连接到State1。添加动作，属性设置如图7.2-6所示。

图7.2-6　动作属性

（7）点击运行，查看效果。

第八章　综合实例

本章通过六个综合实例详细讲解了利用Unity和PlayMaker可视化地设计与制作三维互动作品的方法。

8.1　颜色调制

RGB modulation：三原色调制。

实例难度系数：★★★

场景文件：网盘\Projects\Chapter8\Assets\Scenes\8.1 RGB modulation

视频文件：网盘\视频教程\第8章\8.1 RGB modulation

1. 功能简介

任意选择原色调制出新颜色。本实例运行时，不做任何点击时，三色小球自身在旋转，当鼠标停留在小球上时，小球放大，当鼠标点击小球，小球还原大小并停止旋转，选择好要调制的颜色后点击DO RUN按钮，进行颜色调制，生成新的颜色，如图8.1-1、图8.1-2、图8.1-3所示。

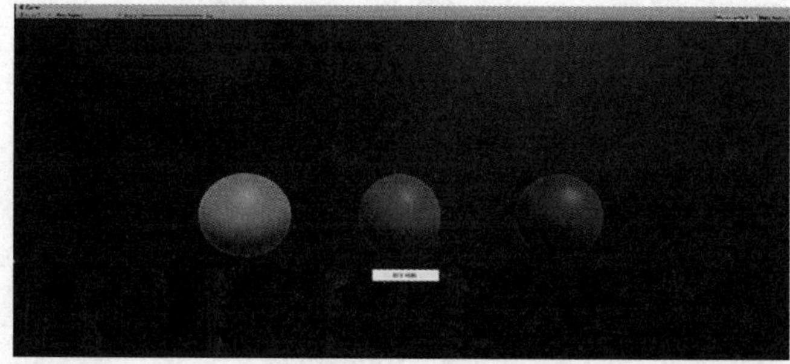

图8.1-1　未点击

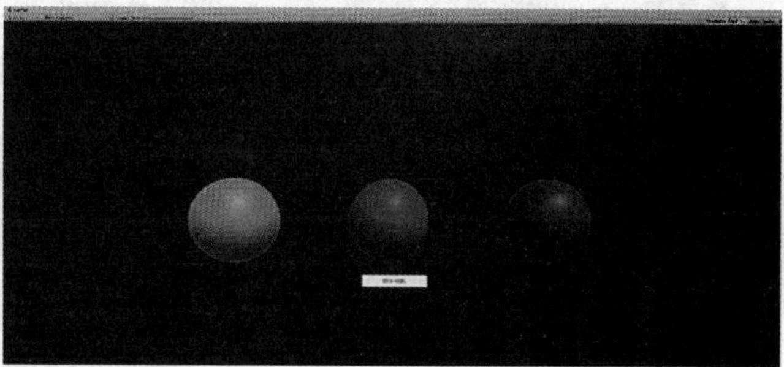

图8.1-2　点击小球

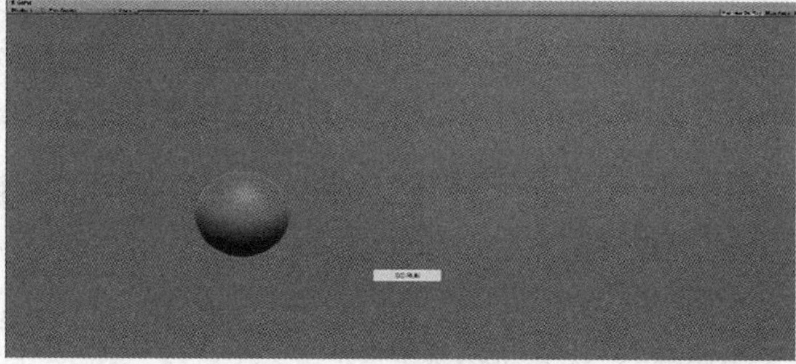

图8.1-3　点击后

2. 准备工作

本实例将用到的为系统自带模型。

3. 实例的架构

DO RUN按钮上的状态机控制小球的选择与生成颜色的保存，如图8.1-4所示。

R、G、B三个小球上的状态机控制小球的旋转、大小、颜色，用以区分小球选中与未选中，如图8.1-5、图8.1-6、图8.1-7所示。

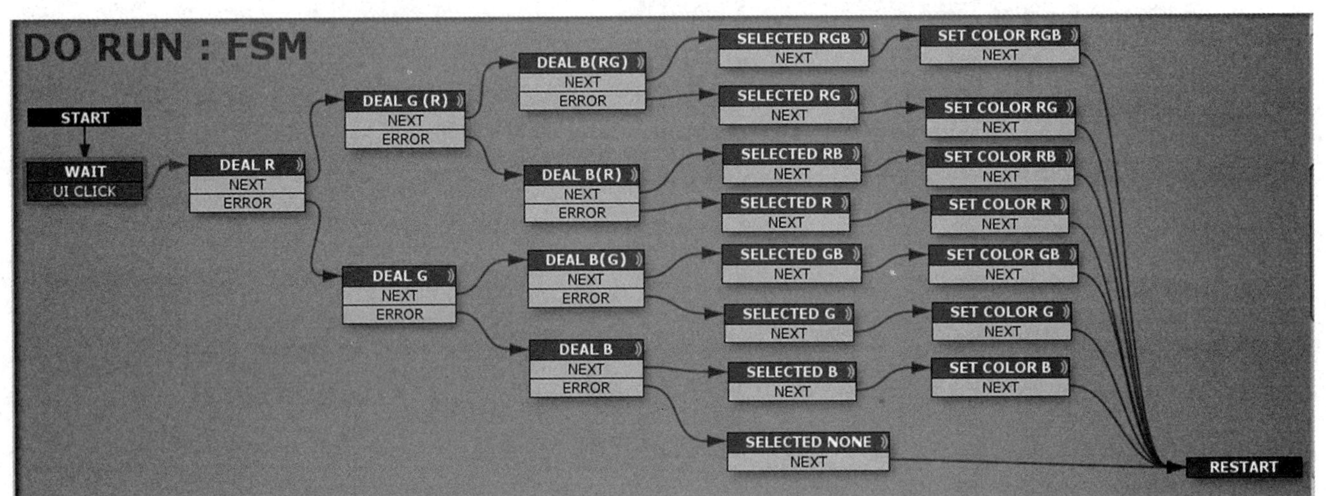

图8.1-4　“DO RUN”上的状态机

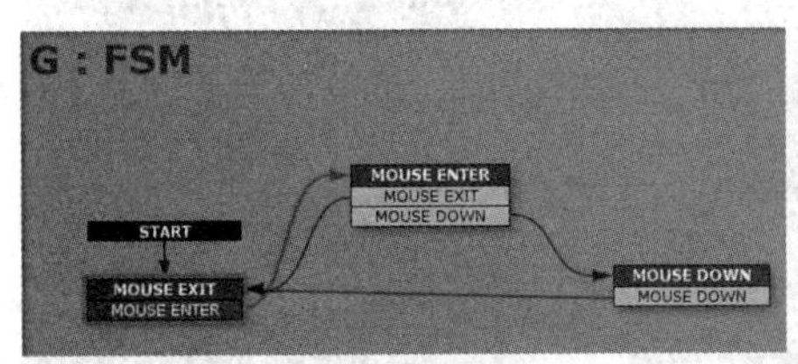

图8.1-5　“G”上的状态机

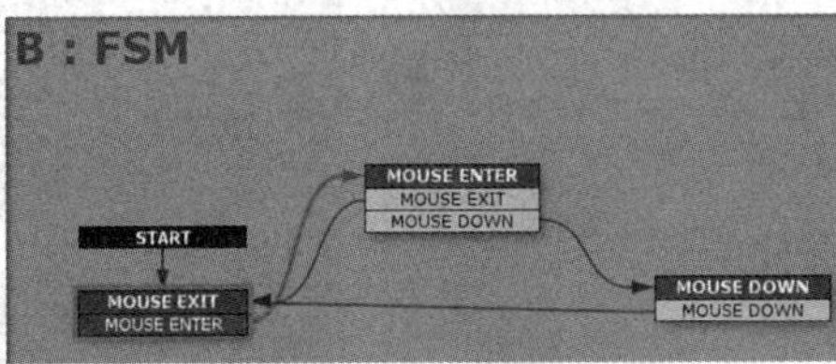

图8.1-6　“B”上的状态机

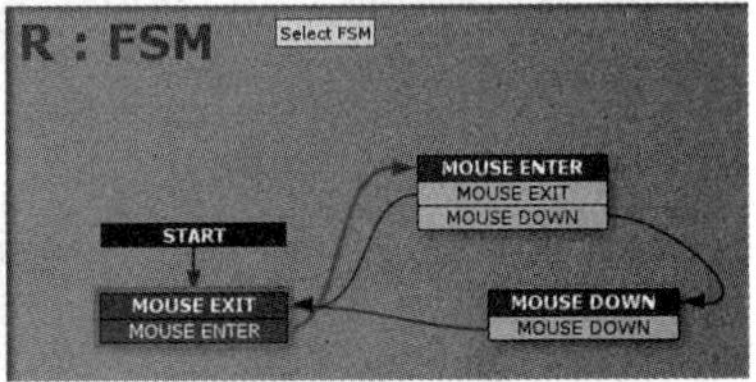

图8.1-7　“R”上的状态机

4. 主要动作说明

Activate Game Object：激活/取消游戏对象。使用该功能可以隐藏/显示区域，或启用/禁用很多动作等。

Set Material Color：在一个游戏对象的材质中设置一个已命名颜色的值。

Rotate：绕着某个轴旋转一个游戏对象。

Set Scale：设置游戏对象的缩放。

Array List Remove：数组列表清除。

Array List Add：加入数组列表。

Array List Contains：是否包含在数组列表中。

Collision Event：当碰撞体与标记对象发生碰撞时发送指定事件。可选存储碰撞体和碰撞作用力在一个变量中以供以后使用（注意：碰撞是在其他功能后被处理的，因此该功能应该被排列在功能列表最后的位置）。

Translate：游戏对象沿着某个轴移动。

Destroy Object：摧毁物体。

5. 实例创作步骤

（1）创建新场景。

（2）新建一个空物体，命名为Save Result。添加组件Play Maker Array List Proxy（Script）并设置属性，如图8.1-8所示。

（3）新建一个Sphere命名为R，添加组件Rigidbody，取消Use Gravity，如图8.1-9所示。

图8.1-8　添加组件

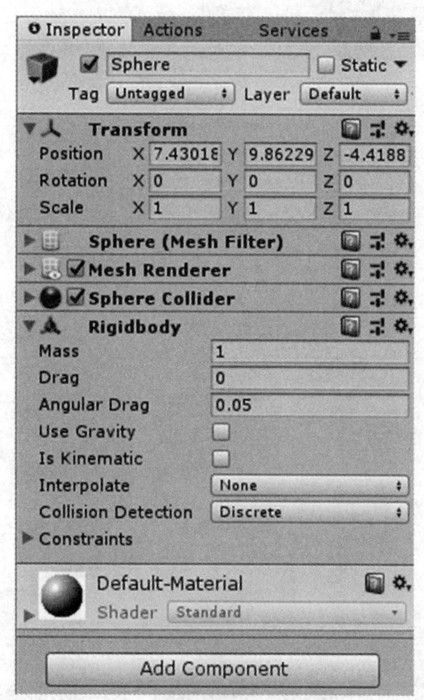

图8.1-9　新建Sphere

（4）给R添加FSM状态机，建立MOUSE EXIT、MOUSE ENTER、MOUSE DOWN三个状态，给状态添加相应的过渡事件连接，如图8.1-10所示。

（5）给状态MOUSE EXIT添加Set Material Color、Set Scale、Rotate、Array List Remove动作，设置动作属性如图8.1-11所示。

（6）给状态MOUSE ENTER添加Set Scale、Rotate动作，设置动作属性如图8.1-12所示。

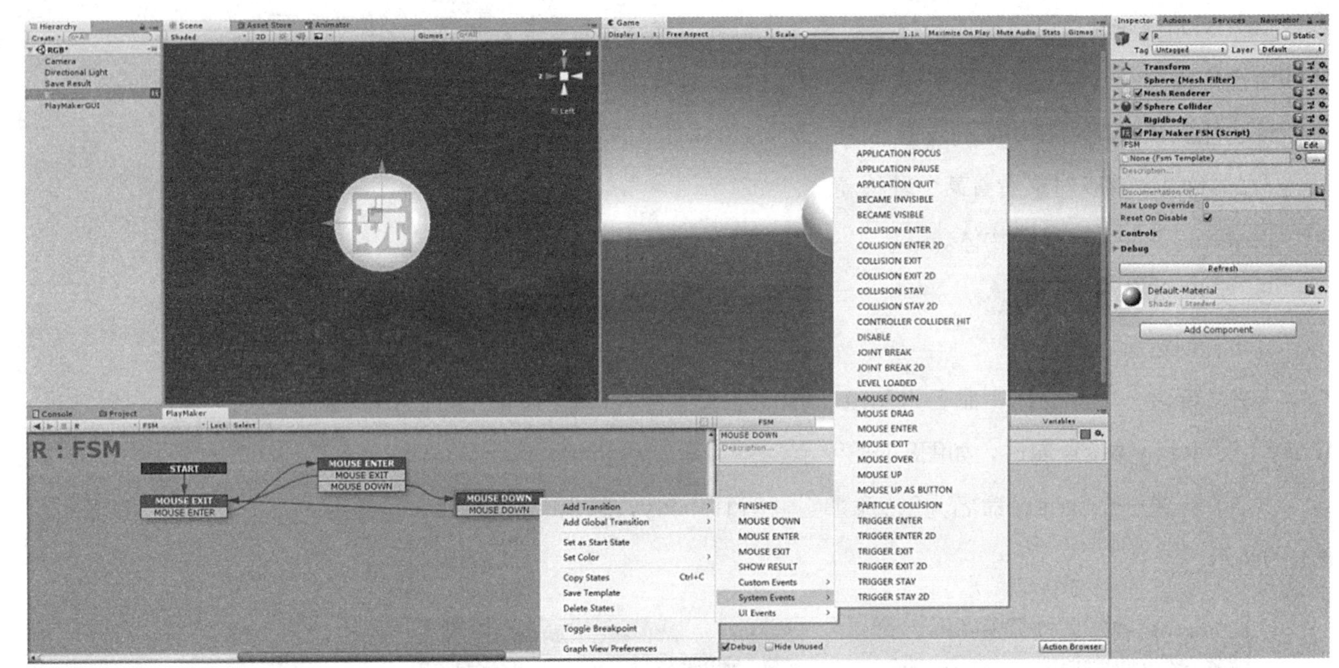

图8.1-10　连接效果

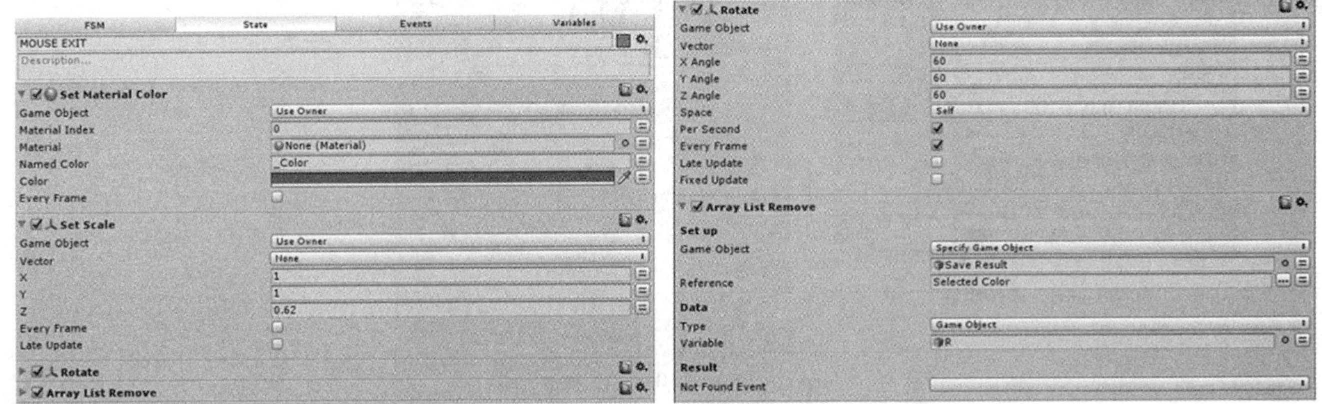

图8.1-11　动作属性

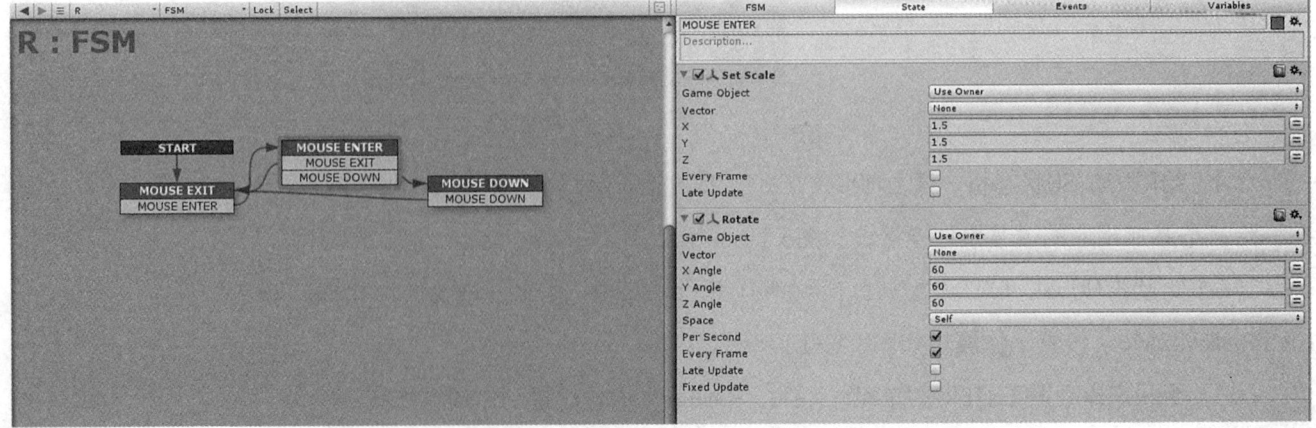

图8.1-12　动作属性

（7）给状态MOUSE DOWN添加Set Scale、Rotate、Array List Add动作，设置动作属性如图8.1-13所示。

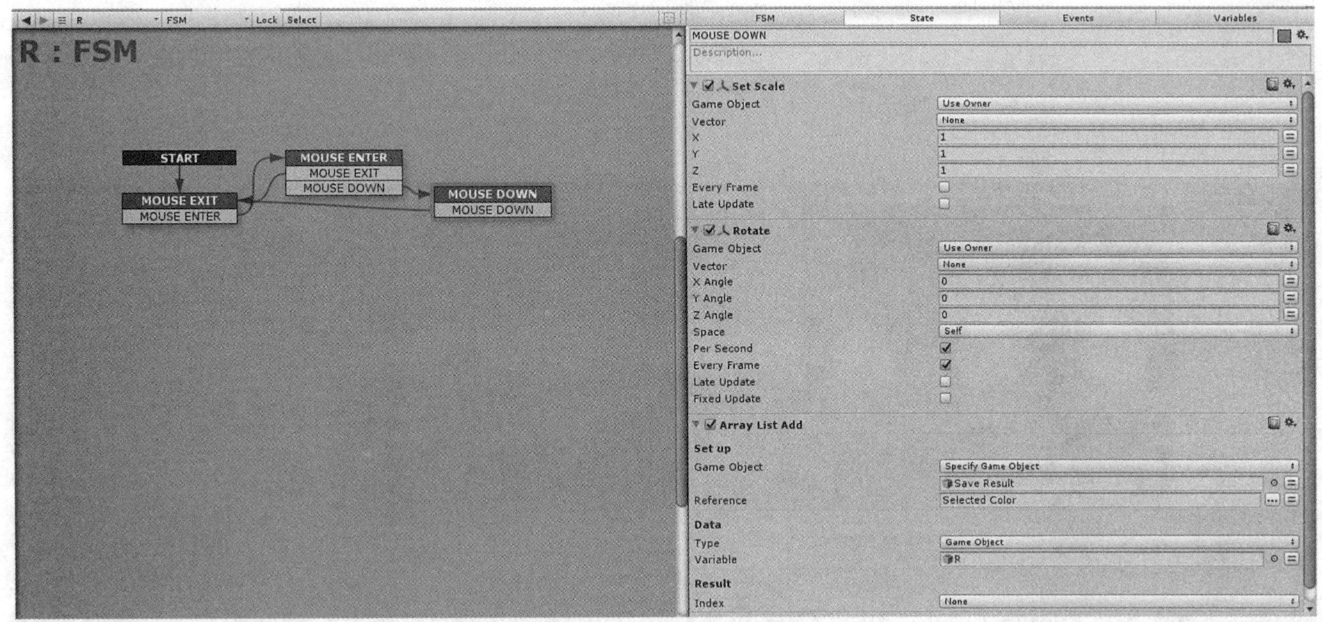

图8.1-13　动作属性

（8）复制两个R，分别命名为G、B。修改G的Set Material Color动作属性，如图8.1-14所示。修改B的Set Material Color动作属性，如图8.1-15所示。

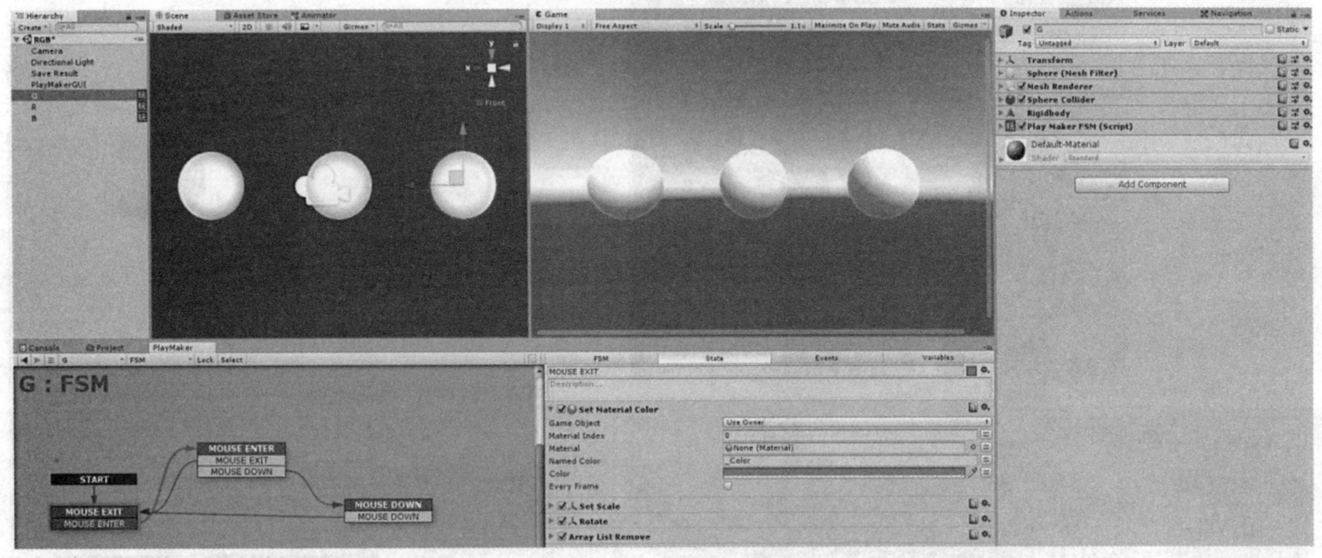

图8.1-14　修改G属性

（9）新建一个Cube，命名为Show Result，更改形状和位置。添加FSM状态机，将State 1命名为DEFAULT，添加Set Material Color动作并设置属性，如图8.1-16所示。

（10）新建一个Button，命名为DO RUN，调整Button的属性和内容，效果如图8.1-17所示。

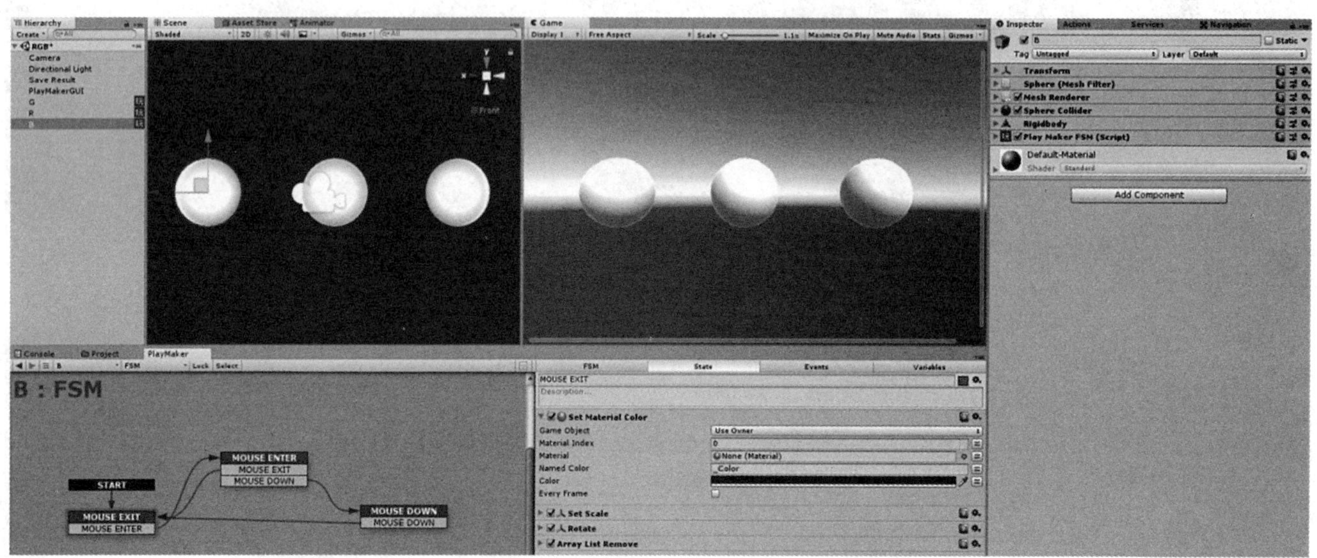

图8.1-15　修改B属性

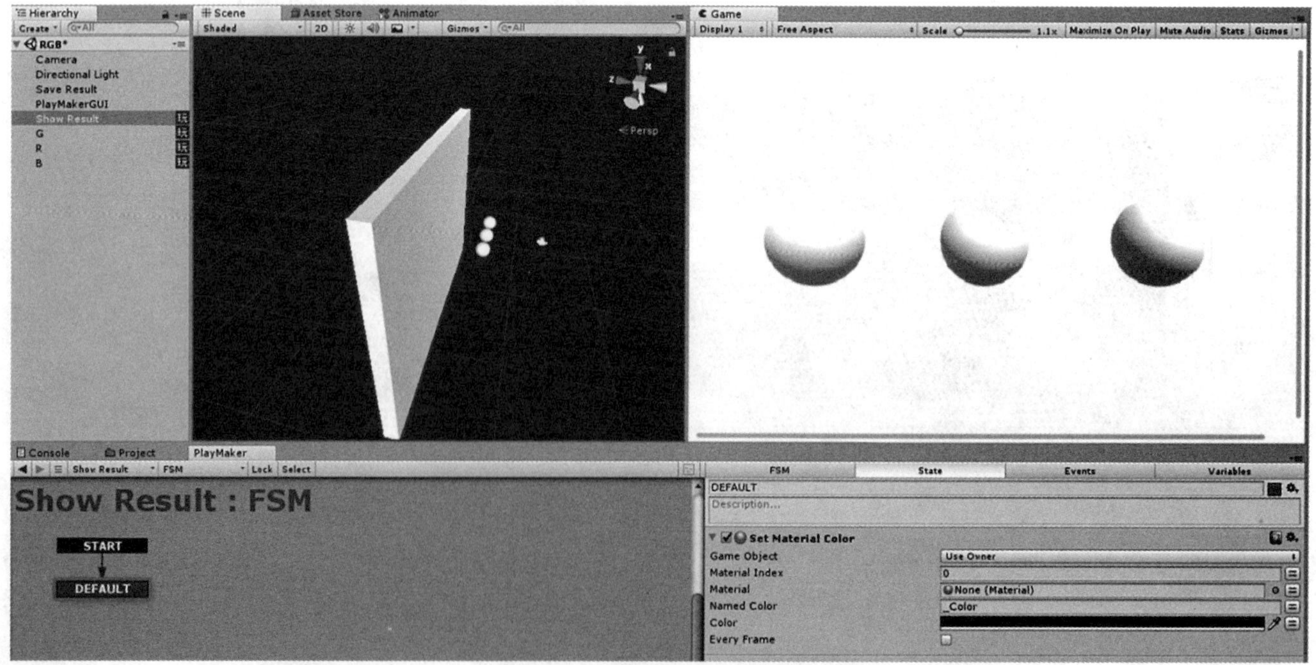

图8.1-16　设置属性

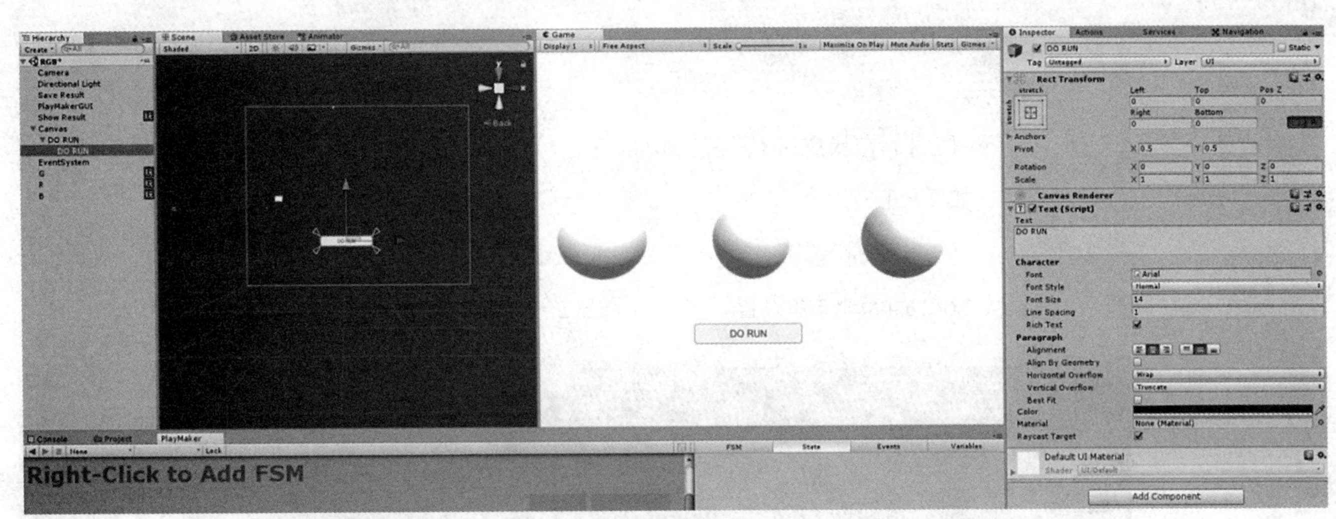

图8.1-17　新建Button

（11）给DO RUN添加FSM状态机，新建过渡事件NEXT和ERROR。添加对应的状态和过渡事件形成逻辑关系，整体效果如图8.1-18所示。接下来一一说明不同状态的具体内容。

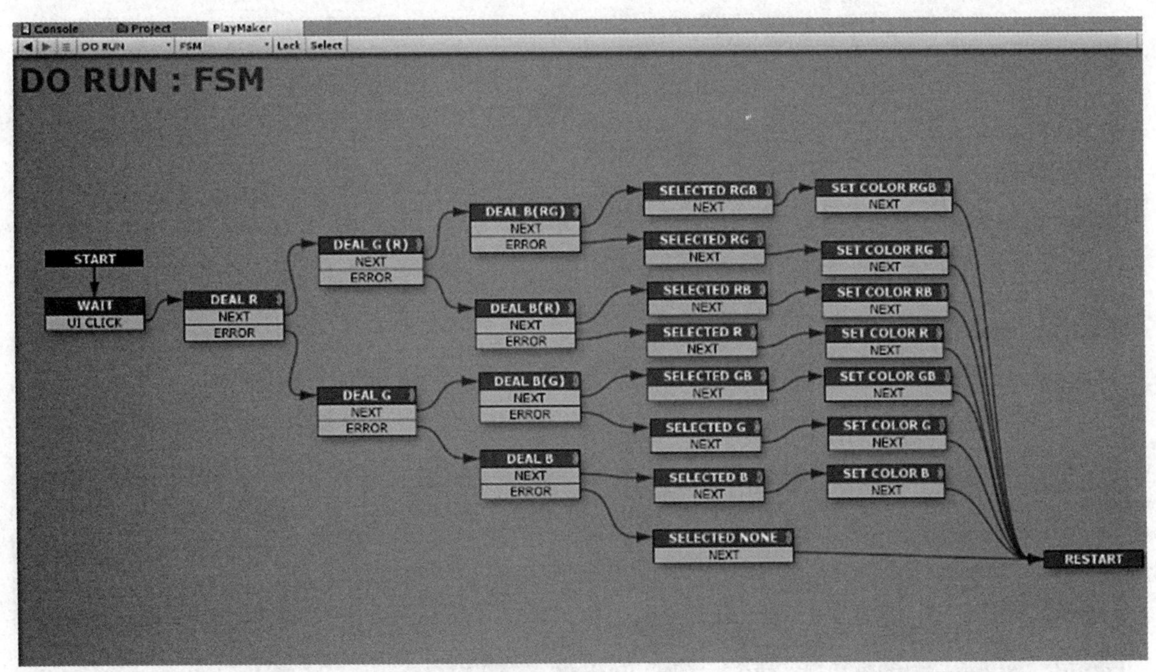

图8.1-18　整体效果

（12）在状态DEAL R中添加Array List Contains动作并设置属性，如图8.1-19所示。

（13）在状态DEAL G、DEAL G（R）中添加Array List Contains动作并设置属性，如图8.1-20所示。

（14）在状态DEAL B（RG）、DEAL B（R）、DEAL B（G）、DEAL B中添加Array List Contains动作并设置属性，如图8.1-21所示。

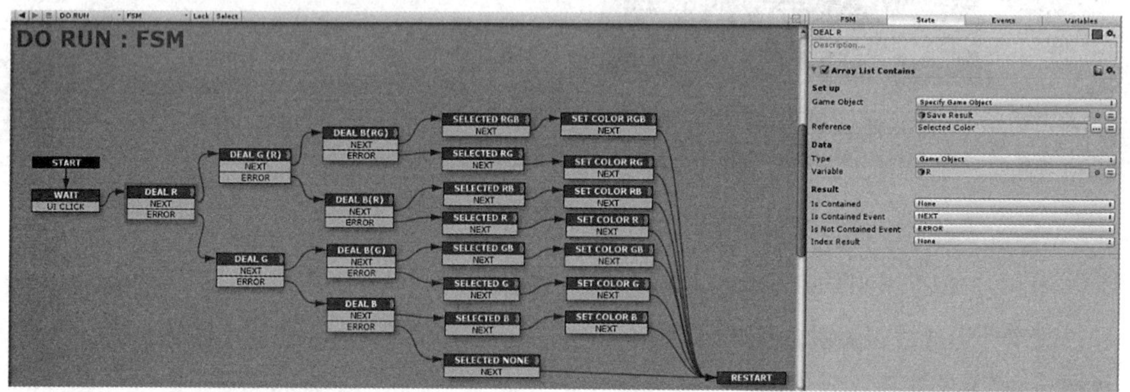

图8.1-19　动作属性

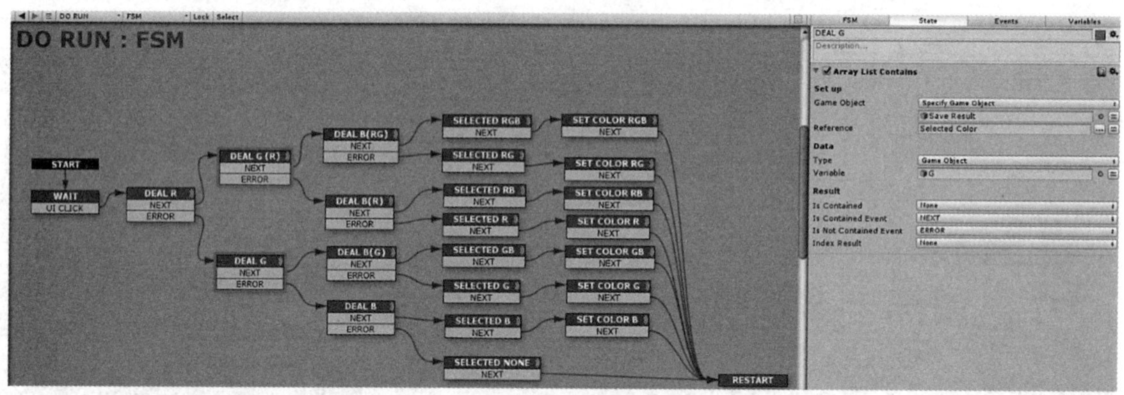

图8.1-20　动作属性

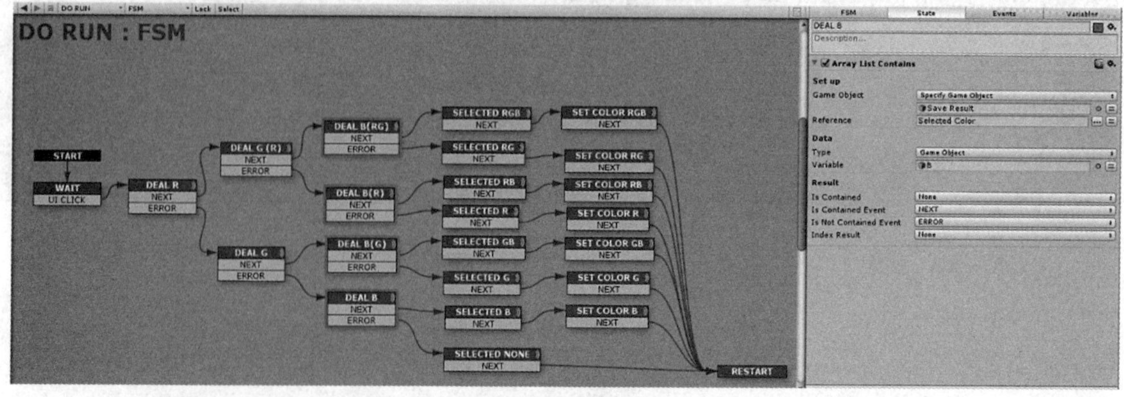

图8.1-21　动作属性

（15）在状态SELECTED NONE中添加动作并设置属性，如图8.1-22所示。

（16）在状态SELECTED RGB中添加动作并设置属性，如图8.1-23所示。

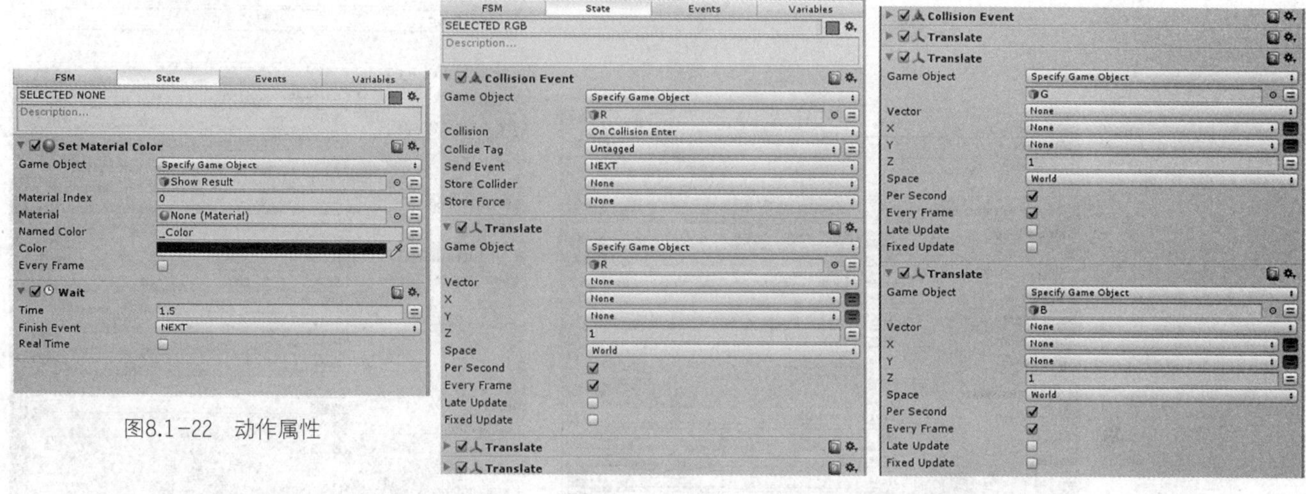

图8.1-22　动作属性

图8.1-23　动作属性

（17）在状态SELECTED RG中添加动作并设置属性，如图8.1-24所示。

（18）在状态SELECTED RB中添加动作并设置属性，如图8.1-25所示。

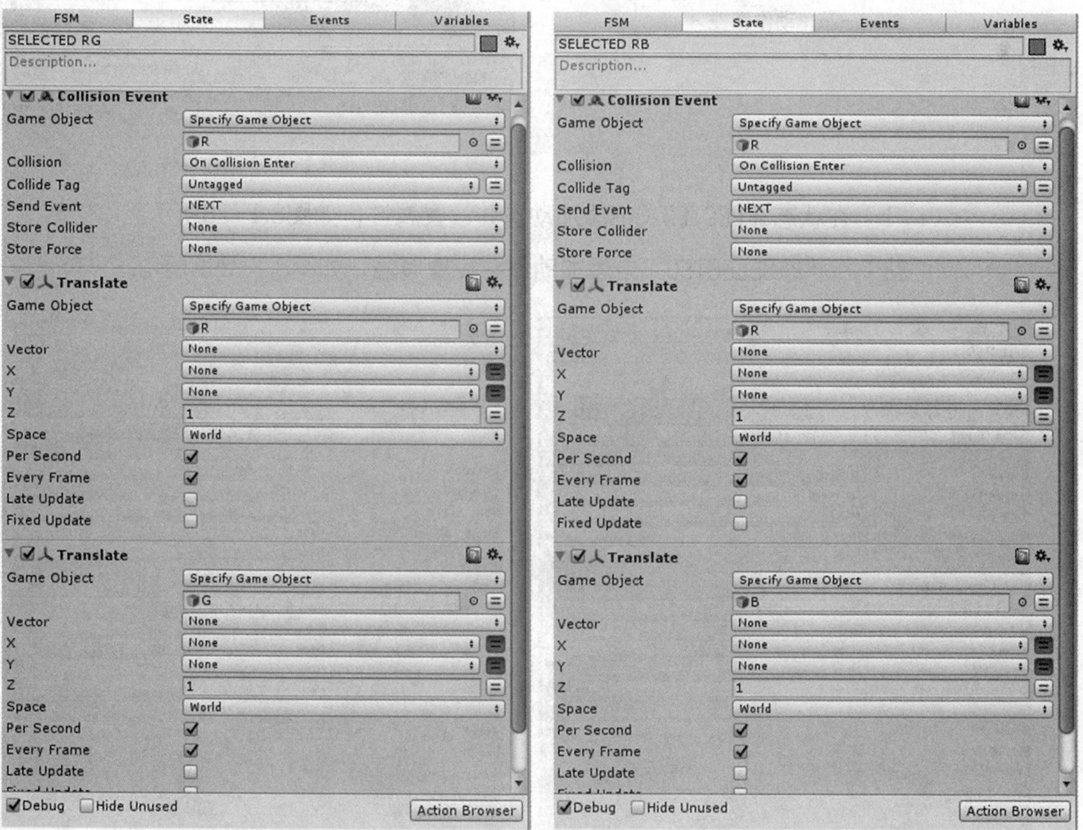

图8.1-24　动作属性

图8.1-25　动作属性

（19）在状态SELECTED R中添加动作并设置属性，如图8.1-26所示。

（20）在状态SELECTED GB中添加动作并设置属性，如图8.1-27所示。

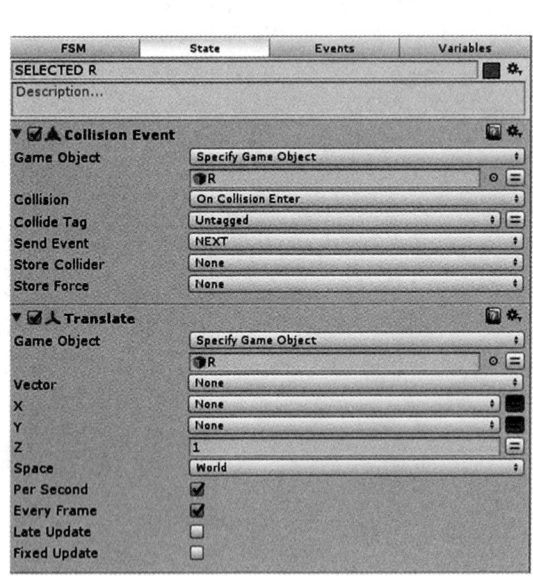

图8.1-26　动作属性

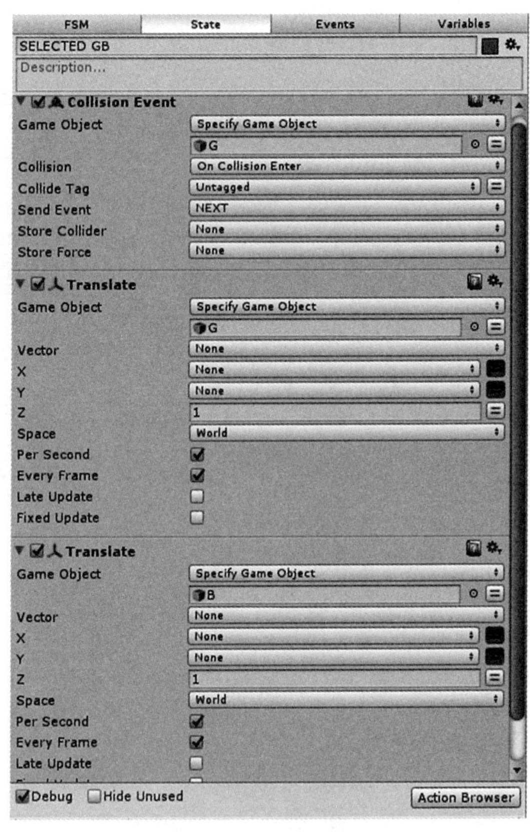

图8.1-27　动作属性

（21）在状态SELECTED G中添加动作并设置属性，如图8.1-28所示。

（22）在状态SELECTED B中添加动作并设置属性，如图8.1-29所示。

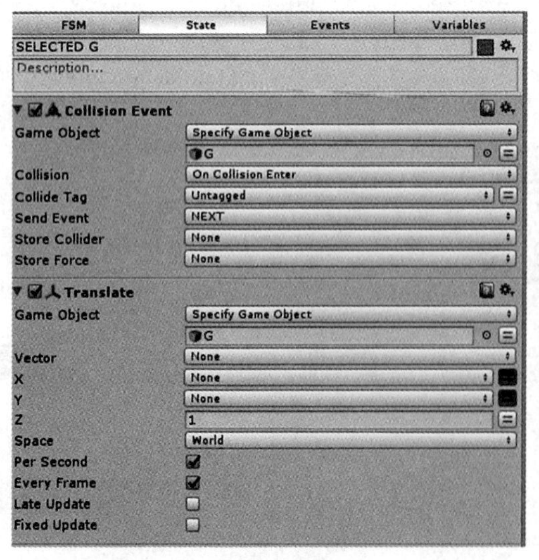

图8.1-28　动作属性

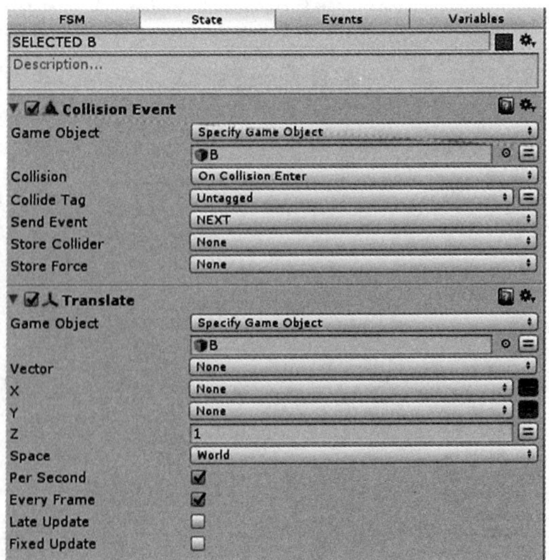

图8.1-29　动作属性

（23）在状态SET COLOR RGB中添加动作并设置属性，如图8.1-30所示。

（24）在状态SET COLOR RG中添加动作并设置属性，如图8.1-31所示。

（25）在状态SET COLOR RB中添加动作并设置属性，如图8.1-32所示。

（26）在状态SET COLOR R中添加动作并设置属性，如图8.1-33所示。

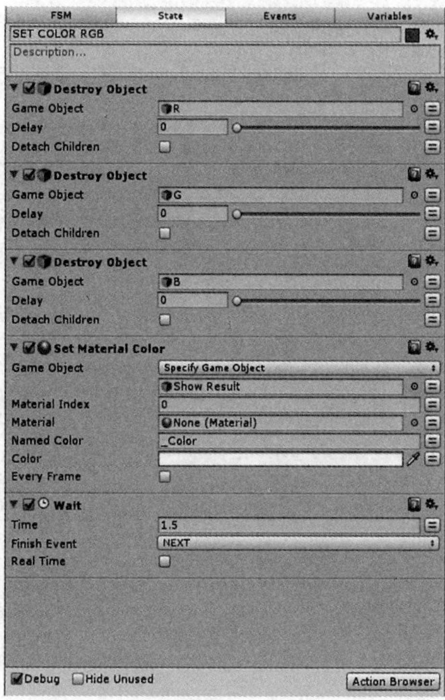

图8.1-30　动作属性

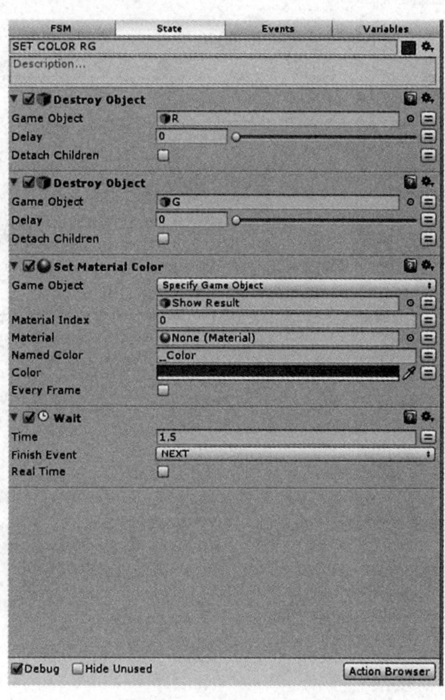

图8.1-31　动作属性

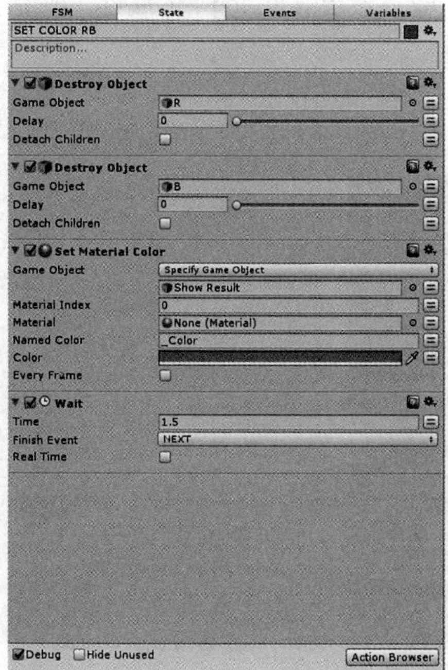

图8.1-32　动作属性

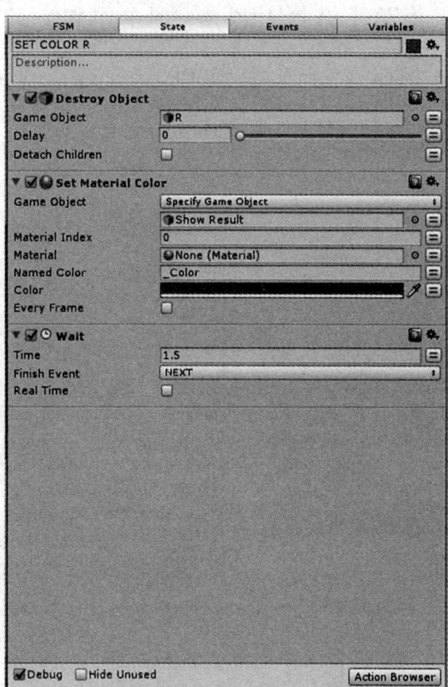

图8.1-33　动作属性

（27）在状态SET COLOR GB中添加动作并设置属性，如图8.1-34所示。

（28）在状态SET COLOR G中添加动作并设置属性，如图8.1-35所示。

（29）在状态SET COLOR B中添加动作并设置属性，如图8.1-36所示。

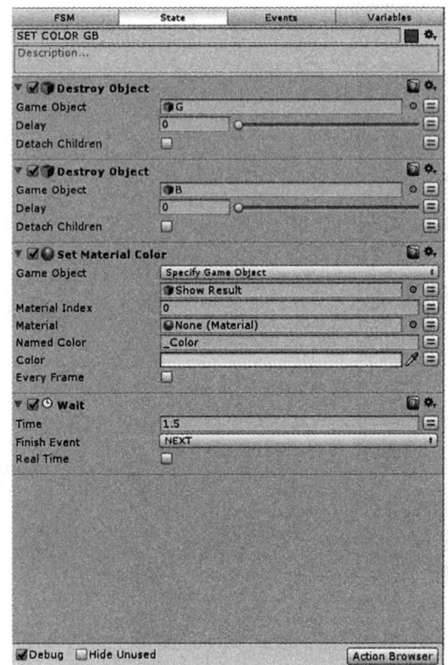

图8.1-34　动作属性

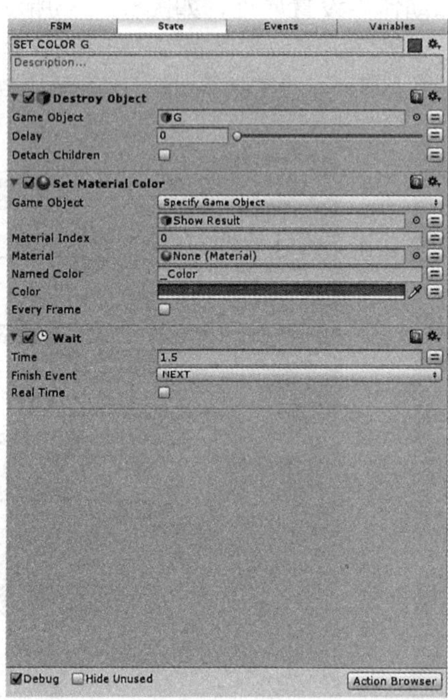

图8.1-35　动作属性

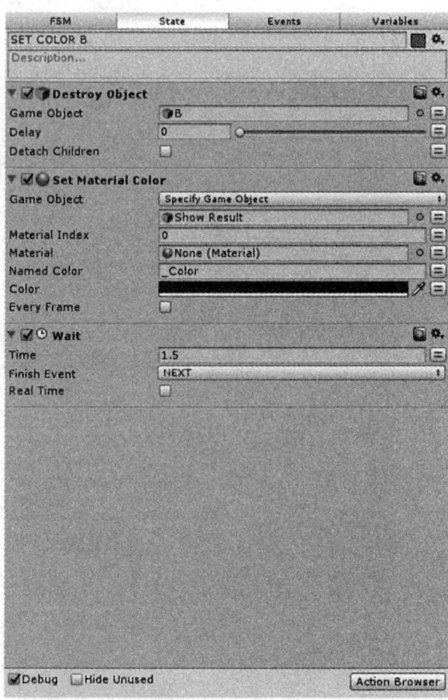

图8.1-36　动作属性

（30）在状态RESTART中添加Restart Level动作，如图8.1-37所示。

（31）选择Window—>Lighting—>Settings，设置Lighting下的属性，取消Auto Generate，然后点击Generate Lighting，如图8.1-38所示。

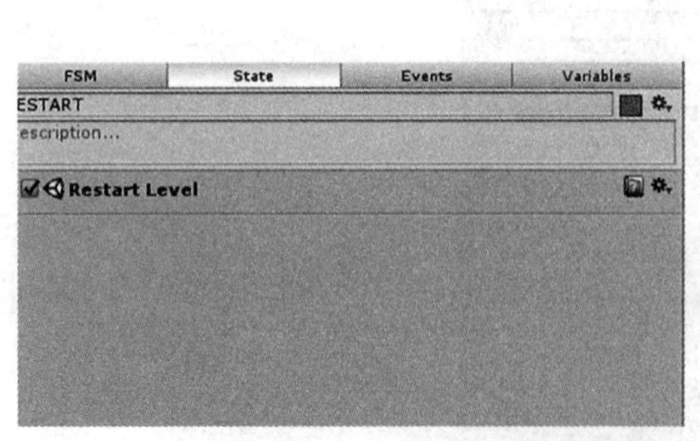

图8.1-37　添加动作

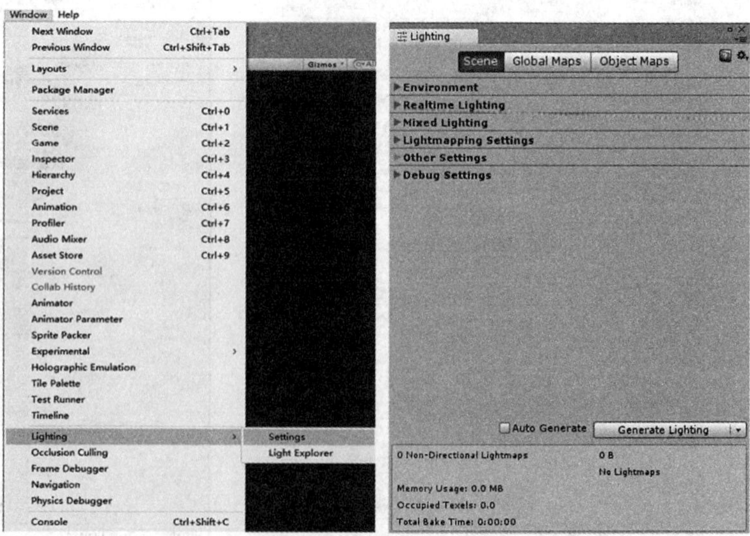

图8.1-38　取消自动生成

（32）运行调试。

8.2 智力问答小游戏

Quiz game using DataMaker and XML：使用DataMaker和XML制作测验游戏。

实例难度系数：★★★★

场景文件：网盘\Projects\Chapter8\Assets\Scenes\8.2 Quiz game using DataMaker and XML

视频文件：网盘\视频教程\第8章\8.2 Quiz game using DataMaker and XML

1.功能简介

用DataMaker和XML来制作测验游戏。在xml文件存储预设值，根据用户不同选择做出相应的回应。如图8.2-1所示。

图8.2-1　运行效果

2. 准备工作

（1）本实例用到的插件资源放在网盘\Package\DataMaker.unitypackage，详细情况如表8.2-1所示。

表8.2-1　插件文件

文件名	格式	用途
DataMaker.unitypackage	unitypackage	添加数组相关动作

（2）本实例用到的文本资源放在网盘\Projects\Chapter 8\Assets\XML\QUIZ.xml，详细情况如表8.2-2所示。

表8.2-2　文本文件

文件名	格式	用途
QUIZ.xml	xml	数据信息引用源

3. 实例的架构

点击运行，所有物体均在初始状态。空物体XML查找QUIZ.xml文件中相应的节点，未找到则进入State2，出现错误则进入State1。找到符合要求的节点时通过found事件过渡到GET PROPERTY状态，在GET PROPERTY状态中获取xml文件中符合要求的记录的ID、ASK和ANSWER并储存在不同的变量中，通过过渡事件NEXT到状态ADD ARRAY LIST将记录增加在数组中，同时结束回到GET PROPERTY状态。循环直至查找完毕进入END状态，传递全局事件SHOW-QUESTION，进入“QUESTION-LOGIC”的状态机。XML上的状态机如图8.2-2所示。

在空物体“QUESTION-LOGIC”中，SHOW-QUESTION状态下，将获取数组中的问题和答案并随机显示一条问题，接着用户点击TRUE或FALSE按钮。空物体“QUESTION-LOGIC”上的状态机如图8.2-3所示。

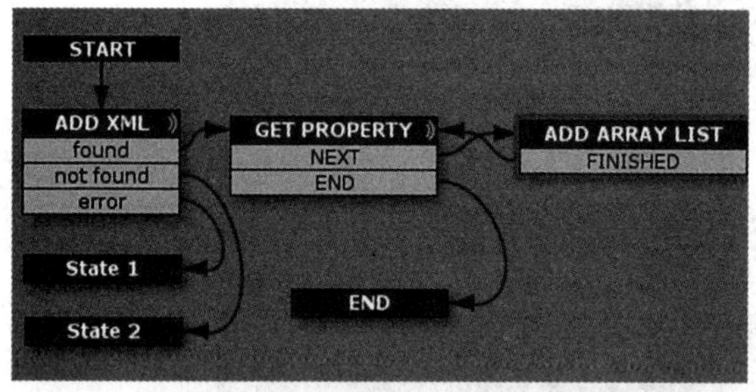

图8.2-2　空物体“XML”上的状态机

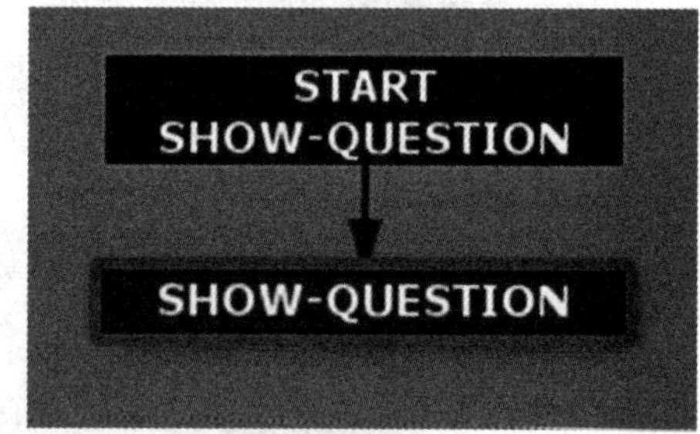

图8.2-3　空物体“QUESTION-LOGIC”上的状态机

在按钮上，当用户点击按钮，进入compare状态，如答案正确，进入right状态激活“YOU ARE RIGHT”框，如答案错误，进入wrong状态激活“YOU ARE WRONG”框，完成后进入reset状态重置，进入下一题。按钮上的状态机如图8.2-4所示。

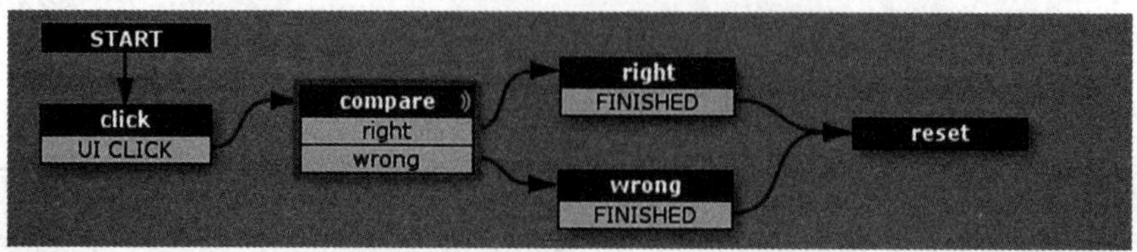

图8.2-4　“true”和“false”上的状态机

4. 主要动作说明

Xml Select Nodes：在Xml文件中选择某些符合条件的节点。

Xml Get Next Node List Properties：获取下一个节点列表的属性。

Array List Add：将带有指定键和值的元素添加到Array List中。

Send Event：发送一个指定事件。

Array List Get Random：随机获取一组字符串。

UI Text Set Text：用户界面文本设置。

Array List Get：获取指定内容的数组。

Int Compare：基于2个整数比较发送事件。

Set Property：设置任何公共属性的值或在目标对象中填入。例如，拖放任何连接到一个游戏对象的组件，访问其属性。

Wait：在指定时间内延迟完成一个节点。

Reset Level：重置状态机层次。

5. 实例的制作步骤

（1）创建新场景。选择Assets—>Import Package—>Custom Package，在插件所在路径中选择DataMaker.unitypackage导入插件（请事先至网盘下载），如图8.2-5所示。

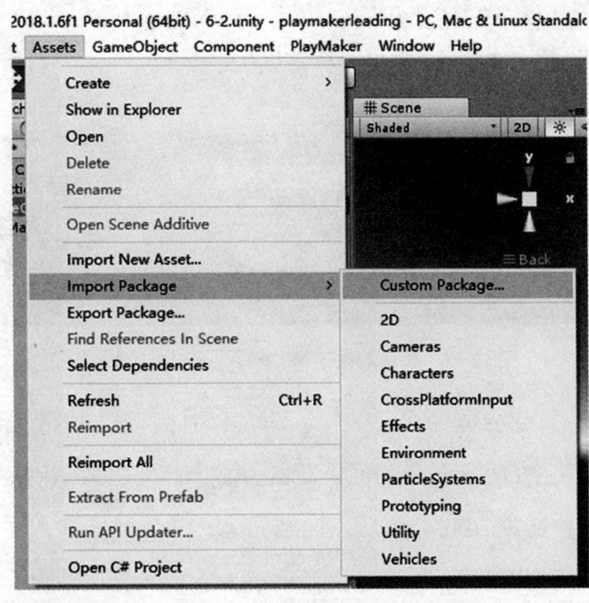

图8.2-5　导入插件DataMaker.unitypackage

（2）新建一个Canvas，在Canvas里添加子物体Panel，调整大小与位置，效果如图8.2-6所示。

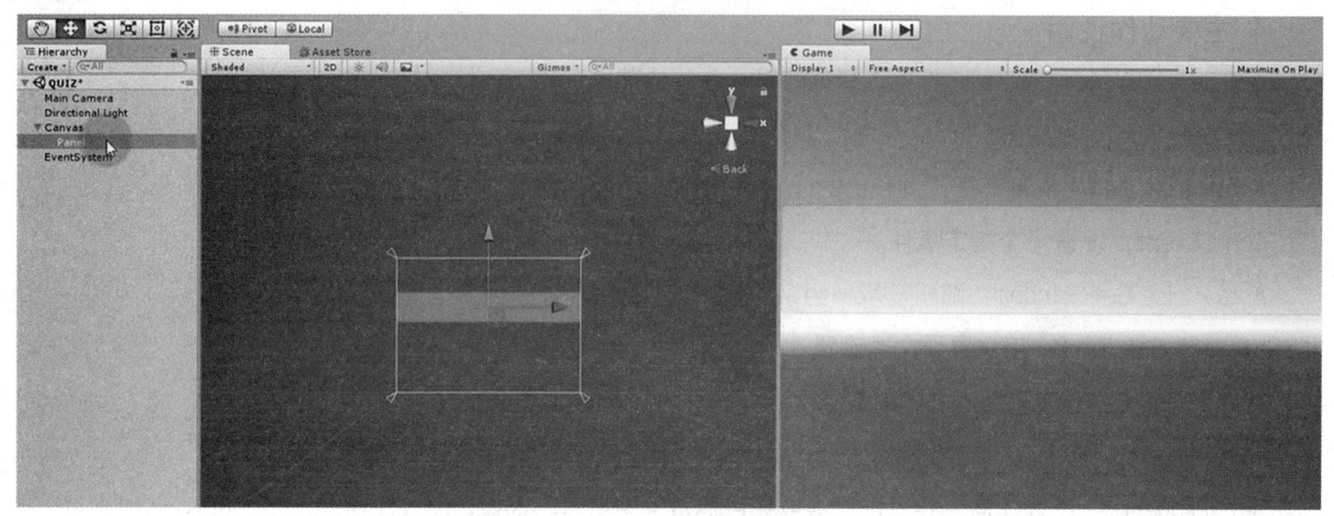

图8.2-6　新建Panel

（3）在Panel里添加子物体Text调整其大小和属性，再在Canvas里添加两个子物体Button，命名为TRUE和FALSE并设置其属性，效果如图8.2-7所示。

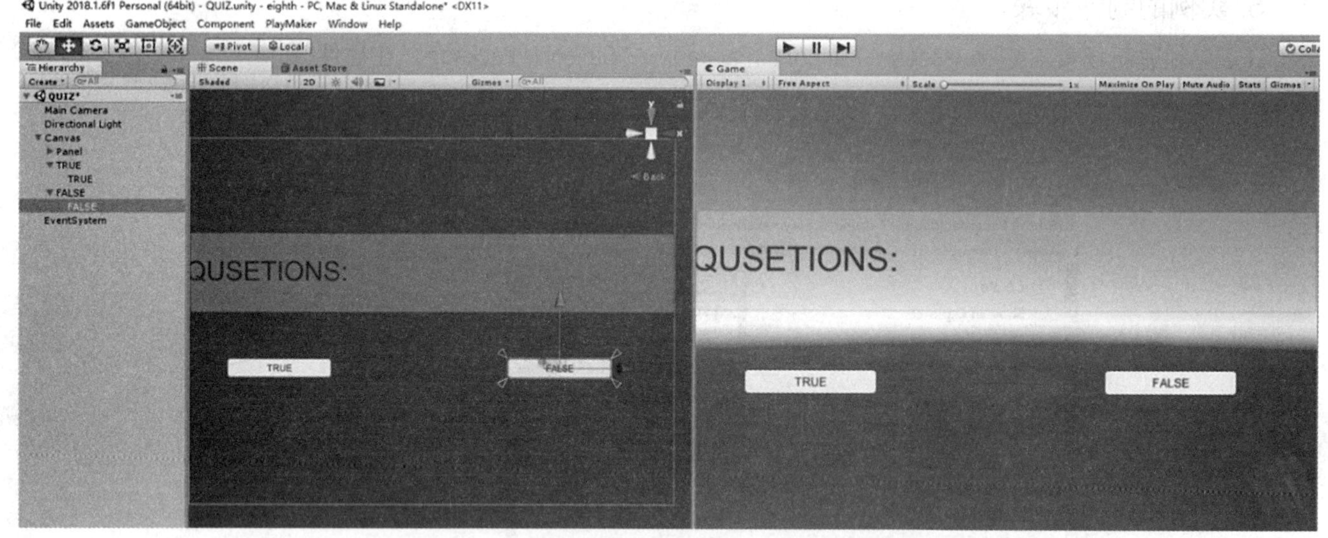

图8.2-7　整体效果

（4）新建一个空物体命名为XML，添加FSM状态机。将文件QUIZ.xml放置在Scenes文件夹中，将State 1命名为ADD XML，添加Xml Select Nodes动作并设置属性，Source selection处选择Text Asset，TextAsset Object处拖入文件QUIZ.xml，xPath Query处输入/QUIZ/QUESTION，Store Reference处输入QUIZ，Node Count处新建变量Index。Found Event、Not Found Event、Error Event分别设为新建过渡事件found、not found、error，分别过渡到状态GET PROPERTY、State 1、State 2，如图8.2-8所示。

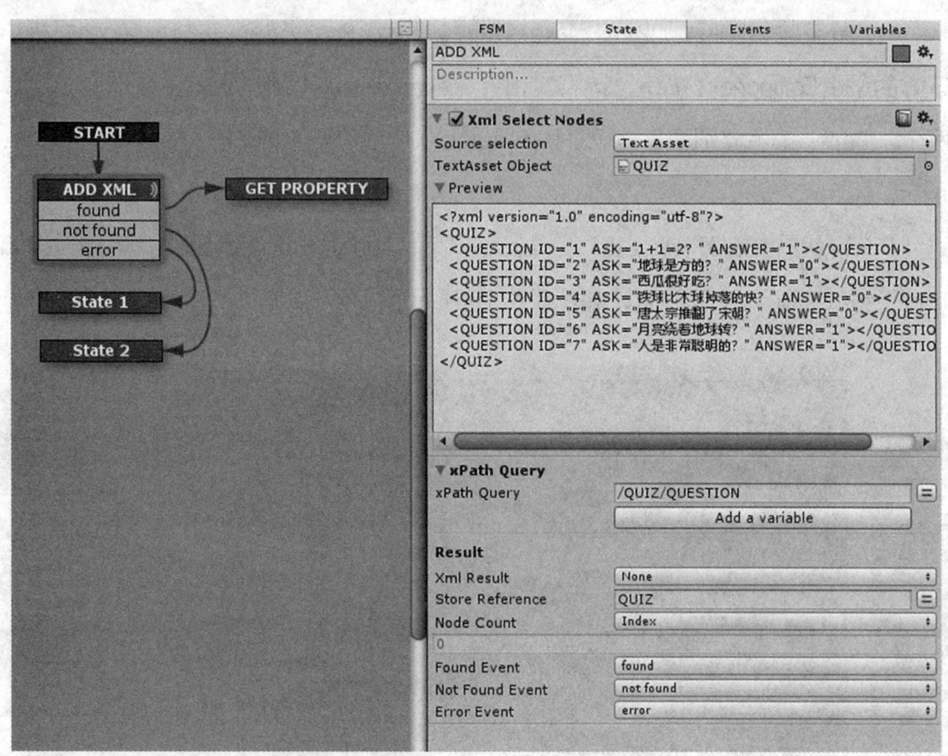

图8.2-8　添加状态及动作

（5）给状态GET PROPERTY添加Xml Get Next Node List Properties动作并设置属性，新建过渡事件NEXT和END分别过渡到状态ADD ARRAY LIST和END，参数设置如图8.2-9所示。

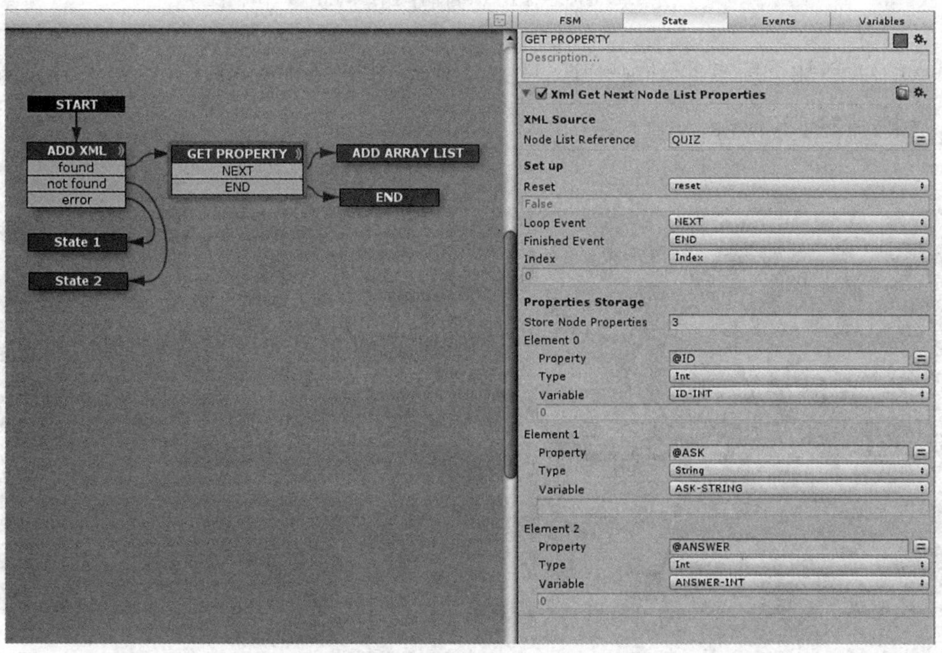

图8.2-9　添加状态及事件

（6）给空物体XML添加Play Maker Array List Proxy组件，在Inspecor面板中点击下方的Add Component按钮，选择“Play Maker Array List Proxy（Script）”，添加两个。Reference分别填写QUESTION-ASK和QUESTION-ANSWER。设置属性如图8.2-10所示。

（7）给状态ADD ARRAY LIST添加Array List Add动作并设置属性。添加过渡事件FINISHED到状态GET PROPERTY，如图8.2-11所示。

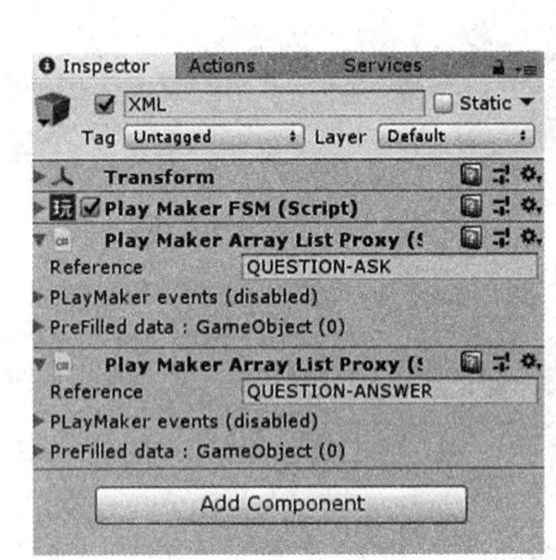

图8.2-10　组件属性

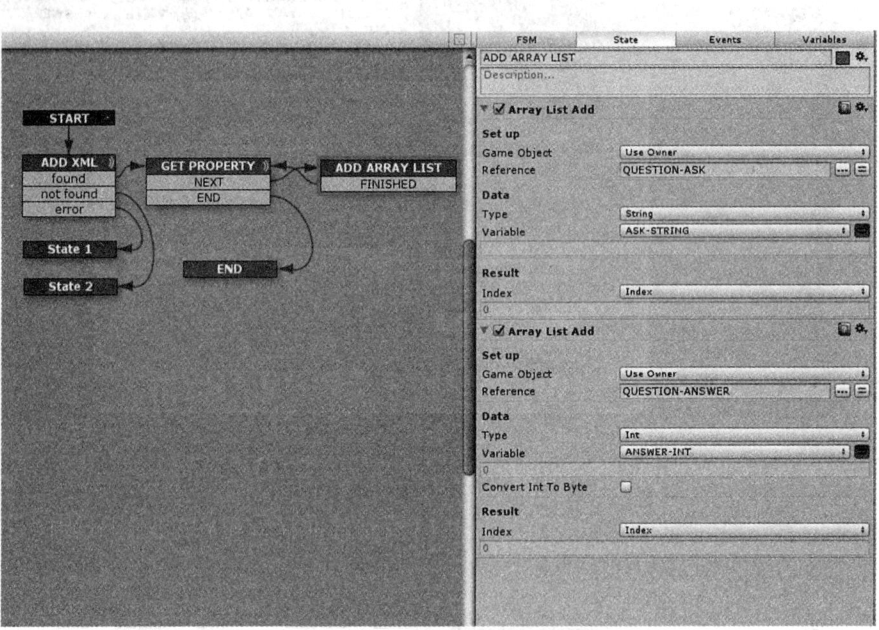

图8.2-11　“Array List Add”动作属性

（8）添加全局事件SHOW-QUESTION，给状态END添加Send Event动作并设置属性，如图8.2-12所示。

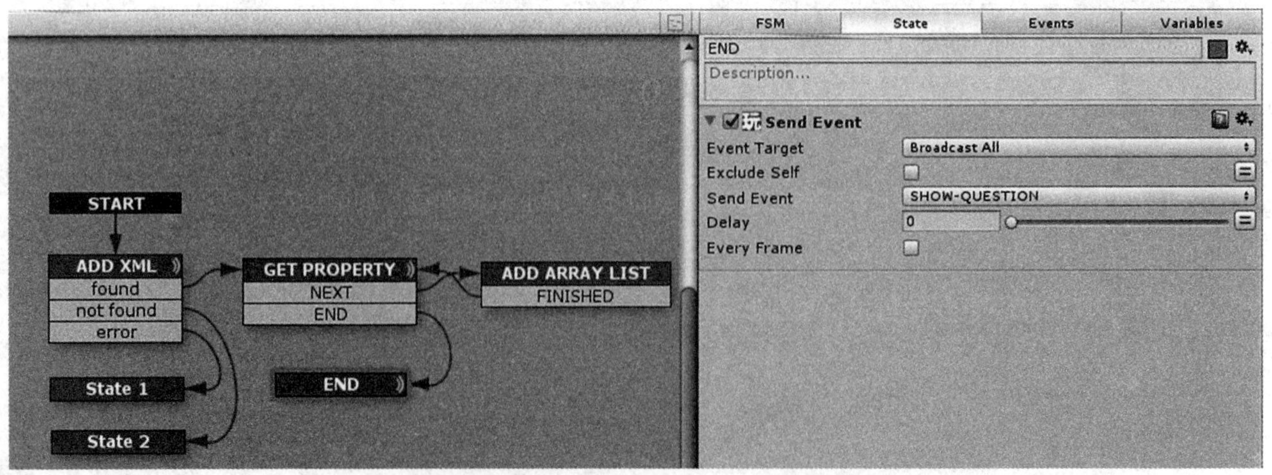

图8.2-12　“Send　Event”动作属性

（9）新建一个空物体命名为QUESTION-LOGIC，添加FSM状态机。将State 1命名为SHOW-QUESTION，添加全局过渡事件SHOW-QUESTION。添加Array List Get Random、UI Text Set Text、Array List Get动作并设置属性，如图8.2-13所示。将Array List Get下Result的Value设为全局变量。

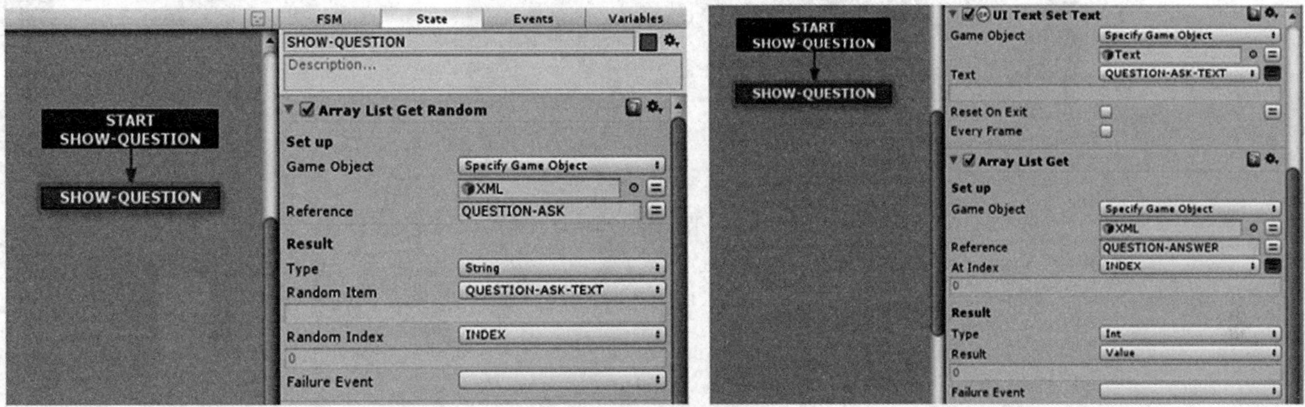

图8.2-13　3个动作属性

（10）选择TRUE按钮，添加FSM状态机，将State 1命名为click，添加过渡事件UI CLICK，如图8.2-14所示。

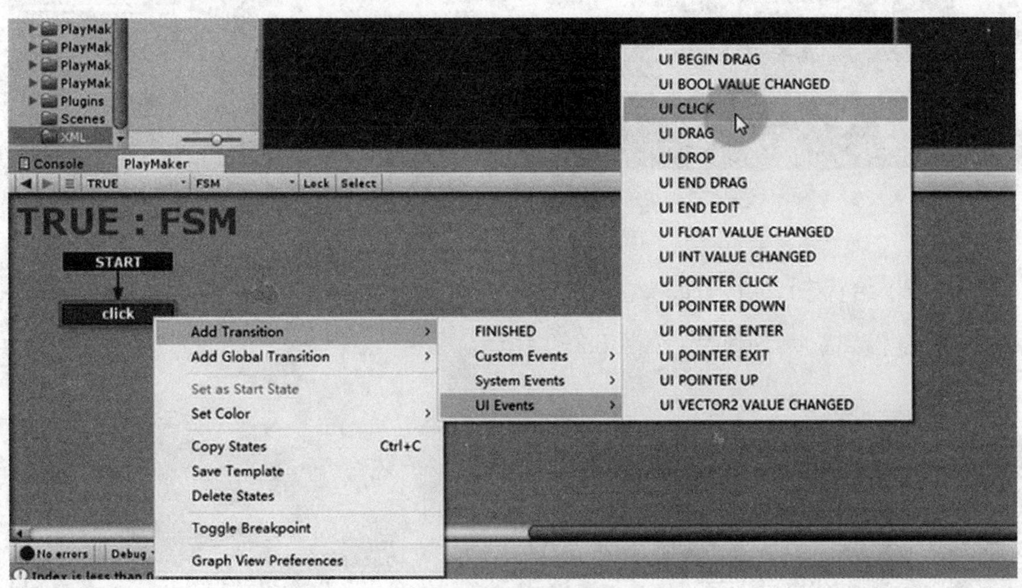

图8.2-14　添加过渡事件

（11）过渡到新状态compare，给状态compare添加Int Compare动作并设置属性。添加过渡事件right、wrong分别过渡到新状态right和wrong，如图8.2-15所示。

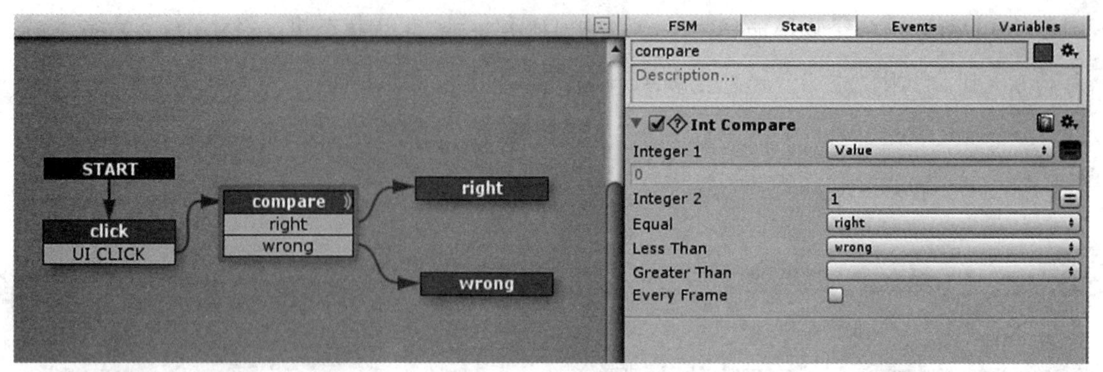

图8.2-15　添加状态及动作

（12）复制两个Canvas里的Panel子物体，更改内容为YOU ARE RIGHT、YOU ARE WRONG，调整大小位置。设置为未激活状态，在Inspector面板中取消物体后方的勾。如图8.2-16所示。

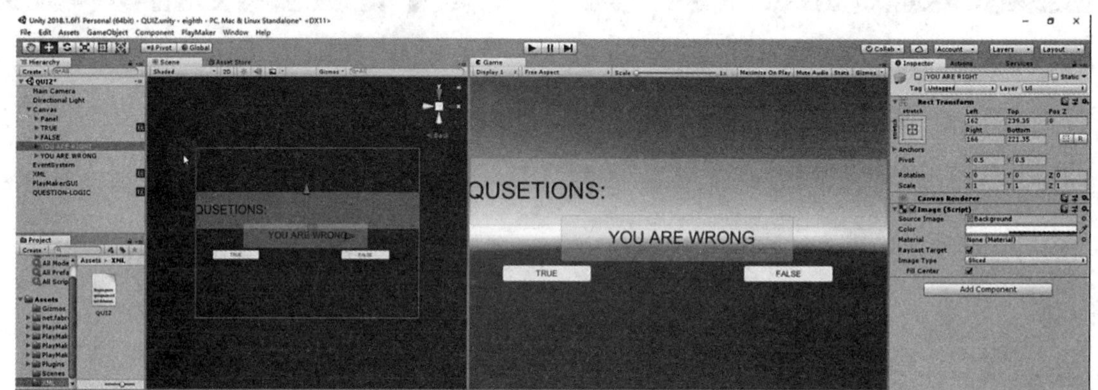

图8.2-16　复制Panel并隐藏

（13）给状态right添加Set Property、Wait动作，设置动作属性，添加过渡事件FINISHED连接到新状态reset，如图8.2-17所示。

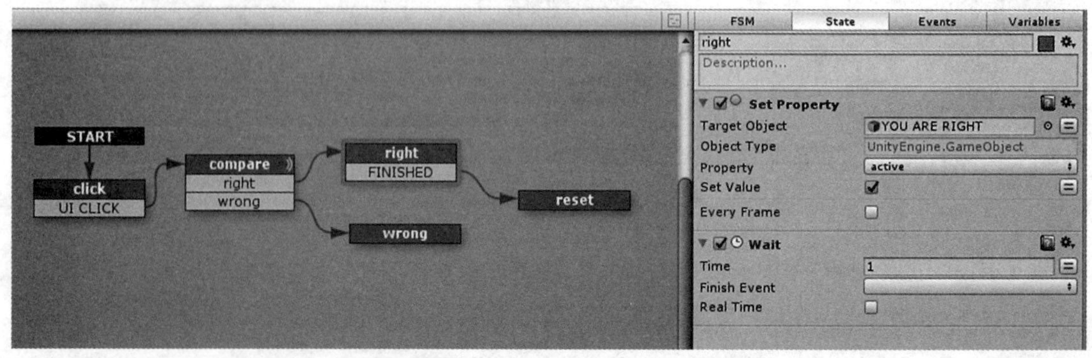

图8.2-17　添加过渡事件及动作“Set　Property”、“Wait”

（14）给状态wrong添加Set Property、Wait动作，设置动作属性，添加过渡事件FINISHED到状态reset，如图8.2-18所示。

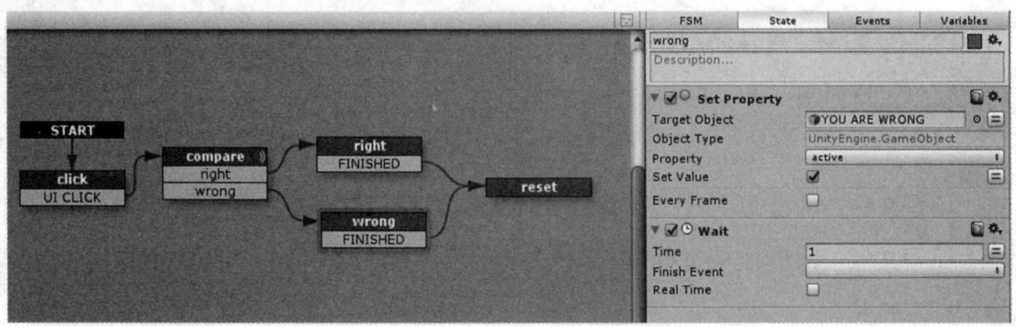

图8.2-18　添加过渡事件及动作“Set Property”、“Wait”

（15）给状态reset添加Reset Level动作，如图8.2-19所示。

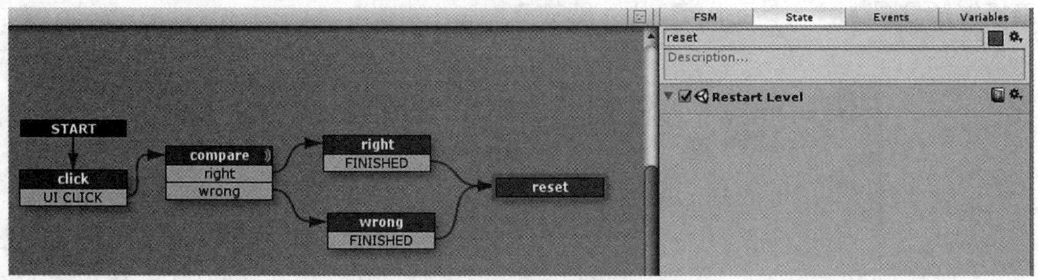

图8.2-19　添加动作

（16）将TRUE的状态机复制到FALSE中，修改FALSE中compare状态的动作属性，如图8.2-20所示。

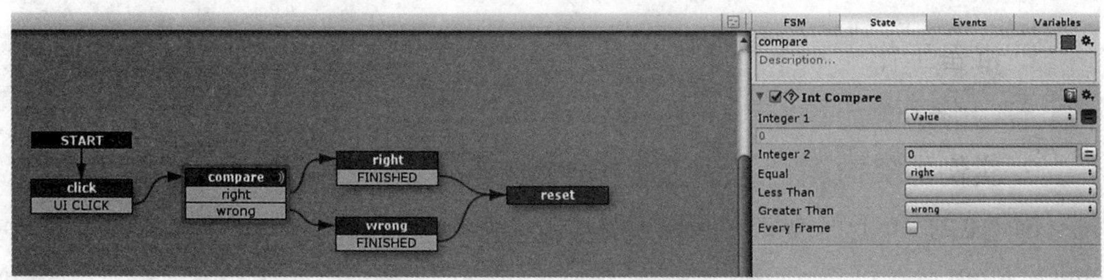

图8.2-20　复制状态机并修改动作属性

（17）运行调试。根据用户不同选择做出相应的回应，如图8.2-21所示。

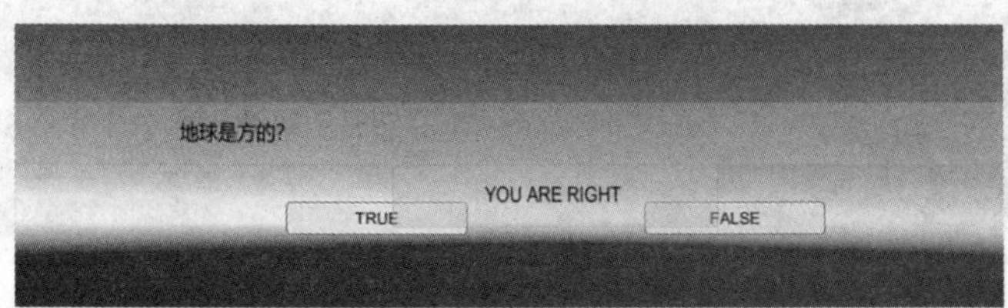

图8.2-21　运行调试效果

8.3　飞扬的小鸟

Flappy Bird：飞扬的小鸟

实例难度系数：★★★★

场景文件：网盘\Projects\Chapter8\Assets\Scenes\8.3 Flappy Bird

视频文件：网盘\视频教程\第8章\8.3 Flappy Bird

1. 功能简介

用playermaker制作简单的Flappy Bird游戏。本实例运行时不断按空格键使小正方体保持悬空状态，不与上方或下方的物体相撞，如图8.3-1所示。

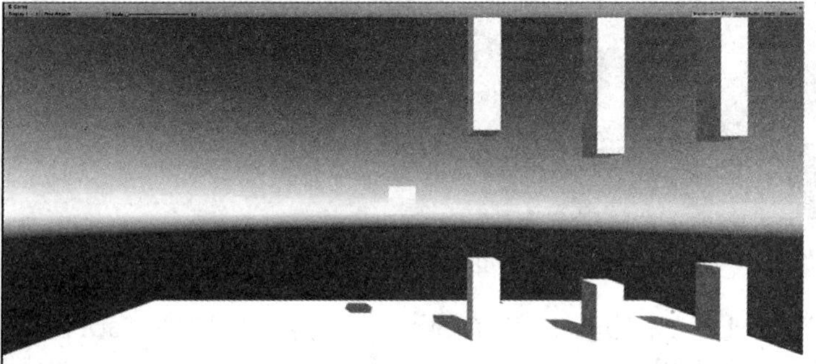

图8.3-1　实例场景

2. 准备工作

本实例将用到的为系统自带模型。

3. 实例的架构

Bird上的Can I Fly状态机用以控制其悬空状态，并接受Game Is Over广播事件，如图8.3-2所示。

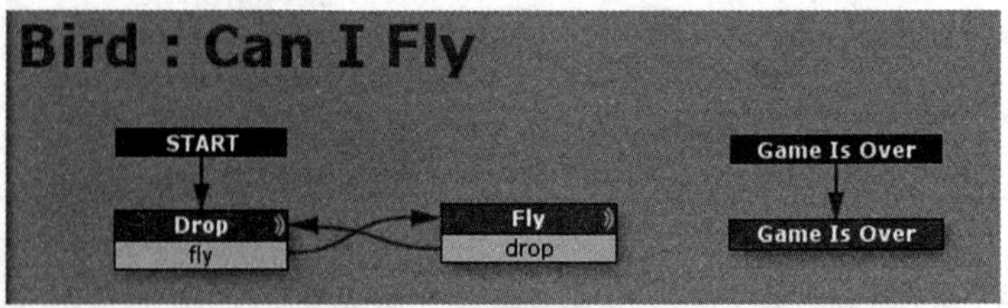

图8.3-2　“Bird”上的状态机-Can I Fly

Bird上的Is Collider状态机用以进行碰撞检测，如果Bird与Wall相撞，则重新开始游戏，如图8.3-3所示。

空物体Create Random Wall上的状态机用以随机生成上下方的墙壁，如图8.3-4所示。

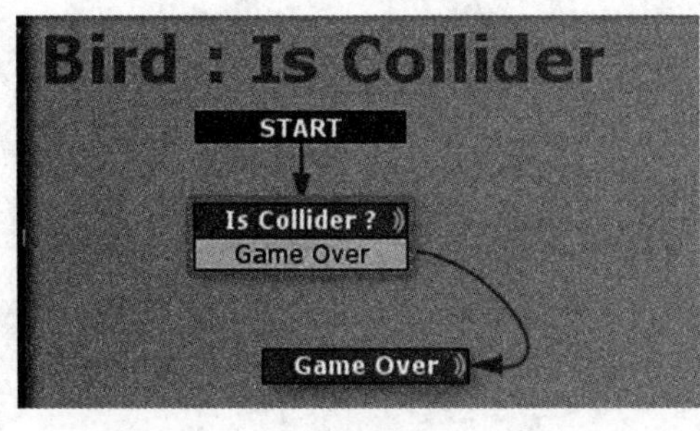

图8.3-3 “Bird”上的状态机-Is Collider

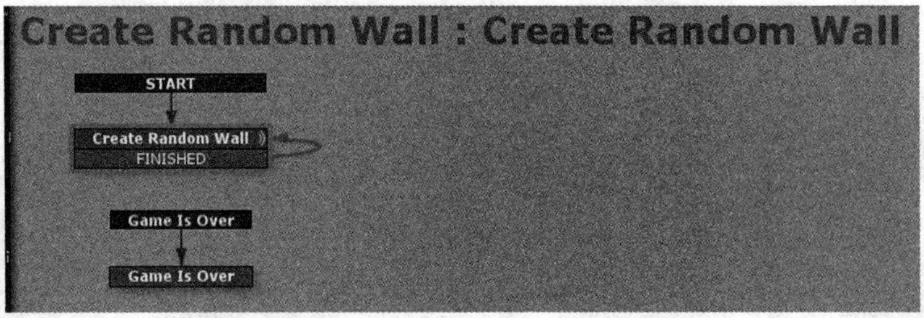

图8.3-4 “Create Random Wall”上的状态机

空物体Game Logic上的状态机用以控制其他状态机和动画的开始以及游戏结束后的黑幕重置游戏，如图8.3-5所示。

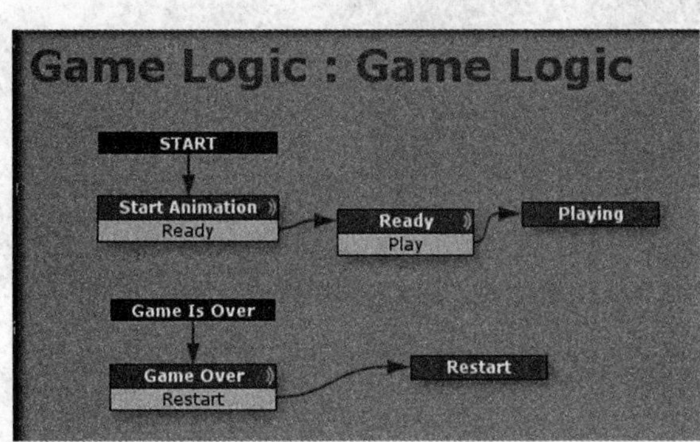

图8.3-5 “Game Logic”上的状态机

4. 主要动作说明

Get Key Down：当一个按键被按下时发送FSM事件。

Set Velocity：设置具有刚体的游戏对象的速度。

Get Key Up：当一个按键被释放时发送一个FSM事件。

Random Float：设置一个浮点变量为一个随机值在最小/最大范围内。

Set Position：设置游戏对象的位置。

Translate：可转换为一个游戏对象沿着每个轴。

Get Position：获取一个游戏对象的位置并用浮动变量存储每个轴。

Float Compare：基于2个浮点比较发送事件

Destroy Self：销毁FSM所有者。

Create Object：在一个出生点实例化一个游戏对象/预制件。

Collision Event：当碰撞体与标记对象发送碰撞时发送指定事件。

Send Event：在一个可选延迟后发送一个指定事件。

Use Gravity：设置游戏对象是否受重力影响。

Enable Fsm：启用/禁用游戏对象上的状态机。

Curve Color：使用一个辅助变形曲线制作一个颜色变量的值。

Restart Level：重置场景。

5. 实例制作步骤

（1）创建新场景。

（2）新建一个Cube和Plane，将Cube命名为Bird，调整Bird和Plane的位置，如图8.3-6所示。

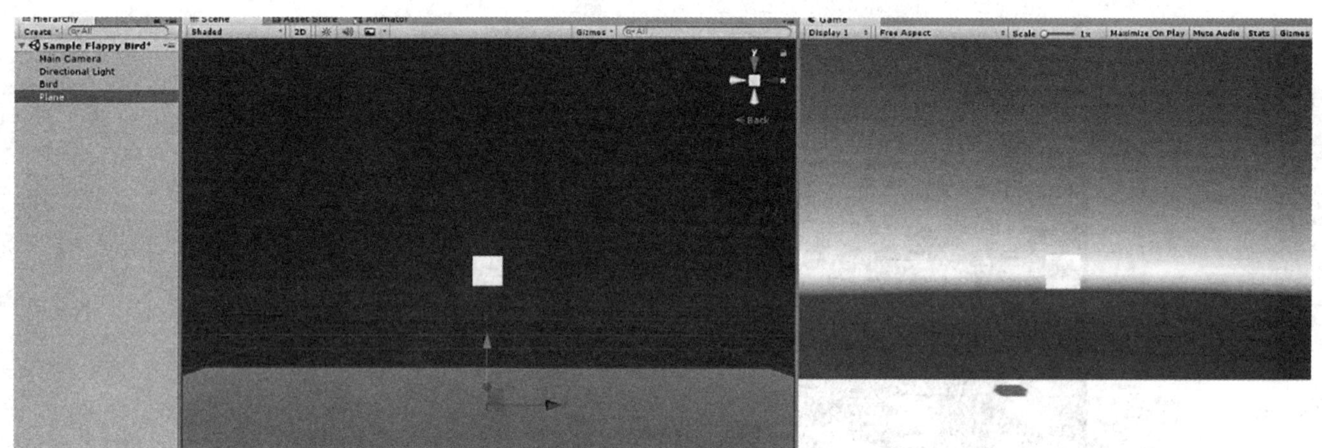

图8.3-6　新建物体

（3）给Bird添加Rigidbody组件，设置Rigidbody属性，如图8.3-7所示。

（4）给Bird添加FSM状态机，命名为 “Can I Fly” 。State 1命名为Drop，新建一个状态State 2，命名为Fly。如图8.3-8所示。

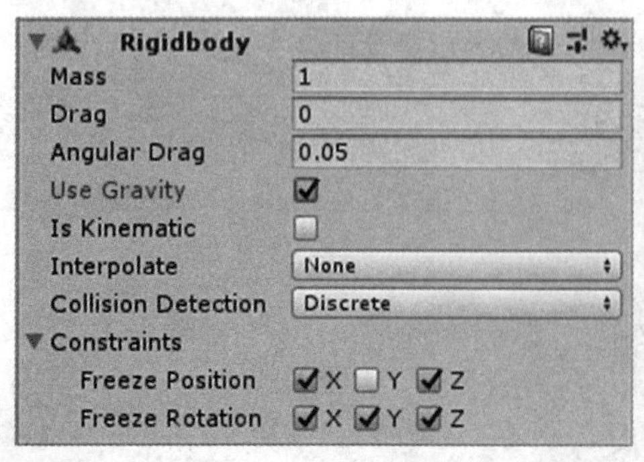

图8.3-7　设置属性

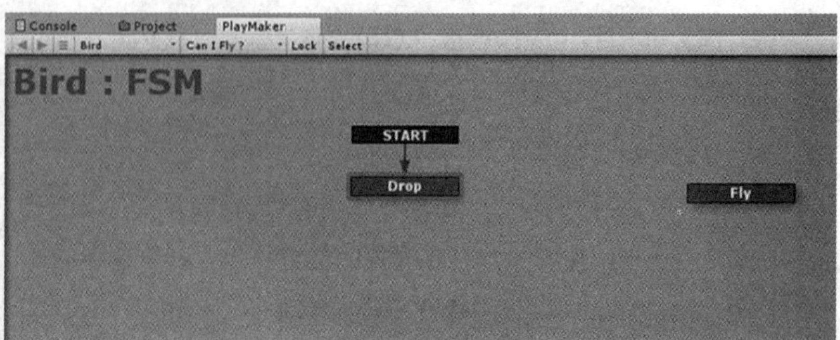

图8.3-8　新建状态机

（5）选择Drop状态，新建事件fly作为过渡事件，连接到状态Fly。给Drop添加动作，如图8.3-9所示。

图8.3-9　动作属性

（6）选择Fly状态，新建事件drop作为过渡事件，连接到状态Drop。给Fly添加动作并设置属性，如图8.3-10所示。

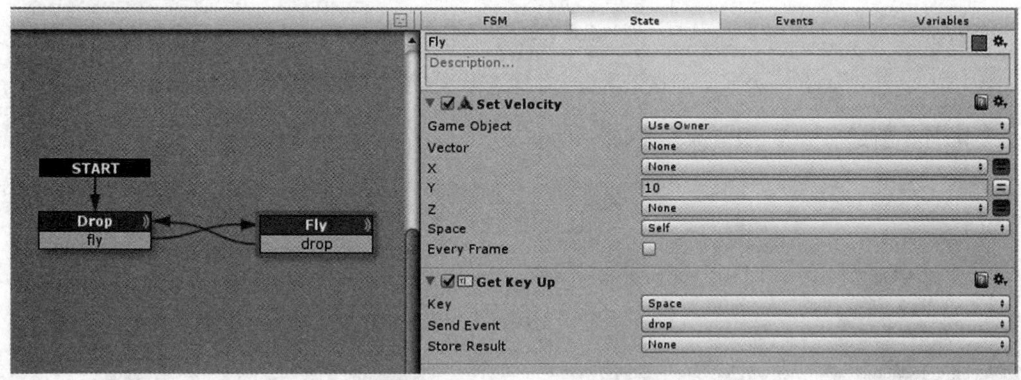

图8.3-10　动作属性

（7）选择Edit—>Project Settings—>Physics，如图8.3-11所示。设置PhysicsManager的属性（控制小方块下落的速度），如图8.3-12所示。

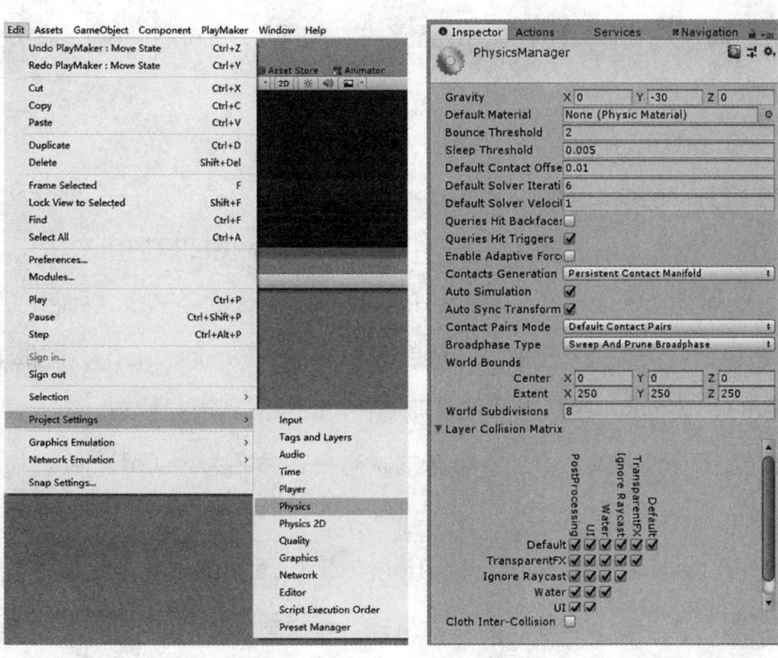

图8.3-11　选择Physics　　　　图8.3-12　设置属性

（8）创建一个空物体为Wall，在Wall下创建两个Cube子物体，更改形状和位置。效果如图8.3-13所示。

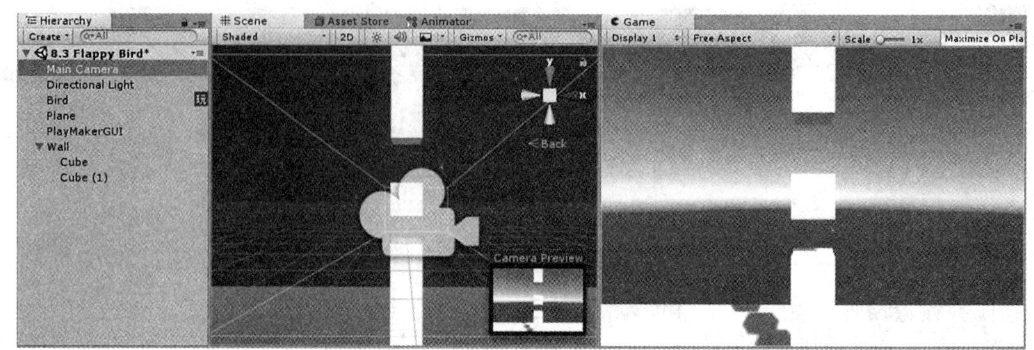

图8.3-13　新建物体

（9）选中Wall，添加FSM状态机，将状态机命名为Set Wall，将State 1也命名为Set Wall。新建变量，如图8.3-14所示。

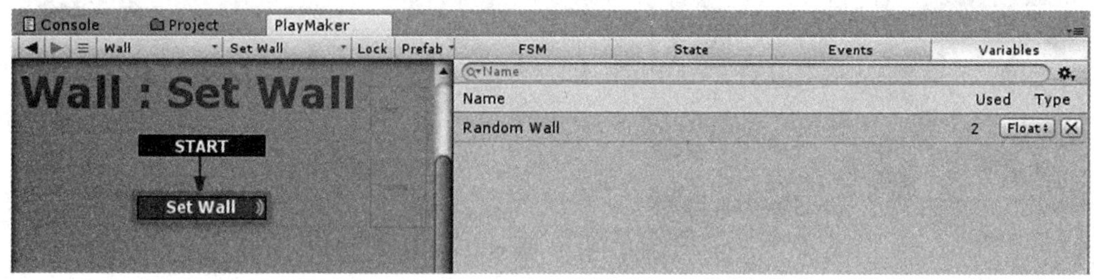

图8.3-14　新建变量

（10）新建事件destroy myself作为过渡事件，与新建状态Destroy myself相连。选择Set Wall状态，添加动作，设置属性。如图8.3-15所示（根据情况修改参数大小）。

（11）给Destroy Myself添加动作，参数设置如图8.3-16所示。

（12）打开Project一栏，创建Prefab文件夹，右击创建一个prefab，命名为Wall，将Wall拖入Prefab中，然后在场景中将其删除，如图8.3-17所示。

（13）新建空物体，命名为Create Random Wall，移动到Main Camera视野之外。添加FSM状态机，将状态机和State 1都命名为Create Random Wall，添加动作，设置属性，如图8.3-18所示。给状态添加过渡事件FINISHED到当前状态。

（14）选择Bird物体，添加一个新的状态机，命名为Is Collider。如图8.3-19所示。

（15）将State 1命名为“Is Collider?”，添加动作并设置属性。新建事件Game Over作为“Is Collider?”的过渡事件，连接到新状态Game Over，如图8.3-20所示。

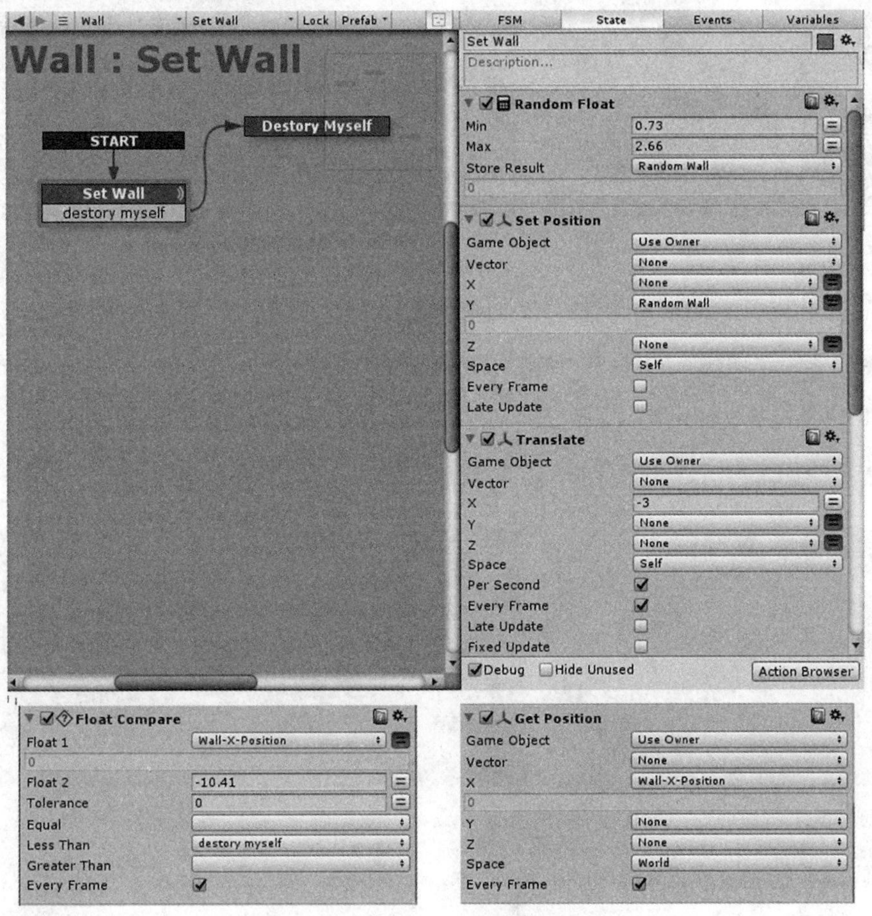

图8.3-15 动作属性

图8.3-16 动作属性

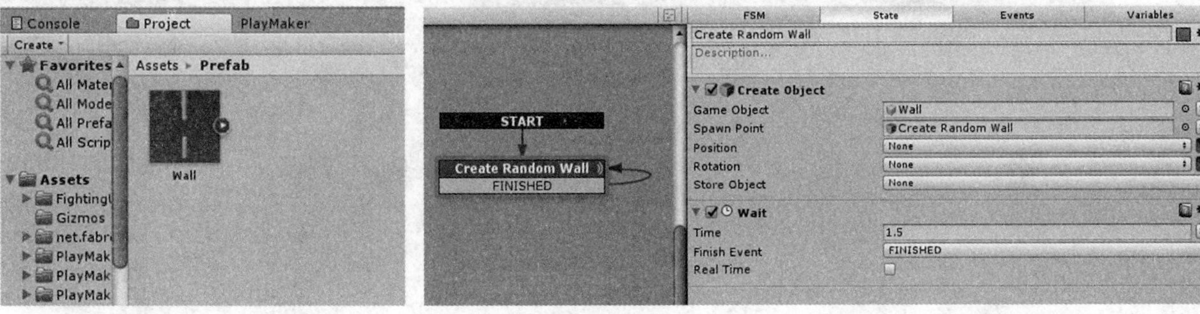

图8.3-17 新建预设体

图8.3-18 设置状态

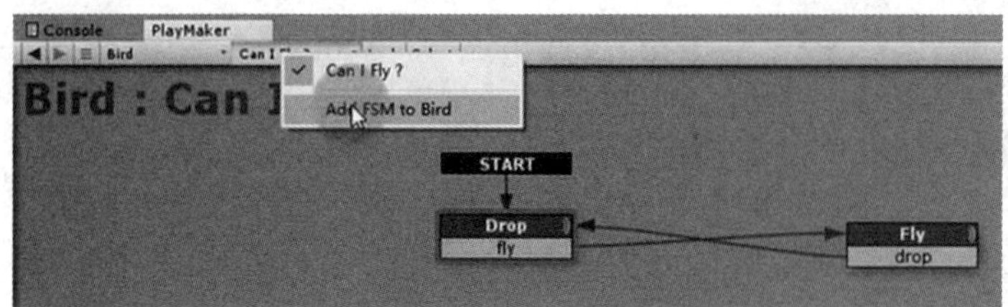

图8.3-19　添加状态机

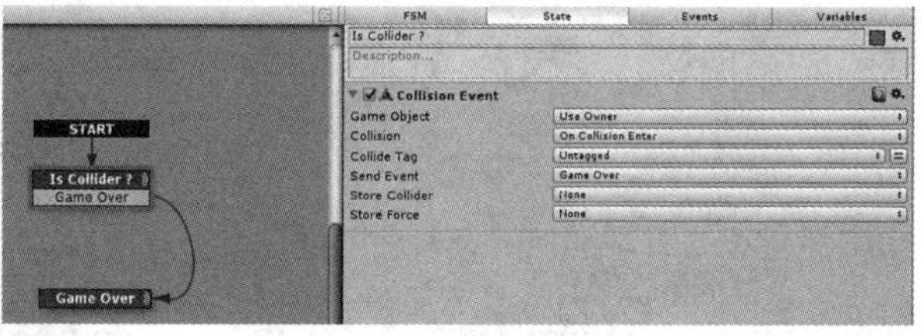

图8.3-20　设置属性

（16）选择Game Over状态，添加全局事件Game Is Over，添加Send Event动作，设置Send Event动作下的属性，如图8.3-21所示。

（17）选择Bird中的“Can I Fly? ”状态机，添加新状态命名为Game Is Over，给该状态添加全局过渡事件Game Is Over，如图8.3-22所示。

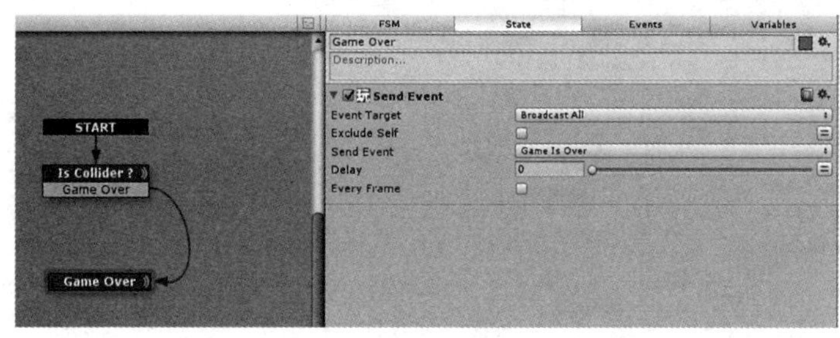

图8.3-21　设置属性

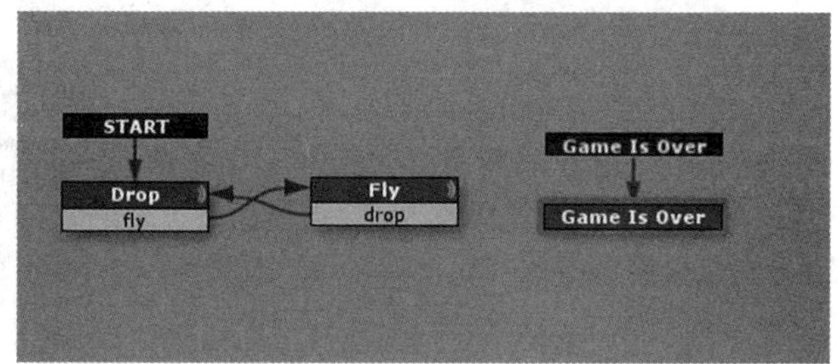

图8.3-22　新建状态

（18）复制此状态到Create Random Wall和Set Wall（prefab）状态机中，如图8.3-23所示。

（19）新建一个Panel，将Panel放在Main Camera最前方，如图8.3-24所示。

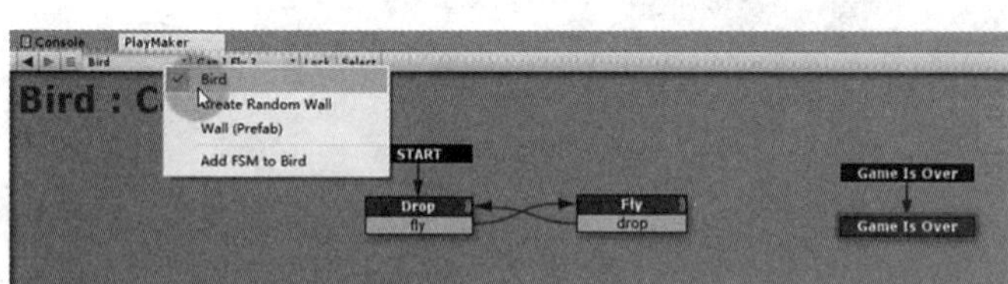

图8.3-23　粘贴状态

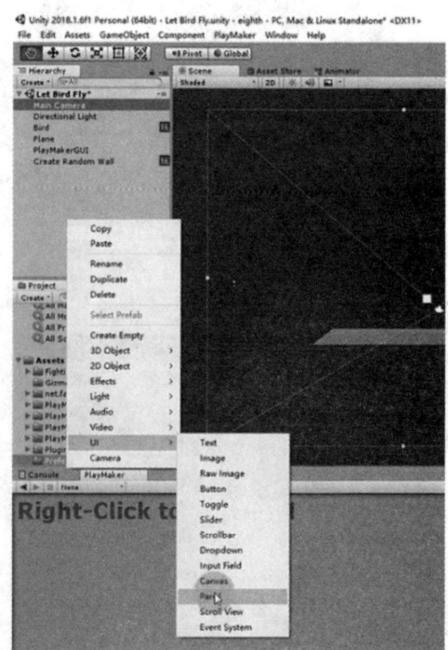

图8.3-24　新建Panel

（20）在Inspector中设置Panel的属性，如图8.3-25所示。

（21）新建一个空物体命名为Game Logic，添加FSM状态机命名为Game Logic，将State 1命名为Start Animation，添加动作并设置属性。新建事件Ready作为过渡事件，与新建状态Ready相连，如图8.3-26所示。设置set property动作的属性时，要先锁定状态机（点击状态机上方的Lock固定住状态机），单击panel，将Inspector界面中的Image拖入，而不是直接把panel物体拖进去。

（22）给Ready添加Get Key Down动作并设置属性，新建事件Play作为过渡事件，与新建状态Playing相连，如图8.3-27所示。

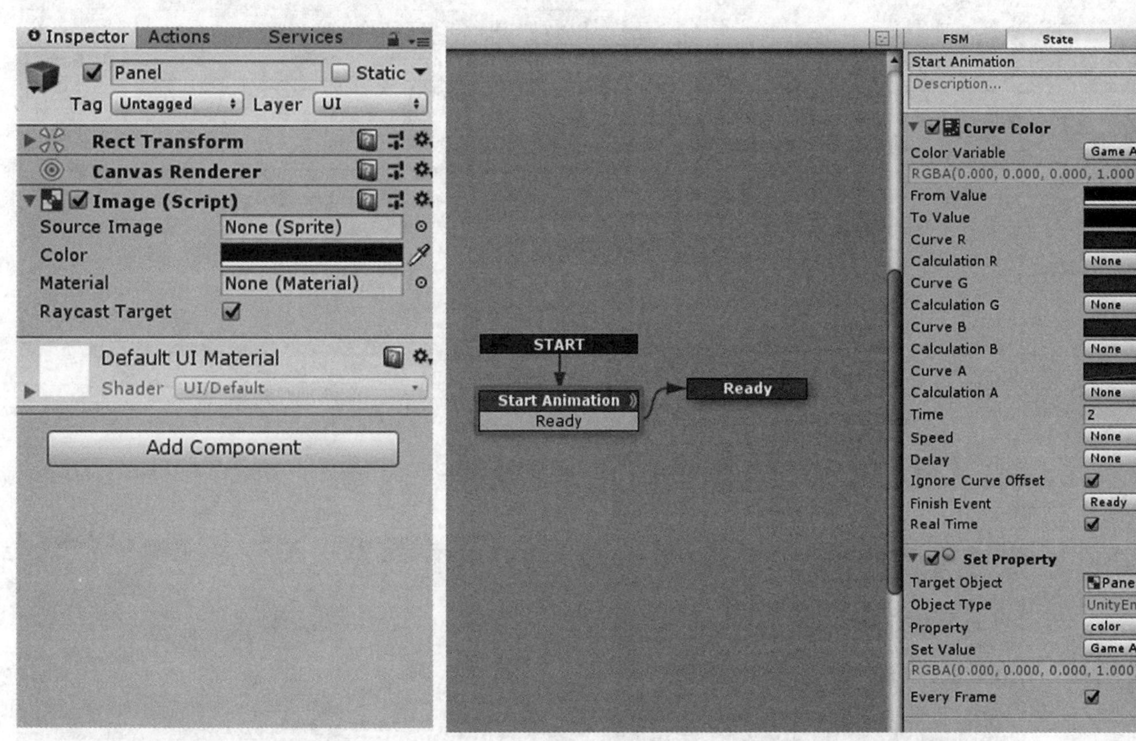

图8.3-25 设置属性

图8.3-26 新建状态及动作

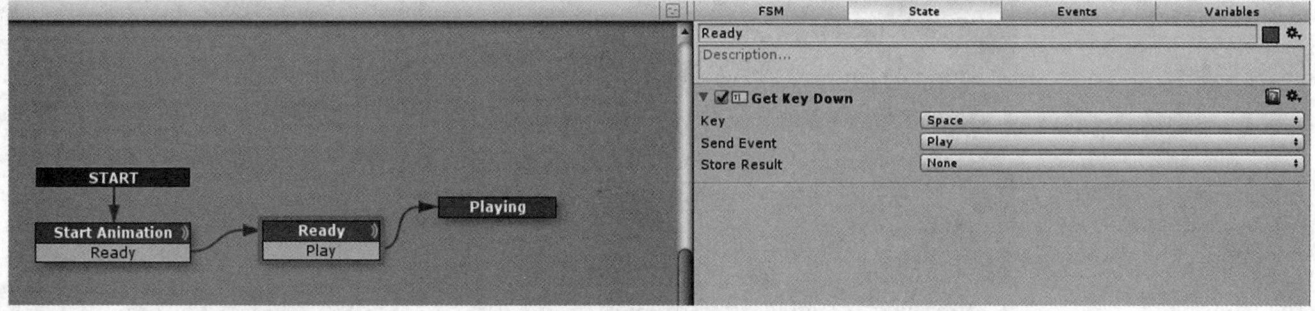

图8.3-27 动作属性

（23）取消勾选Bird物体Rigidbody组件中的Use Gravity，将 “Can I Fly” 状态机设置为不激活，如图8.3-28所示。将“Create Random Wall”状态机设置为不激活，如图8.3-29所示。

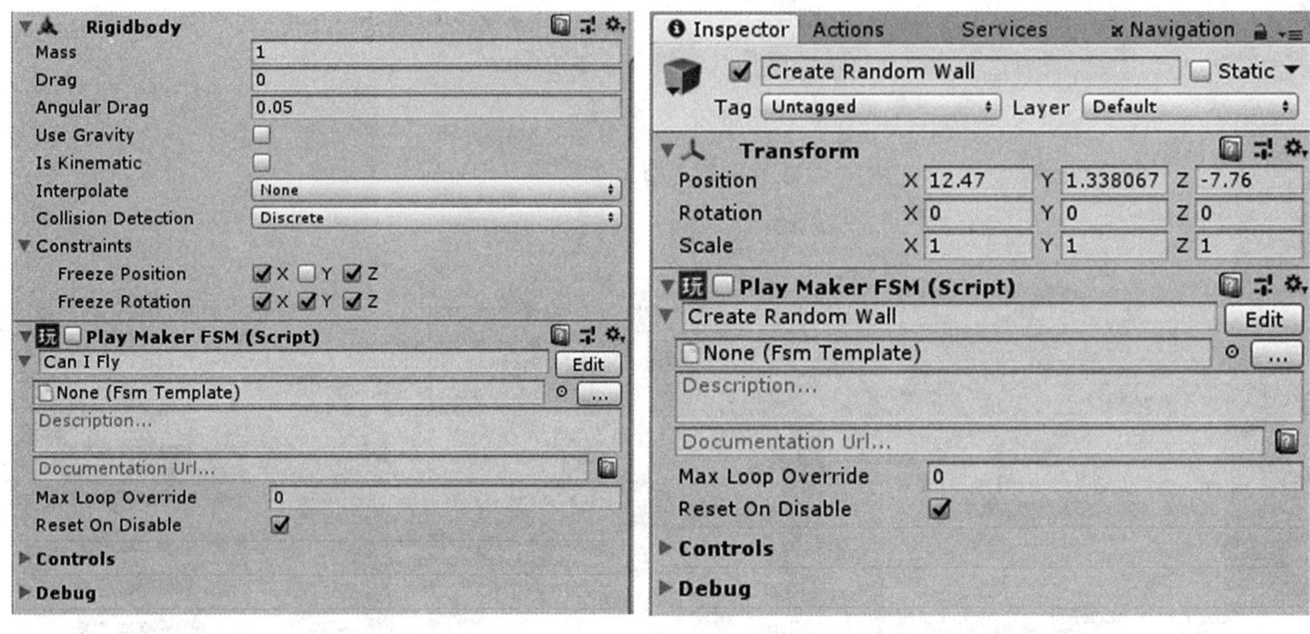

图8.3-28 取消重力　　图8.3-29 不激活状态机

（24）给Playing添加动作，属性设置如图8.3-30所示。

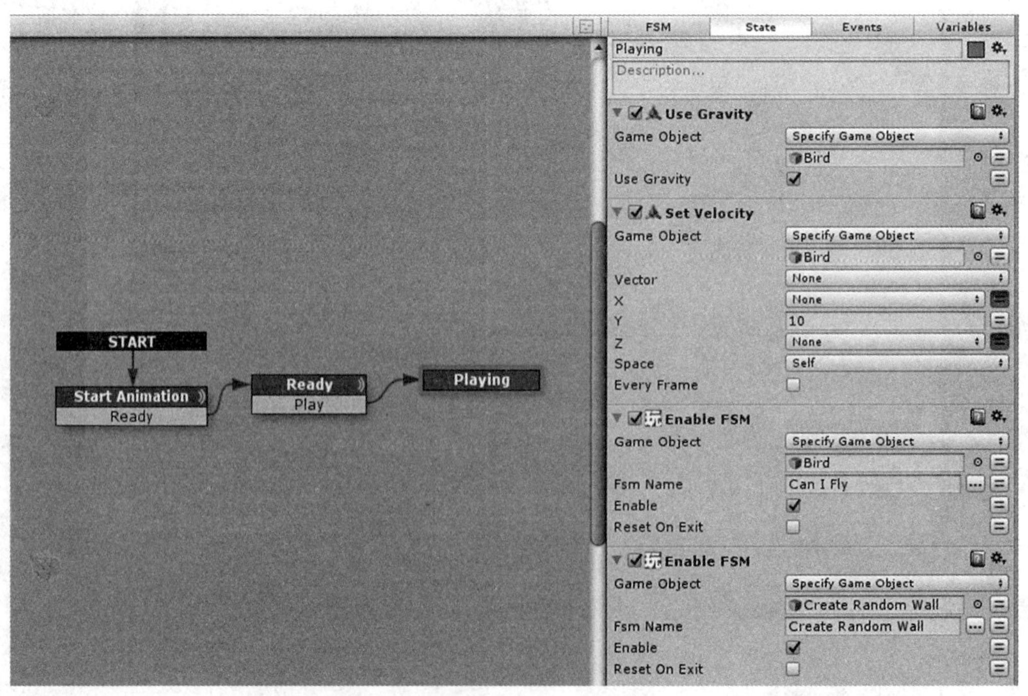

图8.3-30 动作属性

（25）继续新建状态命名为Game Over，添加全局过渡事件Game Is Over。添加动作并设置属性，新建事件Restart作为过渡事件，与新建状态Restart相连，如图8.3-31所示。

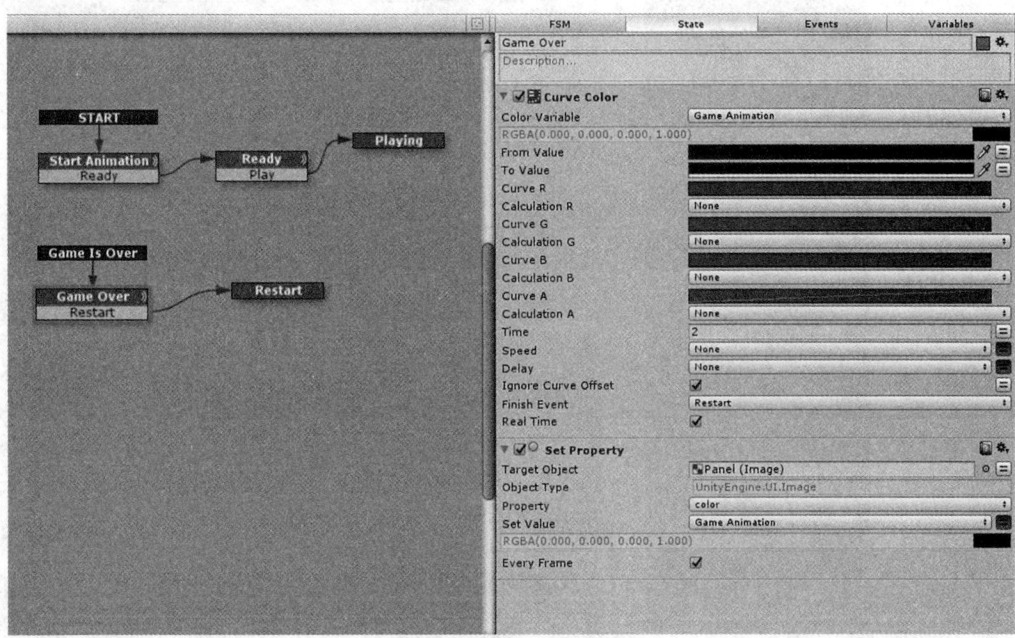

图8.3-31　新建状态及动作

（26）给状态Restart添加动作，如图8.3-32所示。

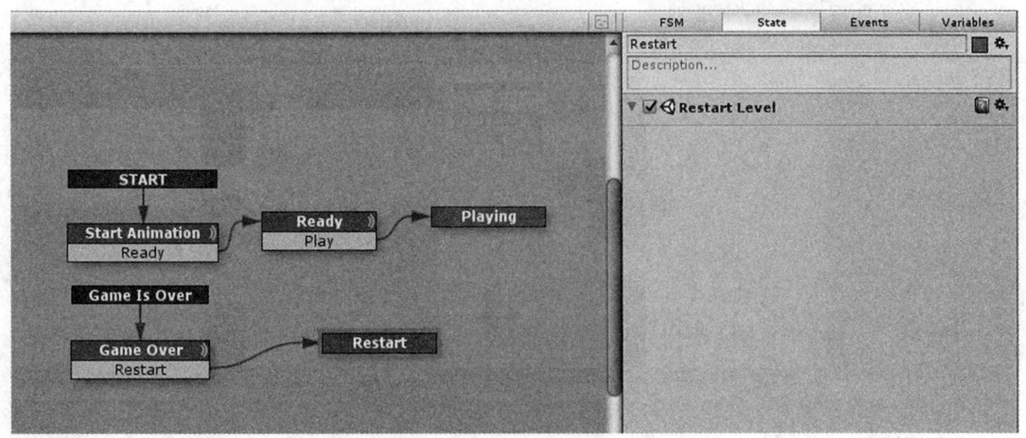

图8.3-32　添加动作

（27）选择Window—>Lighting—>Settings，如图8.3-33所示。取消Auto Generate，然后点击Generate Lighting，图8.3-34所示。

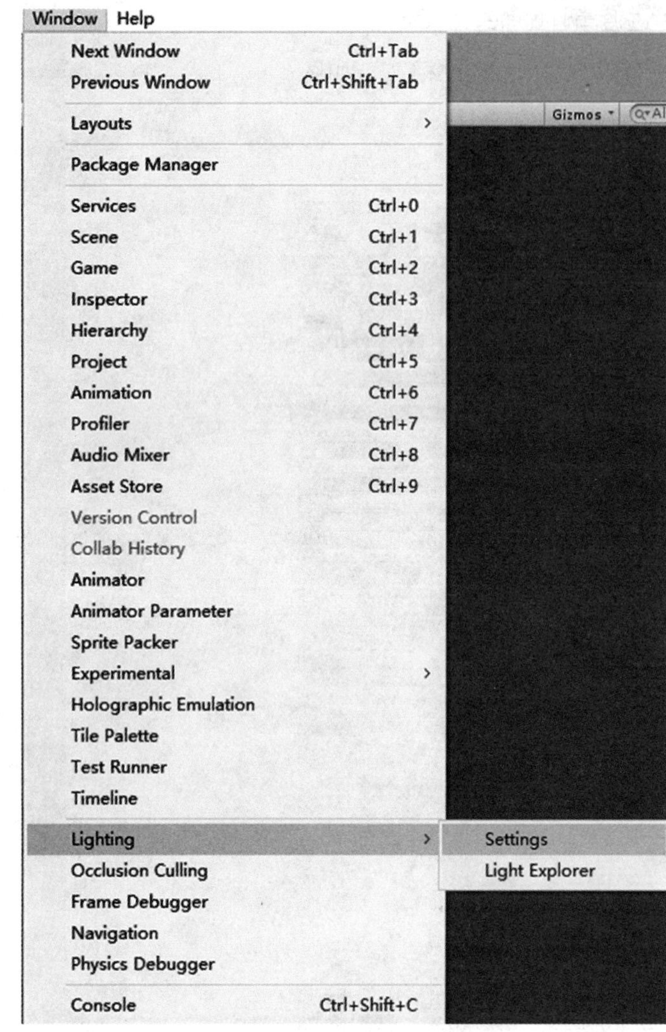

图8.3-33 选择Setting

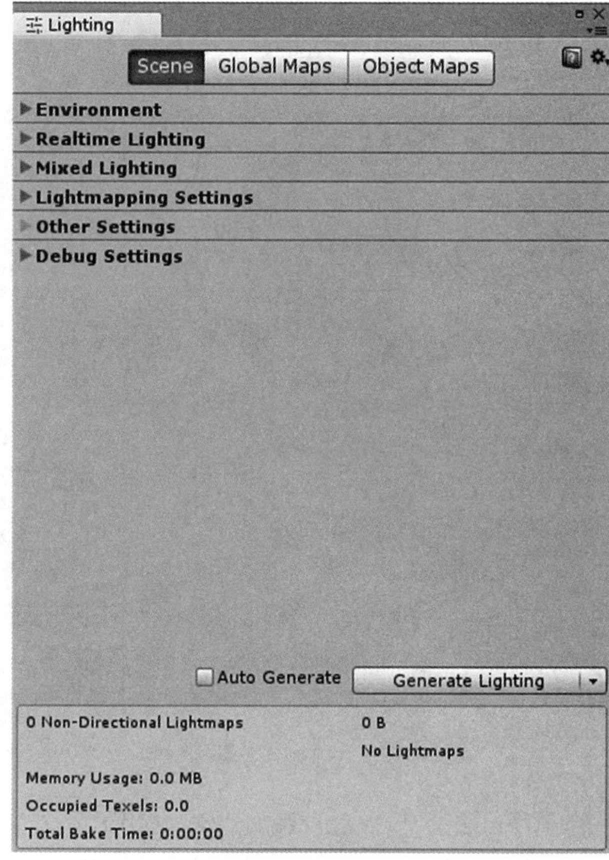

图8.3-34 取消自动

（28）运行调试。

8.4 第一人称射击游戏

Create your own FPS Game：创建自己的FPS游戏。

实例难度系数：★★★★

场景文件：网盘\Projects\Chapter8\Assets\Scenes\8.4 Create your own FPS Game

视频文件：网盘\视频教程\第8章\8.4 Create your own FPS Game

1. 功能简介

制作一个第一人称射击游戏。鼠标点击代表子弹发射，打中怪物，血条减少。

2. 准备工作

本实例用到的是系统自带的模型。

3. 实例的架构

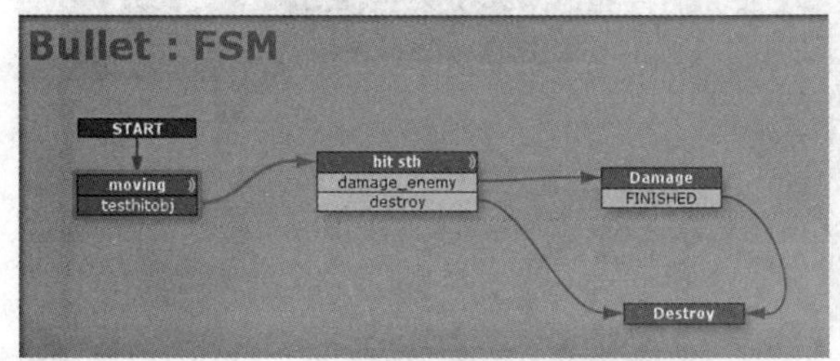

图8.4-1 “Bullet”上的状态机

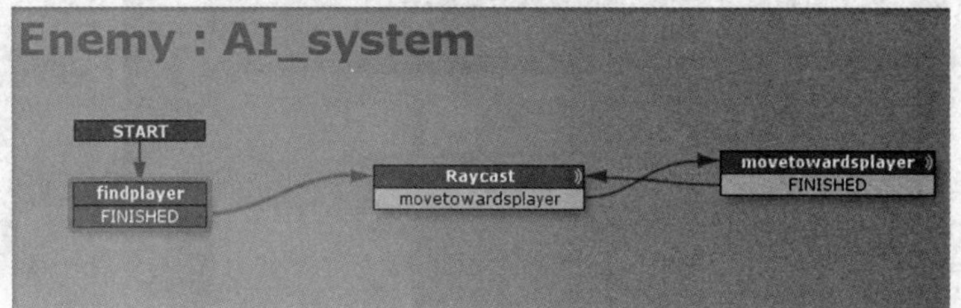

图8.4-2 “Enemy”上的状态机

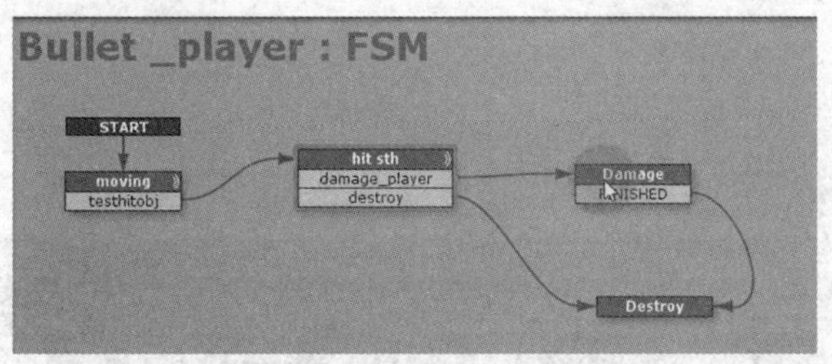

图8.4-3 “Bullet_player”上的状态机

4. 主要动作说明

Translate：可转换为一个游戏对象沿着每个轴。默认情况下使用该对象的本地空间。

Raycast：在场景中发射一个抵御所有碰撞器的射线。

Game Object Compare Tag：检测一个游戏对象是否具有标签。

Send Event By Name：在一个可选延迟后按名称发送一个事件。

Find Game Object：按名称/标签查找一个游戏对象，或两者都有，并将它存储在一个变量中以供以后使用。

Stop Animation：停止播放一个游戏对象上动画。

Set Agent Destination As Game Object：把代理的目标设置为游戏对象。

Set Bool Value：设置一个布尔变量的值。

5. 实例创作步骤

（1）创建新场景。

（2）创建plane，命名为“ground”如图8.4-4所示。

（3）创建Material文件夹，如图8.4-5所示。

（4）在文件夹中创建ground材质球并赋予ground，如图8.4-6所示。

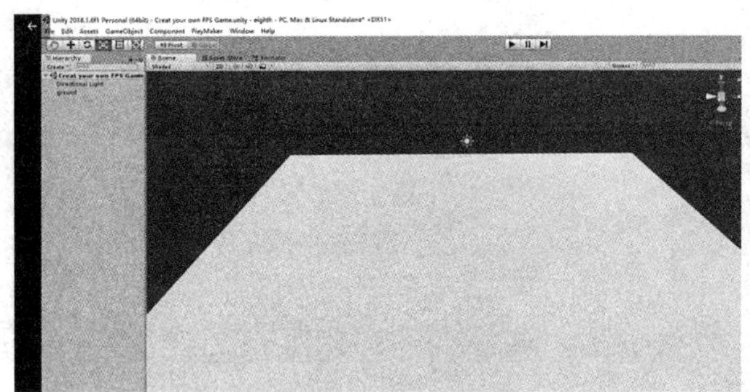

图8.4-4　创建Plane

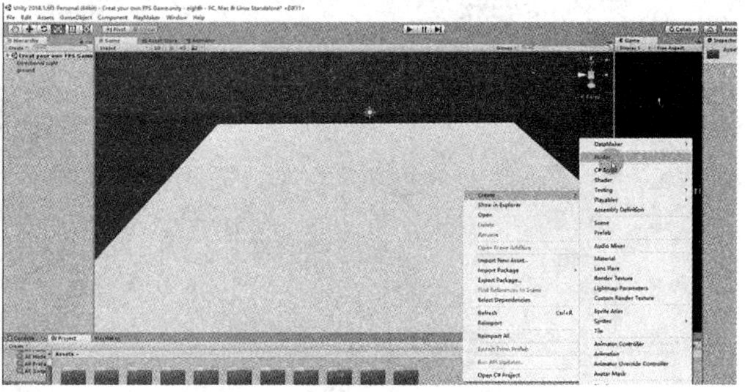

图8.4-5　创建文件夹

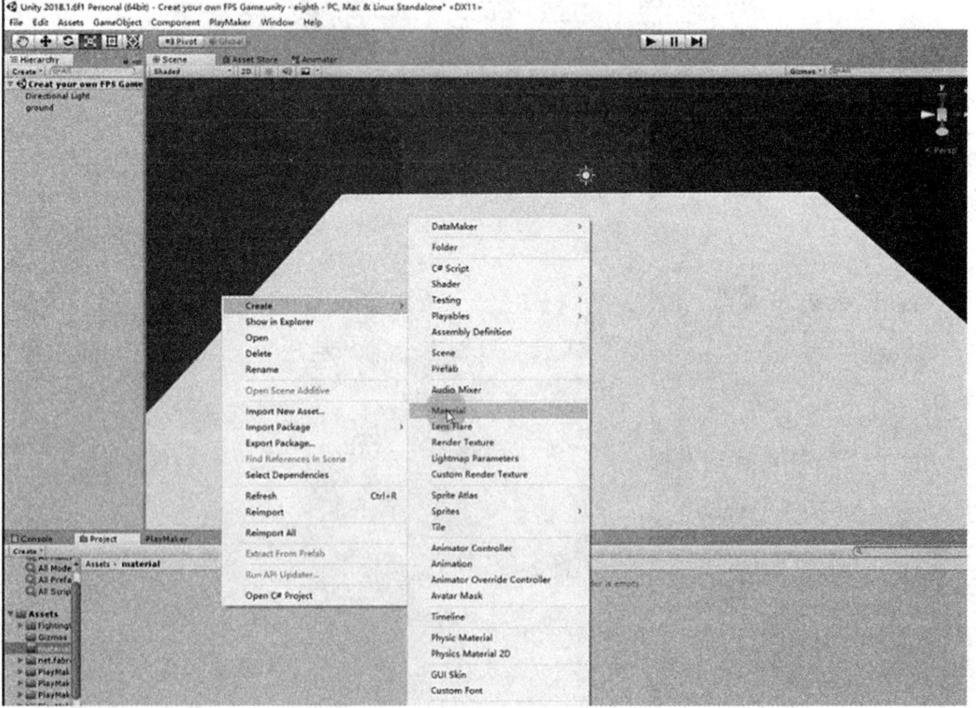

图8.4-6　新建材质球

（5）添加漫反射图AnalogClock并修改Tiling，Inspector—>Main Maps—>Albedo，如图8.4-7所示。

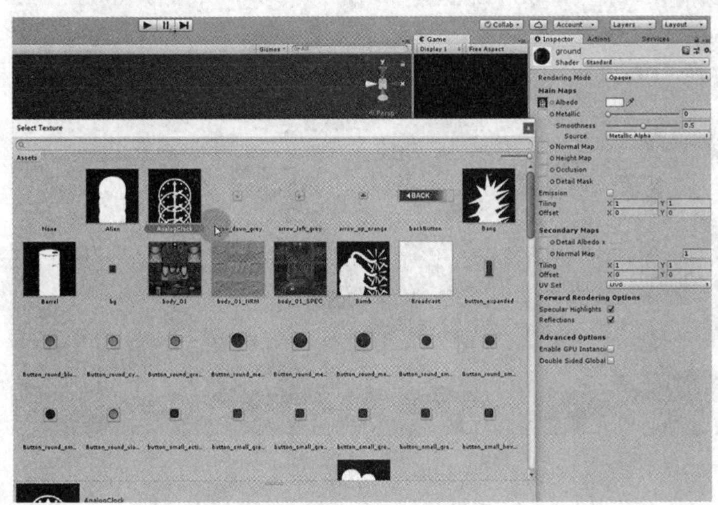

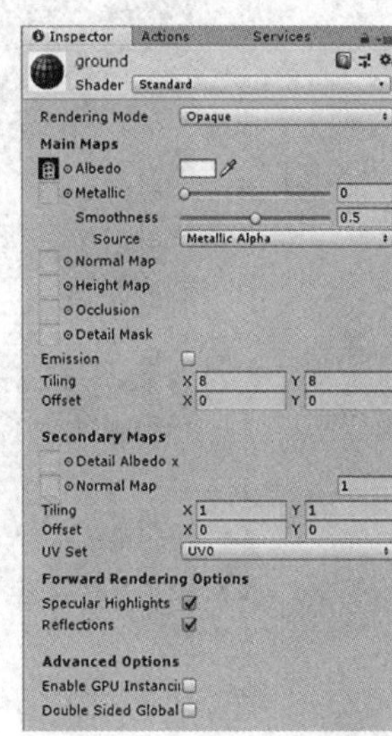

图8.4-7　贴图

（6）新建一个胶囊作为玩家“player”，新建一个空物体“system”作为玩家系统，如图8.4-8所示。

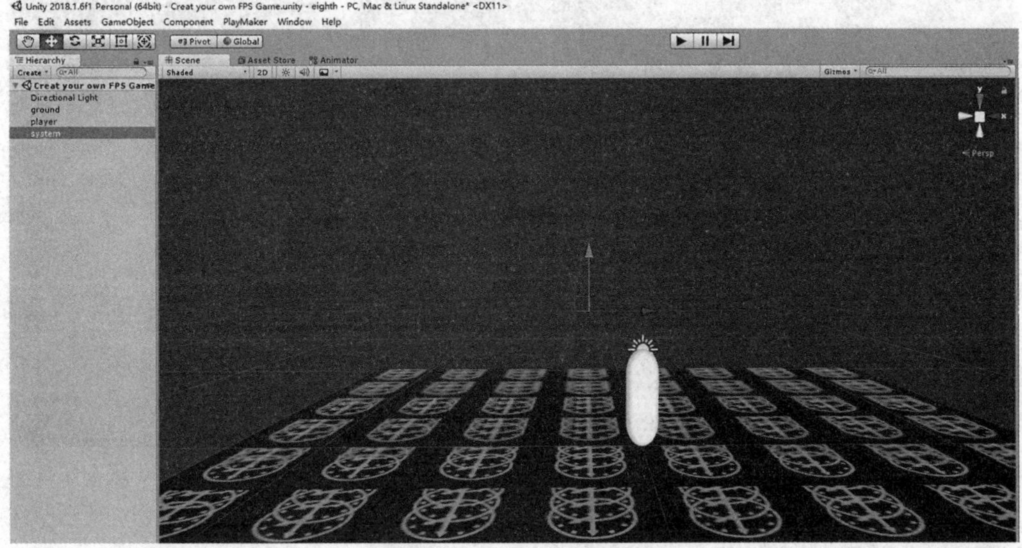

图8.4-8　添加物体

（7）添加空物体“camera_pos”用来确定相机位置，放置在玩家头部附近，将几个物体进行层级分布，如图8.4-9所示。

图8.4-9　添加空物体

（8）添加空物体“camera_base”，添加摄像机“FPS_Camera”。调整位置和层级关系，如图8.4-10所示。

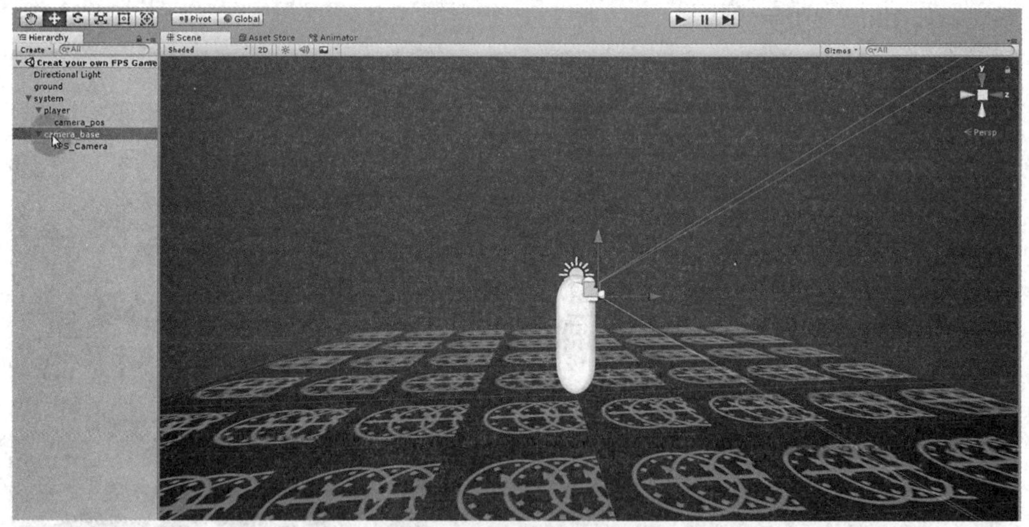

图8.4-10　添加物体和相机

（9）点击“Add Component”给player添加组件“Character Controller”，如图8.4-11所示。

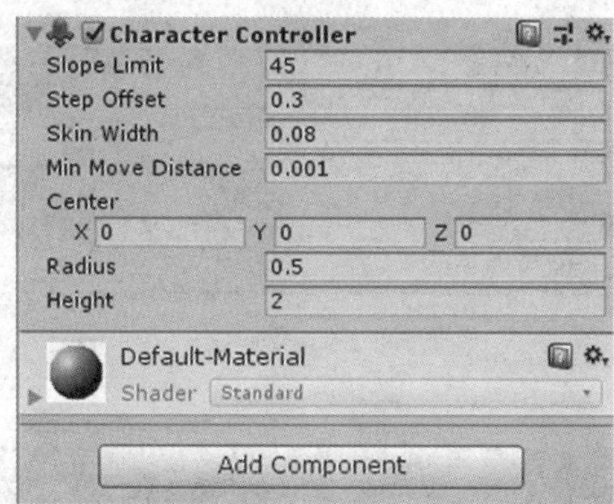

图8.4-11　添加组件

（10）给“camera_base”添加状态机和动作，设置如图8.4-12所示。

（11）在“player”的FSM中添加状态机、过渡事件、变量，如图8.4-13所示。

（12）给状态“set”添加动作，设置如图8.4-14所示。

（13）继续给“player”添加变量，如图8.4-15所示。

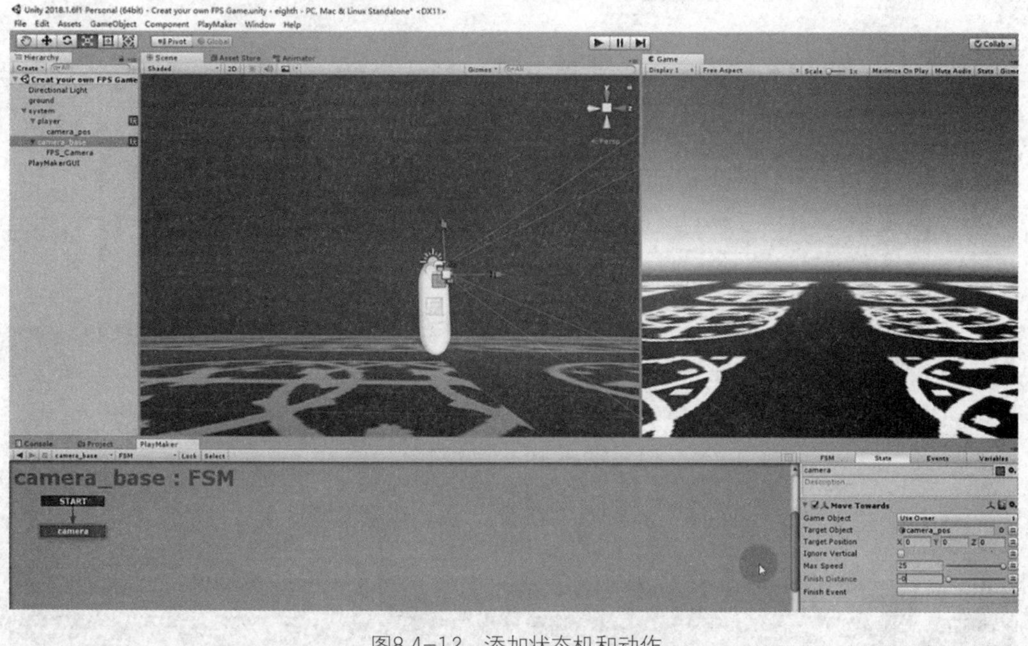

图8.4-12　添加状态机和动作

图8.4-13　添加状态机

图8.4-14　添加动作

图8.4-15　添加变量

（14）给“movement”添加动作，参数如图8.4-16所示。此时运行可以实现用“W、A、S、D”或者箭头控制玩家以第一人称角度在场景移动。

图8.4-16　添加动作

（15）给“FPS_Camera”添加状态机和动作，设置如图8.4-17所示。

图8.4-17　添加状态机和动作

（16）解决鼠标移动时场景颠倒的问题。选择Edit—>Project Settings—>Input，勾选MouseY下的Invert，如图8.4-18所示。通过鼠标移动实现环视。

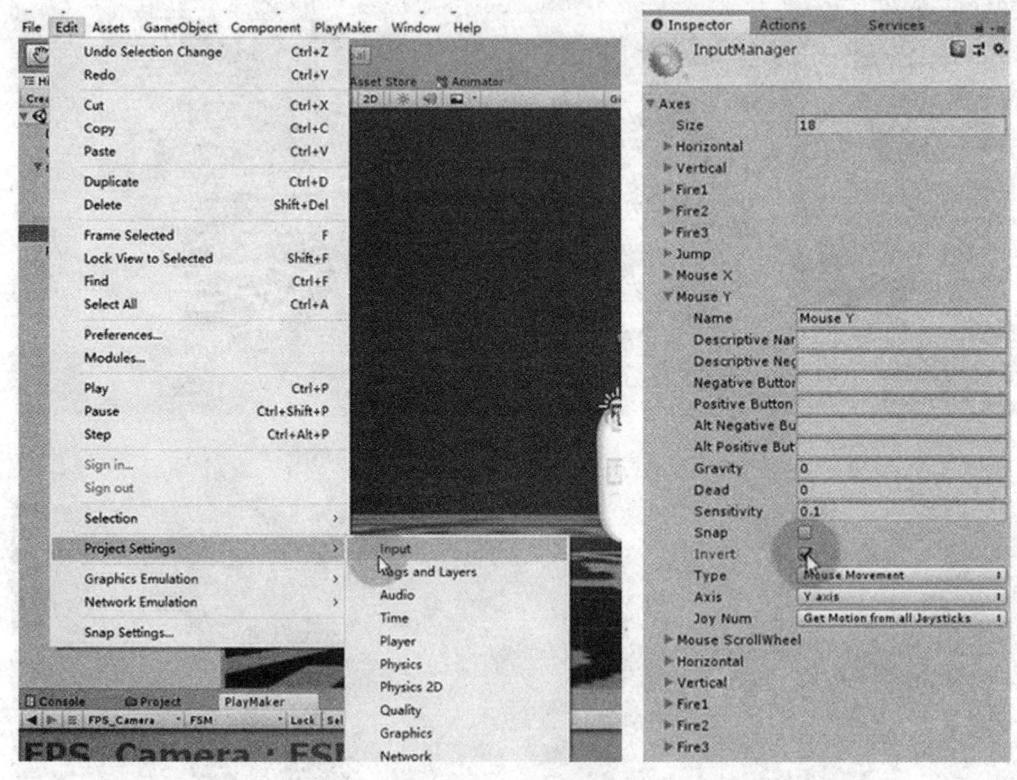

图8.4-18 解决场景颠倒

（17）在“FPS_Camera”下新建空物体“Rifle_holder”，新建Cube调整为简单的枪模型并重命名为Rifle，层级关系及构建概况如图8.4-19所示。

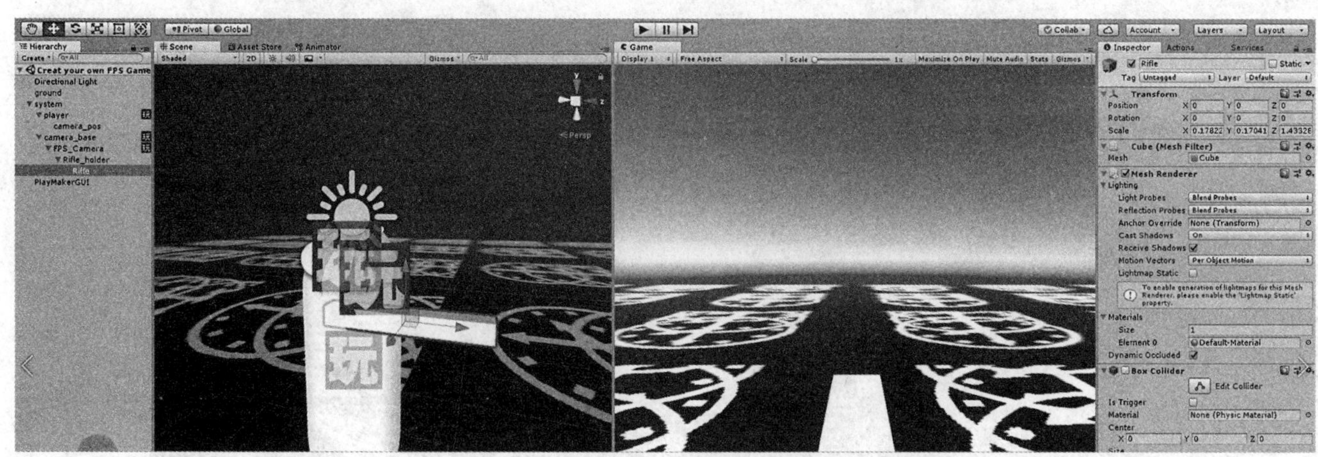
图8.4-19 添加物体

（18）新建“Rifle”材质球，调成灰色，如图8.4-20所示。

（19）创建三个Cube，搭建一个简易的屏障，赋予材质，如图8.4-21所示。

（20）新建胶囊Enemy和它的材质球，如图8.4-22所示。

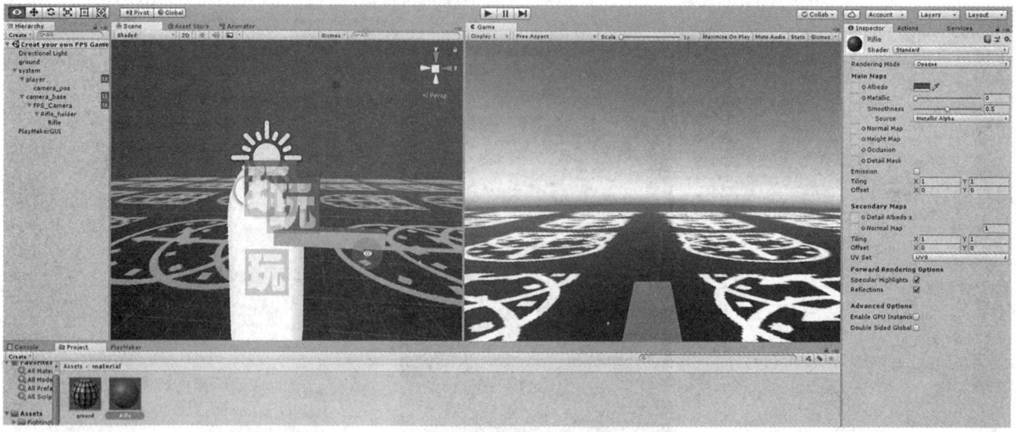

图8.4-20　新建材质球

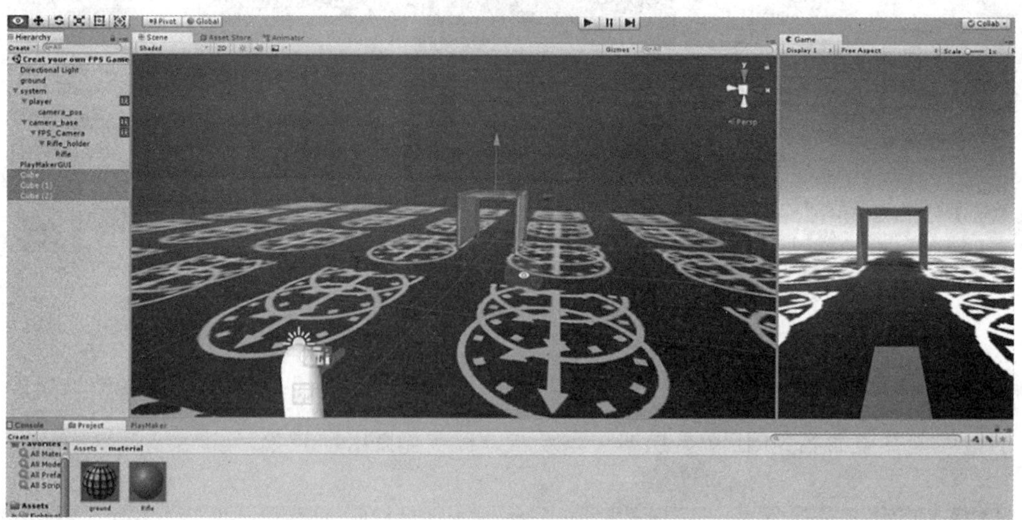

图8.4-21　搭建屏障

Unity 2018.1.6f1 Personal (64bit) - Creat your own FPS Game.unity - eighth - PC, Mac & Linux Standalone* <DX11>

File　Edit　Assets　GameObject　Component　PlayMaker　Window　Help

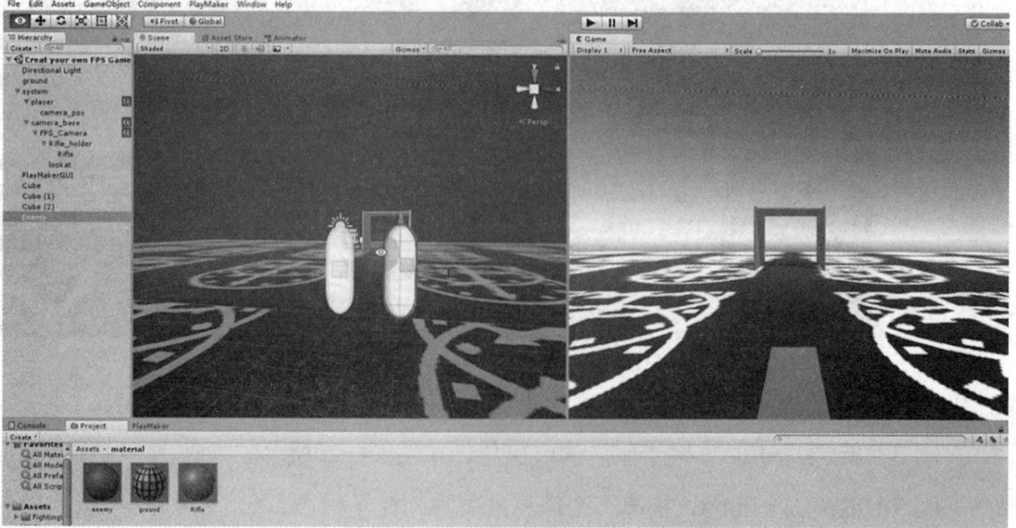

图8.4-22　创建物体

（21）为了方便观察敌人的转动，给材质球添加贴图“Dog”并赋予敌人，如图8.4-23所示。

（22）修改player的标签为“Player”，如图8.4-24所示。

（23）在Enemy下新建FSM，命名为“AI_system”。添加状态机和变量，如图8.4-25所示。

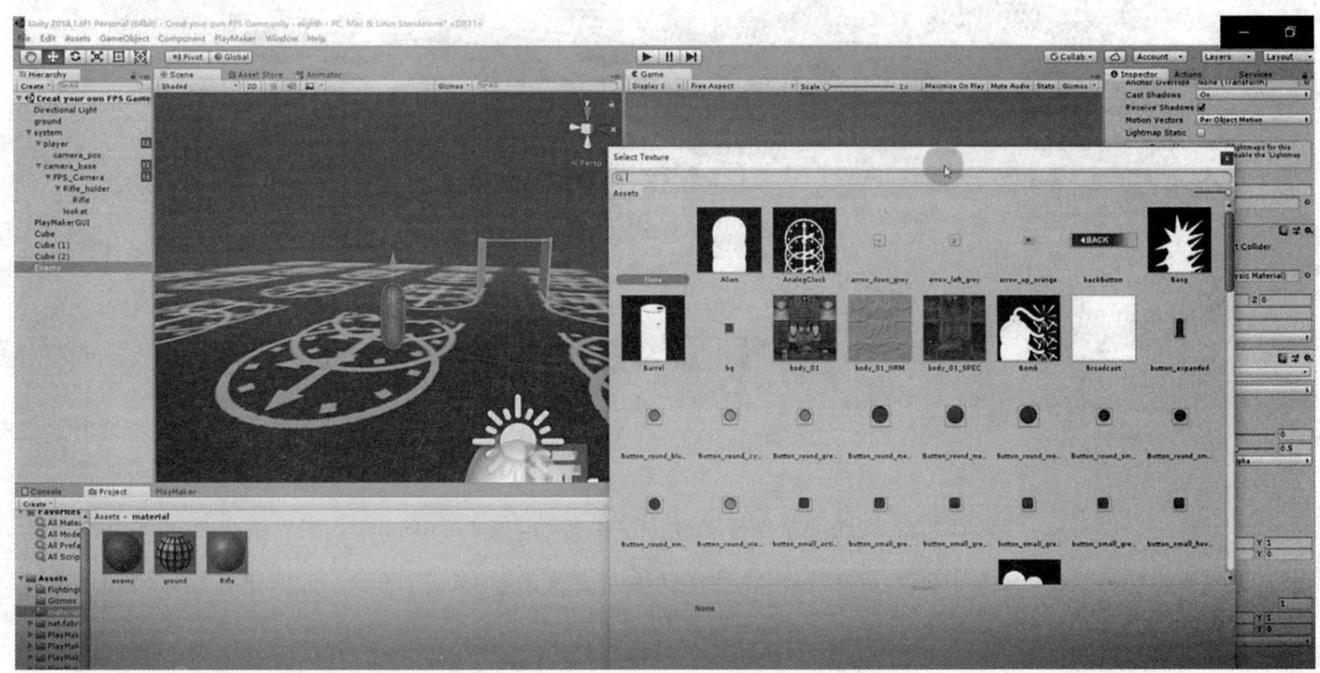

图8.4-23　添加贴图

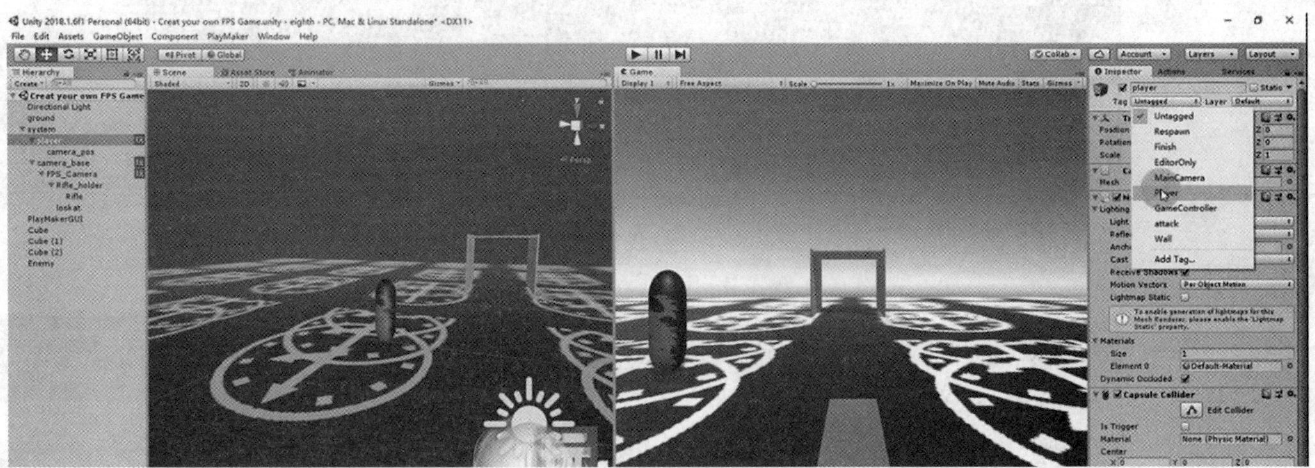

图8.4-24　修改标签

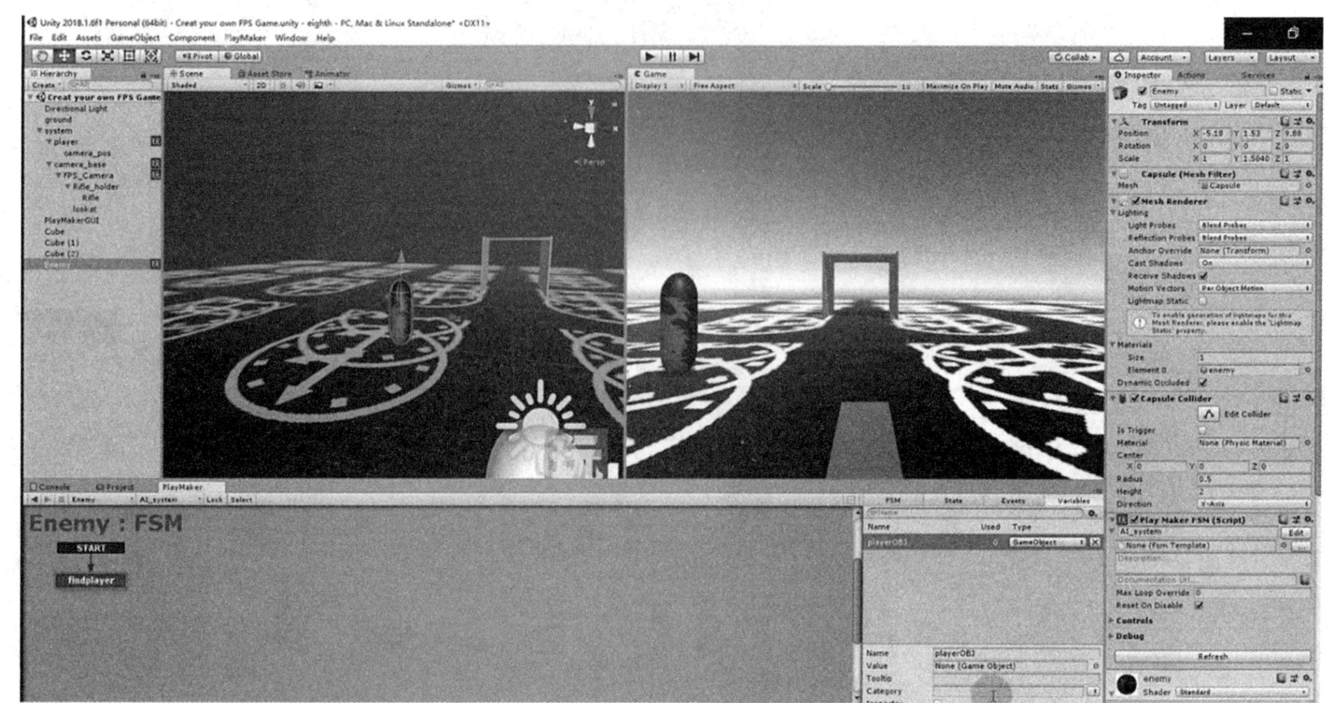

图8.4-25　添加状态机

（24）添加过渡事件和动作，设置如图8.4-26所示。

（25）新建State并添加动作，设置如图8.4-27所示。此时运行后可发现玩家移动时敌人的目光会与之跟随。

图8.4-26　添加动作

图8.4-27　添加动作

（26）新建事件，如图8.4-28所示。

（27）给“Raycast”添加过渡事件，新建State，如图8.4-29所示。

（28）新建变量如图8.4-30所示。继续给“Raycast”添加动作，参数如图8.4-31所示。

图8.4-28　新建事件

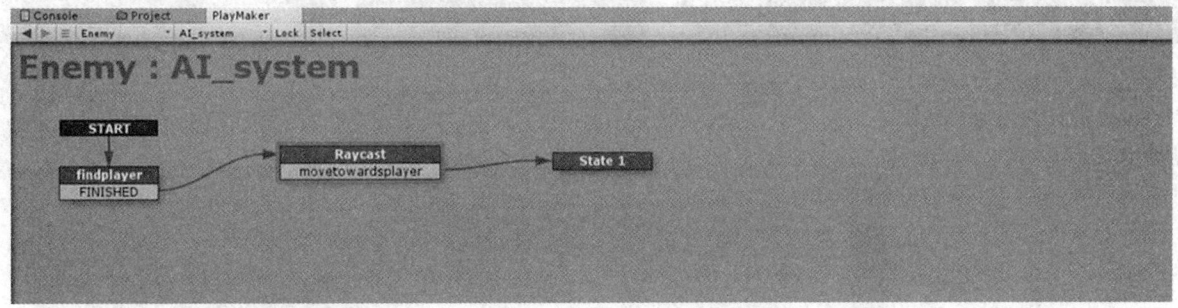

图8.4-29　添加事件

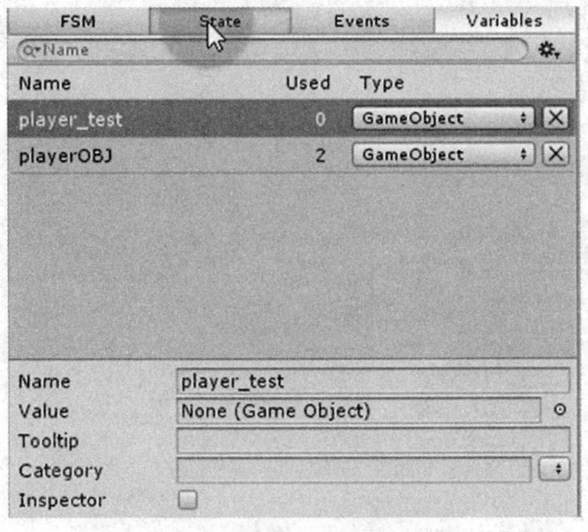

图8.4-30　添加变量

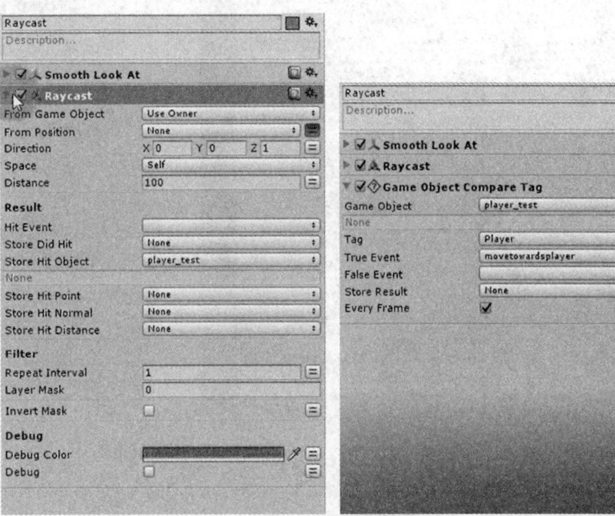

图8.4-31　添加动作

（29）导入新动作。调出Ecosystem面板，搜索“pathfinding”，点击“Get”下载，点击“Import”导入新的动作包。如图8.4-32所示。

（30）选择Windows—>Navigation，点击Bake，勾选地面及三个Cube的“Static”，如图8.4-33所示。

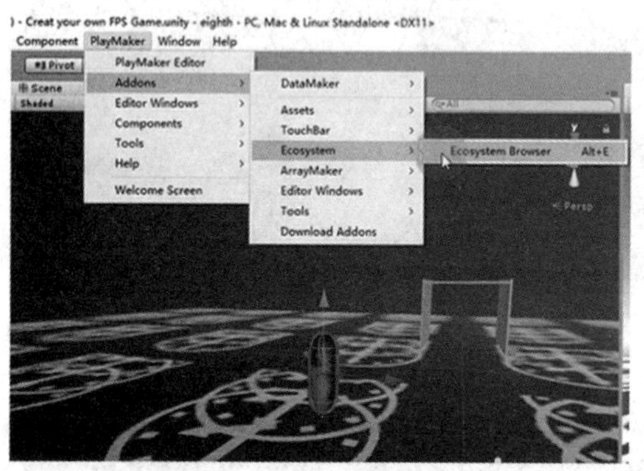

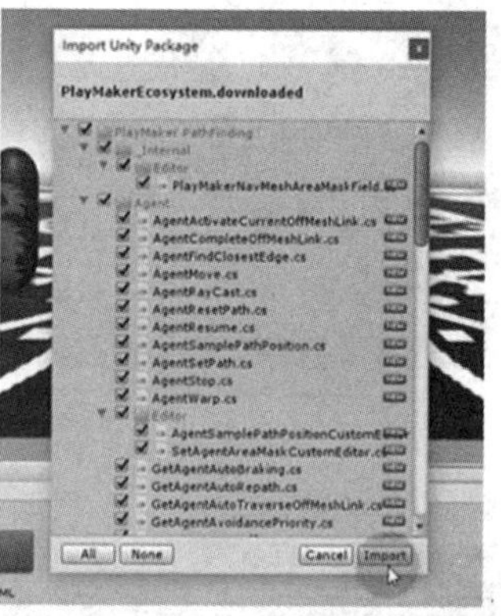

图8.4-32　导入动作包

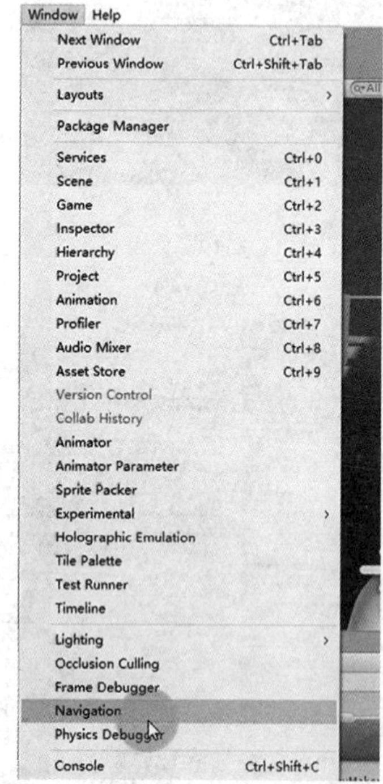

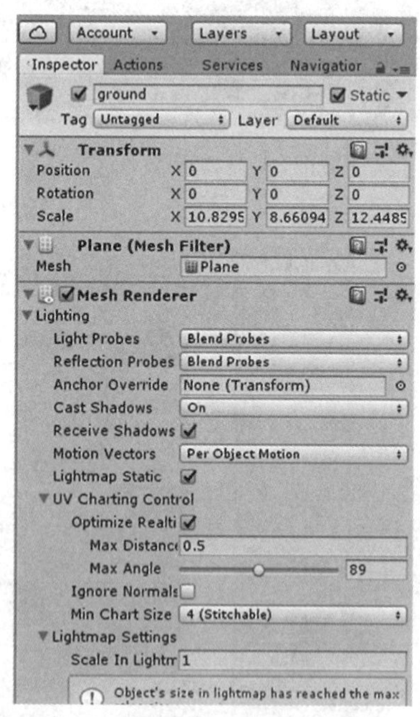

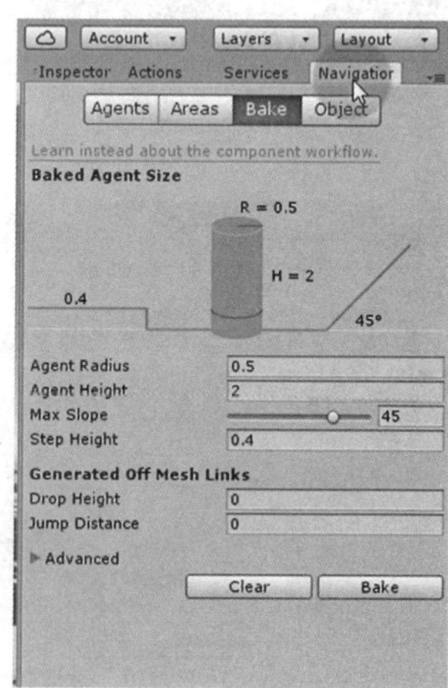

图8.4-33　地图导航

（31）给“AI_system”中的State添加动作，参数设置如图8.4-34所示。此时运行可以发现敌人会跟随玩家移动。

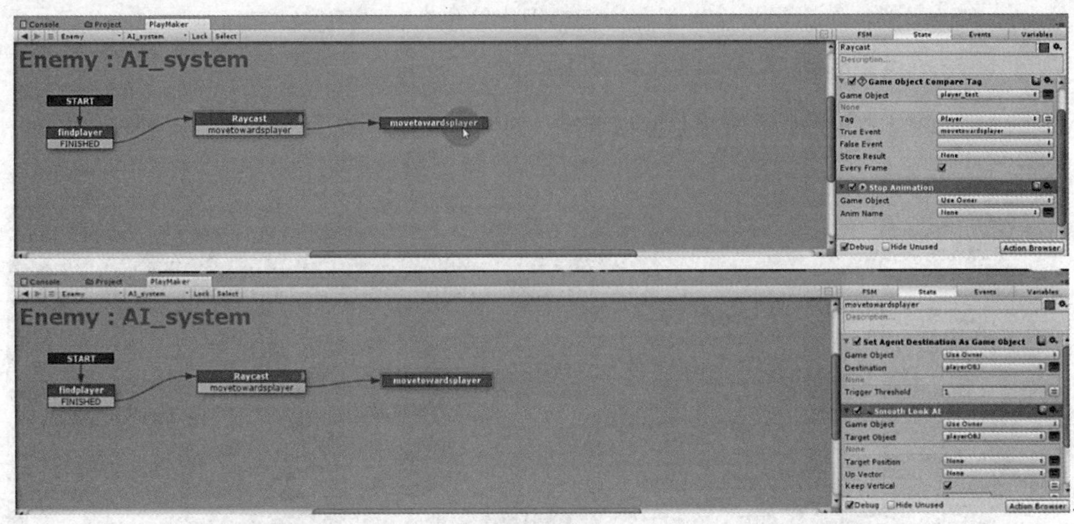

图8.4-34　添加动作

（32）添加过渡事件，将状态“Raycast”中的两个动作“Raycast”与“Game object Compare Tag”复制到状态“movetowardsplayer”中，修改部分参数如图8.4-35所示。

（33）添加变量，在状态“Raycast”中添加动作，参数如图8.4-36所示。

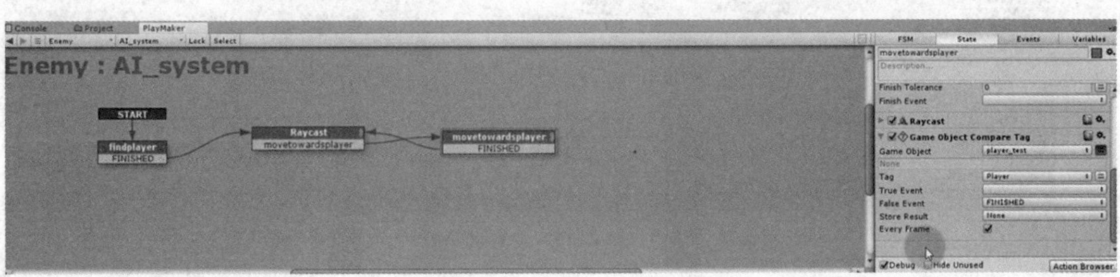

图8.4-35　复制动作及参数修改

图8.4-36添加变量和动作

（34）将新建Cube作为子弹，调整大小及位置，如图8.4-37所示。

（35）在Bullet下新建状态机，添加动作，参数如图8.4-38所示。

（36）在Bullet下新建变量和事件，如图8.4-39所示。

图8.4-37　修改标签

图8.4-38　新建状态机

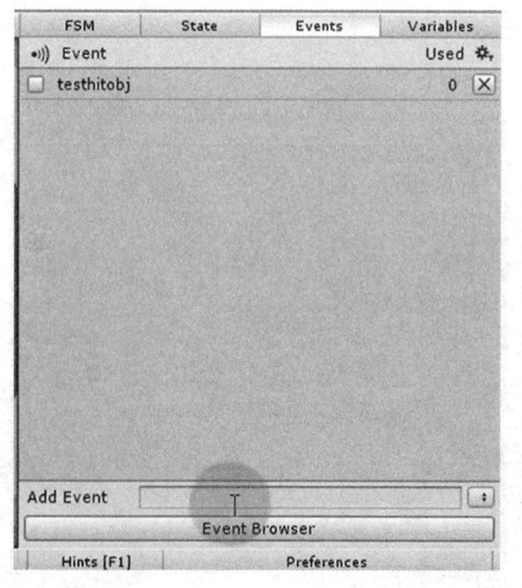

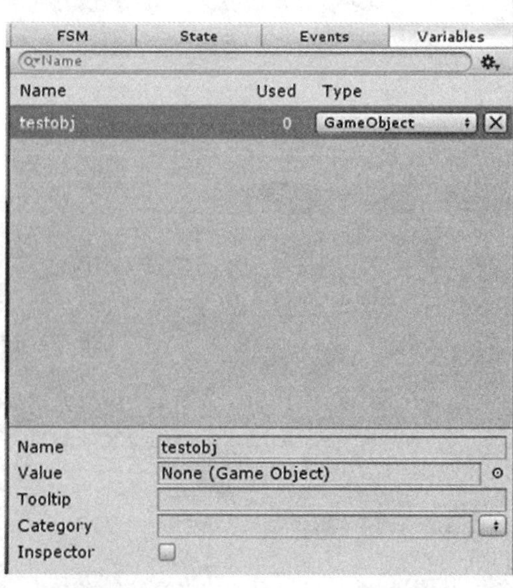

图8.4-39　添加变量与事件

（37）给“moving”添加过渡事件，添加动作“Raycast”，新建State，如图8.4-40所示。

（38）添加Tags并命名为“Enemy”，将Enemy的“Tags”改为“Enemy”，如图8.4-41所示。

（39）添加两个事件，给“hit sth”添加动作，参数如图8.4-42所示。

（40）添加过渡事件和State，如图8.4-43所示。

（41）给“Destroy”添加动作，参数设置如图8.4-44所示。

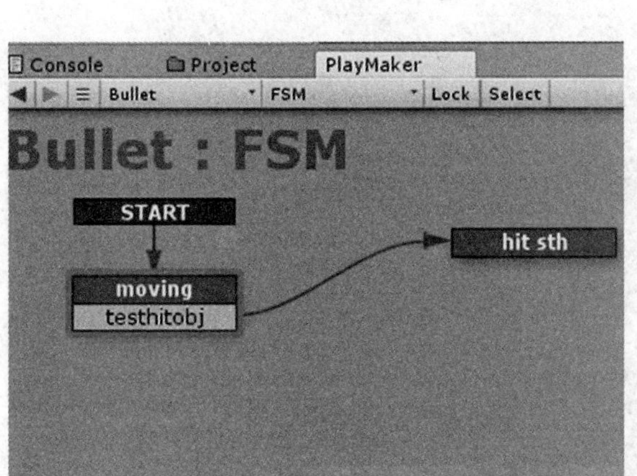

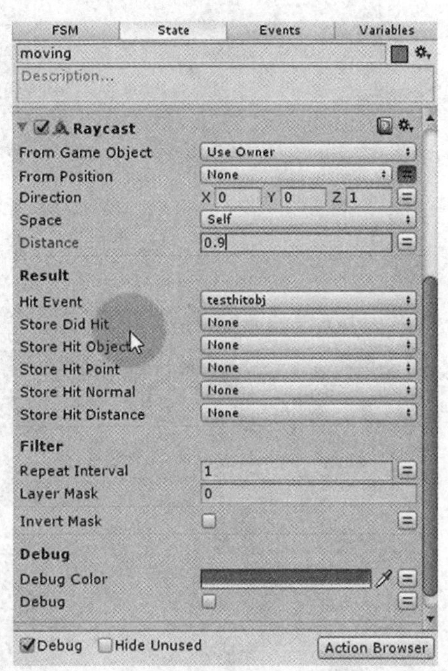

图8.4-40　添加状态与动作

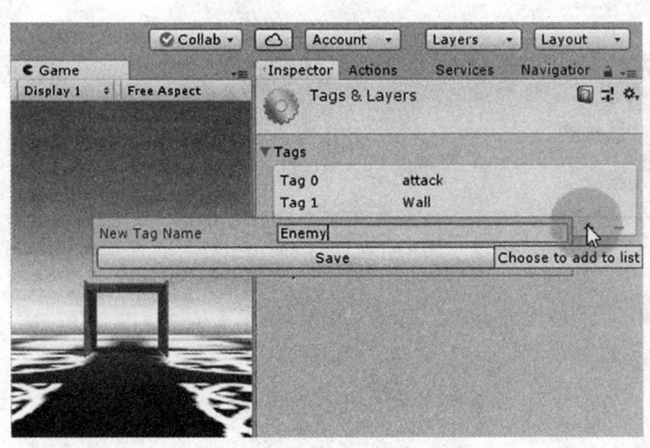

图8.4-41　修改标签

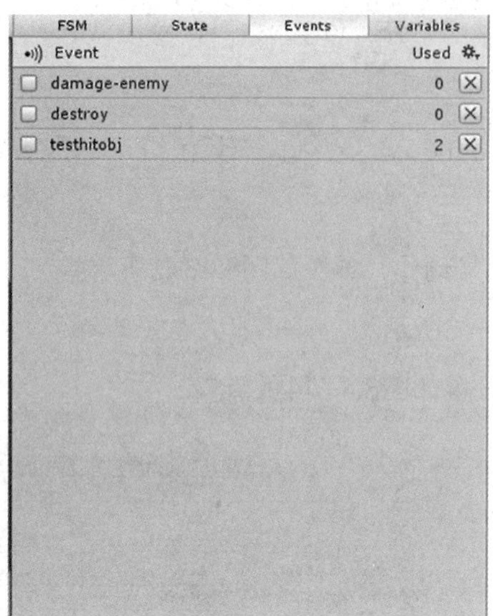

图8.4-42　添加事件和动作

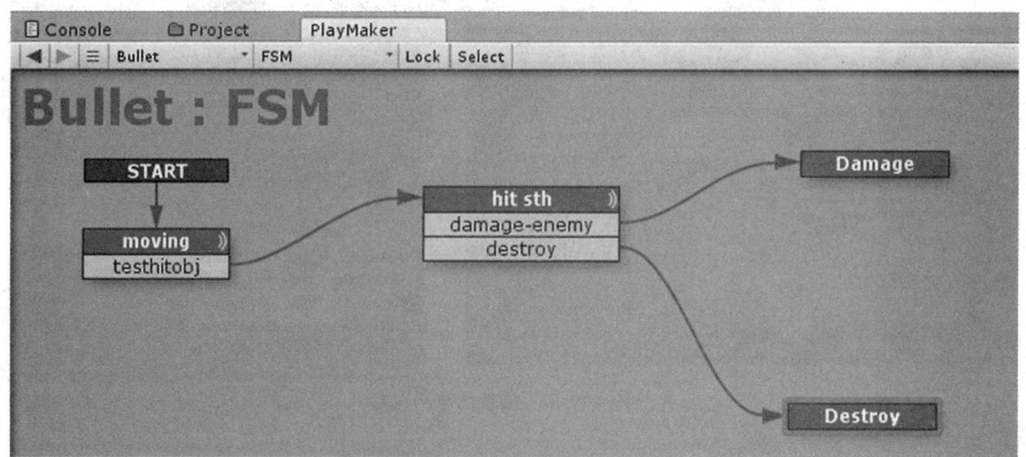

图8.4-43　添加过渡事件

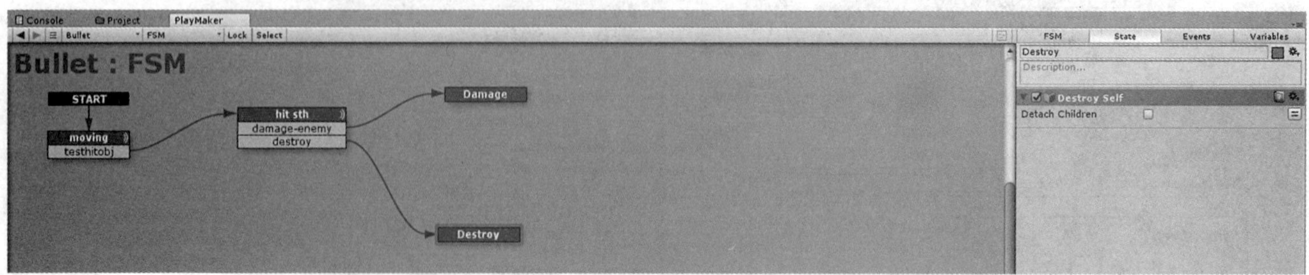

图8.4-44　添加动作

（42）新建预设体“bullet”，将物体Bullet拖进去，如图8.4-45所示。

（43）给“Rifle”新建状态机，添加事件“isfiring”，新建State为“Idle”，为“Idle”添加动作和过渡事件，参数设置如图8.4-46所示。

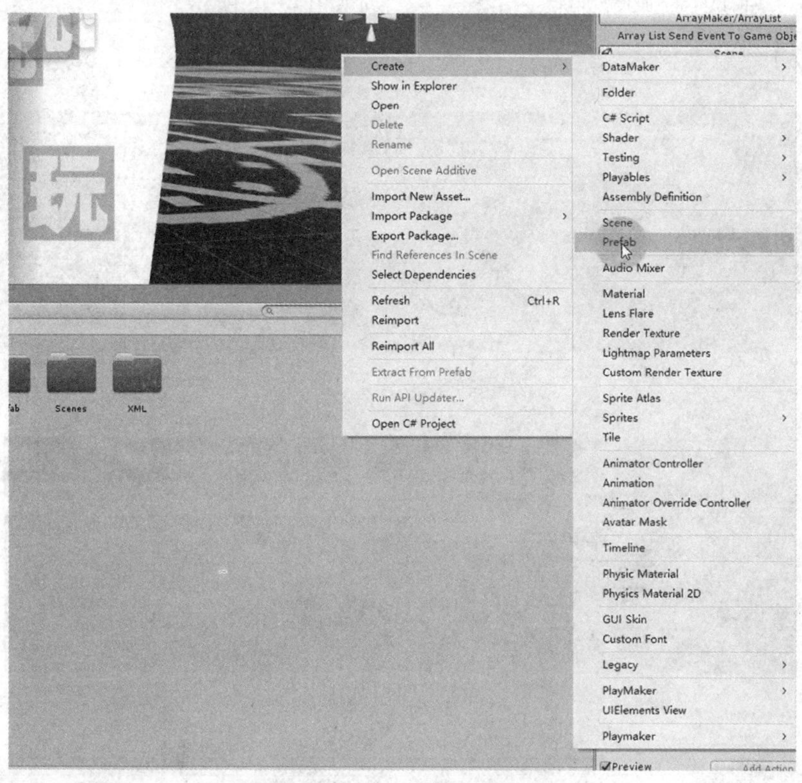

图8.4-45　新建预设体

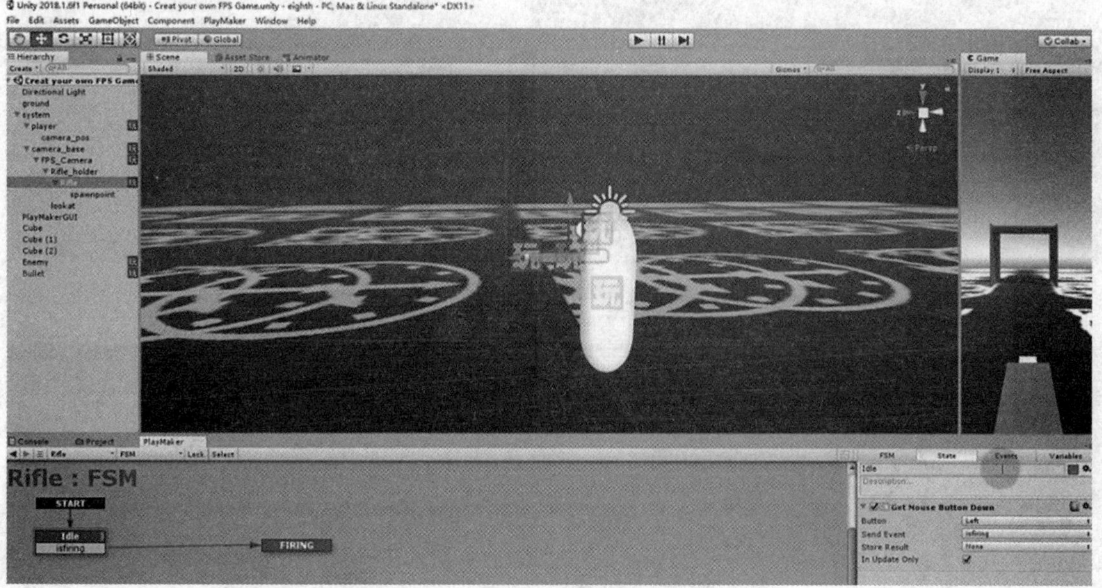

图8.4-46　添加动作和事件

（44）给“FIRING”添加过渡事件，添加动作参数设置如图8.4-47所示。此时运行点击页面可以发射子弹。

（45）给敌人添加FSM命名为“DAMAGE”，如图8.4-48所示。

（46）在DAMAGE中添加状态机和变量，如图8.4-49所示。

（47）给状态机添加过渡事件及动作，添加新State，如图8.4-50所示。

图8.4-47　添加动作

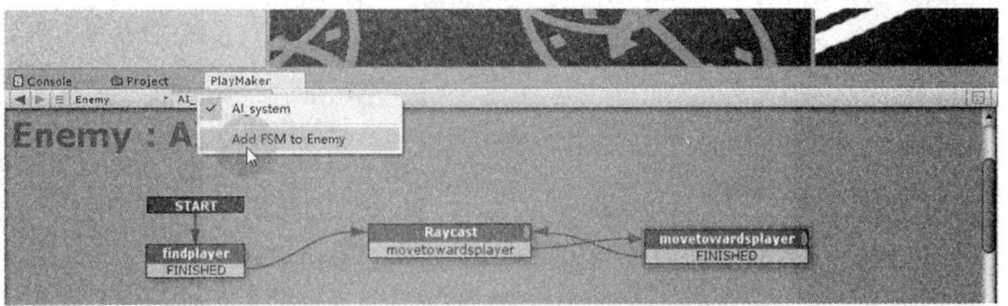

图8.4-48　添加FSM

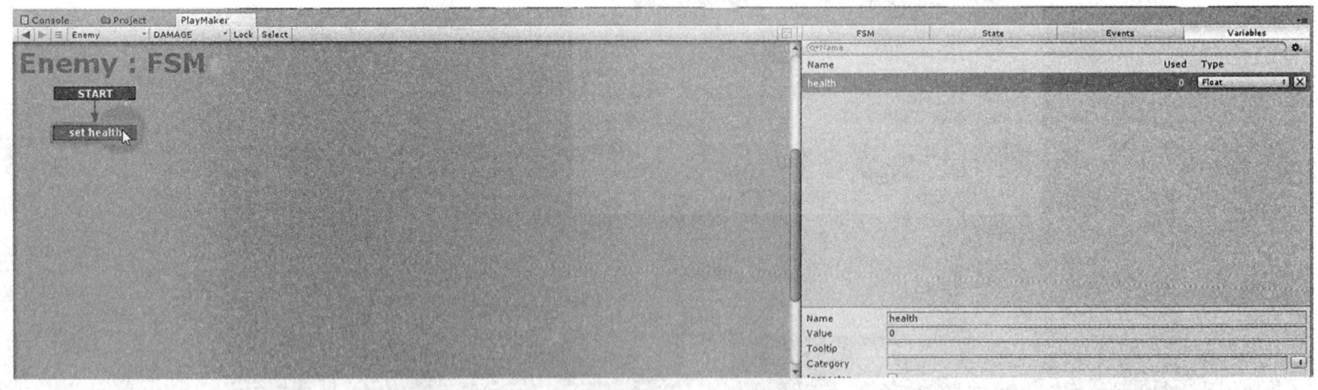

图8.4-49　添加变量

图8.4-50　添加事件和动作

（48）继续新建全局事件，新建State把全局事件添加上去，如图8.4-51所示。

（49）添加过渡事件和动作，连接及参数设置如图8.4-52所示。

（50）回到Bullet的Playermaker页面，添加过渡事件并连接，给“Damage”添加动作，参数设置如图8.4-53所示。

（51）在DAMAGE中，新建局部事件“killenemy”，给“Idle”添加动作，参数设置如图8.4-54所示。

（52）给“Idle”添加过渡事件，新建State并添加动作，如图8.4-55所示。此时运行可以实现：子弹打中敌人10次后，敌人消失。

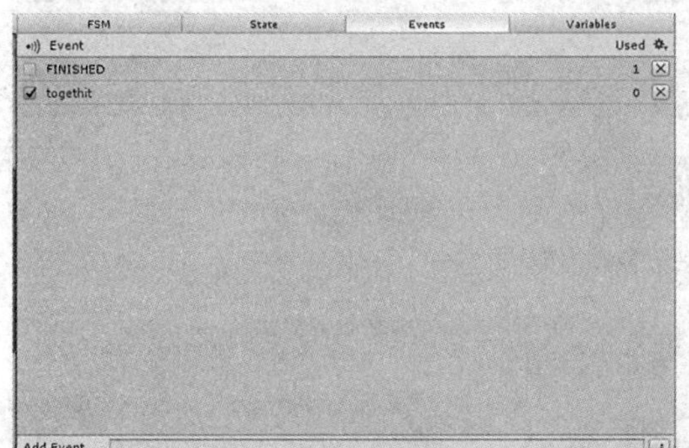

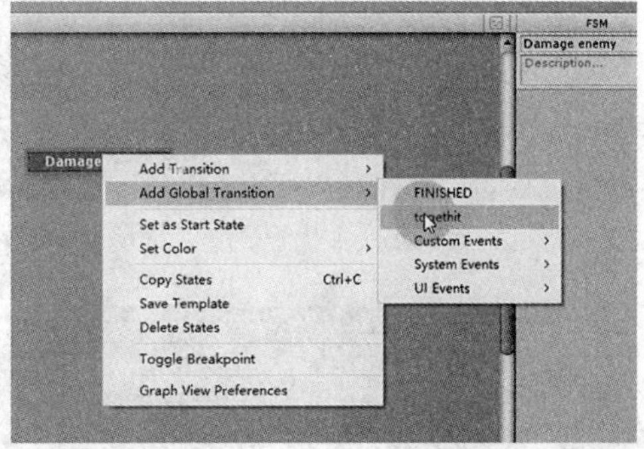

图8.4-51　添加全局事件

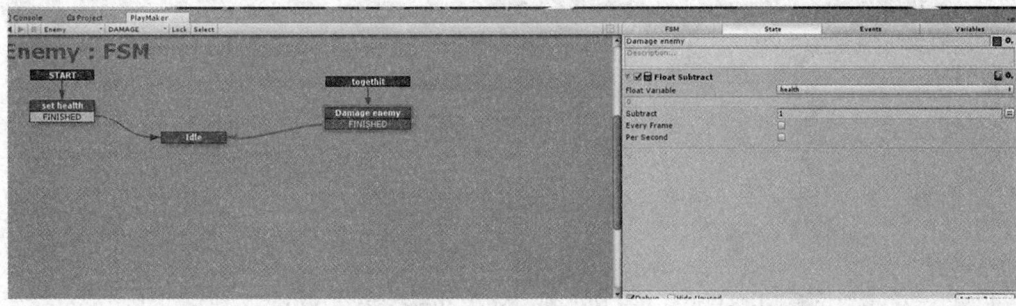

图8.4-52　添加动作

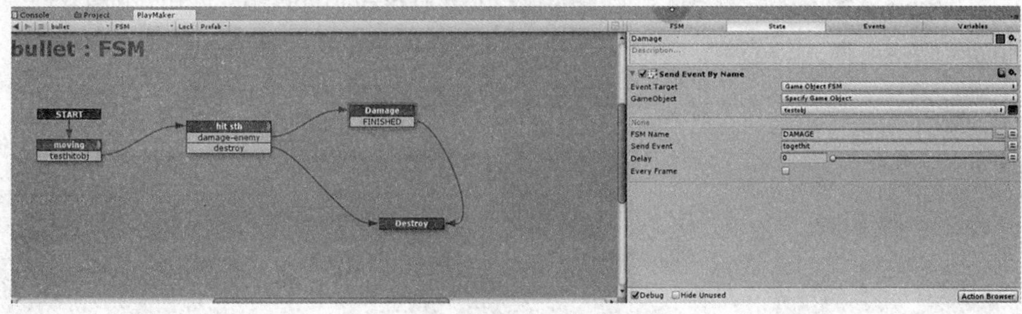

图8.4-53　添加动作

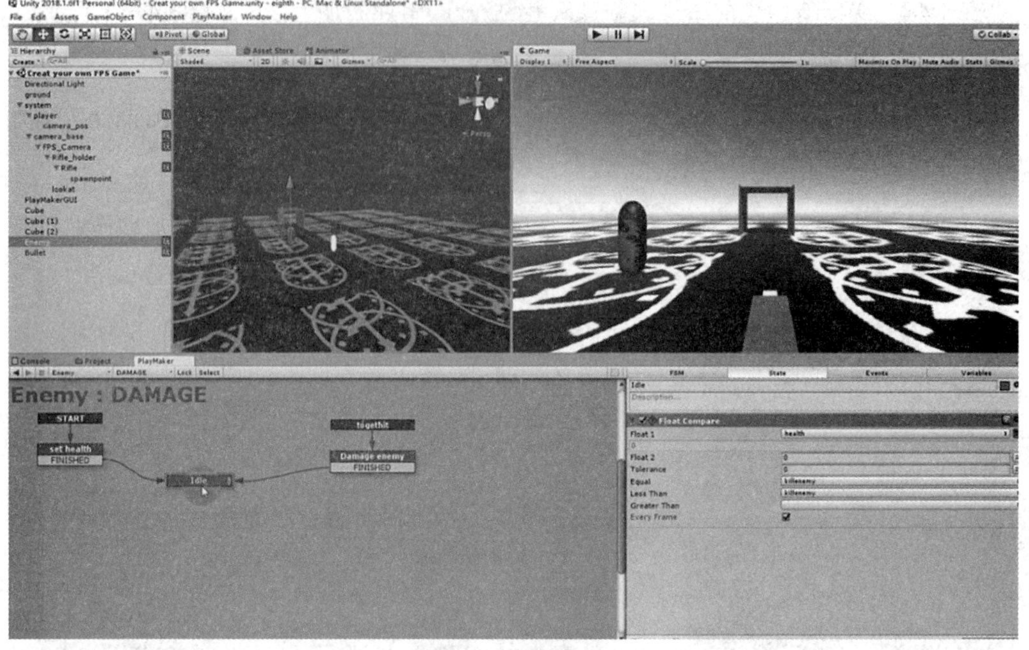

图8.4-54　添加动作

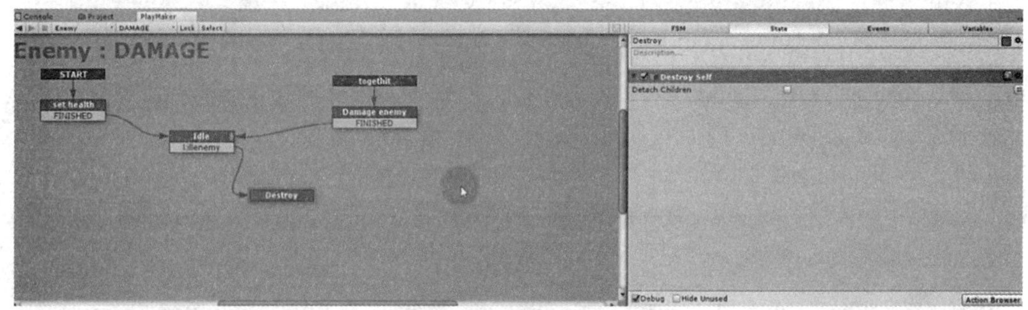

图8.4-55　添加动作

（53）接下来制作敌人的生命条以便更直观地显示生命值。在Enemy下新建Canvas，注意将Render Mode处选为World Space才能修改参数，如图8.4-56所示。

（54）调整Canvas并在下面添加Image，如图8.4-57所示。

（55）找到下载好的图片，将它的Texture Type改为Sprite，添加到Image上。如图8.4-58所示。

（56）新建空物体来控制血条，并将其中心点置于血条的最左端，位置及层级关系如图8.4-59所示。

（57）给Canvas“health”添加状态机和变量，如图8.4-60所示。

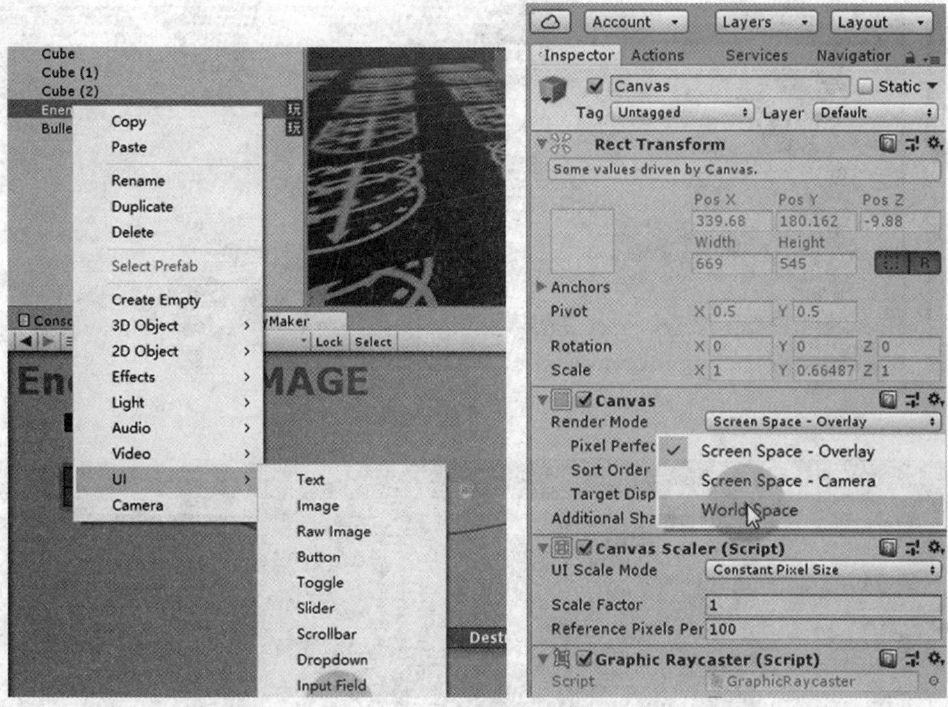

图8.4-56　添加Canvas

图8.4-57　添加Image

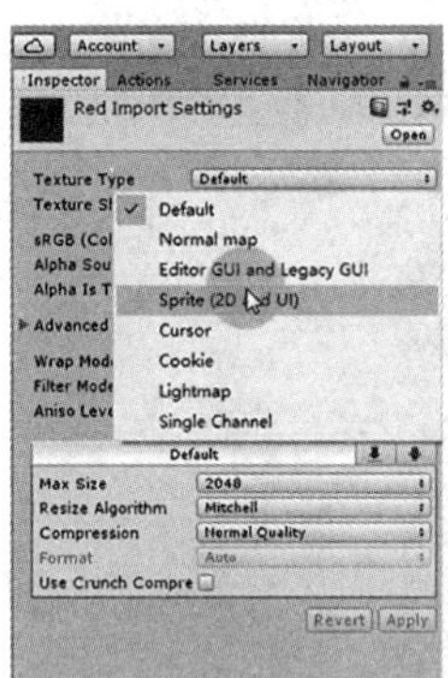
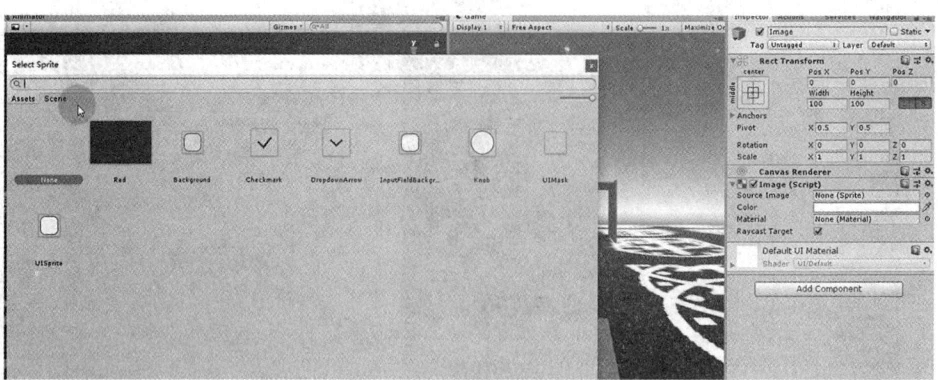

图8.4-58 置入Sprite

图8.4-59 新建空物体

图8.4-60 添加变量

（58）给State1添加动作，参数设置如图8.4-61所示。此时运行后可以实现子弹击中敌人后血条减少的效果。

（59）在空物体“SCALE”下新建Text，放在血条最右端。将Text内容改为10并调整大小颜色等参数，如图8.4-62所示。

（60）回到状态机health添加一个新变量，继续给State1添加动作，如图8.4-63所示。

图8.4-61　添加动作

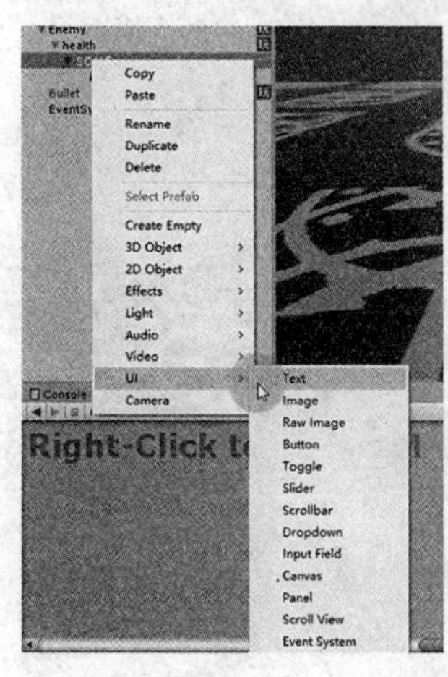

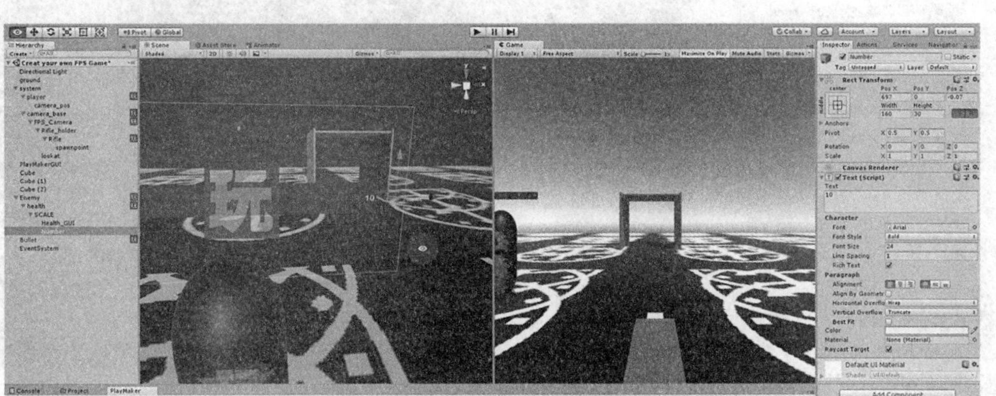

图8.4-62　添加Text

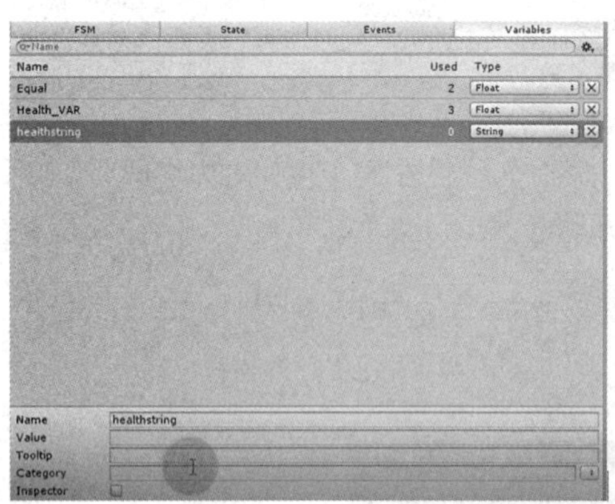
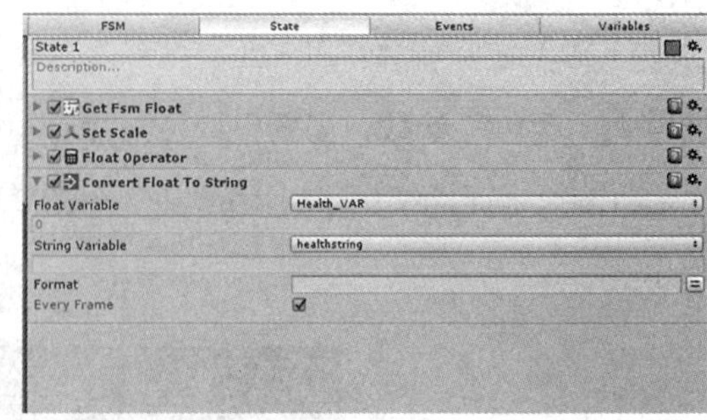

图8.4-63　添加变量及动作

（61）点击Lock锁定FSM页面，然后将Text（Script）部分拖到“State”区域，点击“Set Property”，参数设置如图8.4-64所示。此时运行可以发现子弹击中敌人后，数字与血条都发生了变化。

（62）开始实现敌人的攻击。复制子弹“Bullet_player”用来攻击玩家，新建预设体将敌人、子弹拖进去，如图8.4-65所示。

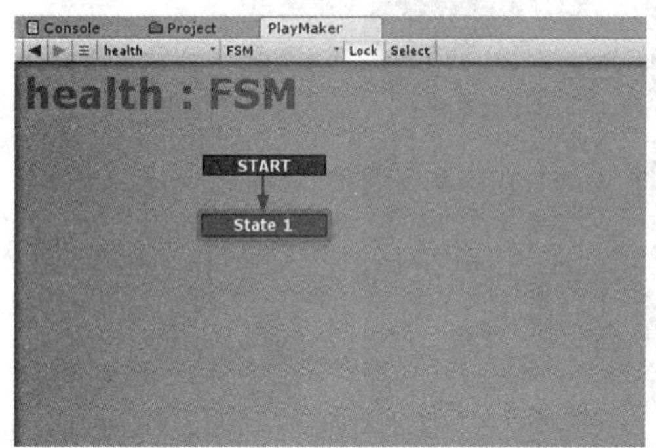

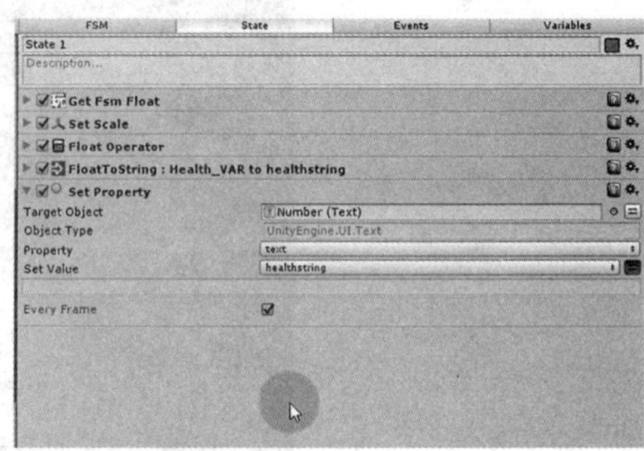

图8.4-64　Set Property

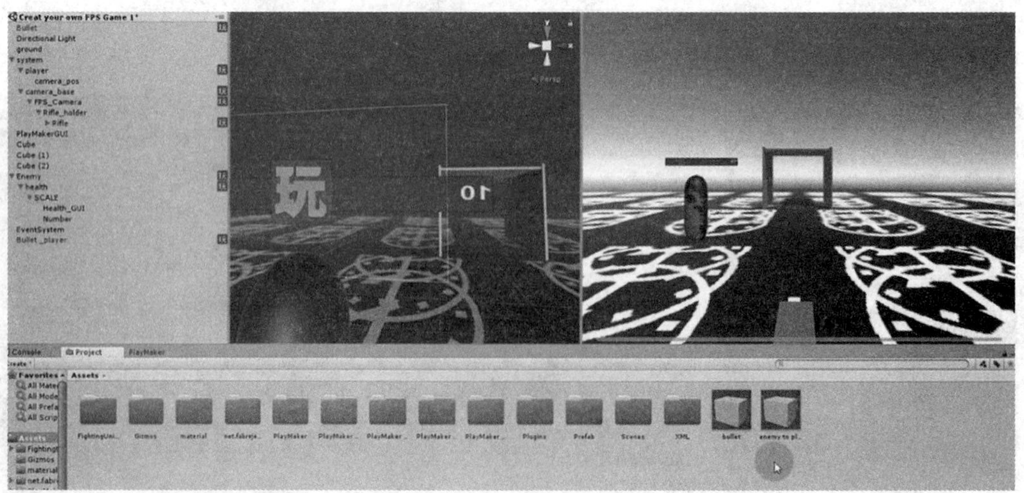

图8.4-65　复制子弹

（63）修改“Bullet_player”参数，如图8.4-66所示。

（64）创建新FSM“Health”，新建全局变量，如图8.4-67所示。

（65）新建状态机，添加过渡事件和动作，如图8.4-68所示。

（66）添加事件，新建State并添加过渡事件，连接如图8.4-69所示。

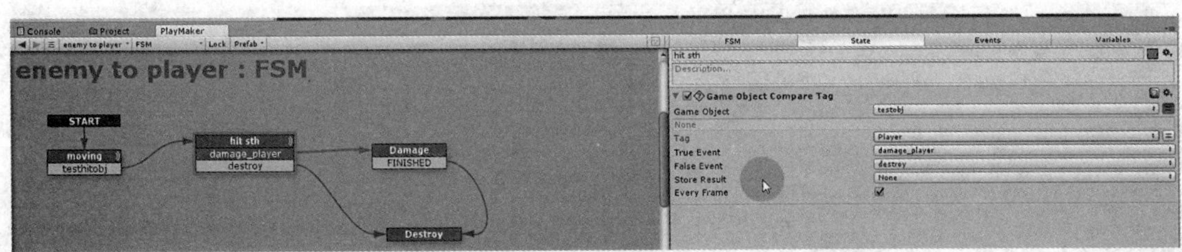

图8.4-66　修改参数

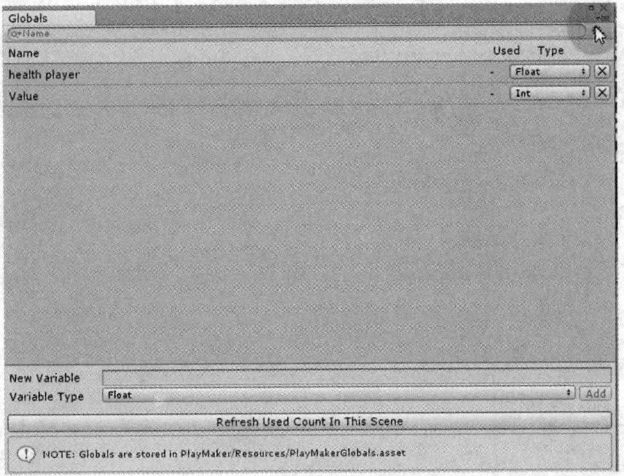

图8.4-67　添加全局变量

图8.4-68　添加动作

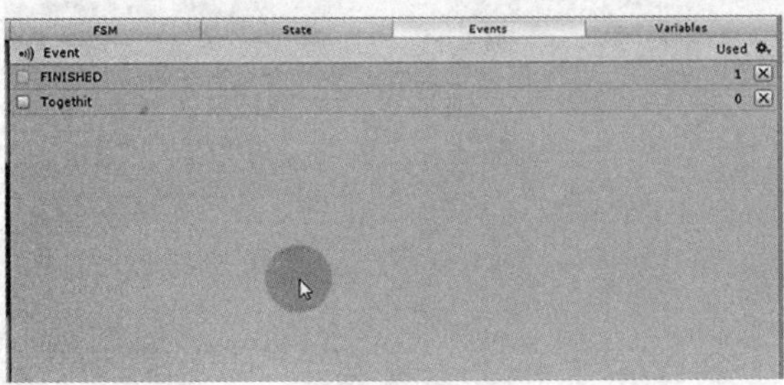

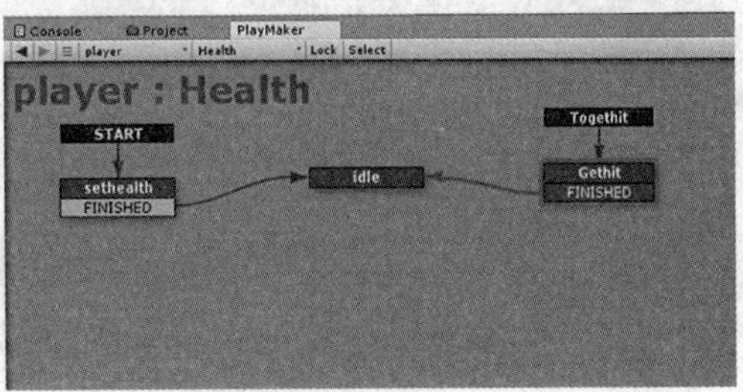

图8.4-69　新建State

（67）给“Gethit”添加动作，如图8.4-70所示。

（68）新建事件“Die”，给“Idle”添加过渡事件和动作，如图8.4-71所示。

（69）新建State，添加动作，如图8.4-72所示。

（70）修改“Bullet_player”参数，如图8.4-73所示。

图8.4-70　添加动作

图8.4-71　添加动作

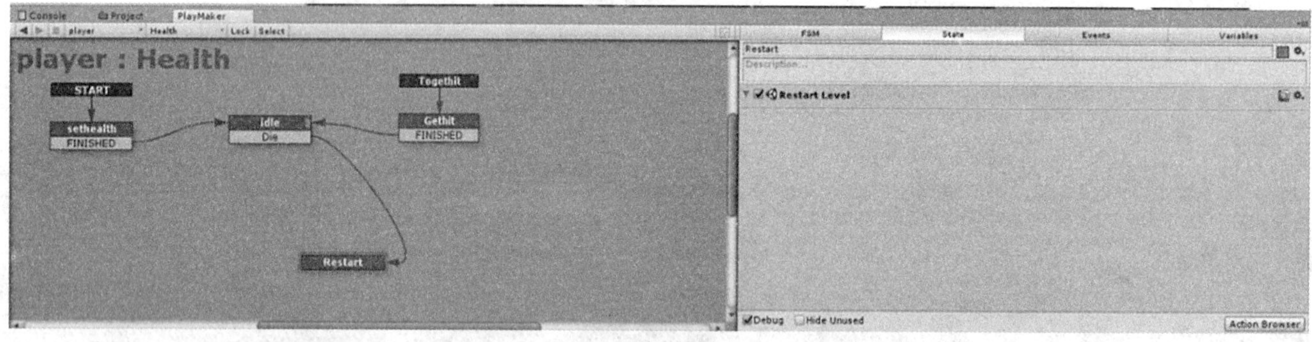

图8.4-72　添加动作

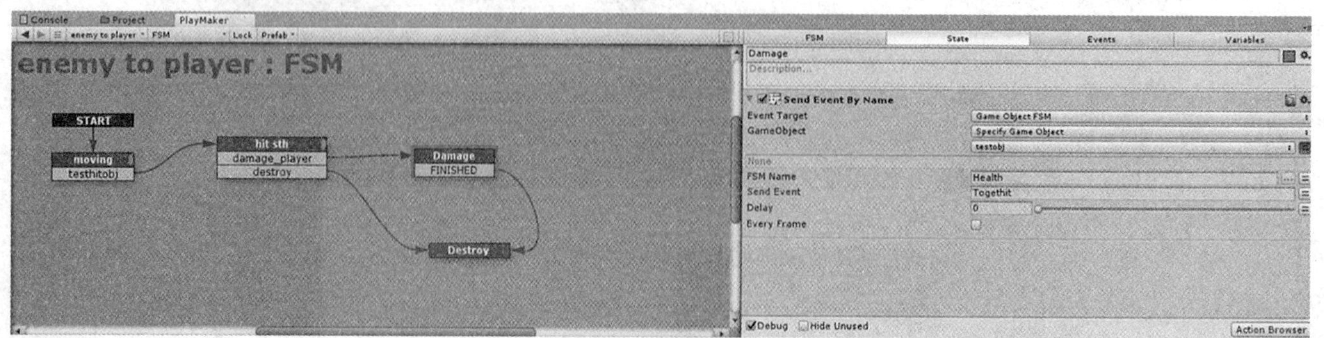

图8.4-73　修改参数

（71）在Enemy下创建敌人的枪以及空物体作为子弹生成点，如图8.4-74所示。

（72）在Enemy的“AI_system”中新建变量，如图8.4-75所示。

（73）给“movetowardsplayer”添加动作，参数如图8.4-76所示。

（74）给“Raycast”添加动作，参数如图8.4-77所示。

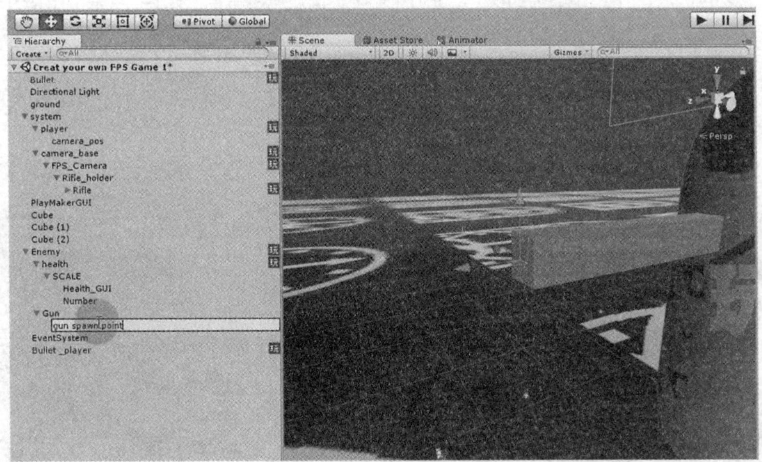

图8.4-74　创建新物体

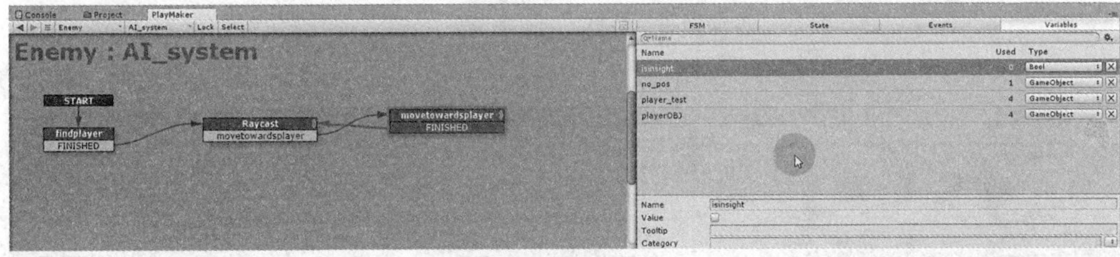

图8.4-75　新建变量

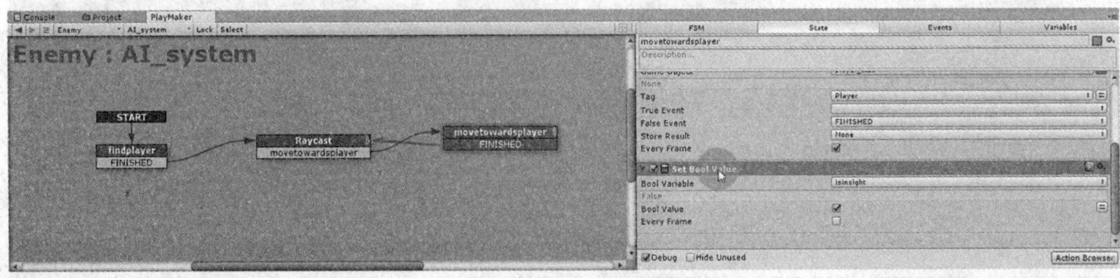

图8.4-76　添加动作

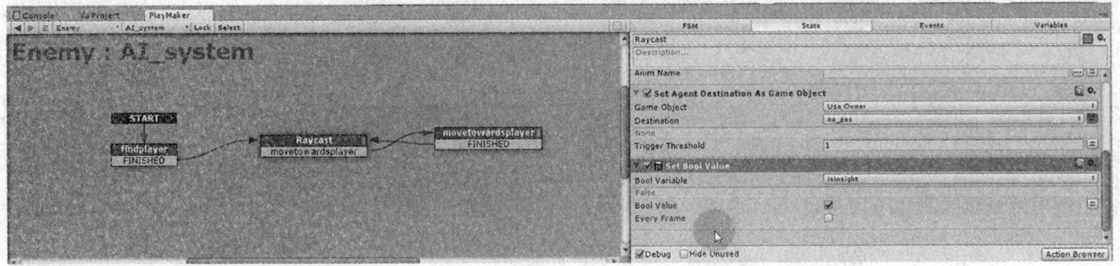

图8.4-77　添加动作

（75）在Enemy下新建FSM“Weapon”，添加变量与事件，如图8.4-78所示。

（76）添加状态机和动作，参数设置如图8.4-79所示。

（77）新建State，添加过渡事件并互相连接。继续给“State1”添加动作，连接和参数如图8.4-80所示。

（78）将“State1”中的动作复制到“State2”中并修改动作“Bool Test”的部分参数，如图8.4-81所示。然后将“State2”中的动作复制到“State3”中，无需修改。

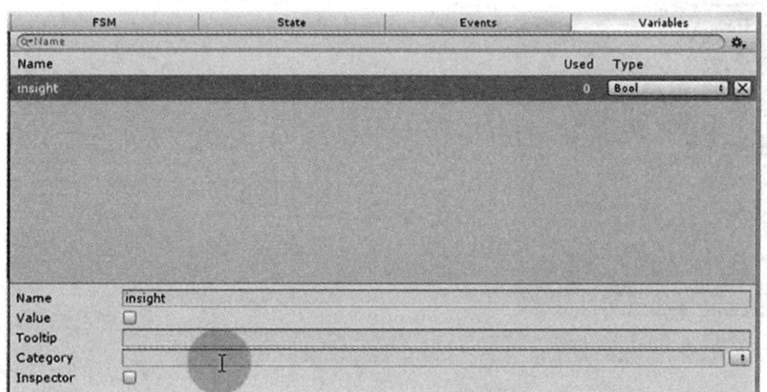

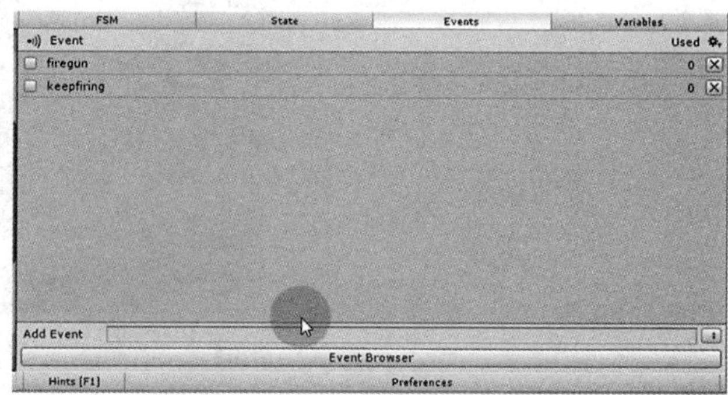

图8.4-78　添加变量及事件

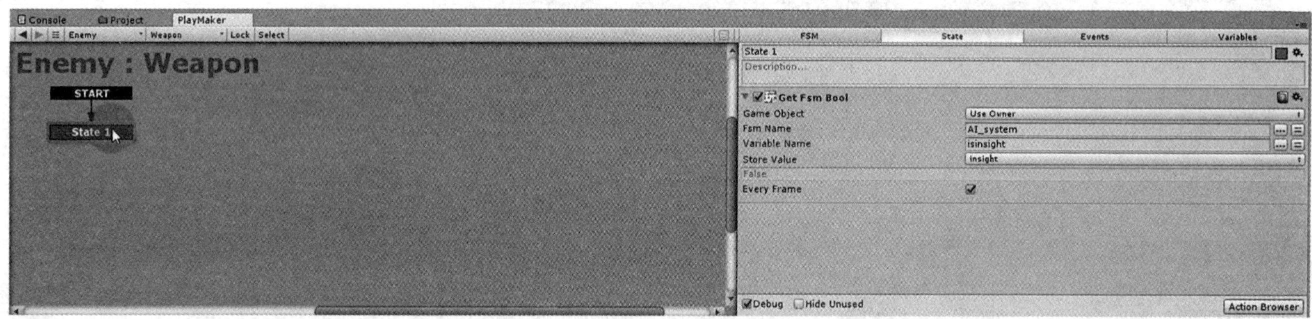

图8.4-79　添加动作

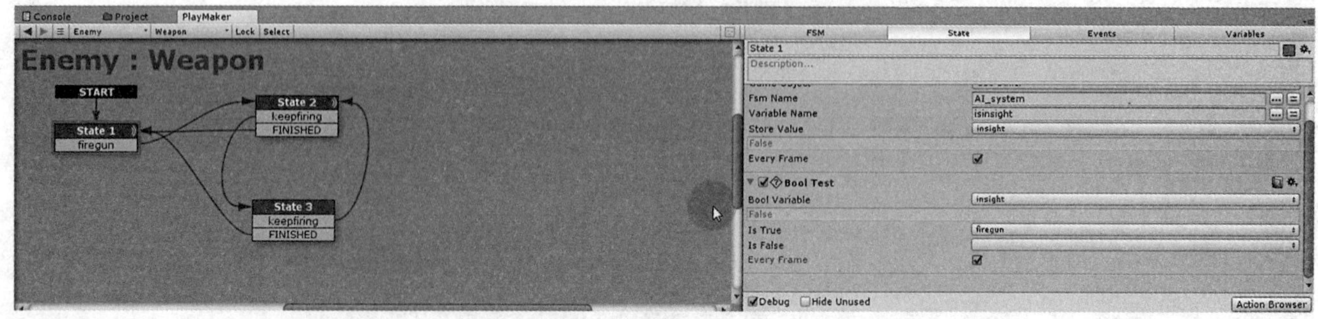

图8.4-80　添加State与动作

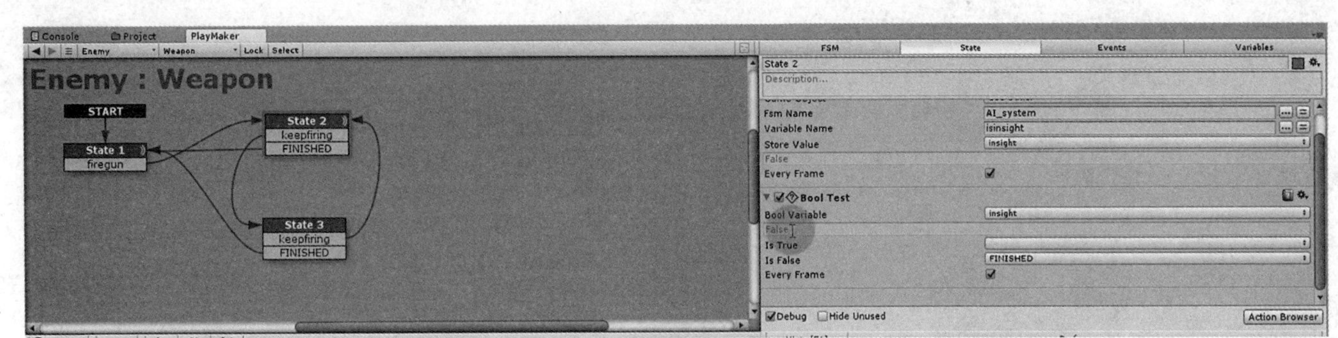

图8.4-81　复制动作

（79）给“State2”添加动作，参数如图8.4-82所示。

（80）给“State3”添加动作，参数如图8.4-83所示。

（81）在“system”下新建Canvas，在Canvas下新建Text。修改Text参数，让它在视角里能被明显看到，作为玩家的生命值，显示如图8.4-84所示。

（82）给Canvas添加状态机和变量，如图8.4-85所示。

（83）给“State1”添加动作，参数设置如图8.4-86所示。

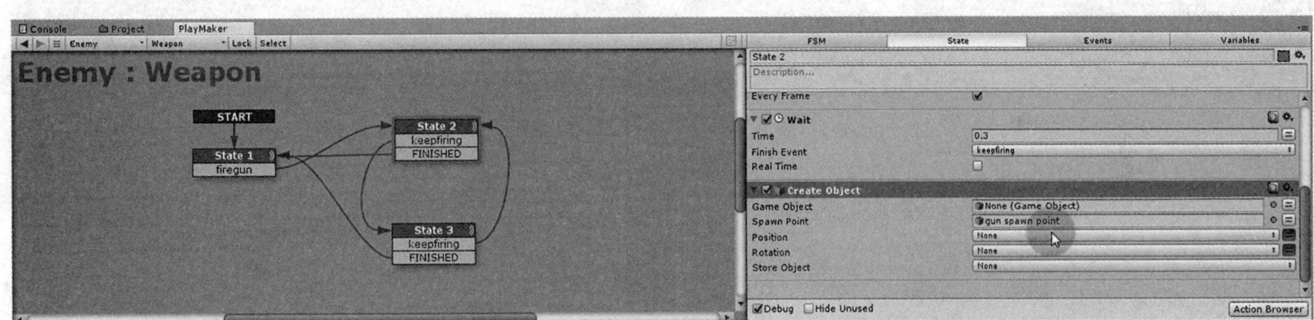

图8.4-82　添加动作

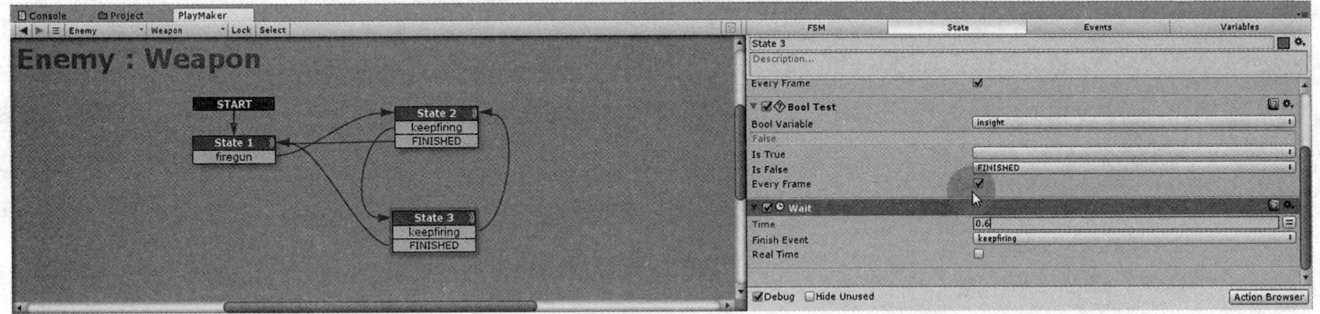

图8.4-83　添加动作

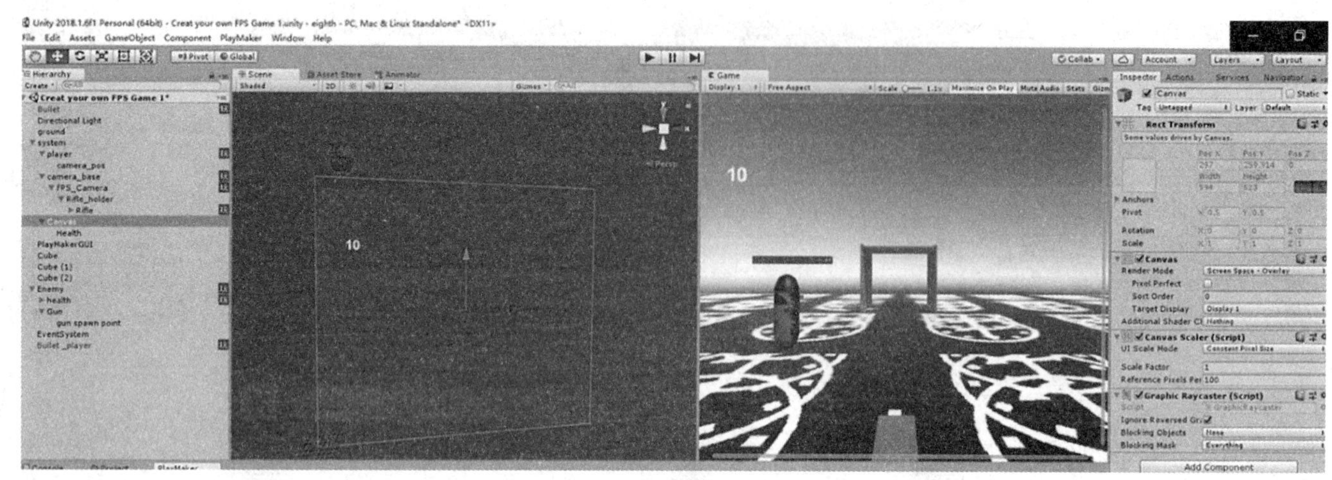

图8.4-84　创建玩家生命值

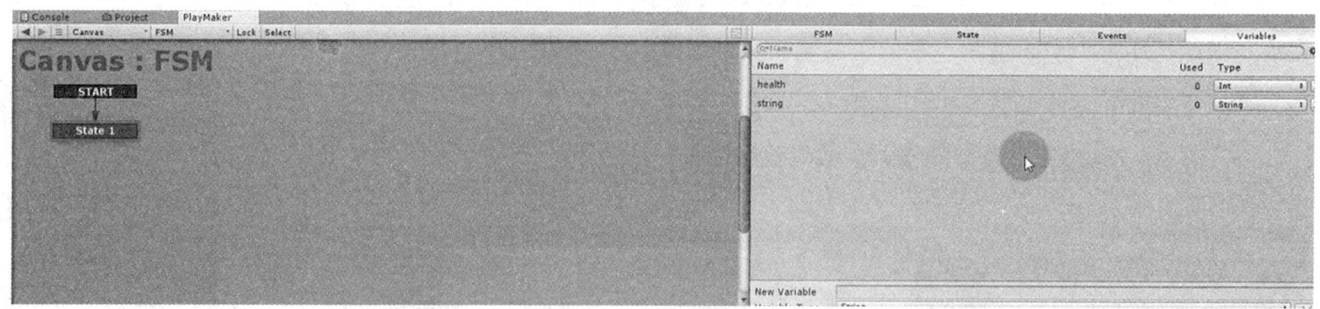

图8.4-85　添加状态机和变量

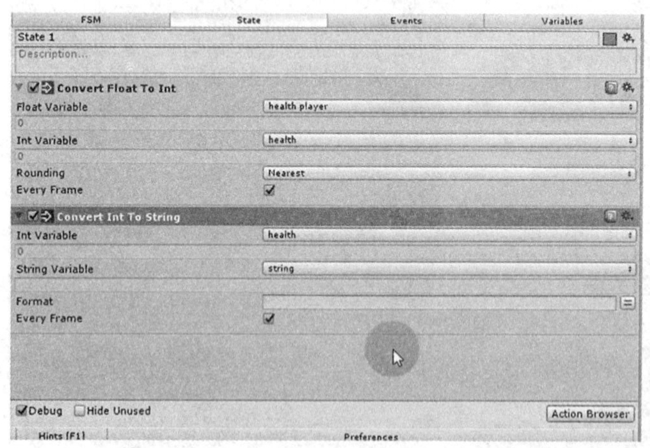

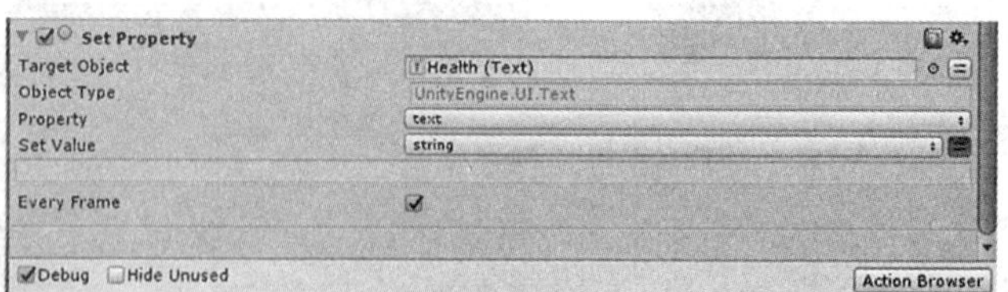

图8.4-86　添加动作

（84）运行调试。

8.5 几何体切换

Display of Geometric Body Switching：几何体切换展示。

实例难度系数：★★★

场景文件：网盘\Projects\Chapter8\Assets\Scenes\8.5 Display of Geometric Body Switching

视频文件：网盘\视频教程\第8章\8.5 Display of Geometric Body Switching

1. 功能简介

①三维展示几何体。

②通过点击几何体出现控制界面，再次点击则关闭控制界面。

③单击控制界面切换按钮切换对应几何体，如图8.5-1。

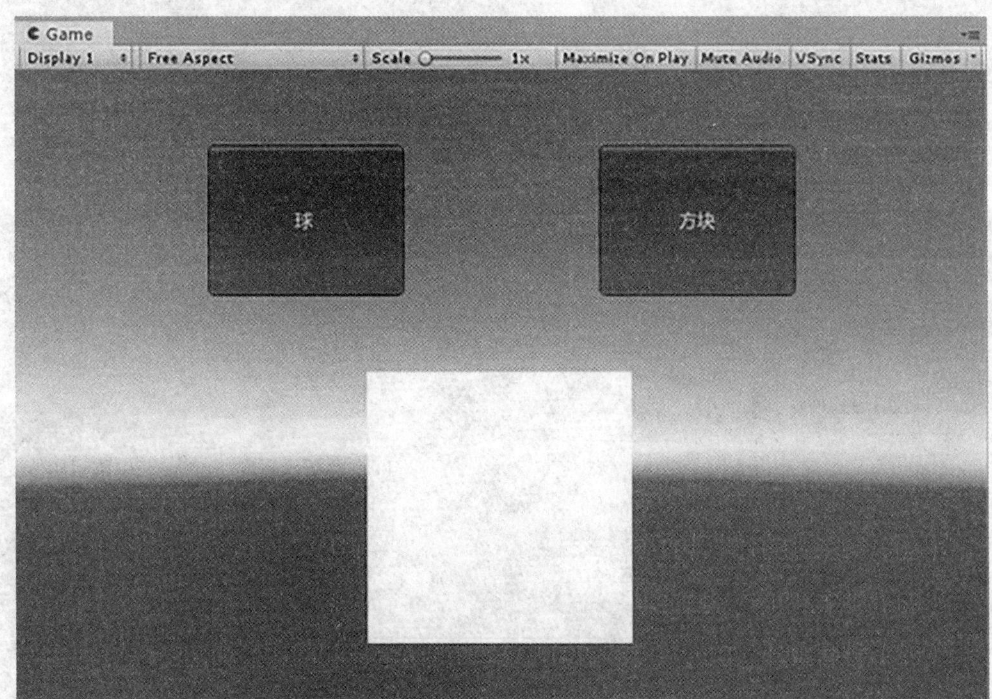

图8.5-1 实例场景

2. 准备工作

本实例用到的是系统自带的模型。

3. 实例的架构

鼠标按下触发“MOUSE DOWN”事件，从而实现鼠标点击Cube，界面按钮出现，再次点击，界面按钮消失，“Sphere”、“Cylinder”中同理。如图8.5-2、图8.5-3、图8.5-4、图8.5-5、图8.5-6所示。

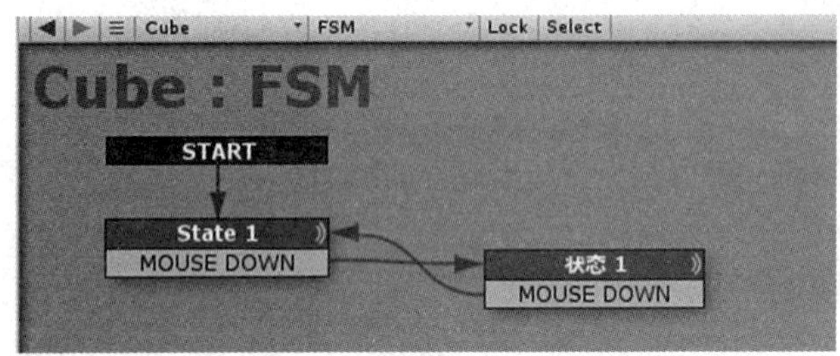

图8.5-2 “Cube”上的状态机

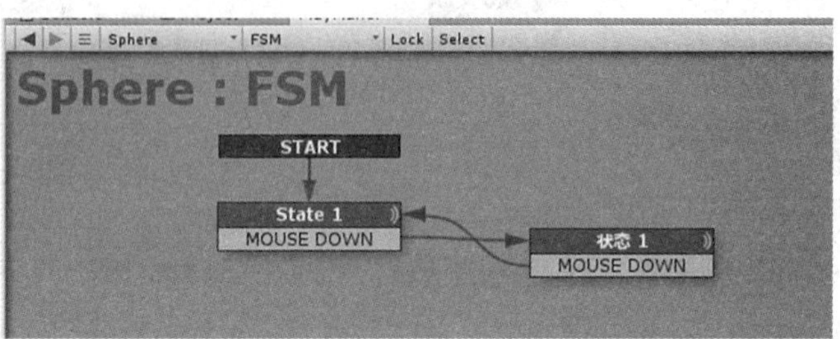

图8.5-3 “Sphere”上的状态机

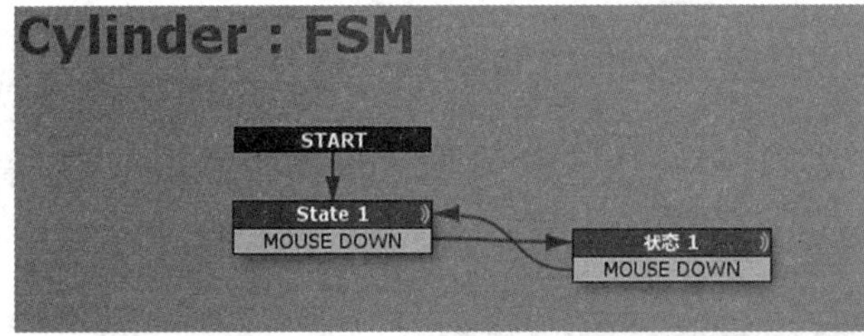

图8.5-4 “Cylinder”上的状态机

图8.5-5 “Start”上的状态机

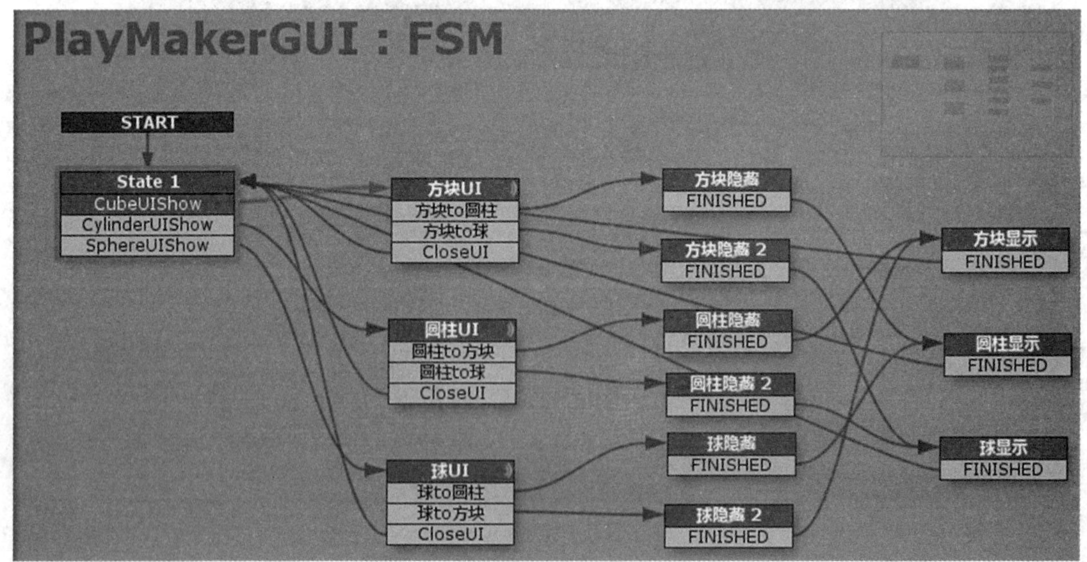

图8.5-6 “PlayMakerGUI”上的状态机

4. 主要动作说明

Send Event：发送一个指定事件。

Activate Game object：激活/取消激活一个游戏对象。

5. 实例创作步骤

（1）创建新场景。

（2）在Hierarchy面板中选择“Create”—>“3D Object” —>“Cube”、“Sphere”、“Cylinder”，创建长方体、球体、圆柱体，将各个几何体调节至合适大小。

（3）给Cube添加状态机FSM，新建状态。给两个状态都添加过渡事件“MOUSE DOWN”，互相连接如图8.5-7所示。

（4）给“状态 1”添加动作“Send Event”，在Send Event属性栏新建全局事件“CubeUIShow”，设置其他属性如图8.5-8所示。

图8.5-7 设置状态

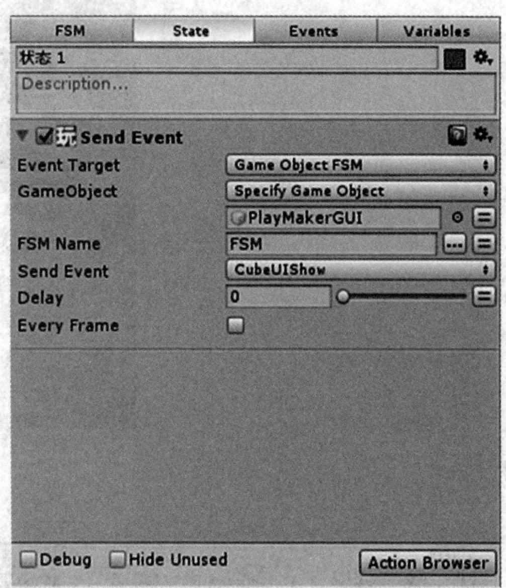

图8.5-8 动作设置

（5）将Cube上的状态机复制到Sphere和Cylinder上，在各自 “状态 1”中的“Send Event”事件上分别新建全局事件“SphereUIShow”、“CylinderUIShow”。

（6）给PlayMakerGUI添加状态机，在PlayMakerGUI的State1上添加三个全局事件，如图8.5-9所示。

（7）新建三个状态分别命名为“方块UI”、“圆柱UI”、“球UI”，将三个全局事件连接到对应状态上，如图8.5-10所示。

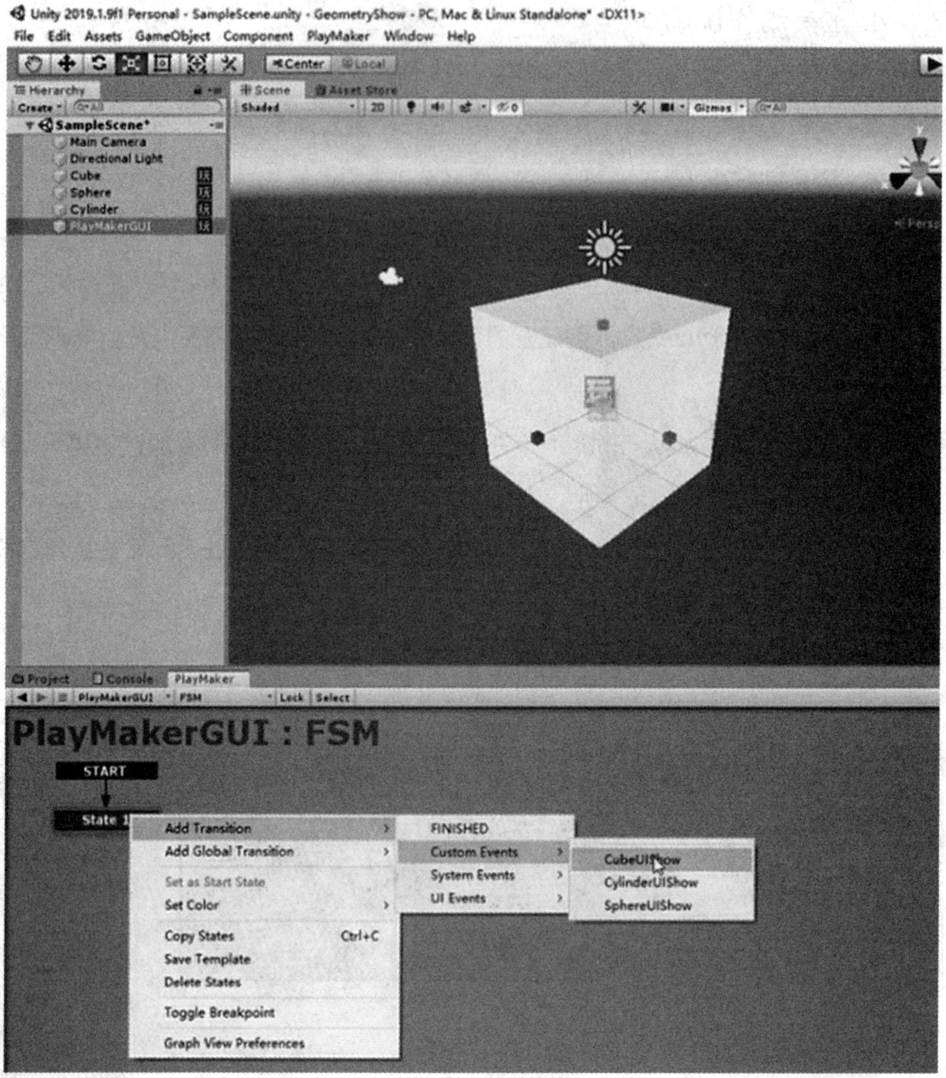

图8.5-9　添加全局事件

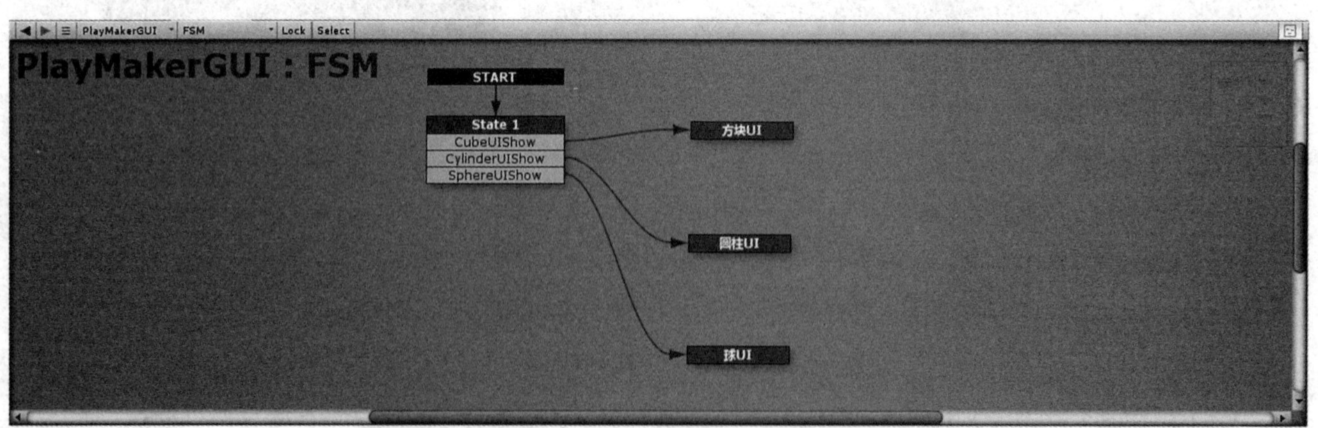

图8.5-10　连接状态

（8）在状态“方块UI”、“圆柱UI”、“球UI”上添加动作“GUI Button”，调整合适大小及位置，并根据功能设置Send Event及Text。例如用于将方块切换为球的按钮，在Send Event中新建事件“方块to球”，在Text中输入“球”，设置如图8.5-11所示，效果如图8.5-12所示。在状态“方块UI”上添加事件“方块to圆柱”、“方块to球”，状态“圆柱UI”、“球UI”设置同理。

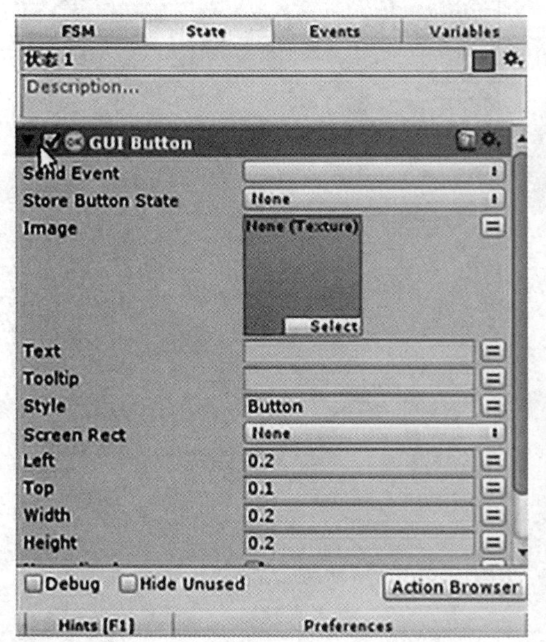

图8.5-11　GUI　Button设置

图8.5-12　UI效果

（9）继续添加方块隐藏/显示、圆柱隐藏/显示、球隐藏/显示，共六个状态，如图8.5-13所示。

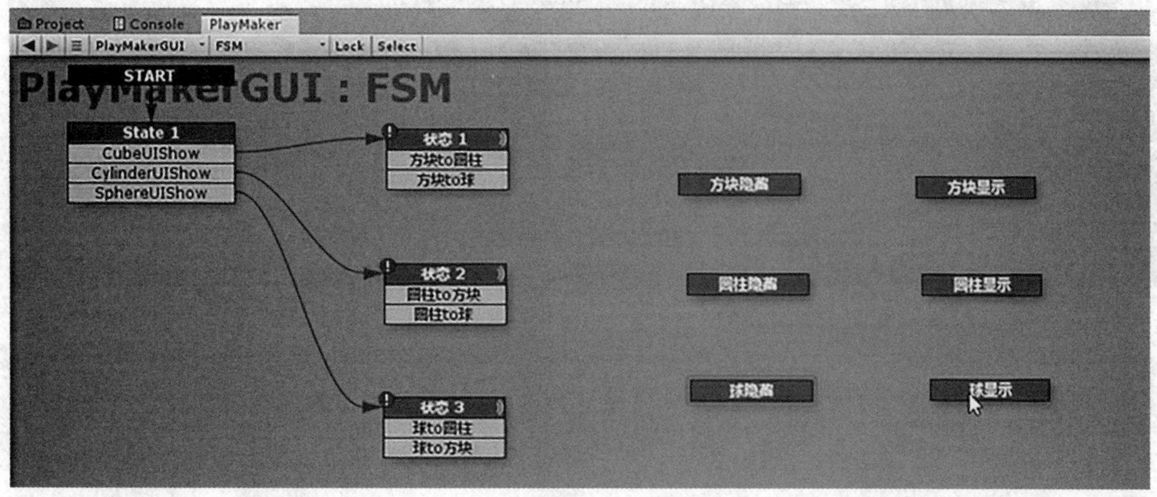

图8.5-13　添加状态

（10）给这六个状态添加动作“Activate Game Object”。Activate Game Object的设置：①设置Game Object：对应的游戏对象，②设置Activate：设置该游戏对象是否被激活，以方块隐藏/显示为例说明，如图8.5-14所示。

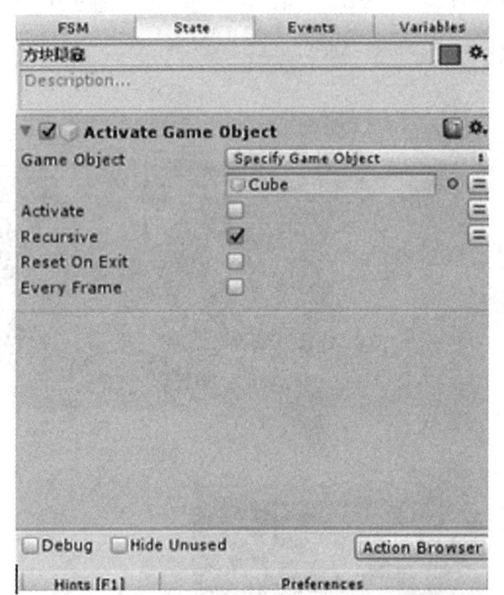

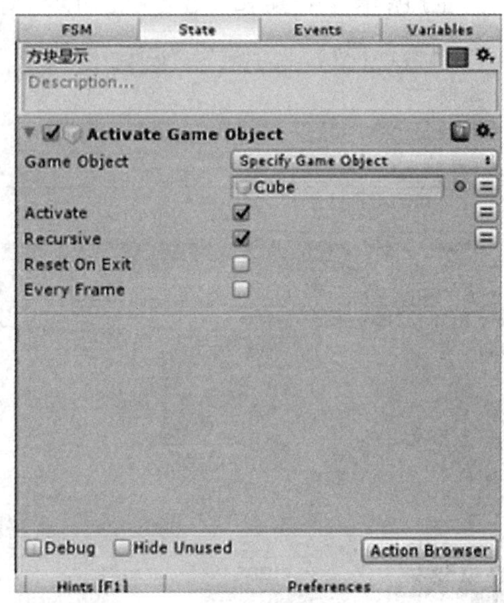

图8.5-14　动作属性

（11）给这六个状态添加过渡事件“FINISHED”，复制状态并连接，如图8.5-15所示。

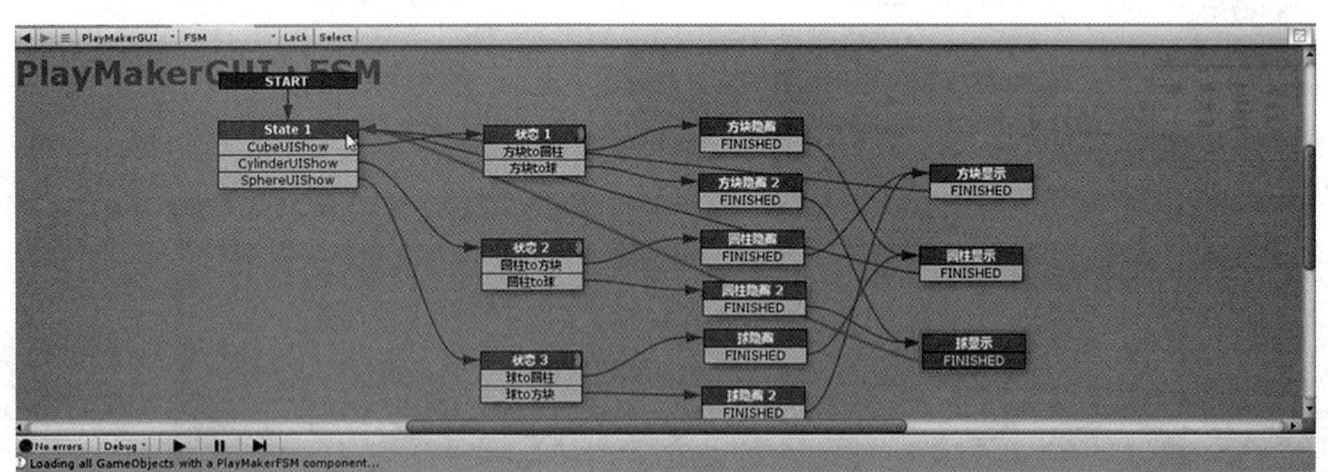

图8.5-15　连接状态

（12）在Cube中的state 1上添加动作“Send Event”，向PlayMakerGUI发送新建的全局事件“CloseUI”，动作设置如图8.5-16所示。复制该动作到Sphere和Cylinder上的State 1中。

图8.5-16　动作设置

（13）为PlayMakerGUI中的方块UI、圆柱UI、球UI三个状态添加过渡事件“CloseUI”，连接至状态State 1，接收几何体发送的事件以关闭UI。如图8.5-17所示。

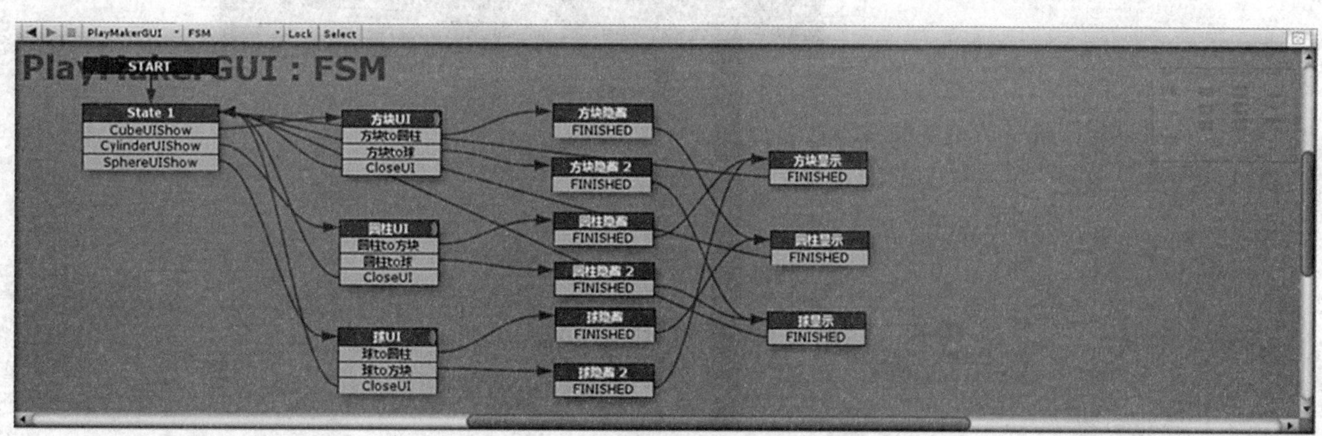

图8.5-17　添加事件

（14）新建空物体命名为“Start”，添加状态机，在State 1中添加动作“Activate Game Object”，将Sphere和Cylinder设为取消激活状态。如图8.5-18所示。

图8.5-18　动作设置

（15）运行调试。

8.6　简单的物理实验

Simple Physics Experiments：简单物理实验。

实例难度系数：★★★

场景文件：网盘\Projects\Chapter8\8.6\Assets\intromainModel.Unity

视频文件：网盘\视频教程\第8章\8.6 Simple Physics Experiments

1. 功能简介

作品按照逻辑可以分为三个板块，分别是初始界面、实验一、实验二。初始界面设计了三个按钮，点击“实验一”可以进入“测定小灯泡的伏安特性曲线”实验，点击“实验二”可以进入“摩擦力”实验，点击“退出”按钮或者按下“ESC”键可以关闭界面。如图8.6-1所示。

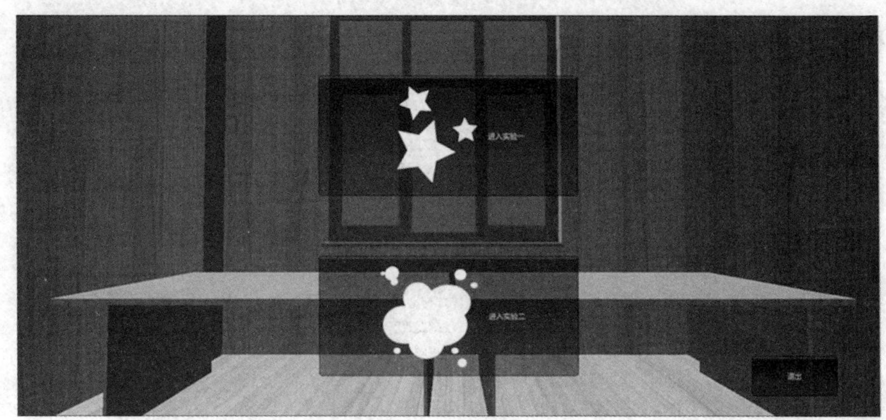

图8.6-1 初始界面

实验一为“测定小灯泡的伏安特性曲线”，画面中央是按照电路图连接好的实验器材（小灯泡、学生电源、滑动变阻器、直流电压表、直流电流表、开关、导线若干）。

左侧分别设有“初始界面”“实验目的”“实验器材”“电路图”“I-U图”和“帮助”按钮，点击“初始界面”可以回到板块一进行实验选择和退出操作，点击“实验目的”“实验器材”“电路图”“I-U图”可以打开相关场景，了解到本实验的相关知识。点击“帮助”按钮或者按下“F1”键可以打开帮助场景，了解使用本平台的方法。如图8.6-2所示。

图8.6-2 实验一界面

实验二为“摩擦力实验”，画面中央是静止的木板和小球，画面左侧同样设有“初始界面”和“帮助”按钮，点击可跳转至相关场景。画面右侧有“光滑平面”和“粗糙平面”两个按钮，点击“光滑平面”可以看到小球沿着光滑的平面快速滚下来，点击“粗糙平面”，小球即受到摩擦力，缓慢滚动直至停止。如图8.6-3所示。

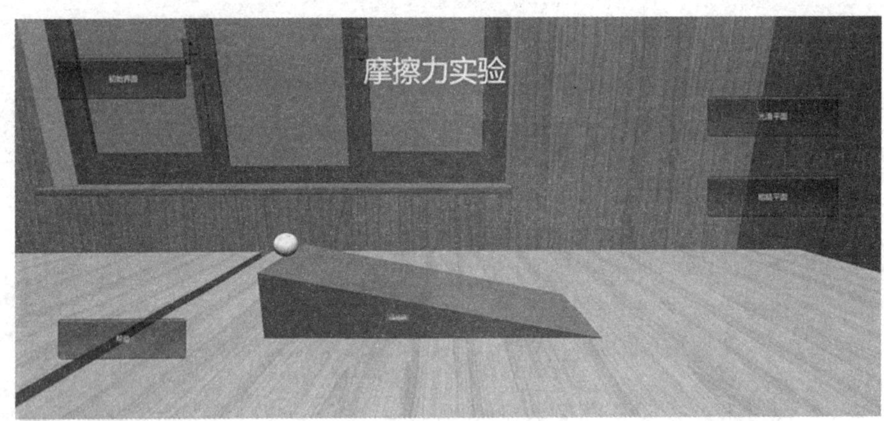

图8.6-3　实验二界面

2. 准备工作

本实例用到的是场景文件中的模型：

网盘\Projects\Chapter8\8.6\Assets\intromainModel.Unity

3. 实例的架构

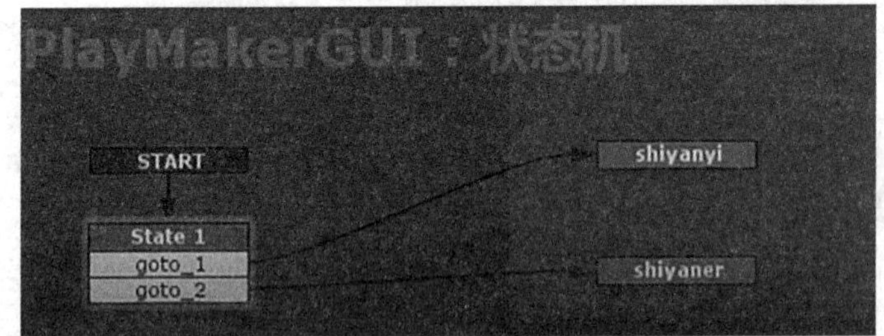

图8.6-4　“PlayMakerGUI”上的状态机

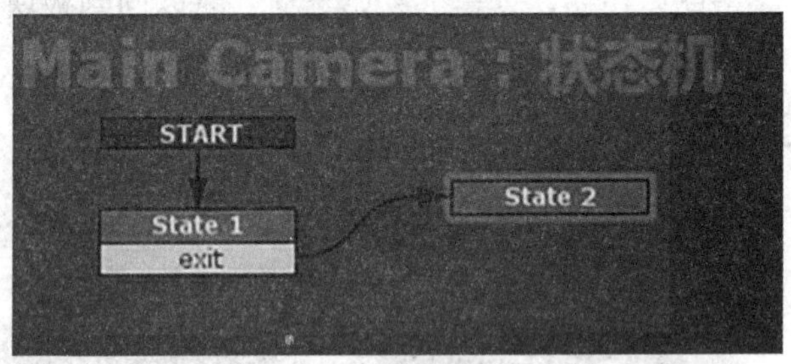

图8.6-5　“Main　Camera”上的状态机

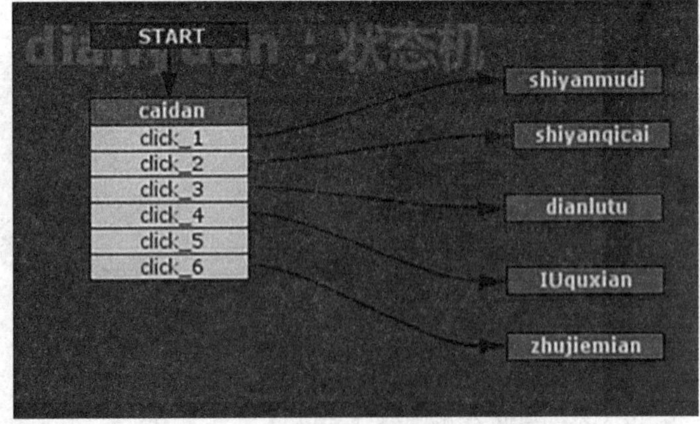

图8.6-6　“dianyuan”上的状态机

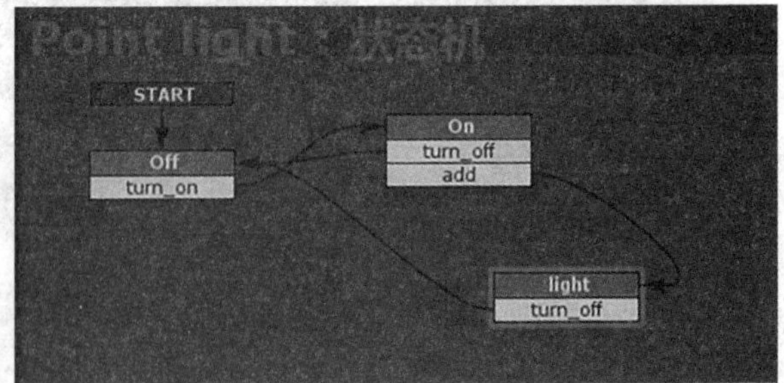

图8.6-7　“Point　light”上的状态机

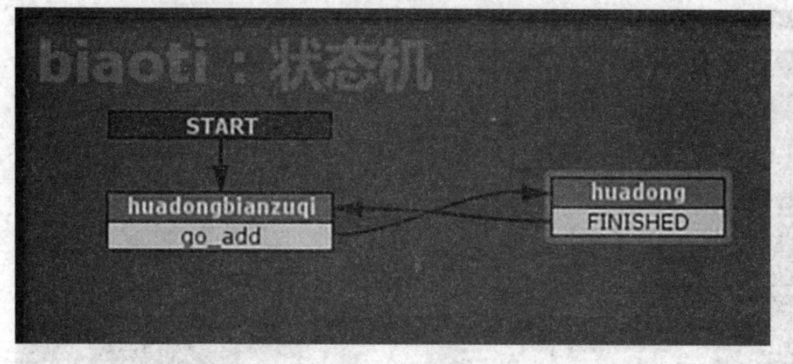

图8.6-8 "biaoti"上的状态机

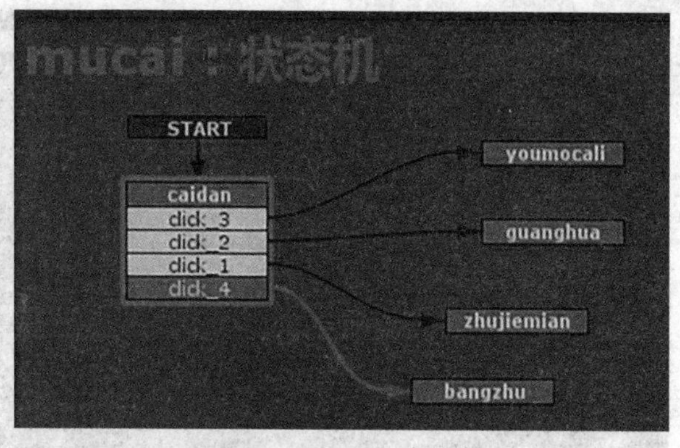

图8.6-9 实验二场景中"mucai"上的状态机

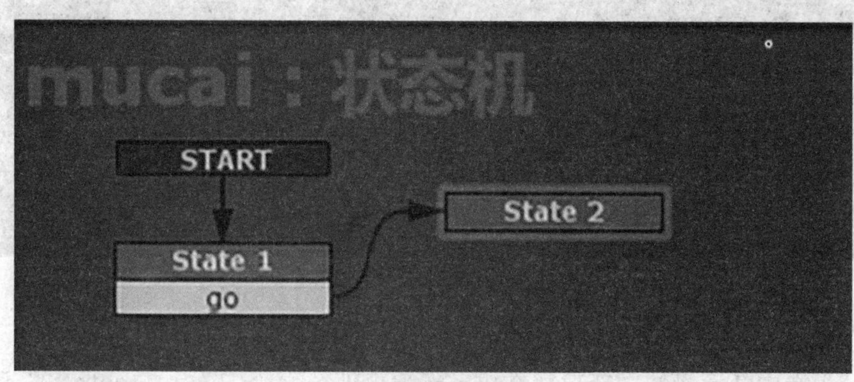

图8.6-10 "mocali"场景中"mucai"上的状态机

4. 主要动作说明

GUI Button：界面按钮。

Load Level： 按照名称载入一个关卡。

Get Key Down：当一个按键被按下时发送FSM事件。

Application Quit：退出程序。

Set Light Intensity：设置一个灯光的强度。

Set float value：设置浮点数的值。

GUI Label：界面标签。

GUI Horizontal Slider：界面水平滑块连接到一个浮点变量。

Float Changed：检测一个浮点变量的值是否已经改变。

Send Event：发送一个指定事件。

5. 实例创作步骤

（1）创建新场景。

（2）搭建初始场景（房间、桌面、光等），如图8.6-11所示。

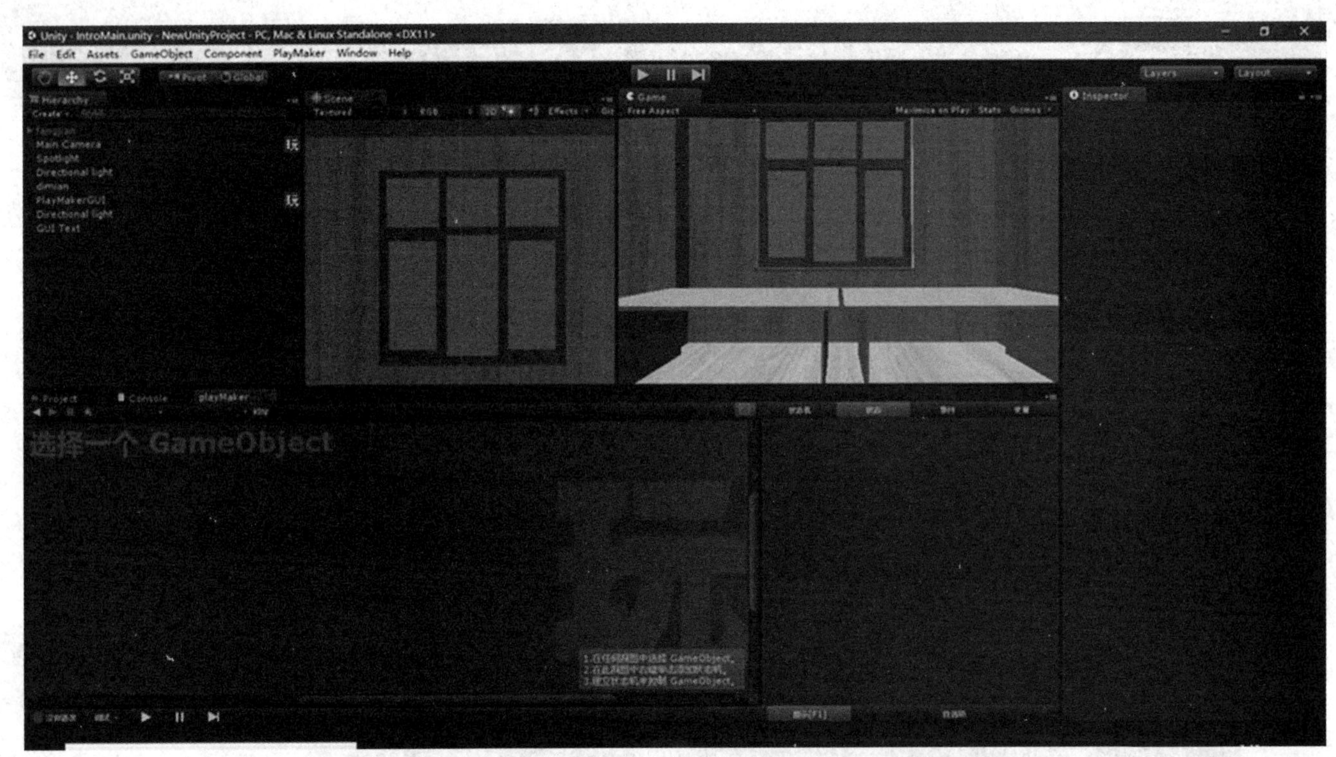

图8.6-11　搭建场景

（3）选中任意物体，新建状态机，新建事件“goto_1”和“goto_2”添加到State 1上。添加状态shiyanyi、shiyaner并将事件与对应状态连接起来。如图8.6-12所示。

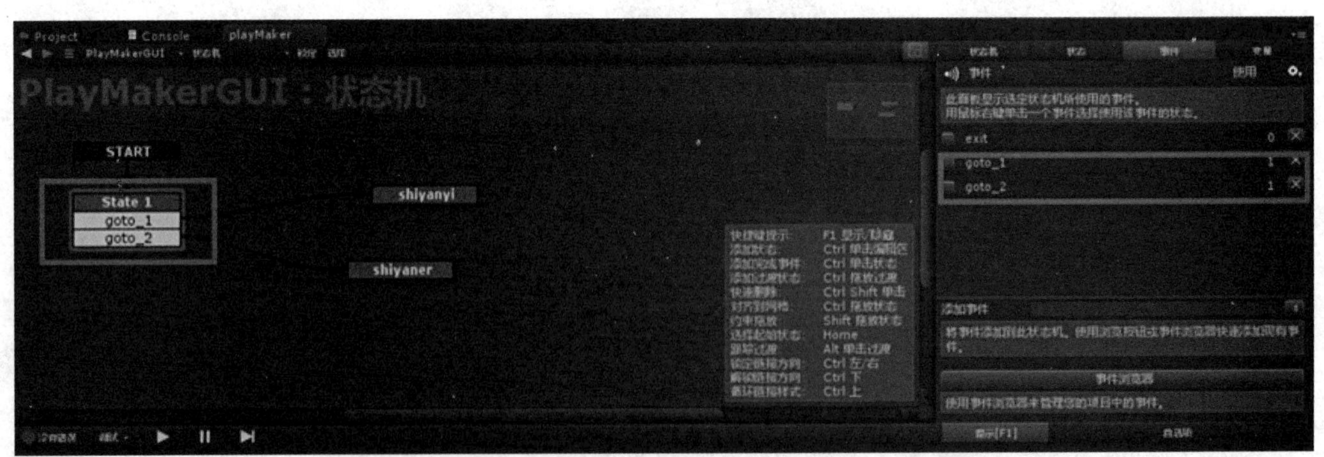

图8.6-12　新建状态

（4）给State 1添加两个动作GUI Button，并设置属性，如图8.6-13所示。

（5）在状态shiyanyi、shiyaner中分别添加动作Load Level并将需要跳转的场景名称（需要与之后创建的场景名保持一致）填入Level Name，如图8.6-14所示。

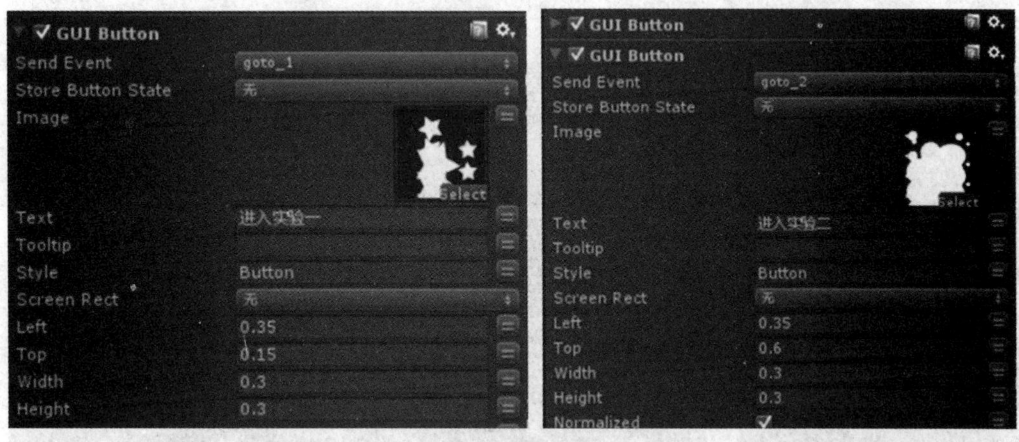

图8.6-13　动作属性

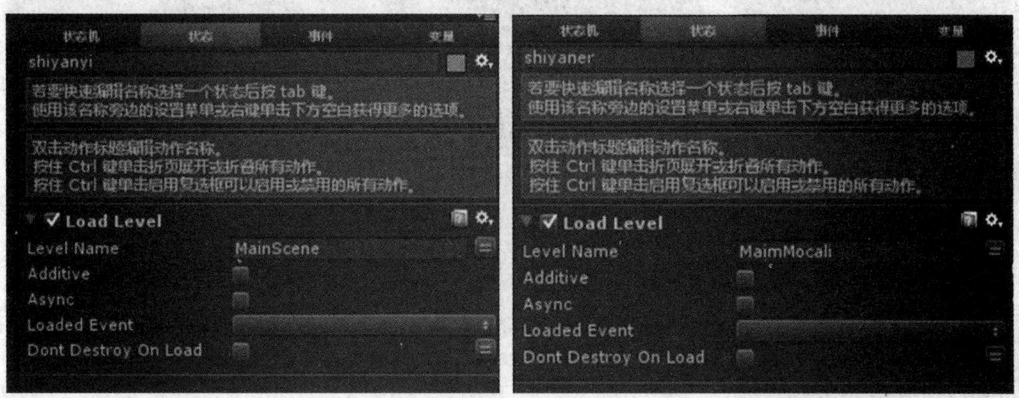

图8.6-14　场景跳转

（6）在Main Camera状态机上分别添加状态State 1、State2和事件exit，连接exit与State 2。如图8.6-15所示。

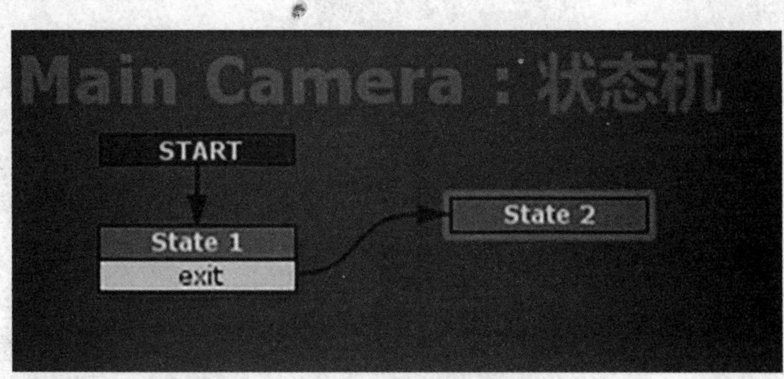

图8.6-15　添加状态

（7）在状态State 1上添加动作GUI Button和Get Key Down并设置属性，如图8.6-16所示。在状态State 2上添加动作Application Quit。

（8）选择File—>Build Settings—>Add Current添加当前场景，如图8.6-17所示。

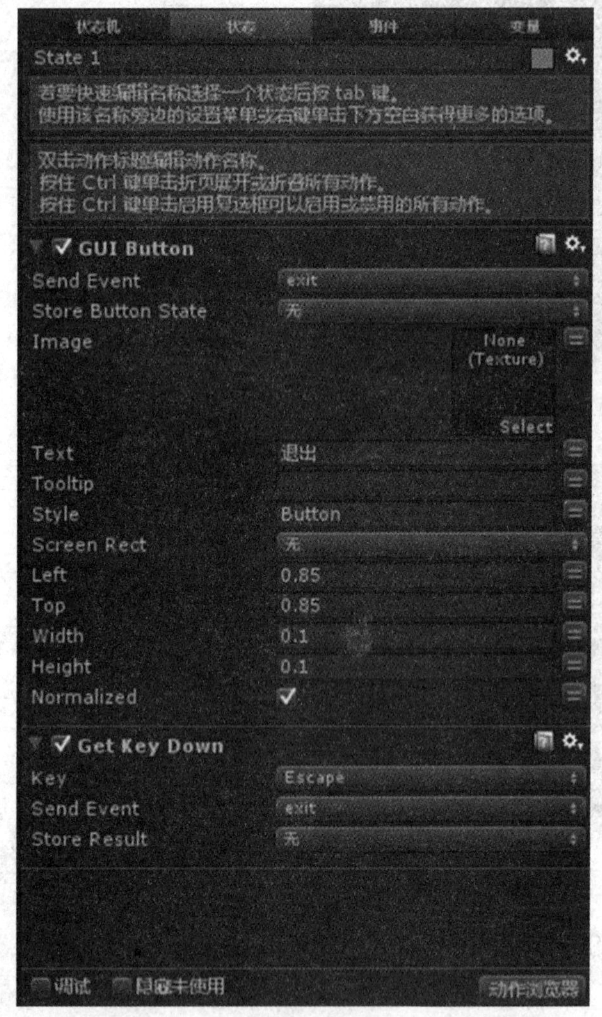

图8.6-16　动作属性

图8.6-17　添加当前场景

（9）新建并搭建实验一场景，选中任意物体，新建状态机，添加状态及事件，如图8.6-18所示。

（10）在caidan状态中添加动作并根据场景中位置分别设置属性，如图8.6-19所示。

（11）在跳转的状态中分别添加动作Load Level并在Level Name中输入需跳转的场景，如图8.6-20所示。

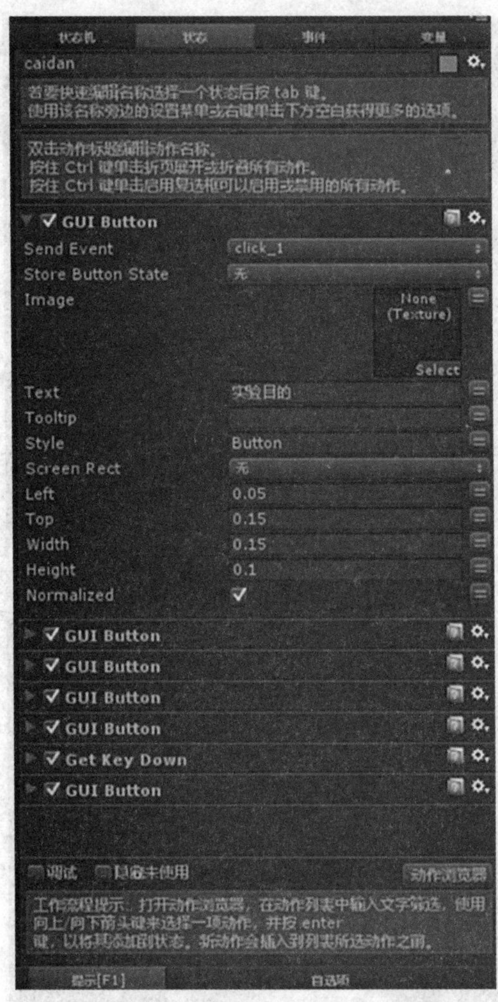

图8.6-19　动作属性

图8.6-18　状态及事件排布

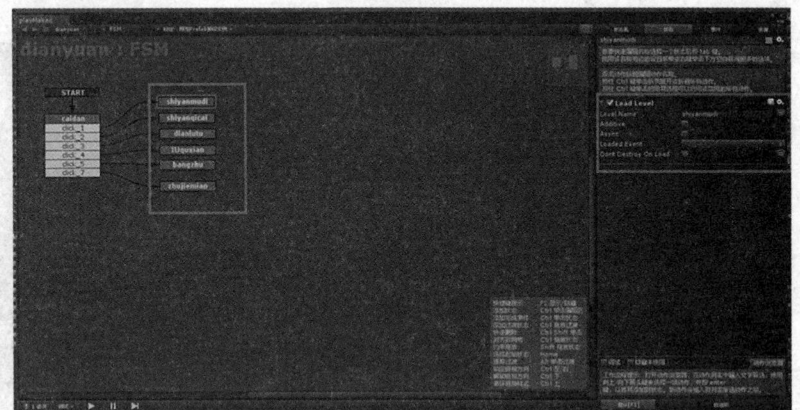

图8.6-20　添加动作

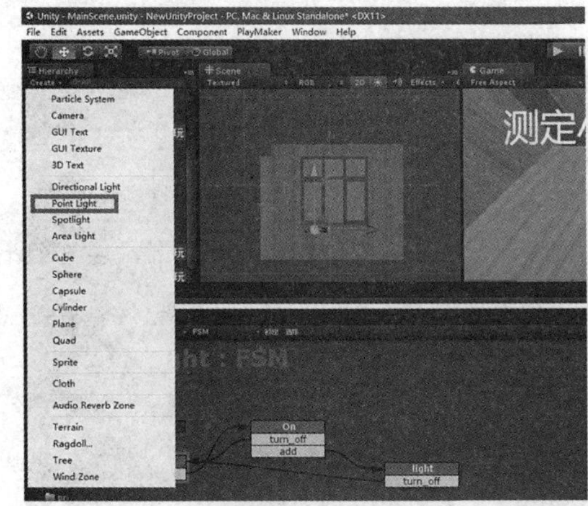

图8.6-21　放置光源

（12）选择Create—>Point Light，将点光源放在小灯泡上，如图8.6-21所示。

（13）在此状态机上添加Off、On、light三个状态与turn on、turn off、add三个事件，连接如图8.6-22所示。

（14）添加变量light_str和全局变量slider，如图8.6-23所示。

（15）给状态Off添加动作并设置属性，如图8.6-24所示。给状态On添加动作并设置属性，如图8.6-25所示。给状态light添加动作并设置属性，如图8.6-26所示。

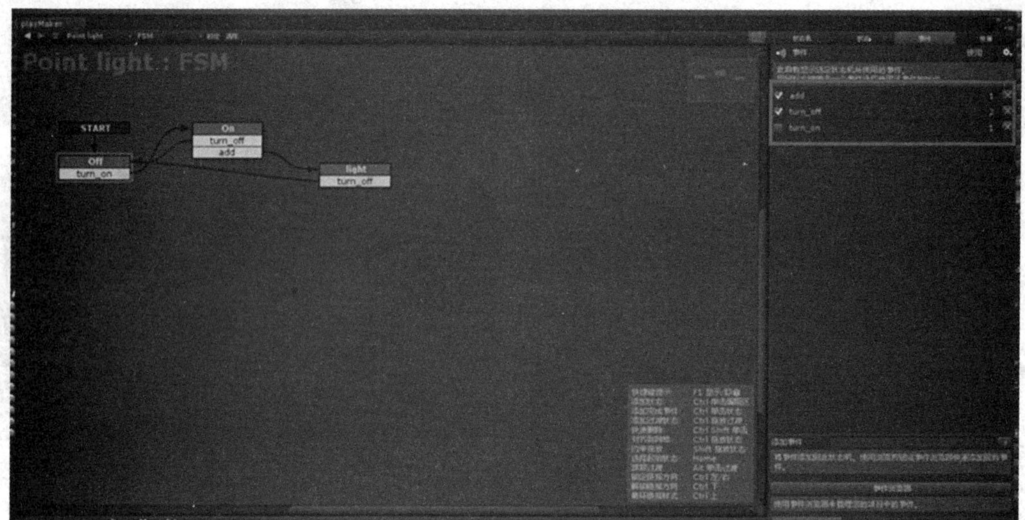

图8.6-22　连接状态

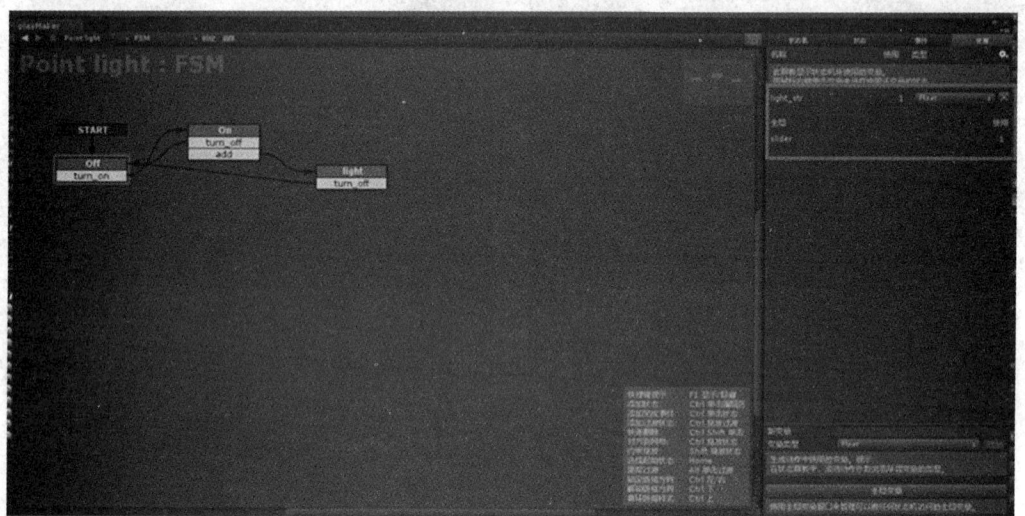

图8.6-23　新建变量

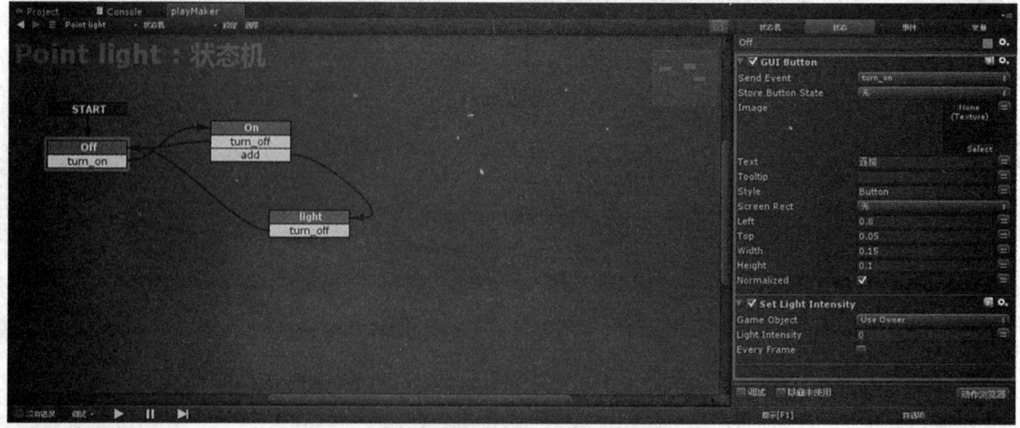

图8.6-24　Off动作设置

图8.6-25　On动作设置

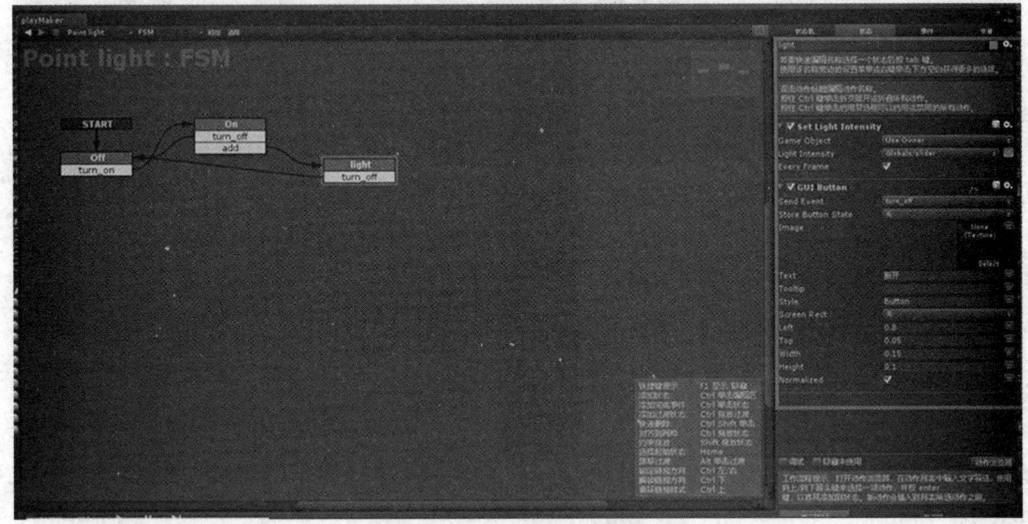

图8.6-26　light动作设置

（16）任选一个物体，在状态机上添加两个状态huadongbianzuqi、huadong，添加两个事件go_add、FINISHED，连接事件与状态，如图8.6-27所示。

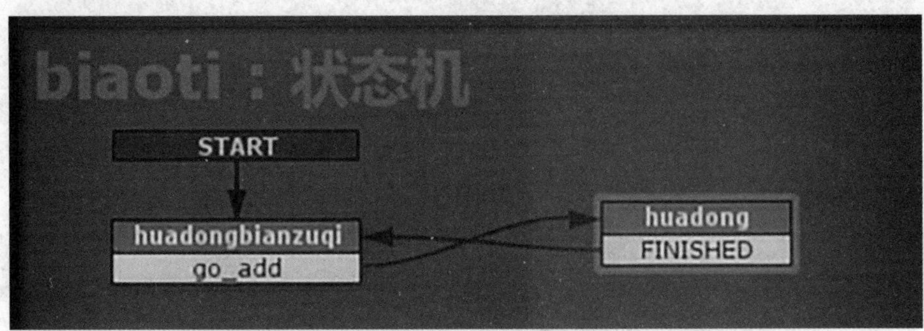

图8.6-27　添加状态及动作

（17）在状态huadongbianzuqi中添加动作并设置属性，如图8.6-28所示。

（18）在状态huadong中添加动作并设置属性，如图8.6-29所示。完成后选择File—>Build Settings—>Add Current添加当前场景。

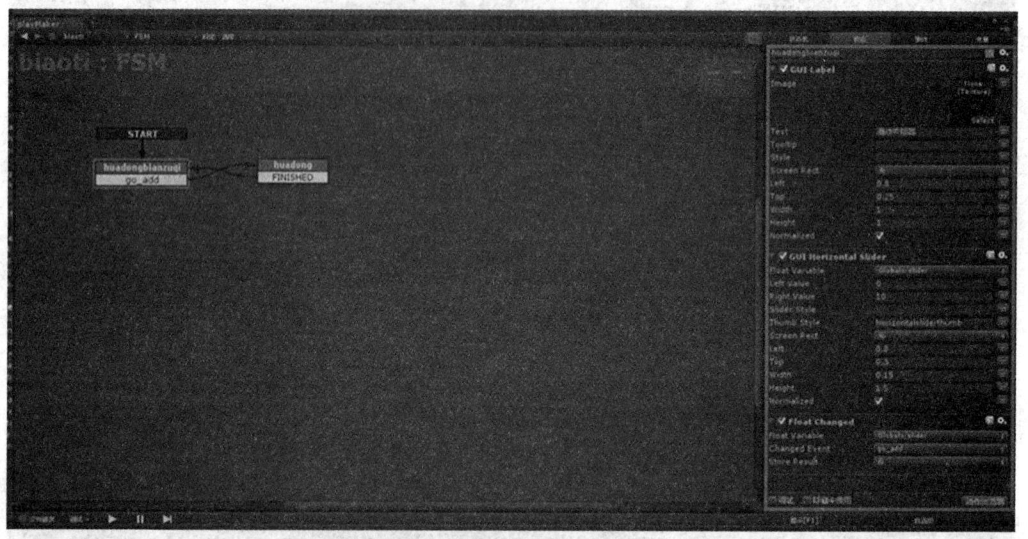

图8.6-28　动作属性

图8.6-29　动作属性

（19）分别制作“初始界面”“实验目的”“实验器材”“电路图”“I-U图”和“帮助”场景，完成后切记选择File—>Build Settings—>Add Current。

（20）新建并搭建实验二场景，选择任意物体，新建状态caidan并添加状态、事件及动作，如图8.6-30所示。添加动作同步骤（9）-（11）。

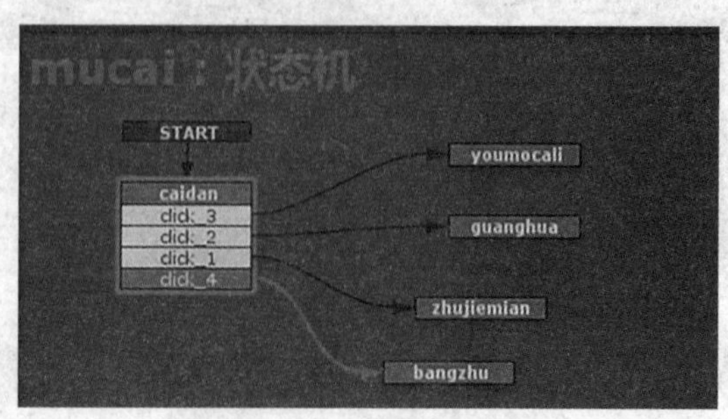

图8.6-30　添加状态

（21）创建Plane，调整为斜面放置在斜坡上。创建小球，放在斜面上。完成后选择File—>Build Settings—>Add Current，如图8.6-31所示。

（22）新建“mocali”场景（与实验二初始场景相同），添加状态及事件，连接如图8.6-32所示。

（23）给“mucai”中的State 1添加动作，设置如图8.6-33所示。给State 2添加动作，设置如图8.6-34所示。

（24）给球体添加Rigidbody并设置Drag为1.5。完成后选择File—>Build Settings—>Add Current。如图8.6-35所示。

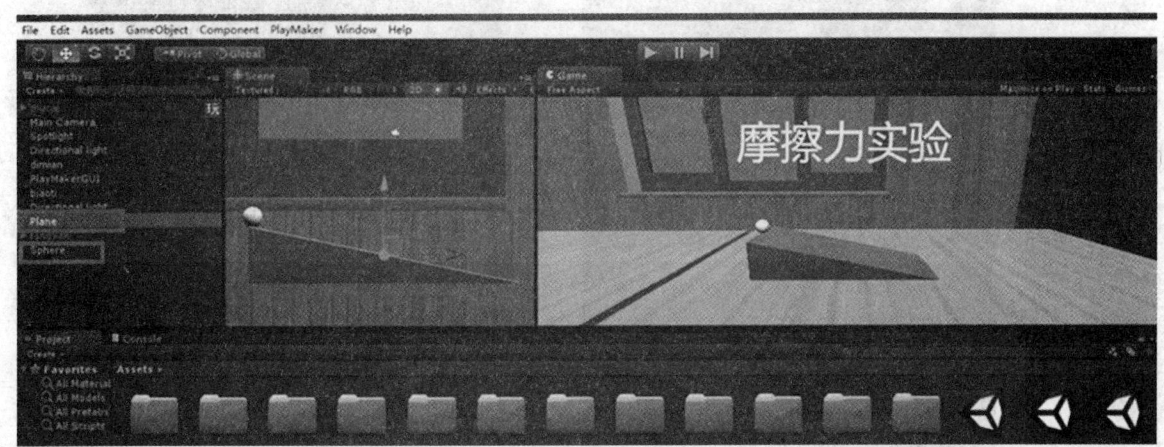

图8.6-31　搭建场景

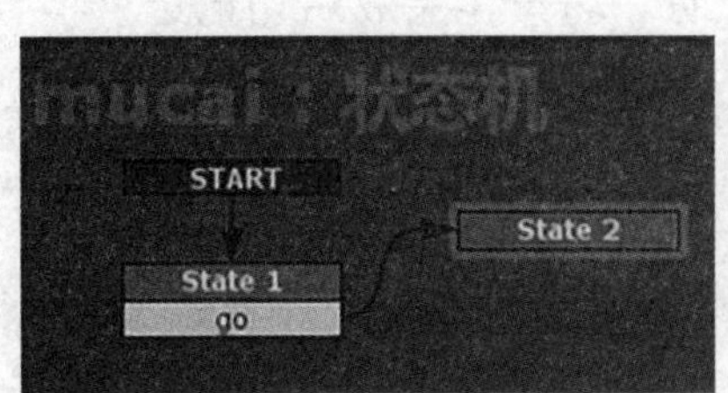

图8.6-32　添加状态及事件

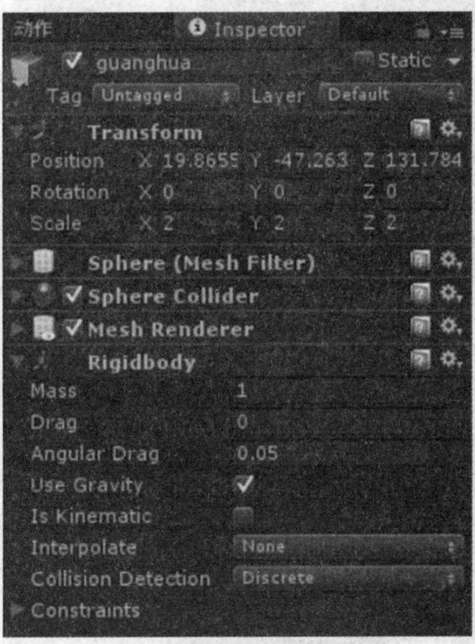

图8.6-33　State 1动作

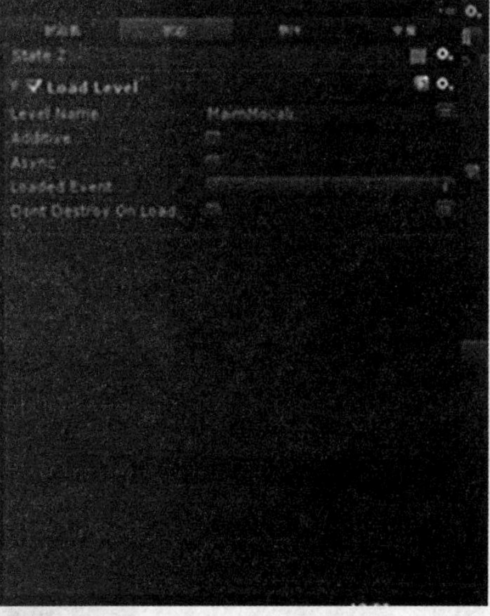

图8.6-34　State 2动作

（25）新建“guanghua”场景，进行相关设置，参考步骤（21）－（23），小球Rigidbody设置如图8.6-36所示。完成后选择File—>Build Settings—>Add Current。

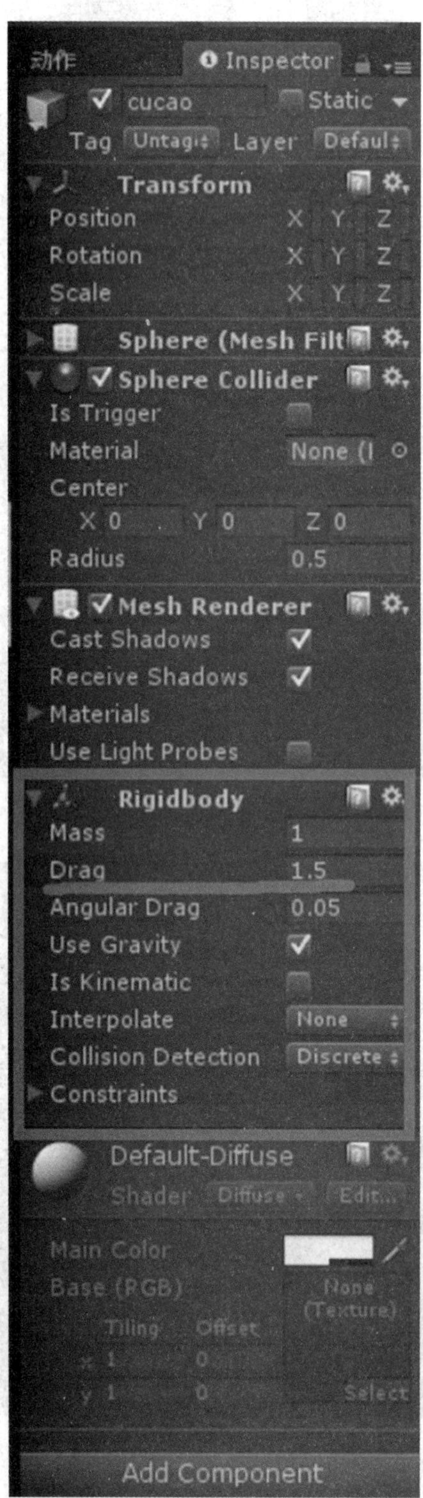

图8.6-35　添加刚体

图8.6-36　刚体设置

（26）继续制作“初始界面”和“帮助”场景，完成后切记选择File—>Build Settings—>Add Current。

（27）运行调试。